全国普通高等医学院校药学类专业"十三五"规划教材

高 等 数 学

（供药学类专业用）

U0207197

主　编　艾国平　李宗学

副主编　李建明　张喜红　杨　晶

编　者（以姓氏笔画为序）

王　颖（吉林大学数学学院）　　　艾国平（江西中医药大学）

申笑颜（沈阳医学院）　　　　　　刘国良（赣南医学院）

安洪庆（潍坊医学院）　　　　　　安建平（山西职工医学院）

祁爱琴（滨州医学院）　　　　　　李　伟（辽宁中医药大学）

李宗学（内蒙古医科大学）　　　　李建明（山西医科大学）

杨　晶（天津医科大学）　　　　　张喜红（长治医学院）

郭东星（山西医科大学）　　　　　曹　莉（内蒙古医科大学）

中国健康传媒集团

中国医药科技出版社

内 容 提 要

本书是全国普通高等医学院校药学类专业"十三五"规划教材。全书由八章、附录及习题参考答案三部分组成，主要内容包括：函数与极限、导数与微分、不定积分、定积分及其应用、微分方程、空间解析几何、多元函数微分法、多元函数积分法及 MATLAB 在高等数学上的应用。本教材在介绍理论知识的同时，强调数学知识与医药知识的交互性，注重引入实际案例，以培养学生理论联系实际的应用能力和分析、解决问题的能力；每章还有"学习导引""本章小结""练习题"等模块，以增强教材内容的指导性、可读性。同时，为丰富教学资源，增强教学互动，更好地满足教学需要，本教材免费提供配套在线学习平台（含电子教材、教学课件、图片、视频和习题集），欢迎广大师生使用。

本书可供全国医学院校及中医药院校各专业、各层次的学生使用，也可作为医药行业培训与自学用书。

图书在版编目（CIP）数据

高等数学／艾国平，李宗学主编 . —北京：中国医药科技出版社，2016.1
全国普通高等医学院校药学类专业"十三五"规划教材
ISBN 978−7−5067−7894−7

Ⅰ . ①高… Ⅱ . ①艾… ②李 Ⅲ . ①高等数学-医学院校-教材 Ⅳ . ①O13

中国版本图书馆 CIP 数据核字（2016）第 004014 号

美术编辑 　陈君杞
版式设计 　郭小平

出版　**中国健康传媒集团** | 中国医药科技出版社
地址　北京市海淀区文慧园北路甲 22 号
邮编　100082
电话　发行：010−62227427　邮购：010−62236938
网址　www. cmstp. com
规格　787×1092mm $\frac{1}{16}$
印张　19½
字数　309 千字
版次　2016 年 1 月第 1 版
印次　2018 年 11 月第 3 次印刷
印刷　三河市百盛印装有限公司
经销　全国各地新华书店
书号　ISBN 978−7−5067−7894−7
定价　**39. 00 元**

全国普通高等医学院校药学类专业"十三五"规划教材
出 版 说 明

全国普通高等医学院校药学类专业"十三五"规划教材，是在深入贯彻教育部有关教育教学改革和我国医药卫生体制改革新精神，进一步落实《国家中长期教育改革和发展规划纲要》（2010－2020 年）的形势下，结合教育部的专业培养目标和全国医学院校培养应用型、创新型药学专门人才的教学实际，在教育部、国家卫生和计划生育委员会、国家食品药品监督管理总局的支持下，由中国医药科技出版社组织全国近 100 所高等医学院校约 400 位具有丰富教学经验和较高学术水平的专家教授悉心编撰而成。本套教材的编写，注重理论知识与实践应用相结合、药学与医学知识相结合，强化培养学生的实践能力和创新能力，满足行业发展的需要。

本套教材主要特点如下：

1. 强化理论与实践相结合，满足培养应用型人才需求

针对培养医药卫生行业应用型药学人才的需求，本套教材克服以往教材重理论轻实践、重化工轻医学的不足，在介绍理论知识的同时，注重引入与药品生产、质检、使用、流通等相关的"实例分析/案例解析"内容，以培养学生理论联系实际的应用能力和分析问题、解决问题的能力，并做到理论知识深入浅出、难度适宜。

2. 切合医学院校教学实际，突显教材内容的针对性和适应性

本套教材的编者分别来自全国近 100 所高等医学院校教学、科研、医疗一线实践经验丰富、学术水平较高的专家教授，在编写教材过程中，编者们始终坚持从全国各医学院校药学教学和人才培养需求以及药学专业就业岗位的实际要求出发，从而保证教材内容具有较强的针对性、适应性和权威性。

3. 紧跟学科发展、适应行业规范要求，具有先进性和行业特色

教材内容既紧跟学科发展，及时吸收新知识，又体现国家药品标准［《中国药典》（2015 年版）］、药品管理相关法律法规及行业规范和 2015 年版《国家执业药师资格考试》（《大纲》、《指南》）的要求，同时做到专业课程教材内容与就业岗位的知识和能力要求相对接，满足药学教育教学适应医药卫生事业发展要求。

4. 创新编写模式，提升学习能力

在遵循"三基、五性、三特定"教材建设规律的基础上，在必设"实例分析/案例解析"

模块的同时，还引入"学习导引""知识链接""知识拓展""练习题"（"思考题"）等编写模块，以增强教材内容的指导性、可读性和趣味性，培养学生学习的自觉性和主动性，提升学生学习能力。

5. 搭建在线学习平台，丰富教学资源、促进信息化教学

本套教材在编写出版纸质教材的同时，均免费为师生搭建与纸质教材相配套的"医药大学堂"在线学习平台（含数字教材、教学课件、图片、视频、动画及练习题等），使教学资源更加丰富和多样化、立体化，更好地满足在线教学信息发布、师生答疑互动及学生在线测试等教学需求，提升教学管理水平，促进学生自主学习，为提高教育教学水平和质量提供支撑。

本套教材共计29门理论课程的主干教材和9门配套的实验指导教材，将于2016年1月由中国医药科技出版社出版发行。主要供全国普通高等医学院校药学类专业教学使用，也可供医药行业从业人员学习参考。

编写出版本套高质量的教材，得到了全国知名药学专家的精心指导，以及各有关院校领导和编者的大力支持，在此一并表示衷心感谢。希望本套教材的出版，将会受到广大师生的欢迎，对促进我国普通高等医学院校药学类专业教育教学改革和药学类专业人才培养作出积极贡献。希望广大师生在教学中积极使用本套教材，并提出宝贵意见，以便修订完善，共同打造精品教材。

中国医药科技出版社

2016 年 1 月

全国普通高等医学院校药学类专业"十三五"规划教材
书　目

序号	教材名称	主编	ISBN
1	高等数学	艾国平　李宗学	978-7-5067-7894-7
2	物理学	章新友　白翠珍	978-7-5067-7902-9
3	物理化学	高　静　马丽英	978-7-5067-7903-6
4	无机化学	刘　君　张爱平	978-7-5067-7904-3
5	分析化学	高金波　吴　红	978-7-5067-7905-0
6	仪器分析	吕玉光	978-7-5067-7890-9
7	有机化学	赵正保　项光亚	978-7-5067-7906-7
8	人体解剖生理学	李富德　梅仁彪	978-7-5067-7895-4
9	微生物学与免疫学	张雄鹰	978-7-5067-7897-8
10	临床医学概论	高明奇　尹忠诚	978-7-5067-7898-5
11	生物化学	杨　红　郑晓珂	978-7-5067-7899-2
12	药理学	魏敏杰　周　红	978-7-5067-7900-5
13	临床药物治疗学	曹　霞　陈美娟	978-7-5067-7901-2
14	临床药理学	印晓星　张庆柱	978-7-5067-7889-3
15	药物毒理学	宋丽华	978-7-5067-7891-6
16	天然药物化学	阮汉利　张　宇	978-7-5067-7908-1
17	药物化学	孟繁浩　李柱来	978-7-5067-7907-4
18	药物分析	张振秋　马　宁	978-7-5067-7896-1
19	药用植物学	董诚明　王丽红	978-7-5067-7860-2
20	生药学	张东方　税丕先	978-7-5067-7861-9
21	药剂学	孟胜男　胡容峰	978-7-5067-7881-7
22	生物药剂学与药物动力学	张淑秋　王建新	978-7-5067-7882-4
23	药物制剂设备	王　沛	978-7-5067-7893-0
24	中医药学概要	周　晔　张金莲	978-7-5067-7883-1
25	药事管理学	田　侃　吕雄文	978-7-5067-7884-8
26	药物设计学	姜凤超	978-7-5067-7885-5
27	生物技术制药	冯美卿	978-7-5067-7886-2
28	波谱解析技术的应用	冯卫生	978-7-5067-7887-9
29	药学服务实务	许杜娟	978-7-5067-7888-6

注：29门主干教材均配套有中国医药科技出版社"医药大学堂"在线学习平台。

全国普通高等医学院校药学类专业"十三五"规划教材
配套教材书目

序号	教材名称	主编	ISBN
1	物理化学实验指导	高　静　马丽英	978 – 7 – 5067 – 8006 – 3
2	分析化学实验指导	高金波　吴　红	978 – 7 – 5067 – 7933 – 3
3	生物化学实验指导	杨　红	978 – 7 – 5067 – 7929 – 6
4	药理学实验指导	周　红　魏敏杰	978 – 7 – 5067 – 7931 – 9
5	药物化学实验指导	李柱来　孟繁浩	978 – 7 – 5067 – 7928 – 9
6	药物分析实验指导	张振秋　马　宁	978 – 7 – 5067 – 7927 – 2
7	仪器分析实验指导	余邦良	978 – 7 – 5067 – 7932 – 6
8	生药学实验指导	张东方　税丕先	978 – 7 – 5067 – 7930 – 2
9	药剂学实验指导	孟胜男　胡容峰	978 – 7 – 5067 – 7934 – 0

本书是全国普通高等医学院校药学类专业"十三五"规划教材，根据《国家中长期教育改革和发展规划纲要》（2010-2020年），重点扩大应用型、复合型、技能型人才培养规模，强化培养学生创新能力、实践能力的精神，由全国十多所医学院校和中医药大学长期从事高等数学教学、具有副教授及以上职称的教师编写而成。

在编写中，我们以全国普通高等医学院校药学类专业教育实际和学生接受能力为基准，以注重基本知识、基础理论、思想性、科学性、先进性、启发性、适用性为原则，贯彻"教师好教，学生好学，以学生为主体，师生课堂上能良好互动"的思想，突出实用性和适应性，以便更好地为药学类专业学生服务。此外，我们选择合理的教学内容与体系结构，强调重要的数学思维方法与MATLAB软件在高等数学中的运用，把数学建模的思想与方法渗透到教材内容中去，强调数学知识与医药知识的交互性，做到逻辑清晰、例题丰富。

全书由八章、附录及练习题参考答案三部分组成，主要内容包括：函数与极限、导数与微分、不定积分、定积分及其应用、微分方程、空间解析几何、多元函数微分法、多元函数积分法及MATLAB在高等数学上的应用。各章重点突出，叙述准确，条理清楚，解释详尽透彻，例题注重数学知识在现代医药上的应用，以培养学生的数学素质、创新意识及运用数学工具解决实际问题的能力。本书与配套的在线学习平台相结合，体现了以学生为主体，师生良好互动的思想，更能方便学生自主学习。本书可供全国医学院校及中医药院校各专业、各层次的学生使用，也可作为医药行业培训与自学用书。

本书由艾国平、李宗学任主编，李建明、张喜红、杨晶任副主编。教材具体分工为：祁爱琴老师编写第一章，王颖老师编写第二章，刘国良老师编写第三章，安建平老师编写第四章，申笑颜老师编写第五章，郭东星老师编写第六章，安洪庆老师编写

第七章，李伟老师编写第八章，曹莉老师编写附录。

　　在编写过程中得到各参编学校的大力支持，在此表示诚挚谢意。由于编者水平有限，书中不当之处再所难免，恳请读者与同行提出宝贵意见，以便我们改正。

编者

2015 年 10 月

目 录

CONTENTS

第一章 函数与极限 ··· 1

  第一节 函数 ··· 1

    一、函数的概念 ··· 1

    二、反函数 ··· 4

    三、函数的性质 ··· 5

    四、基本初等函数 ··· 6

    五、复合函数 ··· 8

    六、初等函数 ··· 9

    练习题 1-1 ··· 9

  第二节 极限 ··· 10

    一、数列的极限 ··· 10

    二、函数的极限 ··· 11

    三、无穷小与无穷大 ··· 13

    练习题 1-2 ··· 14

  第三节 极限的运算 ··· 15

    一、极限的运算法则 ··· 15

    二、两个重要极限 ··· 18

    三、无穷小的比较 ··· 23

    练习题 1-3 ··· 25

  第四节 函数的连续性 ··· 26

    一、函数的连续性与间断点 ··· 26

    二、初等函数的连续性 ··· 29

    三、闭区间上连续函数的性质 ··· 31

    练习题 1-4 ··· 32

  总练习题一 ··· 33

第二章 导数与微分 ……………………………………………………………… 35

第一节 导数 ……………………………………………………………………… 35
一、导数的定义 …………………………………………………………………… 35
二、导数的几何意义 ……………………………………………………………… 38
三、函数的可导与连续的关系 …………………………………………………… 38
练习题 2-1 ………………………………………………………………………… 39

第二节 函数的求导方法 ………………………………………………………… 40
一、导数公式 ……………………………………………………………………… 40
二、函数四则运算的求导法则 …………………………………………………… 41
三、反函数与复合函数的求导法则 ……………………………………………… 42
四、隐函数与参数方程的导数 …………………………………………………… 45
五、高阶导数 ……………………………………………………………………… 48
练习题 2-2 ………………………………………………………………………… 50

第三节 函数的微分 ……………………………………………………………… 51
一、微分的概念 …………………………………………………………………… 51
二、微分的计算 …………………………………………………………………… 53
三、微分的应用 …………………………………………………………………… 55
练习题 2-3 ………………………………………………………………………… 56

第四节 中值定理与洛必达法则 ………………………………………………… 56
一、中值定理 ……………………………………………………………………… 57
二、洛必达法则 …………………………………………………………………… 59
练习题 2-4 ………………………………………………………………………… 62

第五节 函数性态的研究 ………………………………………………………… 63
一、函数的单调性与曲线的凹凸性 ……………………………………………… 63
二、函数的极值与最大值、最小值 ……………………………………………… 66
练习题 2-5 ………………………………………………………………………… 69

第六节 泰勒公式 ………………………………………………………………… 70
练习题 2-6 ………………………………………………………………………… 72

总练习题二 ……………………………………………………………………… 72

第三章 不定积分 ………………………………………………………………… 75

第一节 不定积分的概念与性质 ………………………………………………… 75
一、原函数与不定积分 …………………………………………………………… 75
二、基本积分公式 ………………………………………………………………… 77
三、不定积分的性质 ……………………………………………………………… 78

　　练习题 3-1 ……………………………………………………………… 80

第二节　换元积分法 ………………………………………………………… 81
　　一、第一类换元积分法 …………………………………………………… 81
　　二、第二类换元积分法 …………………………………………………… 85
　　练习题 3-2 ……………………………………………………………… 90

第三节　分部积分法 ………………………………………………………… 92
　　练习题 3-3 ……………………………………………………………… 94

第四节　有理函数的积分与三角函数有理式的积分 ………………………… 96
　　一、有理函数的积分 ……………………………………………………… 96
　　二、三角函数有理式的积分 ……………………………………………… 98
　　练习题 3-4 ……………………………………………………………… 99

总练习题三 ………………………………………………………………… 100

第四章　定积分及其应用 ………………………………………………… 102

第一节　定积分的概念与性质 ……………………………………………… 102
　　一、定积分的概念与几何意义 …………………………………………… 104
　　二、定积分的性质 ………………………………………………………… 105
　　练习题 4-1 ……………………………………………………………… 108

第二节　定积分的计算 ……………………………………………………… 108
　　一、微积分基本公式 ……………………………………………………… 108
　　二、定积分的换元积分法 ………………………………………………… 110
　　三、定积分的分部积分法 ………………………………………………… 113
　　练习题 4-2 ……………………………………………………………… 114

第三节　反常积分和 Γ 函数 …………………………………………… 115
　　一、反常积分 ……………………………………………………………… 115
　　二、Γ 函数 ………………………………………………………… 118
　　练习题 4-3 ……………………………………………………………… 119

第四节　定积分的应用 ……………………………………………………… 119
　　一、平面图形的面积 ……………………………………………………… 120
　　二、体积 …………………………………………………………………… 122
　　三、平面曲线的弧长 ……………………………………………………… 125
　　四、定积分在医药学上的应用 …………………………………………… 125
　　练习题 4-4 ……………………………………………………………… 127

总练习题四 ………………………………………………………………… 128

第五章　微分方程 ·· 130

第一节　微分方程的基本概念 ·· 130
练习题 5-1 ·· 133

第二节　一阶微分方程的解法 ·· 134
一、可分离变量的微分方程 ··· 134
二、齐次方程 ··· 138
三、一阶线性微分方程 ··· 140
练习题 5-2 ·· 146

第三节　可降阶的高阶微分方程 ·· 147
一、$y^{(n)}=f(x)$ 型微分方程 ·· 147
二、$y''=f(x, y')$ 型微分方程 ··· 148
三、$y''=f(y, y')$ 型微分方程 ··· 150
练习题 5-3 ·· 155

第四节　二阶常系数线性微分方程 ······································ 155
一、二阶线性微分方程解的结构 ·· 155
二、二阶常系数齐次线性微分方程 ······································· 157
三、二阶常系数非齐次线性微分方程 ···································· 160
练习题 5-4 ·· 166

第五节　微分方程的应用 ·· 166
练习题 5-5 ·· 170

总练习题五 ·· 171

第六章　空间解析几何 ·· 172

第一节　空间直角坐标系与向量代数 ·································· 172
一、空间直角坐标系 ··· 172
二、空间两点间的距离 ··· 173
三、向量代数 ··· 174
练习题 6-1 ·· 183

第二节　空间曲面与曲线 ·· 184
一、空间曲面及其方程 ··· 184
二、空间曲线及其方程 ··· 189
练习题 6-2 ·· 193

第三节　空间平面与直线 ·· 193
一、平面及其方程 ·· 193

二、空间直线及其方程 …………………………………………………… 196
　　练习题 6-3 …………………………………………………………… 200

　总练习题六 …………………………………………………………… 201

第七章　多元函数微分法 …………………………………………………… 203

　第一节　多元函数的基本概念 …………………………………………… 203
　　一、平面点集及区域 …………………………………………………… 203
　　二、二元函数 …………………………………………………………… 204
　　练习题 7-1 …………………………………………………………… 208

　第二节　偏导数 …………………………………………………………… 208
　　一、二元偏导数 ………………………………………………………… 208
　　二、高阶偏导数 ………………………………………………………… 211
　　练习题 7-2 …………………………………………………………… 212

　第三节　全微分 …………………………………………………………… 212
　　一、全微分的概念与可微的条件 ……………………………………… 213
　　二、全微分在近似计算中的应用 ……………………………………… 216
　　练习题 7-3 …………………………………………………………… 217

　第四节　多元复合函数和隐函数的求导 ………………………………… 218
　　一、多元复合函数的求导 ……………………………………………… 218
　　二、多元隐函数的微分法 ……………………………………………… 221
　　练习题 7-4 …………………………………………………………… 222

　第五节　多元函数的极值及其求法 ……………………………………… 223
　　一、二元函数的极值 …………………………………………………… 223
　　二、最大值与最小值 …………………………………………………… 225
　　三、条件极值 …………………………………………………………… 227
　　练习题 7-5 …………………………………………………………… 229

　总练习题七 …………………………………………………………… 229

第八章　多元函数积分法 …………………………………………………… 231

　第一节　二重积分 ………………………………………………………… 231
　　一、二重积分的概念 …………………………………………………… 231
　　二、二重积分的性质 …………………………………………………… 233
　　三、二重积分的计算 …………………………………………………… 233
　　四、累次积分调换次序 ………………………………………………… 235
　　练习题 8-1 …………………………………………………………… 235

第二节　三重积分 ……………………………………………………………… 236

一、三重积分的概念 …………………………………………………………… 236

二、三重积分的计算 …………………………………………………………… 237

练习题 8-2 ……………………………………………………………………… 238

第三节　二重积分的应用 ……………………………………………………… 238

一、二重积分的几何应用 ……………………………………………………… 238

二、二重积分的物理应用 ……………………………………………………… 240

练习题 8-3 ……………………………………………………………………… 241

第四节　曲线积分 ……………………………………………………………… 242

一、对弧长的曲线积分 ………………………………………………………… 242

二、对坐标曲线积分 …………………………………………………………… 245

练习题 8-4 ……………………………………………………………………… 247

第五节　格林公式及其应用 …………………………………………………… 248

一、格林公式 …………………………………………………………………… 248

二、曲线积分与路径无关的条件 ……………………………………………… 249

练习题 8-5 ……………………………………………………………………… 251

总练习题八 ……………………………………………………………………… 252

附录　MATLAB 在高等数学中的应用 ……………………………………… 255

练习题参考答案 ………………………………………………………………… 276

参考文献 ………………………………………………………………………… 295

第一章 函数与极限

学习导引

知识要求：

1. **掌握** 函数极限的概念；单侧极限与极限的关系；极限的运算法则；两个重要极限；函数连续的概念；函数的间断点及其分类.

2. **熟悉** 复合函数的概念及分解与复合过程.

3. **了解** 函数的性质；反函数及初等函数的概念；极限存在的两个判别准则；无穷小的比较；闭区间上连续函数的性质.

能力要求：

熟练掌握求函数极限的各种方法；会求函数的极限.

函数是微积分学的主要研究对象，它描述了变量与变量之间的相互联系，是用于表达变量间复杂关系的基本数学形式．极限描述了当某个变量变化时，与之相关的变量的变化趋势．极限概念是微积分中最基本的概念，在后面的学习中我们将会看到微积分中的重要概念，如导数、定积分，都可以表示为某种形式的极限．本章在初等数学基础上进一步介绍函数、极限以及函数的连续性等概念与性质，这些内容是后面各章的基础.

第一节 函 数

一、函数的概念

1. 常量与变量 如果在某一研究过程中，一个量始终保持同一数值，这样的量称为**常量**（constant）．例如在匀速运动中，物体运动的速度是一个常量．如果在某一研究过程中，一个量可以取不同的数值，这样的量称为**变量**（variable）．一个量是变量还是常量，不是绝对的，要根据具体过程和具体条件来确定．例如在一天中儿童的身高可近似看作常量，但在一年中该儿童的身高则应视为变量．一般地，常量用 A、B、C 等字母表示，变量用 x、y、z 等字母表示.

2. 区间与邻域 对应于数轴上介于两个定点之间的所有点的集合称为**区间**，这两个定点叫作区间的端点．常用的区间有以下几种类型（以下假设 a、b 都是实数，且 $a<b$）：

（1）开区间 $(a,b)=\{x\mid a<x<b\}$；

（2）闭区间 $[a,b]=\{x\mid a\leqslant x\leqslant b\}$；

(3) 半开半闭区间 $[a,b)=\{x|a\leqslant x<b\}$，或 $(a,b]=\{x|a<x\leqslant b\}$.

如果区间的两个端点都是有限的实数，称为**有限区间**. 数 $b-a$ 称为区间的**长度**. 若区间的一个或两个端点不是有限实数，则称为**无限区间**，例如：

$$(a,+\infty)=\{x|x>a\}, \quad (-\infty,b]=\{x|x\leqslant b\}.$$

全体实数的集合 R 通常记作区间 $(-\infty,+\infty)$.

设 x_0 与 δ 为两个实数，且 $\delta>0$，称开区间 $(x_0-\delta,x_0+\delta)$ 为点 x_0 的 δ **邻域**，记为 $U(x_0,\delta)$（图 1-1），即

$$U(x_0,\delta)=\{x||x-x_0|<\delta\},$$

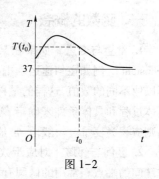
图 1-1

式中，x_0 称为该邻域的**中心**，δ 称为该邻域的**半径**. 点 x_0 的 δ 邻域去掉中心 x_0 后，称为点 x_0 的**去心 δ 邻域**，记作 $\overset{\circ}{U}(x_0,\delta)$，即

$$\overset{\circ}{U}(x_0,\delta)=\{x|0<|x-x_0|<\delta\}.$$

邻域是在后面的讨论中常用的概念.

3. 函数的概念

定义 1 设 x 与 y 是同一过程中的两个变量，D 是给定的数集. 如果对于每个 $x\in D$，按照一定的对应法则 f，变量 y 总有唯一确定的值与之对应，则称变量 y 是变量 x 的**函数**（function），记作

$$y=f(x),x\in D.$$

变量 x 称为**自变量**（independent variable），变量 y 称为**因变量**（dependent variable）.

D 是自变量 x 的所有允许取值的集合，称为函数的**定义域**（domain）. 而因变量 y 的所有值的集合称为函数的**值域**（range），记为 $W=\{y|y=f(x),x\in D\}$.

对于函数 $f(x)$ 定义域中的每一点 $x_0\in D$，函数 $f(x)$ 总有唯一确定的值与其对应，这个因变量的值称为函数在 x_0 处的**函数值**（functional value），记为 $y_0=f(x_0)$ 或 $y_0=y|_{x=x_0}$.

注意：函数的定义域与对应法则是函数的两要素，当且仅当这两要素完全相同时两个函数才是相同的，而与自变量和因变量的符号无关.

函数的表示法通常有公式法（解析式法）、图像法和表格法.

例 1 在出生后 1~6 个月内，正常婴儿的体重近似满足以下关系式

$$y=3+0.6x,$$

式中，x 表示婴儿的月龄，y 表示婴儿的体重（kg），该函数的定义域为 $[1,6]$. 若不考虑问题的实际意义，函数 $y=3+0.6x$ 的自然定义域则为 $(-\infty,+\infty)$.

例 2 监护仪自动记录了某患者一段时间内体温 T 的变化曲线，如图 1-2 所示.

对于在该段时间内的任一时刻，都可以根据此图读出患者在这一时刻的体温值，患者体温 T 是时间 t 的函数 $T=T(t)$. 这是用图像法表示的函数关系. 对于健康人而言，体温通常在 $T=37$℃，反映在图像上，是一条平行于 t 轴的直线.

例 3 某地区 2001~2010 年的胃癌发病率，如表 1-1 所示. 可以看出，对于在 2001~2010 年间的每一年 t，都有一个发病率 y 与之对应，y 是 t 的函数，对应规律由表 1-1 给出，这是用表格法表示的函数关系.

图 1-2

表 1-1 某地区 2001~2010 年的胃癌发病率

t(年份)	2001	2002	2003	2004	2005	2006	2007	2008	2009	2010
y(发病率/万)	4.74	3.52	3.36	2.82	3.03	3.08	2.57	1.58	1.69	2.05

4. 分段函数 在经济、生物、医药学及工程技术等领域中,经常遇到一类函数,当自变量在定义域的不同范围内取值时,对应法则需要用不同的式子来表示,这类函数称为**分段函数**(piecewise function).

例 4 设 $x \in R$,取不超过 x 的最大整数简称为 x 的**取整函数**,记为 $f(x) = [x]$. 例如 $[\pi] = 3$, $[\sqrt{3}] = 1$, $\left[\dfrac{2}{5}\right] = 0$, $\left[-\dfrac{2}{5}\right] = -1$. 取整函数的定义域是 $(-\infty, +\infty)$,值域是整数集 Z,这是一个分段函数,其图形如图 1-3 所示.

例 5 在生理学研究中,血液中胰岛素浓度 $c(t)$(U/ml)随时间 t(min)变化的经验公式为

$$c(t) = \begin{cases} t(10-t), & 0 \leqslant t \leqslant 5, \\ 25e^{-k(t-5)}, & t > 5. \end{cases}$$

式中,$k>0$ 为常数. 这是一个分段函数(图 1-4).

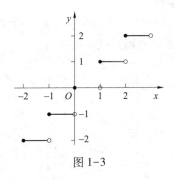

图 1-3

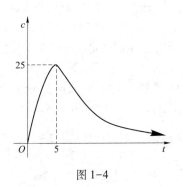

图 1-4

我们看到,在 $t=5$ 的左右两侧,函数 $c(t)$ 的表达式不同,这种点称为分段函数的**分段点**(或**分界点**).

例 6 某银行发售的某款理财产品,规定客户的预期年化收益率 y(%)与投资期 x(天)的关系如表 1-2 所示.

表 1-2 客户预期年化收益率

投资期(天)	预期年化收益率(%)
1 天≤投资期<30 天	1.11
30 天≤投资期<60 天	3.21
60 天≤投资期<90 天	3.36
90 天≤投资期<120 天	3.57
120 天≤投资期<150 天	3.66
150 天≤投资期<180 天	3.78
投资期≥180 天	4.20

用公式法表示为

$$y = \begin{cases} 1.11, & 1 \leqslant x < 30, \\ 3.21, & 30 \leqslant x < 60, \\ 3.36, & 60 \leqslant x < 90, \\ 3.57, & 90 \leqslant x < 120, \\ 3.66, & 120 \leqslant x < 150, \\ 3.78, & 150 \leqslant x < 180, \\ 4.20, & x \geqslant 180. \end{cases}$$

这是一个分段函数,分段点有 6 个,分别是 $x = 30, 60, 90, 120, 150, 180$(天).

二、反函数

定义 2 设函数 $y = f(x)$ 的定义域为数集 D,值域为数集 W,若对每一个 $y \in W$,都有唯一的 $x \in D$ 满足关系 $f(x) = y$,那么就将此 x 值作为取定的 y 值的对应值,从而得到一个定义在 W 上的新函数,称其为 $y = f(x)$ 的**反函数**. 记作

$$x = f^{-1}(y).$$

显然,这个函数的定义域为函数 $y = f(x)$ 的值域 W,它的值域为函数 $y = f(x)$ 的定义域 D. 相对于反函数 $x = f^{-1}(y)$ 来说,原来的函数 $y = f(x)$ 称为**直接函数**.

在函数式 $x = f^{-1}(y)$ 中,字母 y 表示自变量,字母 x 表示因变量. 但习惯上我们一般用 x 表示自变量,用 y 表示因变量. 因此在讨论反函数本身时,常常对调函数式中的字母 x、y,将它改记为 $y = f^{-1}(x)$.

于是,在同一坐标系中,函数 $y = f(x)$ 与其反函数 $y = f^{-1}(x)$ 的图形关于直线 $y = x$ 对称(图 1-5).

例如,对于函数 $y = f(x) = 2x + 3$,可得 $x = f^{-1}(y) = \dfrac{y-3}{2}$,因而函数 $y = 2x + 3$ 的反函数为 $y = f^{-1}(x) = \dfrac{x-3}{2}$.

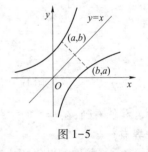

图 1-5

容易得到下面关于反函数存在性的充分条件:**若函数 $y = f(x)$ 在某个定义区间 I 上单调(增加或减少),则其反函数必定存在**. 这是因为,由于函数 $y = f(x)$ 在区间 I 上单调,对于该函数值域 W 中的任一值 $y \in W$,I 内必定有唯一的 x 值满足 $f(x) = y$,从而 $y = f(x)(x \in I)$ 存在反函数.

例 7 正弦函数 $y = \sin x$ 的定义域为 $(-\infty, +\infty)$,值域为 $[-1, 1]$. 对于任一 $y \in [-1, 1]$,在 $(-\infty, +\infty)$ 内有无穷多个 x 值满足 $\sin x = y$,因而 $y = \sin x$ 在 $(-\infty, +\infty)$ 内不存在反函数. 但如果把正弦函数 $y = \sin x$ 的定义域限制在它的单调区间 $\left[-\dfrac{\pi}{2}, \dfrac{\pi}{2} \right]$(常称此区间为正弦函数的**单调主值区间**)上,即对于 $y = \sin x \left(x \in \left[-\dfrac{\pi}{2}, \dfrac{\pi}{2} \right] \right)$,由上述反函数存在的充分条件可知,必定存在反函数. 这个反函数称为**反正弦函数**,记作 $y = \arcsin x$. 反正弦函数的定义域是 $[-1, 1]$,值域是 $\left[-\dfrac{\pi}{2}, \dfrac{\pi}{2} \right]$(图 1-6).

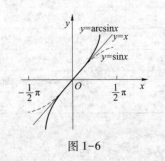

图 1-6

类似地,可以定义在区间 $[0, \pi]$ 上余弦函数 $y = \cos x$ 的反函数,称为**反余弦函数**,记作 $y = \arccos x$,其定义域是 $[-1, 1]$,值域是

$[0,\pi]$;定义在区间$\left(-\dfrac{\pi}{2},\dfrac{\pi}{2}\right)$内的正切函数$y=\tan x$的反函数,称为**反正切函数**,记作$y=\arctan x$,其定义域是$(-\infty,+\infty)$,值域是$\left(-\dfrac{\pi}{2},\dfrac{\pi}{2}\right)$;定义在区间$(0,\pi)$内的余切函数$y=\cot x$的反函数,称为**反余切函数**,记作$y=\operatorname{arccot}x$,其定义域是$(-\infty,+\infty)$,值域是$(0,\pi)$.

函数$y=\arcsin x,y=\arccos x,y=\arctan x,y=\operatorname{arccot}x$统称为**反三角函数**.

三、函数的性质

函数的性质主要包括有界性、单调性、奇偶性及周期性,其中函数的单调性、奇偶性及周期性在中学已有较多的讨论.

1. 函数的有界性 设函数$f(x)$的定义域为D,数集$X\subset D$. 如果存在$M>0$,对任一$x\in X$,都有

$$|f(x)|\leqslant M,$$

则称函数$f(x)$在X上**有界**. 如果这样的正数M不存在,就称$f(x)$在X上**无界**.

若函数$f(x)$在X上有界,常说$f(x)$是X上的**有界函数**;若函数$f(x)$在X上无界,也说$f(x)$是X上的**无界函数**.

例如正弦函数$y=\sin x$在整个定义域$(-\infty,+\infty)$内有界,因为对任一$x\in(-\infty,+\infty)$,都有$|\sin x|\leqslant1$(存在正数$M=1$),也可以说$y=\sin x$是其定义域上的有界函数;同理可知,余弦函数$y=\cos x$以及反三角函数$\arcsin x$、$\arccos x$、$\arctan x$、$\operatorname{arccot}x$都是各自定义域上的有界函数;而函数$f(x)=\dfrac{1}{x}$在开区间$(0,1)$内是无界的,因为不存在这样的正数M,使$\left|\dfrac{1}{x}\right|\leqslant M$对于$(0,1)$内的一切$x$都成立. 但$f(x)=\dfrac{1}{x}$在区间$[1,+\infty)$内是有界的,因为可取$M=1$使不等式$\left|\dfrac{1}{x}\right|\leqslant1$对于区间$[1,+\infty)$中的任意$x$都成立.

2. 函数的单调性 设函数$f(x)$在区间I内有定义,如果对于I内任意两点x_1、x_2,当$x_1<x_2$时,恒有

$$f(x_1)<f(x_2),$$

则称函数$f(x)$在区间I内是**单调增加**的;如果对于I内任意两点x_1、x_2,当$x_1<x_2$时,恒有

$$f(x_1)>f(x_2),$$

则称函数$f(x)$在区间I内是**单调减少**的.

单调增加与单调减少的函数统称为**单调函数**,使得函数单调的定义区间称为函数的**单调区间**.

例如,函数$f(x)=x^3$在整个定义域$(-\infty,+\infty)$内单调;函数$f(x)=x^2$在定义区间$[0,+\infty)$上单调增加,在定义区间$(-\infty,0]$上单调减少. 区间$[0,+\infty)$与$(-\infty,0]$是函数$f(x)=x^2$的单调区间.

3. 函数的奇偶性 设函数$f(x)$的定义域D关于原点对称. 如果对于任一$x\in D$,都有

$$f(-x)=f(x)$$

成立,则称$f(x)$为**偶函数**. 如果对于任一$x\in D$,都有

$$f(-x)=-f(x)$$

成立,则称$f(x)$为**奇函数**.

例如,$f(x)=\sin x$是奇函数,$f(x)=\cos x$是偶函数. 显然,偶函数的图形关于y轴对称,奇函

数的图形关于坐标原点 O 对称.

4. 函数的周期性 设函数 $f(x)$ 的定义域为 D,如果存在常数 $T\neq 0$,使得对于任一 $x\in D$,且 $x+T\in D$,恒有

$$f(x+T)=f(x)$$

成立,则称 $f(x)$ 是**周期函数**.T 称为 $f(x)$ 的**周期**.通常所说的周期是指函数的**最小正周期**.

例如,函数 $\sin x$、$\cos x$ 都是周期函数,周期都为 2π;函数 $\tan x$、$\cot x$ 的周期都为 π.

四、基本初等函数

通常把幂函数、指数函数、对数函数、三角函数及反三角函数这五类函数统称为**基本初等函数**(basic elementary function).五类基本初等函数的图形及性质见表 1-3.

表 1-3 五类基本初等函数的图形及性质

函数	定义域	图　形	性　质
幂函数 $y=x^{\mu}$ (μ 是常数)	随 μ 的不同而不同,但在 $(0,+\infty)$ 内都有定义		过 $(1,1)$ 点,在 $[0,+\infty)$ 内,当 $\mu>0$ 时,单调增加;当 $\mu<0$ 时,单调减少
指数函数 $y=a^{x}$($a>0$ 且 $a\neq 1$)	$(-\infty,+\infty)$		图像在 x 轴上方,过 $(0,1)$ 点,当 $0<a<1$ 时为减函数;当 $a>1$ 时为增函数
对数函数 $y=\log_a x$ ($a>0$ 且 $a\neq 1$)	$(0,+\infty)$		图像在 y 轴右侧,过点 $(1,0)$,当 $0<a<1$ 时,为减函数;当 $a>1$ 时,为增函数

续表

函数	定义域	图　形	性　质
正弦函数 $y = \sin x$	$(-\infty, +\infty)$		以 2π 为周期， 奇函数， 有界函数，$|\sin x| \leqslant 1$
余弦函数 $y = \cos x$	$(-\infty, +\infty)$		以 2π 为周期， 偶函数， 有界函数，$|\cos x| \leqslant 1$
正切函数 $y = \tan x$	$x \neq k\pi + \dfrac{\pi}{2}$ $(k = 0, \pm 1, \pm 2, \cdots)$		以 π 为周期， 奇函数，在 $\left(-\dfrac{\pi}{2}, \dfrac{\pi}{2}\right)$ 内为 增函数
余切函数 $y = \cot x$	$x \neq k\pi$ $(k = 0, \pm 1, \pm 2, \cdots)$		以 π 为周期， 奇函数，在 $(0, \pi)$ 内为减 函数
反正弦函数 $y = \arcsin x$	$[-1, 1]$		单调增加， 奇函数， 有界函数， 值域为 $\left[-\dfrac{\pi}{2}, \dfrac{\pi}{2}\right]$
反余弦函数 $y = \arccos x$	$[-1, 1]$		单调减少， 有界函数， 值域为 $[0, \pi]$

续表

函数	定义域	图 形	性 质
反正切函数 $y=\arctan x$	$(-\infty,+\infty)$		单调增加,奇函数,有界函数,值域为 $\left(-\dfrac{\pi}{2},\dfrac{\pi}{2}\right)$,直线 $y=-\dfrac{\pi}{2}$ 及 $y=\dfrac{\pi}{2}$ 为其两条水平渐近线
反余切函数 $y=\operatorname{arccot}x$	$(-\infty,+\infty)$		单调减少,有界函数,值域为 $(0,\pi)$,直线 $y=0$ 及 $y=\pi$ 为其两条水平渐近线

五、复合函数

对于函数 $y=\sin\sqrt{x}$,可以看作是由 $y=\sin u$,$u=\sqrt{x}$ 经过代入运算所得到的复合函数.

定义 3 设 y 是 u 的函数 $y=f(u)$,u 是 x 的函数 $u=\varphi(x)$,若 x 在 $u=\varphi(x)$ 的定义域上取值时,所对应的 u 值使 $y=f(u)$ 有定义,则称 $y=f[\varphi(x)]$ 是 x 的**复合函数**(compound function),其中 u 称为**中间变量**(intermediate variable).

例 8 分别求由函数 $y=u^3$ 与 $u=\tan x$ 构成的复合函数;以及由函数 $y=\tan u$ 与 $u=x^3$ 构成的复合函数.

解 (1)由函数 $y=u^3$ 与 $u=\tan x$ 构成的复合函数是
$$y=\tan^3 x;$$

(2)由函数 $y=\tan u$ 与 $u=x^3$ 构成的复合函数是
$$y=\tan(x^3).$$

求由多个简单函数生成的复合函数,只需将各中间变量依次替换或代入.

例 9 求由 $y=\sqrt[3]{u}$,$u=\cos v$,$v=\dfrac{x}{2}$ 构成的复合函数.

解 将中间变量 u、v 依次代入可得复合函数 $y=\sqrt[3]{\cos\dfrac{x}{2}}$.

在后面的微分学与积分学的学习中,有时需要搞清楚函数的复合关系,这就需要对复合函数作出恰当的分解.对复合函数分解的关键是设置适当的中间变量,可以采取以基本初等函数为标准,由外及内,逐层设置中间变量的方法.

例 10 试分解复合函数 $y=e^{\sin\frac{1}{x}}$.

解 显然该复合函数可看作由 $y=e^u$,$u=\sin v$ 及 $v=\dfrac{1}{x}$ 复合而成.

复合函数分解后每一层上的函数应为基本初等函数或由有限个基本初等函数经过四则运算而成.

例 11 试分解复合函数 $y=\ln[\tan(x^2+\arcsin x)]$.

解 该复合函数可看作由 $y=\ln u, u=\tan v, v=x^2+\arcsin x$ 复合而成.

六、初等函数

由常数及五类基本初等函数经过有限次的四则运算与有限次的复合步骤所构成的且可以用一个解析式表示的函数,称为**初等函数**(elementary function).如正割函数 $\sec x=\dfrac{1}{\cos x}$、余割函数 $\csc x=\dfrac{1}{\sin x}$,双曲正弦函数 $\operatorname{sh}x=\dfrac{e^x-e^{-x}}{2}$,双曲余弦函数 $\operatorname{ch}x=\dfrac{e^x+e^{-x}}{2}$,多项式函数 $f(x)=a_0x^n+a_1x^{n-1}+\cdots+a_{n-1}x+a_n$(其中 $a_0,a_1,\cdots,a_n$ 是常数,且 $a_0\neq0$),以及有理函数 $f(x)=\dfrac{a_0x^n+a_1x^{n-1}+\cdots+a_{n-1}x+a_n}{b_0x^m+b_1x^{m-1}+\cdots+b_{m-1}x+b_m}$ 都是初等函数.分段函数虽不是初等函数,但在不同段内的表达式,通常用初等函数表示.

练习题 1-1

1. 设 $f(x+1)=e^{x^2+2x}-x$,求 $f(x-1)$.

2. 已知函数 $y=f(x)=\begin{cases}\ln x, & 0<x\leqslant1,\\ 1+x, & x>1,\end{cases}$ 求 $f\left(\dfrac{1}{2}\right)$ 及 $f(e)$,并求其定义域及值域.

3. 某药物的每天剂量 $y(g)$ 与使用者的年龄 x(岁)之间有关系:

$$y=\begin{cases}0.125x, & 0<x<16,\\ 2, & x\geqslant16,\end{cases}$$

试求 3 岁、10 岁、19 岁患者每天所用药量.

4. 判断下列各组函数是否相同?为什么?

(1) $f(x)=x, g(x)=e^{\ln x}$; 　　　　　　(2) $f(x)=|x|, u(t)=\sqrt{t^2}$;

(3) $f(x)=\sqrt{\dfrac{x+1}{x+2}}, g(x)=\dfrac{\sqrt{x+1}}{\sqrt{x+2}}$.

5. 求下列函数的反函数并给出其反函数的定义域

(1) $y=\dfrac{1-x}{1+x}$; 　　　　　　　(2) $y=2\sin3x, x\in\left[-\dfrac{\pi}{6},\dfrac{\pi}{6}\right]$;

(3) $y=1+\log_a(x+2)$; 　　　　　(4) $y=\dfrac{e^x}{e^x+1}$.

6. 判断下列函数的奇偶性

(1) $y=\dfrac{a^x+a^{-x}}{2}(a>1)$; 　　　　(2) $y=x(x+2)(x-2)$;

(3) $y=\arcsin x+\arctan x$.

7. 将下列复合函数分解为基本初等函数,或基本初等函数的和、差、积、商

(1) $y=\sqrt{\sin^3(x-1)}$; 　　　　　(2) $y=3\ln(1+\sqrt{1+x^2})$;

(3) $y=e^{-x^2}$; 　　　　　　　　(4) $y=\arccos\left(\dfrac{x}{a}+1\right)^2$;

（5）$y = 5^{(x^2+1)^4}$； （6）$y = \sin\left[\tan\left(x^2 + x - 1\right)\right]$.

8. 设 $f(x) = \begin{cases} \sqrt{1-x^2}, & |x| < 1, \\ x^2 + 1, & |x| \geq 1, \end{cases}$ 求 $f[f(x)]$.

第二节 极 限

函数关系描述了因变量与自变量之间的相互依赖关系,极限是用于研究变量的变化趋势的基本方法.

一、数列的极限

极限概念是由求某些实际问题的精确解而产生的. 例如,我国古代数学家刘徽(公元 3 世纪)为求圆的面积创立的"割圆术",就是早期极限思想的体现.

为得到圆的面积,利用内接正多边形的面积去逼近圆的面积(图 1-7).首先作内接正 6 边形,其面积记为 A_1;再作内接正 12 边形,其面积记为 A_2;然后作内接正 24 边形,其面积记为 A_3;依次下去,每次边数加倍. 一般地,把内接正 $6 \times 2^{n-1}$ 边形的面积记为 A_n(n 为正整数). 这样,就得到一系列内接正多边形的面积

图 1-7

$$A_1, A_2, A_3, \cdots, A_n, \cdots,$$

它们构成一个数列,记作 $\{A_n\}$. 显然,边数 n 越大,内接正多边形的面积就越接近圆的面积,从而以 A_n 作为圆面积的近似值也就越精确. 但无论 n 取多大,只要 n 是确定的,A_n 终究只是多边形的面积而不是圆的面积. 可以设想,当 n 无限增大(记为 $n \to \infty$,读作 n 趋于无穷大),即内接正多边形的边数无限增加时,内接正多边形无限接近于圆,同时 A_n 也无限接近于某一确定的数值,这个确定的数值就是圆的面积,称为这个数列 $\{A_n\}$ 当 $n \to \infty$ 时的极限.

一般地,我们给出下面数列极限的描述性定义.

定义 1 对于数列 $\{x_n\}$,如果当 n 无限增大时,x_n 无限接近于某一常数 a,则称常数 a 为数列 $\{x_n\}$ 的**极限**(limit),或称数列 $\{x_n\}$ **收敛**(convergence)于 a,记作

$$\lim_{n \to \infty} x_n = a \text{ 或 } x_n \to a(n \to \infty).$$

读作"当 n 趋于无穷大时,x_n 的极限等于 a 或 x_n 趋于 a".

如果这样的常数 a 不存在,就说数列 $\{x_n\}$ 没有极限,或称数列 $\{x_n\}$ **发散**(divergent).

例如,当 $n \to \infty$ 时,$\dfrac{1}{n}$ 无限接近于常数 0,所以 0 是数列 $\left\{\dfrac{1}{n}\right\}$ 的极限,或说数列 $\left\{\dfrac{1}{n}\right\}$ 收敛于 0,即 $\lim\limits_{n \to \infty} \dfrac{1}{n} = 0$;当 $n \to \infty$ 时,$\dfrac{n + (-1)^{n-1}}{n}$ 无限接近于常数 1,所以 1 是数列 $\left\{\dfrac{n + (-1)^{n-1}}{n}\right\}$ 的极限,即 $\lim\limits_{n \to \infty} \dfrac{n + (-1)^{n-1}}{n} = 1$;但对于数列 $\{(-1)^n\}$ 而言,则找不到一个确定的常数,使得当 n 无限增大时,$(-1)^n$ 能够与该常数无限接近,故数列 $\{(-1)^n\}$ 不存在极限,或称数列 $\{(-1)^n\}$ 发散;同样,数列 $\{2^n\}$ 也发散.

需要说明的是,数列极限的上述定义只是一个描述性定义,并不是精确定义(或分析定

义),若需了解极限的分析定义请参阅有关的高等数学教材.据此定义我们无法求得某数列的极限,对于上面几个简单的数列,我们可以通过对其几何(或图像)上的观察来推知该数列的极限.

二、函数的极限

实际上,数列$\{x_n\}$可以看作是定义在正整数集(N^+)上的特殊函数$x_n=f(n)(n\in N^+)$,所以数列的极限可看作函数极限的特殊情形,即当自变量n取正整数而无限增大(即$n\to\infty$)时函数$x_n=f(n)$的极限.与数列相比,对于函数$y=f(x)$,自变量的变化过程要复杂一些,通常分如下两种情形:①自变量x的绝对值$|x|$无限增大或说趋于无穷大(记作$x\to\infty$);②自变量x任意地接近有限值x_0或说趋于有限值x_0(记作$x\to x_0$).

1. 自变量趋于无穷大时函数的极限　类似于数列极限,同样可给出函数极限的描述性定义.

定义 2　当自变量x的绝对值$|x|$无限增大时,若函数$y=f(x)$无限地趋近于某一常数A,则称常数A为函数$f(x)$当x趋于无穷大时的**极限**(limit).记作

$$\lim_{x\to\infty}f(x)=A \text{ 或 } f(x)\to A(x\to\infty).$$

如果这样的常数不存在,那么称$x\to\infty$时$f(x)$没有极限(或称极限$\lim\limits_{x\to\infty}f(x)$不存在).

例如,从几何上(图1-8)我们可以看出,函数$f(x)=\dfrac{1}{x}$当$x\to\infty$时无限趋近于常数0,所以有

$\lim\limits_{x\to\infty}\dfrac{1}{x}=0$;函数$f(x)=\dfrac{\sin x}{x}$当$x\to\infty$时无限趋近于常数0(图1-9),所以有$\lim\limits_{x\to\infty}\dfrac{\sin x}{x}=0.$

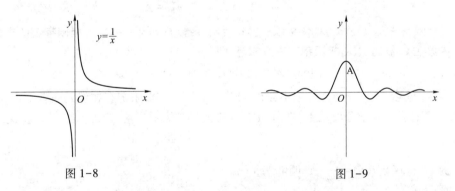

图1-8　　　　　　　　　　　　　　　图1-9

若自变量x取正值而无限增大(在几何上,表现为自变量沿着x轴的正向远离坐标原点),我们记作$x\to+\infty$;若自变量x取负值而其绝对值无限增大(在几何上,表现为自变量沿着x轴的负向远离坐标原点),我们记作$x\to-\infty$,类似地可以给出当$x\to+\infty$或$x\to-\infty$时函数极限的定义.

例如显然有$\lim\limits_{x\to+\infty}\arctan x=\dfrac{\pi}{2}$,$\lim\limits_{x\to-\infty}\arctan x=-\dfrac{\pi}{2}$;$\lim\limits_{x\to-\infty}e^x=0$(表1-3).

2. 自变量趋于有限值时函数的极限

定义 3　设函数$f(x)$在x_0点的某去心邻域内有定义(在x_0处可以没有定义),当自变量x以任意方式无限地接近于x_0时,若函数$f(x)$无限接近于确定的常数A,则称A是函数$f(x)$当x趋于x_0时的**极限**.记为

$$\lim_{x\to x_0}f(x)=A \text{ 或 } f(x)\to A(x\to x_0).$$

如果这样的常数不存在,那么称 $x \to x_0$ 时 $f(x)$ 没有极限,或称极限 $\lim_{x \to x_0} f(x)$ 不存在.

注意:$x \to x_0$ 表示 x 以任意方式无限趋近于 x_0,但 $x \neq x_0$. 因此,$f(x)$ 在点 x_0 处是否有极限与它在 x_0 处有无定义无关.

例如,容易看出 $\lim_{x \to 1} \dfrac{x^2-1}{x-1} = 2$,虽然函数 $f(x) = \dfrac{x^2-1}{x-1}$ 在 $x=1$ 处并无定义.

对于简单的函数,我们可以在几何上观察当自变量有某一变化趋势时函数的变化趋势,从而推知它的极限. 例如,易看出 $\lim_{x \to 1}(2x-1) = 1$,$\lim_{x \to 0}(2x-1) = -1$,$\lim_{x \to 3} \dfrac{x^2-9}{x-3} = 6$,$\lim_{x \to 2} \sqrt{x} = \sqrt{2}$,$\lim_{x \to x_0} \sin x = \sin x_0$,$\lim_{x \to 1} \ln x = 0$ 等,这些结果今后可直接使用.

另外,我们不加证明地指出:**一切基本初等函数在其定义区间内某一点的极限值等于它在这一点的函数值**. 即:若 $f(x)$ 是基本初等函数,其定义区间为 D,那么对于任一 $x_0 \in D$,必有
$$\lim_{x \to x_0} f(x) = f(x_0).$$

3. 单侧极限　在实际应用中,我们有时需要考虑 x 仅从 x_0 的左侧趋于 x_0(记作 $x \to x_0^-$)的情形,或 x 仅从 x_0 的右侧趋于 x_0(记作 $x \to x_0^+$)的情形.

定义 4　如果当 x 从 x_0 的左侧趋于 x_0 时,函数 $f(x)$ 无限趋近于常数 A,则称常数 A 为函数 $f(x)$ 在 x_0 点的**左极限**(left-hand limit),记为
$$\lim_{x \to x_0^-} f(x) = A \quad \text{或} \quad f(x_0^-) = A.$$

类似地,如果当 x 从 x_0 的右侧趋于 x_0 时,函数 $f(x)$ 无限趋近于常数 A,则称常数 A 为函数 $f(x)$ 在 x_0 点的**右极限**(right-hand limit),记为
$$\lim_{x \to x_0^+} f(x) = A \quad \text{或} \quad f(x_0^+) = A.$$

左极限与右极限统称为**单侧极限**. 容易看出:**函数 $f(x)$ 当 $x \to x_0$ 时极限存在的充分必要条件为函数在 x_0 点的左、右极限都存在且相等**,即
$$\lim_{x \to x_0} f(x) = A \Leftrightarrow \lim_{x \to x_0^-} f(x) = \lim_{x \to x_0^+} f(x) = A.$$

因此,若至少有一个单侧极限不存在,或者,虽然左、右极限都存在但是两者不相等,则极限 $\lim_{x \to x_0} f(x)$ 不存在. 对于分段函数,在分段点处的极限常需要考虑单侧极限,并依据此结论做出判断.

例 1　设函数 $f(x) = \dfrac{|x|}{x}$,证明 $\lim_{x \to 0} f(x)$ 不存在.

解　该函数为
$$f(x) = \begin{cases} 1, & x>0, \\ -1, & x<0. \end{cases}$$

在分段点 $x=0$ 的左、右两侧函数的表达式不同,因而需要考虑单侧极限. 因为
$$\lim_{x \to 0^-} f(x) = \lim_{x \to 0^-} \frac{|x|}{x} = \lim_{x \to 0^-}(-1) = -1, \quad \lim_{x \to 0^+} f(x) = \lim_{x \to 0^+} \frac{|x|}{x} = \lim_{x \to 0^+} 1 = 1,$$

$\lim_{x \to 0^-} f(x) \neq \lim_{x \to 0^+} f(x)$,所以极限 $\lim_{x \to 0} \dfrac{|x|}{x}$ 不存在.

例 2　设 $f(x) = \begin{cases} x+1, & -\infty < x < 0, \\ x^2, & 0 \leq x \leq 1, \\ 1, & x>1. \end{cases}$　求 $\lim_{x \to 0} f(x)$,$\lim_{x \to 1} f(x)$ 及 $\lim_{x \to -1} f(x)$.

解　（1）因函数在 $x=0$ 点的左右两侧表达式不同,需要考虑单侧极限. 因为

$$\lim_{x\to 0^-}f(x)=\lim_{x\to 0^-}(x+1)=1,\quad \lim_{x\to 0^+}f(x)=\lim_{x\to 0^+}x^2=0,$$

$\lim_{x\to 0^-}f(x)\neq\lim_{x\to 0^+}f(x)$,即左右极限虽然都存在但是不相等,所以 $\lim_{x\to 0}f(x)$ 不存在;

（2）因函数在 $x=1$ 点的左右两侧表达式不同,需要考虑单侧极限. 因为

$$\lim_{x\to 1^-}f(x)=\lim_{x\to 1^-}x^2=1,\quad \lim_{x\to 1^+}f(x)=\lim_{x\to 1^+}1=1,$$

$\lim_{x\to 1^-}f(x)=\lim_{x\to 1^+}f(x)=1$,所以 $\lim_{x\to 1}f(x)=1$;

（3）$\lim_{x\to -1}f(x)=\lim_{x\to -1}(x+1)=0.$

请读者思考求函数在 $x=-1$ 点的极限时为什么不需讨论单侧极限.

4. 极限的性质　为方便后面的讨论,在此我们不加证明地介绍函数极限的一条重要性质,称为**极限的局部保号性**:在自变量的某一局部变化范围内,函数值 $f(x)$ 与其极限值 A 保持相同的符号. 即若 $\lim_{x\to x_0}f(x)=A$,且 $A>0$（或 $A<0$）,那么在 x_0 点的某邻域内有 $f(x)>0$ 或 $f(x)<0$;若在 x_0 点的某去心邻域内有 $f(x)\geq 0$ 或 $f(x)\leq 0$,则其极限值 $A\geq 0$（或 $A\leq 0$）.

此结论对于自变量的任一变化过程都成立.

三、无穷小与无穷大

1. 无穷小

定义5　若 $\lim_{x\to x_0}f(x)=0$,则称函数 $f(x)$ 为 $x\to x_0$ 时的无穷小量,简称**无穷小**.

定义中的极限过程 $x\to x_0$,可换为 $x\to x_0^+$,$x\to x_0^-$,$x\to\infty$,$x\to-\infty$,$x\to+\infty$. 当然函数 $f(x)$ 也可换为数列 $\{x_n\}$,此时极限过程则相应换为 $n\to\infty$.

无穷小量是以零为极限的函数或变量,提到无穷小量时要指明自变量的变化过程. 例如函数 $\sin x$ 是 $x\to 0$ 时的无穷小（但当 $x\to\dfrac{\pi}{2}$ 时 $\sin x$ 不是无穷小）;函数 $\dfrac{1}{x}$ 是 $x\to\infty$ 时的无穷小;数列 $\dfrac{1}{2^n}$ 是 $n\to\infty$ 时的无穷小.

按照无穷小的定义,任意非零常数（其极限是其本身）,无论其绝对值多小,都不是无穷小,但常数零可以看作特殊的无穷小.

2. 无穷小与函数极限的关系

定理1　在自变量的同一变化过程（$x\to x_0$ 或 $x\to\infty$ 等）中,函数 $f(x)$ 的极限等于 A 的充要条件是 $f(x)=A+\alpha(x)$,其中 $\alpha(x)$ 是同一变化过程中的无穷小.

这个结论可依据极限的分析定义、无穷小的定义推出,本书略去其详细证明.

3. 无穷小的性质　以下不加证明地列出无穷小的性质.

性质1　有限个无穷小的和仍为无穷小.

性质2　有限个无穷小的乘积仍为无穷小.

性质3　有界函数与无穷小的乘积仍为无穷小.

因为常数也是有界函数,所以常数与无穷小的乘积为无穷小.

例3　证明 $\lim_{x\to 0}\left(x\sin\dfrac{1}{x}\right)=0.$

解　因为 $\left|\sin\dfrac{1}{x}\right|\leq 1$,$(x\neq 0)$,即 $\sin\dfrac{1}{x}$ 在 $x=0$ 的任一去心邻域内有界. 而 $\lim_{x\to 0}x=0$,即函数

x 是 $x\to0$ 时的无穷小,所以据性质 3,函数 $x\sin\dfrac{1}{x}$ 是 $x\to0$ 时的无穷小,即

$$\lim_{x\to0}\left(x\sin\frac{1}{x}\right)=0.$$

注意:两个无穷小的商可能是无穷小,也可能是无穷大,还可能极限不存在,有多种可能的结果.

4. 无穷大　与无穷小量相对的概念是无穷大量,定义如下.

定义 6　如果在自变量的某一变化过程($x\to x_0$ 或 $x\to\infty$ 等)中,函数 $f(x)$ 的绝对值 $|f(x)|$ 无限增大,则称函数 $f(x)$ 为该变化过程中的无穷大量,简称**无穷大**.

以变化过程 $x\to x_0$ 为例,将无穷大记作 $\lim_{x\to x_0}f(x)=\infty$ 或 $f(x)\to\infty\ (x\to x_0)$.

如果在定义 6 中把"$|f(x)|$ 无限增大"改为"$f(x)$ 无限增大",或"$-f(x)$ 无限增大",则相应地称为"**正无穷大**"(或"**负无穷大**"),记作 $\lim_{x\to x_0}f(x)=+\infty$　(或 $\lim_{x\to x_0}f(x)=-\infty$).

例如,易判断 $\lim_{x\to\infty}x^2=+\infty$, $\lim_{x\to+\infty}e^x=+\infty$, $\lim_{x\to0^+}\dfrac{1}{x}=+\infty$, $\lim_{x\to0^-}\dfrac{1}{x}=-\infty$.

注意,无穷大是变量不是数,任何常数无论其绝对值多大都不是无穷大;其次,如果函数 $f(x)$ 是某一变化过程(例如 $x\to x_0$)的无穷大,虽然在形式上记作 $\lim_{x\to x_0}f(x)=\infty$,但按照函数极限的定义,这时函数 $f(x)$ 的极限是不存在的,不要误认为此时函数有极限.

5. 无穷大与无穷小的关系

定理 2　在自变量的同一极限过程中,如果 $f(x)$ 是无穷大,则 $\dfrac{1}{f(x)}$ 为无穷小;反之,如果 $f(x)$ 是无穷小,且 $f(x)\neq0$,则 $\dfrac{1}{f(x)}$ 为无穷大.

证　略.

实际上,依据无穷大的定义判断一个函数或变量为某一变化过程的无穷大并非易事.对于较复杂的函数,我们可以利用定理 2 判断它是否为无穷大.

例如,由于 $\lim_{x\to0}\sin x=0$,即 $\sin x$ 是 $x\to0$ 时的无穷小,且 $x\to0$ 时 $\sin x\neq0$,根据定理 2,可判断其倒数函数 $\dfrac{1}{\sin x}$ 是同一极限过程中的无穷大,即 $\lim_{x\to0}\dfrac{1}{\sin x}=\infty$.

练习题 1-2

1. 下列各题中,哪些数列收敛? 哪些数列发散? 对收敛数列,通过观察 $\{x_n\}$ 的变化趋势确定其极限.

(1) $\left\{\dfrac{n}{n+1}\right\}$;　　　　　　　　　　(2) $\left\{\dfrac{1}{n^2}\right\}$;

(3) $\left\{\left(\dfrac{2}{3}\right)^n\right\}$;　　　　　　　　　(4) $\{(-1)^n n\}$.

2. 通过观察确定下列函数的极限.

(1) $\lim\limits_{x\to\infty}\dfrac{1}{2x-1}$;　　(2) $\lim\limits_{x\to+\infty}2^{-x}$;　　(3) $\lim\limits_{x\to0}\tan x$;　　(4) $\lim\limits_{x\to0}\arcsin x$.

3. 求函数 $f(x)=\dfrac{\sin x}{\sin x}$ 当 $x\to 0$ 时的左、右极限,并说明它当 $x\to 0$ 时的极限是否存在.

4. 设 $f(x)=\begin{cases}2x, & x<1,\\ 3x-2, & x>1,\end{cases}$ 求 $\lim\limits_{x\to 0}f(x),\lim\limits_{x\to 1}f(x),\lim\limits_{x\to 2}f(x).$

5. 观察下列函数是否为无穷小

(1) e^{-x},当 $x\to -\infty$ 时;

(2) $\dfrac{1}{x+1}$,当 $x\to \infty$ 时;

(3) $\ln(x-1)$,当 $x\to 2$ 时;

(4) $\ln x$,当 $x\to 0^{+}$ 时;

(5) $\tan x$,当 $x\to \dfrac{\pi}{2}$ 时;

(6) $\arctan x$,当 $x\to +\infty$ 时.

6. 利用无穷小的性质求下列极限

(1) $\lim\limits_{x\to 0}x\cos\dfrac{1}{x}$;

(2) $\lim\limits_{x\to \infty}\dfrac{\arctan x}{x}$.

7. 试举例说明两个无穷小的商不是无穷小.

8. 说明下列函数在什么变化过程中是无穷大?

(1) $\dfrac{1}{x+1}$; (2) e^{-x}; (3) $\ln x$; (4) $\dfrac{1}{\cos x}$.

第三节 极限的运算

一、极限的运算法则

1. 极限的四则运算法则 极限的定义并未提供求极限的方法. 下面,我们建立极限的四则运算法则,利用该法则可以求出一些简单的函数的极限. 为方便表述,我们引入记号 "lim",极限号下面没有注明极限过程,表明结论对于六种形式的极限,即 $\lim\limits_{x\to x_0}f(x),\lim\limits_{x\to x_0^-}f(x)$,$\lim\limits_{x\to x_0^+}f(x),\lim\limits_{x\to \infty}f(x),\lim\limits_{x\to +\infty}f(x)$ 以及 $\lim\limits_{x\to -\infty}f(x)$ 中的任意一种形式都成立.

定理 1 假设 $\lim f(x)=A,\lim g(x)=B$,则 $\lim[f(x)\pm g(x)],\lim[f(x)\cdot g(x)]$ 以及 $\lim\dfrac{f(x)}{g(x)}$ $(g(x)\neq 0)$ 都存在,且有

(1) $\lim[f(x)\pm g(x)]=\lim f(x)\pm\lim g(x)=A\pm B$;

(2) $\lim[f(x)\cdot g(x)]=\lim f(x)\lim g(x)=AB$;

(3) $\lim\dfrac{f(x)}{g(x)}=\dfrac{\lim f(x)}{\lim g(x)}=\dfrac{A}{B}$ $(B\neq 0)$.

我们只给出法则(1)的详细证明,另外两个法则的证明略去.

因为

$$\lim f(x)=A, \quad \lim g(x)=B,$$

由无穷小量与函数极限的关系(第二节定理 1),则

$$f(x)=A+\alpha, \quad g(x)=B+\beta,$$

其中 α,β 都是上述同一极限过程的无穷小. 于是有

$$f(x)\pm g(x)=(A+\alpha)\pm(B+\beta)=(A\pm B)+(\alpha\pm\beta).$$

由无穷小的性质1,可以推知 $\alpha \pm \beta$ 也是无穷小.再由第二节定理1,得

$$\lim[f(x) \pm g(x)] = A \pm B = \lim f(x) \pm \lim g(x).$$

将该定理中的函数换为数列,便相应得到数列极限的四则运算法则.

法则(1)与(2)推广到有限多个函数也成立.并且容易得到法则(2)的两个推论.

推论1 若 $\lim f(x)$ 存在,C 为常数,则有 $\lim[Cf(x)] = C\lim f(x)$.

这个结果可用语言表述为:常数因子可以提到极限号的外面.

推论2 若 $\lim f(x)$ 存在,n 为正整数,则有 $\lim[f(x)]^n = [\lim f(x)]^n$.

注意:应用极限的四则法则求极限时,要注意法则成立的条件必须满足:对于法则(1)、(2),要求各函数的极限都存在;对于商的极限法则(3)而言,除要求分子及分母函数的极限都存在,还要求分母函数的极限不等于0.如果上述条件之一不满足,则相应的法则不成立或说法则失效.

例1 求 $\lim\limits_{x \to -1}(3x^2 - 2x + 1)$.

解 根据函数极限的四则运算法则(1)、推论1及推论2,易得

$$\lim_{x \to -1}(3x^2 - 2x + 1) = \lim_{x \to -1}3x^2 - \lim_{x \to -1}2x + \lim_{x \to -1}1$$
$$= 3\left(\lim_{x \to -1}x\right)^2 - 2\lim_{x \to -1}x + 1 = 3 \times (-1)^2 - 2 \times (-1) + 1 = 6.$$

一般地,对于多项式函数 $f(x) = a_0 x^n + a_1 x^{n-1} + \cdots + a_{n-1}x + a_n$(其中 $a_0, a_1, \cdots, a_n$ 均为常数,且 $a_0 \neq 0$),根据极限的四则运算法则(1)、推论1及推论2,容易求得

$$\lim_{x \to x_0}f(x) = a_0\left(\lim_{x \to x_0}x\right)^n + a_1\left(\lim_{x \to x_0}x\right)^{n-1} + \cdots + a_{n-1}\lim_{x \to x_0}x + a_n$$
$$= a_0 x_0^n + a_1 x_0^{n-1} + \cdots + a_{n-1}x_0 + a_n = f(x_0).$$

例2 求 $\lim\limits_{x \to 2}\dfrac{x^3 - 1}{x^2 - 3x + 5}$.

解 分子、分母均为多项式函数,极限值即为函数值,且分母函数在 $x = 2$ 处的函数值不为零,故满足商的极限法则(3)所要求的条件,于是

$$\lim_{x \to 2}\frac{x^3 - 1}{x^2 - 3x + 5} = \frac{\lim\limits_{x \to 2}(x^3 - 1)}{\lim\limits_{x \to 2}(x^2 - 3x + 5)} = \frac{2^3 - 1}{2^2 - 3 \times 2 + 5} = \frac{7}{3}.$$

例3 求 $\lim\limits_{x \to \frac{\pi}{2}}\dfrac{x\sin x - 2\cos x}{x^2}$.

解 显然,分母、分子的极限都存在,且分母的极限不为零.根据极限商的运算法则(3),有

$$\lim_{x \to \frac{\pi}{2}}\frac{x\sin x - 2\cos x}{x^2} = \frac{\lim\limits_{x \to \frac{\pi}{2}}(x\sin x - 2\cos x)}{\lim\limits_{x \to \frac{\pi}{2}}(x^2)}$$

$$= \frac{\lim\limits_{x \to \frac{\pi}{2}}x \lim\limits_{x \to \frac{\pi}{2}}\sin x - 2\lim\limits_{x \to \frac{\pi}{2}}\cos x}{\left(\lim\limits_{x \to \frac{\pi}{2}}x\right)^2} = \frac{\frac{\pi}{2} \times 1 - 2 \times 0}{\left(\frac{\pi}{2}\right)^2} = \frac{2}{\pi}.$$

例4 求 $\lim\limits_{x \to 1}\dfrac{x^2 - 1}{x^2 + 2x - 3}$.

解 观察到当 $x \to 1$ 时,分母的极限是零:$\lim\limits_{x \to 1}(x^2 + 2x - 3) = 0$(这时商的极限法则(3)失效),

但注意到分子的极限也是零:$\lim\limits_{x\to 1}(x^2-1)=0$,而分子与分母有公因式 $x-1$. 极限过程是 $x\to 1$,但 $x\neq 1$,从而 $x-1\neq 0$,可先约去这个不为零的公因式 $(x-1)$ 后再求极限:

$$\lim_{x\to 1}\frac{x^2-1}{x^2+2x-3}=\lim_{x\to 1}\frac{(x-1)(x+1)}{(x-1)(x+3)}=\lim_{x\to 1}\frac{x+1}{x+3}=\frac{2}{4}=\frac{1}{2}.$$

例 5 求 $\lim\limits_{x\to 1}\dfrac{4x-1}{x^2+2x-3}$.

解 当 $x\to 1$ 时,分母的极限是零:$\lim\limits_{x\to 1}(x^2+2x-3)=0$(这时商的极限法则失效),但分子的极限不是零:$\lim\limits_{x\to 1}(4x-1)=3\neq 0.$ 可先求出该函数的倒数的极限:

$$\lim_{x\to 1}\frac{x^2+2x-3}{4x-1}=\frac{\lim\limits_{x\to 1}(x^2+2x-3)}{\lim\limits_{x\to 1}(4x-1)}=\frac{0}{3}=0,$$

再据第二节定理 2(无穷大与无穷小的关系)知该函数是当 $x\to 1$ 时的无穷大,即

$$\lim_{x\to 1}\frac{4x-1}{x^2+2x-3}=\infty.$$

例 6 求 $\lim\limits_{x\to\infty}\dfrac{2x^3-5x+1}{7x^3+2x^2-3}$.

解 当 $x\to\infty$ 时,分子、分母的极限都不存在,商的极限法则失效. 我们先用分子与分母的最高幂次项 x^3 去除分子及分母,然后便可应用极限法则求极限:

$$\lim_{x\to\infty}\frac{2x^3-5x+1}{7x^3+2x^2-3}=\lim_{x\to\infty}\frac{2-\dfrac{5}{x^2}+\dfrac{1}{x^3}}{7+\dfrac{2}{x}-\dfrac{3}{x^3}}=\frac{\lim\limits_{x\to\infty}\left(2-\dfrac{5}{x^2}+\dfrac{1}{x^3}\right)}{\lim\limits_{x\to\infty}\left(7+\dfrac{2}{x}-\dfrac{3}{x^3}\right)}=\frac{2}{7}.$$

例 7 求 $\lim\limits_{n\to\infty}\dfrac{1+2+\cdots+2^n}{2^n}$.

解 这是数列求极限问题. 先将分子求和,然后可以应用极限法则求极限.

$$\lim_{n\to\infty}\frac{1+2+\cdots+2^n}{2^n}=\lim_{n\to\infty}\frac{\dfrac{1-2^{n+1}}{1-2}}{2^n}=\lim_{n\to\infty}\left[-\frac{1}{2^n}+2\right]=-\lim_{n\to\infty}\frac{1}{2^n}+2=-0+2=2.$$

注意:本例不能将所求极限转化为各项极限的和,即

$$\lim_{n\to\infty}\frac{1+2+\cdots+2^n}{2^n}=\lim_{n\to\infty}\frac{1}{2^n}+\lim_{n\to\infty}\frac{2}{2^n}+\cdots+\lim_{n\to\infty}\frac{2^n}{2^n}.$$

上式等号不成立,因为和的极限法则(1)只对有限个函数才成立,而上式右边是无限多项的和,极限法则(1)失效.

2. 复合函数的极限法则

定理 2 设函数 $u=\varphi(x)$ 当 $x\to x_0$ 时的极限存在且等于 a,即 $\lim\limits_{x\to x_0}\varphi(x)=a$,在点 x_0 的某去心邻域内 $\varphi(x)\neq a$,又函数 $y=f(u)$ 当 $u\to a$ 时的极限存在,即 $\lim\limits_{u\to a}f(u)=A$,则由 $y=f(u)$,$u=\varphi(x)$ 复合而成的函数 $y=f[\varphi(x)]$ 当 $x\to x_0$ 时的极限存在,且有

$$\lim_{x\to x_0}f[\varphi(x)]=\lim_{u\to a}f(u)=A.$$

该定理表明,求复合函数 $y=f[\varphi(x)]$ 的极限,只需设出中间变量 $u=\varphi(x)$,先求出 $\lim\limits_{x\to x_0}u$,把求 $\lim\limits_{x\to x_0}f[\varphi(x)]$ 化为求 $\lim\limits_{u\to a}f(u)$,这里 $a=\lim\limits_{x\to x_0}u=\lim\limits_{x\to x_0}\varphi(x)$.

若 $\lim\limits_{x \to x_0}\varphi(x)=a$ 换为 $\lim\limits_{x \to x_0}\varphi(x)=\infty$，定理仍然成立．

例 8 求 $\lim\limits_{x \to 2}\sqrt{\dfrac{x-2}{x^2-4}}$．

解 这是复合函数求极限问题．设 $u=\dfrac{x-2}{x^2-4}$，由于 $\lim\limits_{x \to 2}u=\lim\limits_{x \to 2}\dfrac{x-2}{x^2-4}=\dfrac{1}{4}$，据定理 4，所以

$$\lim_{x \to 2}\sqrt{\frac{x-2}{x^2-4}}=\lim_{u \to \frac{1}{4}}\sqrt{u}=\sqrt{\frac{1}{4}}=\frac{1}{2}.$$

例 9 求 $\lim\limits_{x \to 0}e^{x^{\frac{1}{2}}}$．

解 这是复合函数求极限问题．设 $u=\dfrac{1}{x^2}$，由于 $\lim\limits_{x \to 0}u=\lim\limits_{x \to 0}\dfrac{1}{x^2}=+\infty$，所以有

$$\lim_{x \to 0}e^{x^{\frac{1}{2}}}=\lim_{u \to +\infty}e^{u}=+\infty.$$

例 10 求 $\lim\limits_{x \to 0}\sin\dfrac{1}{x}$．

解 设 $u=\dfrac{1}{x}$，由于 $\lim\limits_{x \to 0}u=\lim\limits_{x \to 0}\dfrac{1}{x}=\infty$，所以

$$\lim_{x \to 0}\sin\frac{1}{x}=\lim_{u \to \infty}\sin u.$$

当 $u \to \infty$ 时正弦曲线 $\sin u$ 在 -1 与 1 之间来回摆动，不趋于任何确定的常数（也不趋于无穷大），故极限 $\lim\limits_{x \to 0}\sin\dfrac{1}{x}$ 不存在．函数 $\sin\dfrac{1}{x}$ 的图形如图 1-10 所示．

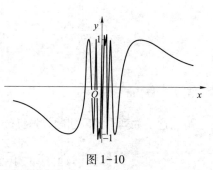

图 1-10

如上这样通过设置中间变量求复合函数极限的方法又称为**变量代换**法，在以后求复杂函数极限时经常使用．

二、两个重要极限

下面先介绍判定极限存在的两个准则．作为极限存在准则的应用，在此基础上再讨论两个重要极限．

1. 极限存在的判别准则

准则 I（夹逼准则） 在同一极限过程中，如果函数 $f(x)$、$g(x)$ 及 $h(x)$ 满足关系 $g(x)\leqslant f(x)\leqslant h(x)$，且 $\lim g(x)=\lim h(x)=A$，那么 $\lim f(x)=A$．

准则 II（单调有界准则） 单调有界数列必有极限．即：若数列 $\{x_n\}$ 单调并且有界，则 $\{x_n\}$ 一定有极限，即 $\lim\limits_{n \to \infty}x_n$ 存在．

所谓数列有界、单调，可仿照函数类似地定义：

如果存在一个常数 $M>0$，使得对于任意 n，总有 $|x_n|\leqslant M$ 成立，则称数列 $\{x_n\}$ **有界**．

如果对于数列 $\{x_n\}$ 中的任意 n，总有 $x_n\leqslant x_{n+1}$（或 $x_n\geqslant x_{n+1}$）成立，则称数列 $\{x_n\}$ 单调增加（或单调减少）．单调增加和单调减少的数列统称为**单调数列**．

我们从几何上解释准则 II．如图 1-11 所示，从数轴上看，对应于单调数列的点 x_n 只可能向

一个方向移动,所以只有两种可能的情形:要么点 x_n 沿数轴移向无穷远($x_n \to +\infty$ 或 $x_n \to -\infty$);要么点 x_n 无限接近某一定点 A,也就是数列

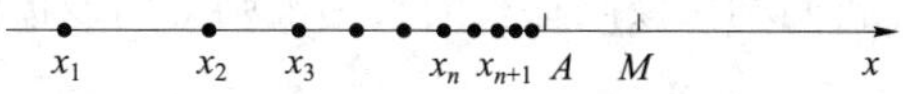

图 1-11

$\{x_n\}$ 趋于一个极限值. 如果数列不仅仅单调而且有界,因有界数列的点 x_n 都落在数轴上某个区间 $[-M, M]$ 内,那么上述第一种情形就不会发生了,因此这个数列只能趋于一个常数 A(A 就是该数列的极限),并且这个极限的绝对值不超过 M.

例 11 设 $x_n = \left(1 + \dfrac{1}{n}\right)^n$,试证明数列 $\{x_n\}$ 的极限 $\lim\limits_{n \to \infty} \left(1 + \dfrac{1}{n}\right)^n$ 存在.

证 首先,证明数列 $\{x_n\}$ 是单调增加的:

按二项展开式展开,有

$$x_n = \left(1 + \frac{1}{n}\right)^n$$

$$= 1 + \frac{n}{1!} \cdot \frac{1}{n} + \frac{n(n-1)}{2!} \cdot \frac{1}{n^2} + \frac{n(n-1)(n-2)}{3!} \cdot \frac{1}{n^3} + \cdots + \frac{n(n-1)\cdots(n-n+1)}{n!} \cdot \frac{1}{n^n}$$

$$= 1 + \frac{1}{1!} + \frac{1}{2!}\left(1 - \frac{1}{n}\right) + \frac{1}{3!}\left(1 - \frac{1}{n}\right)\left(1 - \frac{2}{n}\right) + \cdots + \frac{1}{n!}\left(1 - \frac{1}{n}\right)\left(1 - \frac{2}{n}\right)\cdots\left(1 - \frac{n-1}{n}\right).$$

类似地,

$$x_{n+1} = 1 + \frac{1}{1!} + \frac{1}{2!}\left(1 - \frac{1}{n+1}\right) + \frac{1}{3!}\left(1 - \frac{1}{n+1}\right)\left(1 - \frac{2}{n+1}\right)$$

$$+ \cdots + \frac{1}{n!}\left(1 - \frac{1}{n+1}\right)\left(1 - \frac{2}{n+1}\right)\cdots\left(1 - \frac{n-1}{n+1}\right)$$

$$+ \frac{1}{(n+1)!}\left(1 - \frac{1}{n+1}\right)\left(1 - \frac{2}{n+1}\right)\cdots\left(1 - \frac{n}{n+1}\right).$$

比较 x_n 与 x_{n+1} 中相同位置的项,它们的第一、二项相同,从第三项起到第 $n+1$ 项中 x_{n+1} 的每一项都大于 x_n 的对应项,并且在 x_{n+1} 中还多出最后一个正项,因此有 $x_n < x_{n+1}$,这就说明数列 $\{x_n\}$ 是单调增加的.

其次,证明数列 $\{x_n\}$ 是有界的:

$$x_n = 1 + \frac{1}{1!} + \frac{1}{2!}\left(1 - \frac{1}{n}\right) + \frac{1}{3!}\left(1 - \frac{1}{n}\right)\left(1 - \frac{2}{n}\right) + \cdots + \frac{1}{n!}\left(1 - \frac{1}{n}\right)\left(1 - \frac{2}{n}\right)\cdots\left(1 - \frac{n-1}{n}\right)$$

$$< 1 + \frac{1}{1!} + \frac{1}{2!} + \frac{1}{3!} + \cdots + \frac{1}{n!} < 1 + 1 + \frac{1}{2} + \frac{1}{2^2} + \cdots + \frac{1}{2^{n-1}} = 1 + \frac{1 - \frac{1}{2^n}}{1 - \frac{1}{2}} = 3 - \frac{1}{2^{n-1}} < 3,$$

这就说明数列 $\{x_n\}$ 是单调有界的. 根据极限存在准则 Ⅱ,可知数列 $\{x_n\}$ 的极限存在,将该极限值记为 e,即

$$\lim_{n \to \infty}\left(1 + \frac{1}{n}\right)^n = e.$$

这里数 e = 2.718281828459045⋯是一个无理数. 基本初等函数中的指数函数 $y = e^x$ 以及自然对数函数 $y = \ln x$ 中的底数 e 即为此数.

2. 重要极限:$\lim\limits_{x \to 0} \dfrac{\sin x}{x} = 1$.

我们利用极限存在的夹逼准则证明该极限.

当 $0<x<\dfrac{\pi}{2}$ 时,在单位圆中(图 1-12),$|BD|=\sin x$,$|AC|=\tan x$,

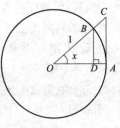

图 1-12

显然有下列面积关系

$$S_{\triangle OAB}<S_{扇形OAB}<S_{\triangle OAC},$$

即

$$\frac{1}{2}|OA|\cdot|BD|<\frac{1}{2}|OA|^2\cdot x<\frac{1}{2}|OA|\cdot|AC|,$$

于是有

$$\frac{1}{2}\sin x<\frac{1}{2}x<\frac{1}{2}\tan x,$$

上式两端同除以 $\sin x$,得

$$1<\frac{x}{\sin x}<\frac{1}{\cos x},$$

从而

$$\cos x<\frac{\sin x}{x}<1.$$

将上式中的 x 以 $-x$ 代替,因为 $\cos(-x)=\cos x$,$\dfrac{\sin(-x)}{-x}=\dfrac{\sin x}{x}$,说明上面的不等式对于 $-\dfrac{\pi}{2}<$

$x<0$ 也成立. 综上,对于 $-\dfrac{\pi}{2}<x<\dfrac{\pi}{2}$,恒有

$$\cos x<\frac{\sin x}{x}<1.$$

而 $\lim\limits_{x\to0}\cos x=1$ 且 $\lim\limits_{x\to0}1=1$,根据函数极限的夹逼准则(准则 I),得到 $\lim\limits_{x\to0}\dfrac{\sin x}{x}=1$.

例 12 求 $\lim\limits_{x\to0}\dfrac{\tan x}{x}$.

解 $\lim\limits_{x\to0}\dfrac{\tan x}{x}=\lim\limits_{x\to0}\left(\dfrac{\sin x}{x}\cdot\dfrac{1}{\cos x}\right)=\lim\limits_{x\to0}\dfrac{\sin x}{x}\cdot\dfrac{1}{\lim\limits_{x\to0}\cos x}=1\times\dfrac{1}{1}=1.$

例 13 求 $\lim\limits_{x\to0}\dfrac{\sin 3x}{x}$.

解 $\lim\limits_{x\to0}\dfrac{\sin 3x}{x}=\lim\limits_{x\to0}\dfrac{3\sin 3x}{3x}=3\lim\limits_{x\to0}\dfrac{\sin 3x}{3x}.$

对于极限 $\lim\limits_{x\to0}\dfrac{\sin 3x}{3x}$,可以采用变量代换的方法,令 $t=3x$,则当 $x\to0$ 时,$t\to0$,于是

$$\lim\limits_{x\to0}\frac{\sin 3x}{3x}=\lim\limits_{t\to0}\frac{\sin t}{t}=1,$$

所以

$$\lim\limits_{x\to0}\frac{\sin 3x}{x}=3\lim\limits_{x\to0}\frac{\sin 3x}{3x}=3\times1=3.$$

熟练后设置新变量的过程可以略去,而直接写为

$$\lim_{x \to 0}\frac{\sin 3x}{x} = \lim_{x \to 0}\frac{3\sin 3x}{3x} = 3\lim_{x \to 0}\frac{\sin 3x}{3x} = 3 \times 1 = 3.$$

注意：重要极限 $\lim\limits_{x \to 0}\dfrac{\sin x}{x} = 1$ 可进一步推广为如下等价形式

$$\lim_{\alpha(x) \to 0}\frac{\sin \alpha(x)}{\alpha(x)} = 1.$$

例 14 求 $\lim\limits_{x \to 0}\dfrac{1-\cos x}{x^2}$.

解
$$\lim_{x \to 0}\frac{1-\cos x}{x^2} = \lim_{x \to 0}\frac{2\sin^2\dfrac{x}{2}}{x^2} = \lim_{x \to 0}\frac{2\sin^2\dfrac{x}{2}}{4\left(\dfrac{x}{2}\right)^2} = \frac{1}{2}\lim_{x \to 0}\left(\frac{\sin\dfrac{x}{2}}{\dfrac{x}{2}}\right)^2$$

$$= \frac{1}{2}\left(\lim_{x \to 0}\frac{\sin\dfrac{x}{2}}{\dfrac{x}{2}}\right)^2 = \frac{1}{2} \times 1^2 = \frac{1}{2}.$$

例 15 求 $\lim\limits_{x \to 0}\dfrac{\sin 2x}{\sin 3x}$.

解 为了能应用重要极限公式,我们先对函数做初等变形. 分子分母同除以 x（注意到 $x \to 0$ 时 $x \neq 0$,这样做是有意义的）：

$$\lim_{x \to 0}\frac{\sin 2x}{\sin 3x} = \lim_{x \to 0}\frac{\dfrac{2\sin 2x}{2x}}{\dfrac{3\sin 3x}{3x}},$$

因为上式分子、分母的极限都存在,且分母的极限不为零,故由商的极限法则得到

$$\lim_{x \to 0}\frac{\sin 2x}{\sin 3x} = \lim_{x \to 0}\frac{\dfrac{2\sin 2x}{2x}}{\dfrac{3\sin 3x}{3x}} = \frac{2\lim\limits_{x \to 0}\dfrac{\sin 2x}{2x}}{3\lim\limits_{x \to 0}\dfrac{\sin 3x}{3x}} = \frac{2 \times 1}{3 \times 1} = \frac{2}{3}.$$

例 16 求 $\lim\limits_{x \to 0}\dfrac{\arcsin x}{x}$.

解 为了能应用重要极限公式,先将函数化为正弦函数. 为此作变量代换:令 $\arcsin x = t$,则 $x = \sin t$,且当 $x \to 0$ 时,$t \to 0$,于是有

$$\lim_{x \to 0}\frac{\arcsin x}{x} = \lim_{t \to 0}\frac{t}{\sin t} = \lim_{t \to 0}\frac{1}{\dfrac{\sin t}{t}} = \frac{1}{\lim\limits_{t \to 0}\dfrac{\sin t}{t}} = \frac{1}{1} = 1.$$

注意,在通过变量代换将函数化为关于新变量 t 的函数时,相应地极限过程也要同时换为新变量 t 的变化过程（如上式第一个等号后面的形式）.

3. 重要极限 $\lim\limits_{x \to \infty}\left(1+\dfrac{1}{x}\right)^x = e.$

为证明此结果,我们先证明

$$\lim_{x \to +\infty}\left(1+\frac{1}{x}\right)^x = e.$$

为此我们在例 11 的结果基础上拟应用夹逼准则.

显然当 $n \leqslant x < n+1$ 时,有

$$1+\frac{1}{n+1}<1+\frac{1}{x}\leqslant 1+\frac{1}{n}$$

以及

$$\left(1+\frac{1}{n+1}\right)^{n}<\left(1+\frac{1}{x}\right)^{x}\leqslant\left(1+\frac{1}{n}\right)^{n+1}.$$

据例 11 的结果,有

$$\lim_{n\to\infty}\left(1+\frac{1}{n+1}\right)^{n}=\lim_{n\to\infty}\frac{\left(1+\frac{1}{n+1}\right)^{n+1}}{1+\frac{1}{n+1}}=\frac{\mathrm{e}}{1}=\mathrm{e},$$

$$\lim_{n\to\infty}\left(1+\frac{1}{n}\right)^{n+1}=\lim_{n\to\infty}\left(1+\frac{1}{n}\right)^{n}\lim_{n\to\infty}\left(1+\frac{1}{n}\right)=\mathrm{e}\times 1=\mathrm{e}.$$

故由夹逼准则,得到

$$\lim_{x\to+\infty}\left(1+\frac{1}{x}\right)^{x}=\mathrm{e}.$$

下面,再证明

$$\lim_{x\to-\infty}\left(1+\frac{1}{x}\right)^{x}=\mathrm{e}.$$

令 $x=-(u+1)$,则当 $x\to-\infty$ 时 $u\to+\infty$,于是有

$$\lim_{x\to-\infty}\left(1+\frac{1}{x}\right)^{x}=\lim_{u\to+\infty}\left(1-\frac{1}{u+1}\right)^{-(u+1)}=\lim_{u\to+\infty}\left(\frac{u}{u+1}\right)^{-(u+1)}=\lim_{u\to+\infty}\left(\frac{u+1}{u}\right)^{u+1}$$

$$=\lim_{u\to+\infty}\left(1+\frac{1}{u}\right)^{u}\lim_{u\to+\infty}\left(1+\frac{1}{u}\right)=\mathrm{e}\times 1=\mathrm{e}.$$

这样,我们有 $\lim\limits_{x\to+\infty}\left(1+\dfrac{1}{x}\right)^{x}=\mathrm{e}$ 且 $\lim\limits_{x\to-\infty}\left(1+\dfrac{1}{x}\right)^{x}=\mathrm{e}$,故证得 $\lim\limits_{x\to\infty}\left(1+\dfrac{1}{x}\right)^{x}=\mathrm{e}$.

应用复合函数的极限法则,若在极限式 $\lim\limits_{x\to\infty}\left(1+\dfrac{1}{x}\right)^{x}=\mathrm{e}$ 中令 $t=\dfrac{1}{x}$,则当 $x\to\infty$ 时 $t\to 0$,从而这一重要极限变成等价的另一种形式:

$$\lim_{t\to 0}(1+t)^{\frac{1}{t}}=\mathrm{e}, \text{ 或写成} \lim_{x\to 0}(1+x)^{\frac{1}{x}}=\mathrm{e}.$$

注意:重要极限

$$\lim_{x\to\infty}\left(1+\frac{1}{x}\right)^{x}=\mathrm{e}, \quad \text{或} \lim_{x\to 0}(1+x)^{\frac{1}{x}}=\mathrm{e}$$

可进一步推广为如下等价形式:

$$\lim_{\beta(x)\to\infty}\left(1+\frac{1}{\beta(x)}\right)^{\beta(x)}=\mathrm{e} \quad \text{或} \quad \lim_{\alpha(x)\to 0}\left(1+\frac{1}{\alpha(x)}\right)^{\alpha(x)}=\mathrm{e}.$$

例 17 求 $\lim\limits_{x\to 0}\left(1-\dfrac{x}{5}\right)^{\frac{1}{x}}$.

解 为化成公式的形式,先将所给函数变形:

$$\lim_{x\to 0}\left(1-\frac{x}{5}\right)^{\frac{1}{x}}=\lim_{x\to 0}\left(1+\frac{-x}{5}\right)^{\frac{5}{-x}\left(\frac{1}{-5}\right)}=\lim_{x\to 0}\left[\left(1+\frac{-x}{5}\right)^{\frac{5}{-x}}\right]^{\frac{-1}{5}},$$

利用复合函数的极限法则,有

$$\lim_{x\to 0}\left[\left(1+\frac{-x}{5}\right)^{\frac{5}{-x}}\right]^{\frac{-1}{5}}=\left[\lim_{x\to 0}\left(1+\frac{-x}{5}\right)^{\frac{5}{-x}}\right]^{\frac{-1}{5}}=e^{\frac{-1}{5}},$$

从而,所求极限为

$$\lim_{x\to 0}\left(1+\frac{x}{2}\right)^{\frac{1}{x}}=\frac{1}{\sqrt[5]{e}}.$$

例 18　求 $\lim\limits_{x\to\infty}\left(\dfrac{3+x}{2+x}\right)^{2x}$.

解　$\lim\limits_{x\to\infty}\left(\dfrac{3+x}{2+x}\right)^{2x}=\lim\limits_{x\to\infty}\left(\dfrac{1+\dfrac{3}{x}}{1+\dfrac{2}{x}}\right)^{2x}=\dfrac{\lim\limits_{x\to\infty}\left(1+\dfrac{3}{x}\right)^{2x}}{\lim\limits_{x\to\infty}\left(1+\dfrac{2}{x}\right)^{2x}}$

$$=\frac{\lim\limits_{x\to\infty}\left(1+\dfrac{3}{x}\right)^{\frac{x}{3}\cdot 6}}{\lim\limits_{x\to\infty}\left(1+\dfrac{2}{x}\right)^{\frac{x}{2}\cdot 4}}=\frac{\left[\lim\limits_{x\to\infty}\left(1+\dfrac{3}{x}\right)^{\frac{x}{3}}\right]^{6}}{\left[\lim\limits_{x\to\infty}\left(1+\dfrac{2}{x}\right)^{\frac{x}{2}}\right]^{4}}=\frac{e^{6}}{e^{4}}=e^{2}.$$

本题也可以对所给函数进行如下的变形求解:

$$\lim_{x\to\infty}\left(\frac{3+x}{2+x}\right)^{2x}=\lim_{x\to\infty}\left[\left(1+\frac{1}{2+x}\right)^{x}\right]^{2}$$

$$=\lim_{x\to\infty}\left\{\left[\left(1+\frac{1}{2+x}\right)^{x+2}\right]^{2}\left[1+\frac{1}{2+x}\right]^{-4}\right\}$$

$$=\left[\lim_{x\to\infty}\left(1+\frac{1}{2+x}\right)^{x+2}\right]^{2}\lim_{x\to\infty}\left(1+\frac{1}{2+x}\right)^{-4}$$

$$=e^{2}\cdot 1=e^{2}.$$

三、无穷小的比较

我们已知,两个无穷小的和、差、积仍为无穷小. 但是,两个无穷小的商却不一定是无穷小,会出现多种情况. 例如当 $x\to 0$ 时,$2x,x^{2},\sin x$ 都是无穷小,而 $\lim\limits_{x\to 0}\dfrac{x^{2}}{2x}=0,\lim\limits_{x\to 0}\dfrac{2x}{x^{2}}=\infty,\lim\limits_{x\to 0}\dfrac{\sin x}{x}=1$. 这些不同的极限结果实际反映了分子与分母两个无穷小趋于零的快慢速度的不同,在 $x\to 0$ 的过程中,x^{2} 趋于 0 比 $2x$ 趋于 0 要快,反之 $2x$ 趋于 0 比 x^{2} 趋于 0 要慢;而 $\sin x$ 与 x 趋于 0 的速度差不多. 为了比较不同的无穷小量趋于零的速度,下面引入无穷小阶的概念:

定义 1　设 $\alpha=\alpha(x),\beta=\beta(x)$ 是同一极限过程($x\to x_{0}$ 或 $x\to\infty$ 等)中的两个无穷小(且 $\alpha\neq 0$),那么

(1) 若 $\lim\dfrac{\beta}{\alpha}=0$,则称 β 是比 α **高阶**的无穷小,记作 $\beta=o(\alpha)$;

(2) 若 $\lim\dfrac{\beta}{\alpha}=\infty$,则称 β 是比 α **低阶**的无穷小;

（3）若 $\lim \dfrac{\beta}{\alpha} = C\,(C \neq 0$ 是常数$)$，则称 β 与 α 是**同阶无穷小**；特别地，若 $\lim \dfrac{\beta}{\alpha} = 1$，则称 β 与 α 是**等价无穷小**，记作 $\beta \sim \alpha$.

例如，因为 $\lim\limits_{x\to 0} \dfrac{x^3}{x^2} = 0$，所以当 $x \to 0$ 时，x^3 是比 x^2 高阶的无穷小，即 $x^3 = o(x^2)\,(x\to 0)$；因为 $\lim\limits_{x\to 0} \dfrac{\sin 2x}{x} = 2$，所以当 $x \to 0$ 时，$\sin 2x$ 与 x 是同阶无穷小；因为 $\lim\limits_{x\to 0} \dfrac{\sin x}{x} = 1$，所以当 $x \to 0$ 时 $\sin x$ 与 x 是等价无穷小，即 $\sin x \sim x\,(x\to 0)$；因为 $\lim\limits_{x\to 0} \dfrac{\tan x}{x} = 1$，所以同样有 $\tan x \sim x\,(x\to 0)$.

下面列出常用而重要的几个等价无穷小，这些结果或为例子，或为习题，也都可以自行验证.

当 $x \to 0$ 时，$\sin x \sim x$；$\tan x \sim x$；$\arcsin x \sim x$；$\arctan x \sim x$；$\ln(1+x) \sim x$；$e^x - 1 \sim x$；$1 - \cos x \sim \dfrac{1}{2}x^2$.

定理 3（等价无穷小替换定理） 设在自变量 x 的某一变化过程中，$\alpha, \beta, \alpha', \beta'$ 都是无穷小，且 $\alpha \sim \alpha'$，$\beta \sim \beta'$，极限 $\lim \dfrac{\beta'}{\alpha'}$ 存在，则

$$\lim \frac{\beta}{\alpha} = \lim \frac{\beta'}{\alpha'}.$$

证 由 $\alpha \sim \alpha'$，$\beta \sim \beta'$，于是

$$\lim \frac{\beta}{\beta'} = 1, \quad \lim \frac{\alpha'}{\alpha} = 1,$$

故

$$\lim \frac{\beta}{\alpha} = \lim \left(\frac{\beta}{\beta'} \cdot \frac{\beta'}{\alpha'} \cdot \frac{\alpha'}{\alpha} \right) = \lim \frac{\beta}{\beta'} \lim \frac{\beta'}{\alpha'} \lim \frac{\alpha'}{\alpha} = \lim \frac{\beta'}{\alpha'}.$$

该定理表明，求两个无穷小之比的极限时，分子、分母都可以分别用与之等价的无穷小来代替而简化计算.

例 19 求 $\lim\limits_{x\to 0} \dfrac{\tan 2x}{\sin 3x}$.

解 当 $x \to 0$ 时，$\tan 2x \sim 2x$，$\sin 3x \sim 3x$，所以

$$\lim_{x\to 0} \frac{\tan 2x}{\sin 3x} = \lim_{x\to 0} \frac{2x}{3x} = \frac{2}{3}.$$

例 20 求 $\lim\limits_{x\to 0} \dfrac{x^2 - x}{\tan x}$.

解 当 $x \to 0$ 时，$\tan x \sim x$，无穷小 $x^2 - x$ 与其本身等价，所以

$$\lim_{x\to 0} \frac{x^2 - x}{\tan x} = \lim_{x\to 0} \frac{x^2 - x}{x} = \lim_{x\to 0}(x+1) = 1.$$

例 21 $\lim\limits_{x\to 0} \dfrac{\tan x - \sin x}{x^3}$.

解 $\lim\limits_{x\to 0} \dfrac{\tan x - \sin x}{x^3} = \lim\limits_{x\to 0} \dfrac{\tan x(1 - \cos x)}{x^3} = \lim\limits_{x\to 0} \dfrac{x \cdot \dfrac{1}{2}x^2}{x^3} = \dfrac{1}{2}.$

本题若将分子的代数式中 $\tan x$ 用 x 替换，$\sin x$ 用 x 替换，则将导致错误结果：$\lim\limits_{x\to 0} \dfrac{\tan x - \sin x}{x^3} =$

$\lim\limits_{x\to 0}\dfrac{x-x}{x^3}=\lim\limits_{x\to 0}0=0$. 原因在于当 $x\to 0$ 时 $\tan x-\sin x$ 与 $x-x$ 不等价.

注意:利用等价无穷小替换定理求极限时,只有当分子或分母都是连乘积时,才可以分别用与各因子函数等价的无穷小替换;对于代数和表示的函数,通常不能将其中的各个函数分别用各自的等价无穷小替换,否则会导致错误.

练习题 1-3

1. 求下列极限

（1）$\lim\limits_{x\to 2}\dfrac{x^3+1}{x-3}$；

（2）$\lim\limits_{x\to\sqrt 2}\dfrac{x^2-2}{x^2+1}$；

（3）$\lim\limits_{x\to 3}\dfrac{x^3-27}{x-3}$；

（4）$\lim\limits_{h\to 0}\dfrac{(x+h)^2-x^2}{2h}$；

（5）$\lim\limits_{x\to\infty}\dfrac{x^2+2}{3x^2-x+1}$；

（6）$\lim\limits_{x\to\infty}\dfrac{x^3+2x}{5x^4-4x-1}$；

（7）$\lim\limits_{x\to\infty}\dfrac{(x-1)(x-3)(x-5)}{(3x-1)^3}$；

（8）$\lim\limits_{x\to 1}\left(\dfrac{1}{1-x}-\dfrac{3}{1-x^3}\right)$；

（9）$\lim\limits_{n\to\infty}\left(\dfrac{1}{n^2}+\dfrac{2}{n^2}+\cdots+\dfrac{n}{n^2}\right)$；

（10）$\lim\limits_{n\to\infty}\left(1+\dfrac{1}{2}+\dfrac{1}{4}+\cdots+\dfrac{1}{2^n}\right)$.

2. 求下列极限

（1）$\lim\limits_{x\to 1}\dfrac{x^3+x}{(x-1)^2}$；

（2）$\lim\limits_{x\to\infty}(2x^2+x+1)$.

3. 求下列极限

（1）$\lim\limits_{x\to 0}\sqrt{x^2-2x+5}$；

（2）$\lim\limits_{x\to 0}\dfrac{\sqrt{1-x}-1}{x}$.

4. 求下列极限

（1）$\lim\limits_{x\to 0}\dfrac{\tan\dfrac{x}{2}}{x}$；

（2）$\lim\limits_{x\to 0}\dfrac{1-\cos 2x}{x\sin x}$；

（3）$\lim\limits_{x\to 0}x\cot x$；

（4）$\lim\limits_{x\to 1}\dfrac{1-x}{\sin\pi x}$；

（5）$\lim\limits_{x\to 0}\dfrac{\arctan x}{x}$；

（6）$\lim\limits_{x\to 0}\ln\dfrac{\sin x}{x}$；

（7）$\lim\limits_{x\to 0}(1-3x)^{\frac{1}{x}}$；

（8）$\lim\limits_{x\to\infty}\left(\dfrac{1+x}{x}\right)^{2x}$；

（9）$\lim\limits_{x\to\infty}\left(1-\dfrac{2}{x}\right)^{x}$；

（10）$\lim\limits_{x\to 0}\left(\dfrac{1+x}{1-x}\right)^{\frac{1}{x}}$；

（11）$\lim\limits_{x\to 0}\left(1+\dfrac{1}{2}\tan x\right)^{\cot x}$；

（12）$\lim\limits_{x\to 0}\dfrac{\mathrm{e}^x-1}{x}$.

5. 当 $x\to 0$ 时,$(1-\cos x)^2$ 与 $\tan^2 x$ 相比,哪一个是高阶无穷小?

6. 证明：当 $x \to 0$ 时，$\sec(2x) - 1 \sim 2x^2$.

7. 利用等价无穷小的性质求下列极限

(1) $\lim\limits_{x \to 0} \dfrac{\tan^3 2x}{\sin^3 3x}$;

(2) $\lim\limits_{x \to 0} \dfrac{\sin^2 x + x^2}{1 - \cos x}$;

(3) $\lim\limits_{x \to 0} \dfrac{e^{2x} - 1}{x}$;

(4) $\lim\limits_{x \to 0} \dfrac{\ln(1+x)\arcsin x}{\tan^2 2x}$.

第四节　函数的连续性

一、函数的连续性与间断点

客观世界中的许多现象，比如温度的变化、植物的生长、河水的流动等，都是连续变化的，这些现象在函数关系上的反映，就是函数的连续性. 如何将这种直观的现象用数学语言描述呢? 以温度的变化来看，当时间的变动很微小时，温度的变化也很微小；再如植物的生长，当时间的变动很微小时，植物的生长变化也很微小，以至于我们难以观察到其生长变化. 这也是这些连续性现象共同的特征. 为了说明连续性，先给出增量的定义.

1. 函数的增量　设变量 u 从它的一个初值 u_1 变到终值 u_2，其终值与初值的差 $u_2 - u_1$ 称为变量 u 在 u_1 处的**增量**（increment）或**改变量**（change），记作 Δu，即

$$\Delta u = u_2 - u_1.$$

应当注意，记号 Δu 是一个整体，不能看作 Δ 与 u 的乘积. 显然，增量 Δu 可以是正的，也可以是负的. 当 $\Delta u > 0$ 时，变量 u 从初值 u_1 变到终值 u_2 是增加的；当 $\Delta u < 0$ 时，变量 u 从初值 u_1 变到终值 u_2 是减少的.

设函数 $y = f(x)$ 在点 x_0 的某一邻域内有定义. 当自变量 x 在这个邻域内从 x_0 变到 $x_0 + \Delta x$ 时，即 x 在 x_0 处取得增量 Δx 时，函数 y 相应地从 $f(x_0)$ 变到 $f(x_0 + \Delta x)$，因此函数 y 在 x_0 处相应于 Δx 的增量为（图 1-13）

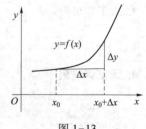

图 1-13

$$\Delta y = f(x_0 + \Delta x) - f(x_0).$$

注意：自变量增量 Δx、函数增量 Δy 均可正、可负.

用增量的概念，函数连续的特征可表述为：在 x_0 处，如果当自变量的增量 Δx 趋于零时，函数 y 对应的增量 Δy 也趋于零，那么就称函数 $y = f(x)$ 在点 x_0 处是连续的. 一般地有下述定义.

2. 函数连续的定义

定义 1　设函数 $y = f(x)$ 在点 x_0 的某一邻域内有定义，如果

$$\lim_{\Delta x \to 0} \Delta y = 0$$

或

$$\lim_{\Delta x \to 0} [f(x_0 + \Delta x) - f(x_0)] = 0,$$

那么称函数 $y = f(x)$ 在点 x_0 处**连续**（continuous）.

上述定义也可以改写成另外的形式. 设 $x = x_0 + \Delta x$，则 $\Delta x = x - x_0$，所以 $\Delta x \to 0$ 等价于 $x \to x_0$，此时有

$$\Delta y = f(x_0 + \Delta x) - f(x_0) = f(x) - f(x_0).$$

于是 $\lim_{\Delta x \to 0} \Delta y = 0$ 即为

$$\lim_{\Delta x \to 0} \Delta y = \lim_{x \to x_0} [f(x) - f(x_0)] = 0,$$

上式等价于

$$\lim_{x \to x_0} f(x) = f(x_0).$$

由此得到函数 $y = f(x)$ 在点 x_0 处连续的另一等价定义:

定义 2 设函数 $y = f(x)$ 在点 x_0 的某一邻域内有定义,如果极限 $\lim_{x \to x_0} f(x)$ 存在,并且

$$\lim_{x \to x_0} f(x) = f(x_0),$$

那么就称函数 $y = f(x)$ 在 x_0 处**连续**,称点 x_0 为函数 $y = f(x)$ 的**连续点**(continuous point).

例 1 讨论函数 $f(x) = \begin{cases} x^2 \sin \dfrac{1}{x}, & x \neq 0, \\ 0, & x = 0, \end{cases}$ 在 $x = 0$ 处的连续性.

解 因 $\lim_{x \to 0} x^2 \sin \dfrac{1}{x} = 0$,又 $f(0) = 0$,故有 $\lim_{x \to 0} f(x) = f(0)$,满足定义 2,所以该函数在 $x = 0$ 处连续.

对应于左极限与右极限,我们有左连续与右连续的概念. 若 $\lim_{x \to x_0^-} f(x) = f(x_0)$,则称函数 $f(x)$ 在点 x_0 处**左连续**;若 $\lim_{x \to x_0^+} f(x) = f(x_0)$,则称函数 $f(x)$ 在点 x_0 处**右连续**. 由函数极限与其单侧极限的关系,易得到下面的结论:

函数 $f(x)$ 在点 x_0 处连续的充分必要条件是 $f(x)$ 在点 x_0 处左连续且右连续. 即

$$\lim_{x \to x_0} f(x) = f(x_0) \Leftrightarrow \lim_{x \to x_0^-} f(x) = f(x_0) \text{ 且 } \lim_{x \to x_0^+} f(x) = f(x_0).$$

例 2 试确定常数 a 的值,使函数 $f(x) = \begin{cases} \cos x, & x < 0, \\ a + x, & x \geqslant 0, \end{cases}$ 在 $x = 0$ 处连续.

解 函数 $f(x)$ 在 $x = 0$ 处连续当且仅当 $\lim_{x \to 0^-} f(x) = f(0) = \lim_{x \to 0^+} f(x)$. 而

$$f(0) = a,$$
$$\lim_{x \to 0^-} f(x) = \lim_{x \to 0^-} \cos x = 1,$$
$$\lim_{x \to 0^+} f(x) = \lim_{x \to 0^+} (a + x) = a.$$

要使 $\lim_{x \to 0^-} f(x) = \lim_{x \to 0^+} f(x) = f(0)$ 成立,推得 $a = 1$. 故 $a = 1$ 时该函数在 $x = 0$ 处连续.

如果函数 $f(x)$ 在开区间 (a, b) 内的每一点都连续,则称 $f(x)$ 在开区间 (a, b) 内连续;如果函数 $f(x)$ 在开区间 (a, b) 内连续,且在左端点 a 处右连续,右端点 b 处左连续,则称 $f(x)$ 在**闭区间** $[a, b]$ **上连续**. 函数在某区间 I 上连续,则称它是该区间 I 上的**连续函数**(continuous function).

连续函数的图像是一条连续而不间断的曲线,称为**连续曲线**(continuous curve).

例如,多项式函数 $f(x) = a_0 x^n + a_1 x^{n-1} + \cdots + a_{n-1} x + a_n$ 在定义区间 $(-\infty, +\infty)$ 内是连续的,这是因为对于任意的 $x_0 \in (-\infty, +\infty)$,函数都有定义,且满足 $\lim_{x \to x_0} f(x) = f(x_0)$.

类似地分析可知,函数 $y = \sin x, y = \cos x$ 在其定义域 $(-\infty, +\infty)$ 内都是连续的.

3. 函数的间断点 由函数 $f(x)$ 在点 x_0 处连续的定义 2 可知,如果有下列三种情形之一发生:

(1) 在点 x_0 处没有定义,即 $f(x_0)$ 不存在;

(2) 在点 x_0 处的极限不存在,即 $\lim_{x \to x_0} f(x)$ 不存在;

(3) $f(x)$ 在 x_0 点有定义且 $\lim_{x \to x_0} f(x)$ 存在,但 $\lim_{x \to x_0} f(x) \neq f(x_0)$,则函数 $f(x)$ 在点 x_0 处不连续,

这时称 $f(x)$ 在点 x_0 处间断. 点 x_0 称为 $f(x)$ 的**间断点**(discontinuous point)或**不连续点**.

例如,函数 $y = \tan x$ 在 $x = k\pi + \dfrac{\pi}{2}(k = 0, \pm 1, \pm 2 \cdots)$ 处没有定义,故 $x = k\pi + \dfrac{\pi}{2}$ 都是该函数的间

断点;函数 $f(x) = \begin{cases} \sin\dfrac{1}{x}, & x \neq 0, \\ 0, & x = 0, \end{cases}$ 在 $x = 0$ 处虽有定义,但极限 $\lim\limits_{x \to 0} \sin\dfrac{1}{x}$ 不存在,故分段点 $x = 0$ 是

该函数的间断点.

通常,我们将间断点分为两类:设点 x_0 为 $f(x)$ 的间断点,若 x_0 处的左极限与右极限都存在,则称 x_0 点为函数 $f(x)$ 的**第一类间断点**. 不是第一类间断点,即左极限与右极限中至少有一个不存在,这样的间断点统称为**第二类间断点**.

进一步地,在第一类间断点中又有两种情形:

(1)左、右极限都存在且相等[这时极限 $\lim\limits_{x \to x_0} f(x)$ 存在]称为**可去间断点**,因为这时可以通过补充函数在该点的定义(若函数在该点无定义)或改变函数在该点的定义,使 $f(x_0) = \lim\limits_{x \to x_0} f(x)$,则函数在该点连续;

(2)左、右极限虽然都存在,但不相等,称为**跳跃间断点**.

在第二类间断点中,若左右极限至少有一个为 ∞,称为**无穷间断点**.

例 3 函数 $f(x) = \dfrac{x^2 - 1}{x + 1}$ 在 $x = -1$ 处是否连续?若不连续,试判断间断点的类型.

解 函数 $f(x)$ 如图 1-14 所示. 在 $x = -1$ 处没有定义,故 $x = -1$ 是该函数的间断点. 由于极限 $\lim\limits_{x \to -1} f(x) = \lim\limits_{x \to -1} \dfrac{x^2 - 1}{x + 1} = \lim\limits_{x \to -1}(x - 1) = -2$ 存在,所以 $x = -1$ 是可去间断点,属于第一类间断点. 如果补充函数在 $x = -1$ 处的定义:令 $f(-1) = -2$,即

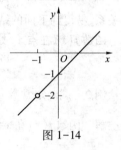

图 1-14

$$f(x) = \begin{cases} \dfrac{x^2 - 1}{x^2 + 1}, & x \neq -1, \\ -2, & x = -1, \end{cases}$$

则函数 $f(x)$ 在点 $x = -1$ 处就连续.

例 4 讨论函数 $f(x) = \begin{cases} -x, & x \leq 0, \\ 1 + x, & x > 0, \end{cases}$ 在 $x = 0$ 处的连续性. 若间断,说明其类型.

解 因为 $\lim\limits_{x \to 0^-} f(x) = \lim\limits_{x \to 0^-}(-x) = 0$, $\lim\limits_{x \to 0^+} f(x) = \lim\limits_{x \to 0^+}(1 + x) = 1$,所以 $\lim\limits_{x \to 0^-} f(x) \neq \lim\limits_{x \to 0^+} f(x)$,故 $f(x)$ 在 $x = 0$ 处间断,$x = 0$ 为跳跃间断点,属于第一类间断点(图 1-15).

例 5 函数 $f(x) = \begin{cases} \dfrac{1}{x}, & x > 0, \\ x, & x \leq 0, \end{cases}$ 在 $x = 0$ 处是否连续?若不连续,试判断间断点的类型.

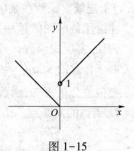

图 1-15

解 因为

$$\lim\limits_{x \to 0^-} f(x) = \lim\limits_{x \to 0^-} x = 0, \qquad \lim\limits_{x \to 0^+} f(x) = \lim\limits_{x \to 0^+} \dfrac{1}{x} = +\infty,$$

所以 $f(x)$ 在 $x=0$ 处间断，$x=0$ 是函数的无穷间断点，属于第二类间断点(图 1-16).

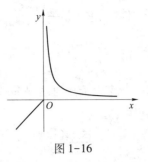

图 1-16

二、初等函数的连续性

1. 连续函数的运算性质 根据极限的四则运算法则及连续的定义，可以得到下面的结论.

定理 1 若函数 $f(x)$，$g(x)$ 在点 x_0 处连续，则函数 $f(x) \pm g(x)$，$f(x) \cdot g(x)$，$\dfrac{f(x)}{g(x)}(g(x_0) \neq 0)$ 在点 x_0 处也连续.

前面已知 $\sin x$，$\cos x$ 在 $(-\infty, +\infty)$ 内连续，故根据定理 1 得到 $\tan x = \dfrac{\sin x}{\cos x}$，$\cot x = \dfrac{\cos x}{\sin x}$，$\sec x = \dfrac{1}{\cos x}$，$\csc x = \dfrac{1}{\sin x}$ 在其定义域内都是连续的.

定理 1 的结论对于有限多个函数也成立.

定理 2 单调连续的函数必有单调连续的反函数. 即，如果函数 $y = f(x)$ 在某定义区间 I_x 上单调增加(或减少)且连续，那么它的反函数 $x = f^{-1}(y)$ 也在对应的区间 $I_y = \{y | y = f(x), x \in I_x\}$ 上单调增加(或减少)且连续.

事实上，我们知道，单调函数必存在反函数. 由于函数 $y = f(x)$ 与其反函数的图形关于直线 $y = x$ 对称，因此，如果函数 $y = f(x)$ 的图形是一条连续曲线，那么它的反函数的图形也必定是一条连续曲线.

由于 $y = \sin x$ 在 $\left[-\dfrac{\pi}{2}, \dfrac{\pi}{2} \right]$ 上单调增加且连续，所以它的反函数 $y = \arcsin x$ 在 $[-1, 1]$ 上也单调增加且连续；同理 $y = \arccos x$ 在 $[-1, 1]$ 上单调减少且连续，$y = \arctan x$，$y = \operatorname{arccot} x$ 在 $(-\infty, +\infty)$ 上单调且连续. 从而，反三角函数在其定义域内皆连续.

下面给出复合函数的连续性，关于其证明略去.

定理 3 设函数 $u = \varphi(x)$ 在点 $x = x_0$ 处连续，而函数 $y = f(u)$ 在点 $u = u_0$ 处连续，这里 $u_0 = \varphi(x_0)$，则复合函数 $y = f[\varphi(x)]$ 在点 $x = x_0$ 处连续.

例 6 讨论函数 $y = \sin\dfrac{1}{x}$ 的连续性.

解 函数 $y = \sin\dfrac{1}{x}$ 可看作由 $y = \sin u$ 及 $u = \dfrac{1}{x}$ 复合而成. 而 $u = \dfrac{1}{x}$ 在 $(-\infty, 0) \cup (0, +\infty)$ 内连续，$y = \sin u$ 在 $(-\infty, +\infty)$ 内连续，根据定理 3，复合函数 $y = \sin\dfrac{1}{x}$ 在其定义域 $(-\infty, 0) \cup (0, +\infty)$ 内连续.

根据连续的定义 2，定理 3 的结论可表示为
$$\lim_{x \to x_0} f[\varphi(x)] = f[\varphi(x_0)] = f\left[\lim_{x \to x_0} \varphi(x) \right].$$

上式表明，在求复合函数 $y = f[\varphi(x)]$ 的极限时，如果满足定理 3 的条件，那么极限符号 lim 与函数符号 f 可以交换顺序.

说明：若将定理 3 中的条件"设函数 $u = \varphi(x)$ 在点 $x = x_0$ 处连续"，即 $\lim\limits_{x \to x_0} \varphi(x) = \varphi(x_0)$ 降低为"设函数 $u = \varphi(x)$ 在点 $x = x_0$ 处极限存在"，即 $\lim\limits_{x \to x_0} \varphi(x) = u_0$，$u_0$ 可以不等于 $\varphi(x_0)$，仍有相应的结论成立.

例7 求 $\lim\limits_{x\to 0}\dfrac{\ln(1+x)}{x}$.

解 $\dfrac{\ln(1+x)}{x}=\dfrac{1}{x}\ln(1+x)=\ln(1+x)^{\frac{1}{x}}$, 函数 $y=\ln(1+x)^{\frac{1}{x}}$ 可以看作是由函数 $y=\ln u$, $u=(1+x)^{\frac{1}{x}}$ 复合而成的, 极限 $\lim\limits_{x\to 0}u=\lim\limits_{x\to 0}(1+x)^{\frac{1}{x}}=\mathrm{e}$ 存在, 而 $y=\ln u$ 在相应的点 $u=\mathrm{e}$ 处连续, 据定理3的说明, 有

$$\lim_{x\to 0}\frac{\ln(1+x)}{x}=\lim_{x\to 0}\frac{1}{x}\ln(1+x)=\lim_{x\to 0}\left[\ln(1+x)^{\frac{1}{x}}\right]=\ln\left[\lim_{x\to 0}(1+x)^{\frac{1}{x}}\right]=\ln\mathrm{e}=1.$$

下面我们用上述观点再解第三节的例8.

例8(第三节的例8) 求 $\lim\limits_{x\to 2}\sqrt{\dfrac{x-2}{x^2-4}}$.

解 函数 $y=\sqrt{\dfrac{x-2}{x^2-4}}$ 可以看作是由 $y=\sqrt{u}$, $u=\dfrac{x-2}{x^2-4}$ 复合而成的. 而内层函数的极限

$$\lim_{x\to 2}u=\lim_{x\to 2}\frac{x-2}{x^2-4}=\lim_{x\to 2}\frac{1}{x+2}=\frac{1}{4}$$

存在, 外层函数 $y=\sqrt{u}$ 在相应的点 $u=\dfrac{1}{4}$ 处连续, 所以有

$$\lim_{x\to 2}\sqrt{\frac{x-2}{x^2-4}}=\sqrt{\lim_{x\to 2}\frac{x-2}{x^2-4}}=\sqrt{\frac{1}{4}}=\frac{1}{2}.$$

与第三节例8中通过设置中间变量求复合函数极限的结果完全相同. 据此, 求复合函数的极限可直接将极限号与函数号交换位置求极限.

2. 初等函数的连续性 总结前面的讨论, 我们可以得到下面的结论.

定理4 基本初等函数在其定义域内是连续的.

定理5 一切初等函数在其定义区间内都是连续的.

所谓定义区间是指包含在定义域内的区间. 定理5关于初等函数连续性的结论同时也提供了一种求极限的方法, 即: 如果 $f(x)$ 是初等函数, 且 x_0 是 $f(x)$ 的定义区间内的点, 则有

$$\lim_{x\to x_0}f(x)=f(x_0).$$

例9 求 $\lim\limits_{x\to 1}\ln\left[\tan\left(\dfrac{\pi}{4}x\right)\right]$.

解 因为 $f(x)=\ln\left[\tan\left(\dfrac{\pi}{4}x\right)\right]$ 为初等函数, 在 $x=1$ 处有定义, 所以

$$\lim_{x\to 1}\ln\left[\tan\left(\frac{\pi}{4}x\right)\right]=\ln\left[\tan\left(\frac{\pi}{4}\cdot 1\right)\right]=\ln 1=0.$$

例10 求 $\lim\limits_{x\to 0}\dfrac{\sqrt{1+x^2}-1}{x}$.

解 注意到初等函数 $f(x)=\dfrac{\sqrt{1+x^2}-1}{x}$ 在 $x=0$ 处没有定义, $x=0$ 是它的间断点, 不能直接应用定理5. 故先将函数变形, 得

$$\lim_{x\to 0}\frac{\sqrt{1+x^2}-1}{x}=\lim_{x\to 0}\frac{(\sqrt{1+x^2}-1)(\sqrt{1+x^2}+1)}{x(\sqrt{1+x^2}+1)}$$

$$= \lim_{x \to 0} \frac{x}{\sqrt{1+x^2}+1} = \frac{0}{2} = 0.$$

此外,定理 5 还给出了寻找初等函数间断点的依据.请进一步思考如何求出函数的间断点.

三、闭区间上连续函数的性质

对于在区间 I 上有定义的函数,如果存在点 $x_0 \in I$,使得对于任一 $x \in I$ 都有 $f(x) \leqslant f(x_0)$ $(f(x) \geqslant f(x_0))$,则称 $f(x_0)$ 是函数 $f(x)$ 在区间 I 上的**最大值**(**最小值**).

例如,$y = 1+\sin x$ 在区间 $[0,\pi]$ 上取得最大值 2,同时取得最小值 1;函数 $y = \tan x$ 在区间 $\left[0, \frac{\pi}{2}\right)$ 上有最小值 0,但无最大值.

定理 6(最值定理) 闭区间上的连续函数在该区间上一定取得最大值与最小值.

该定理说明,如果函数 $y = f(x)$ 在闭区间 $[a,b]$ 上连续,则至少存在一点 $\xi_1 \in [a,b]$,使得 $f(\xi_1)$ 为函数 $f(x)$ 在 $[a,b]$ 上的最小值;并且至少存在一点 $\xi_2 \in [a,b]$,使得 $f(\xi_2)$ 为函数 $f(x)$ 在 $[a,b]$ 上的最大值.如图 1-17.

需要注意,定理 6 的条件缺一不可.如果将闭区间改为开区间[图 1-18(a)],或函数在闭区间上有间断点[图 1-18(b)],那么函数在该区间上不一定取得最大值或最小值.

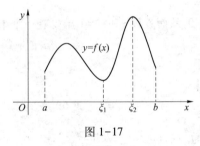

图 1-17

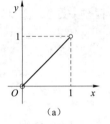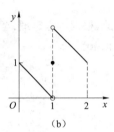

(a)　　　　(b)

图 1-18

由定理 6 容易得到如下推论.

推论 在闭区间上连续的函数一定在该区间上有界.

为了得到函数的介值性,我们先介绍函数零点的概念以及零点定理.

若点 x_0 使得 $f(x_0) = 0$,则称 x_0 为函数 $f(x)$ 的**零点**.

定理 7(零点定理) 设函数 $f(x)$ 在闭区间 $[a,b]$ 上连续,且 $f(a)$ 与 $f(b)$ 异号(即 $f(a) \cdot f(b) < 0$),那么在开区间 (a,b) 内至少有一点 ξ,使

$$f(\xi) = 0 \quad (a < \xi < b),$$

即函数 $f(x)$ 在开区间 (a,b) 内至少有一个零点.

从几何上看(图 1-19),定理 7 表示如果连续曲线弧 $y = f(x)$ 的两个端点位于 x 轴的不同侧,那么这段曲线弧与 x 轴至少有一个交点,即方程 $f(x) = 0$ 在 (a,b) 内至少有一个实根.

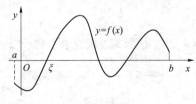

图 1-19

由定理 7 可以推证下面更一般的结论.

定理 8(介值定理) 设函数 $f(x)$ 在闭区间 $[a,b]$ 上连续,且在这区间的两个端点取不同的函数值,$f(a) = A$ 及 $f(b) = B$,且 $A \neq B$.那么,对于 A 与 B 之间的任意一个数 C,在开区间 (a,b) 内至少有一点 ξ,使得

$$f(\xi) = C \quad (a < \xi < b).$$

证 设 $\varphi(x) = f(x) - C$,则 $\varphi(x)$ 在闭区间 $[a,b]$ 上连续,且 $\varphi(a) = A - C$ 与 $\varphi(b) = B - C$ 异号. 根据零点定理,在开区间 (a,b) 内至少有一点 ξ,使得

$$\varphi(\xi) = 0 \quad (a < \xi < b),$$

而 $\varphi(\xi) = f(\xi) - C$,因此由上式即得

$$f(\xi) = C \quad (a < \xi < b).$$

从几何上看,定理 8 表示连续曲线弧 $y = f(x)$ 与水平直线 $y = C$ 至少有一个交点(图 1-20).

结合介值定理与最值定理,可以得到下面的推论(图 1-20).

推论 在闭区间上连续的函数必取得介于最大值与最小值之间的任何值.

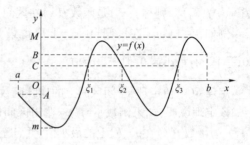

图 1-20

例 11 证明方程 $x^5 + 4x = 1$ 至少有一个小于 1 的正根.

证 令 $f(x) = x^5 + 4x - 1$,显然 $f(x)$ 在闭区间 $[0,1]$ 上连续,且

$$f(0) = -1 < 0, \quad f(1) = 4 > 0.$$

因此,根据零点定理,至少存在一点 $\xi \in (0,1)$,使 $f(\xi) = 0$,从而方程 $x^5 + 4x = 1$ 至少有一个小于 1 的正根.

练习题 1-4

1. 求函数 $f(x) = \dfrac{x+1}{x^2 - 2x - 3}$ 的连续区间,并求极限 $\lim\limits_{x \to -1} f(x)$,$\lim\limits_{x \to 0} f(x)$,及 $\lim\limits_{x \to 3} f(x)$.

2. 指出下列函数的间断点,并说明间断点的类型. 若是可去型间断点,则补充或改变函数定义使它在该点连续

(1) $f(x) = \dfrac{x-3}{x^2 - 5x + 6}$;

(2) $f(x) = \dfrac{x}{\sin x}$;

(3) $f(x) = \mathrm{e}^{\frac{1}{x}}$;

(4) $f(x) = \begin{cases} x^2 - 1, & x \leqslant 1, \\ x + 1, & x > 1. \end{cases}$

3. 设 $f(x) = \begin{cases} \dfrac{\ln(1-x)}{x}, & x < 0, \\ a + 2x, & x \geqslant 0, \end{cases}$ 问 a 取何值时函数 $f(x)$ 在 $x = 0$ 处连续?

4. 利用函数的连续性求下列极限

(1) $\lim\limits_{t \to -1} \mathrm{e}^{\frac{1}{(t-1)^2}}$;

(2) $\lim\limits_{\alpha \to \frac{\pi}{6}} (\sin 3\alpha)^{\frac{1}{5}}$;

(3) $\lim\limits_{x \to 0} \ln\left(\dfrac{\sin 2x}{x}\right)$;

(4) $\lim\limits_{x \to +\infty} x(\sqrt{1+x^2} - x)$.

5. 证明方程 $x \cdot 2^x = 1$ 至少有一个小于 1 的正根.

6. 证明方程 $\sin x + x + 1 = 0$ 在开区间 $\left(-\dfrac{\pi}{2}, \dfrac{\pi}{2}\right)$ 内至少有一个根.

┌ 本 章 小 结 ┐

本章主要包括初等函数的概念、极限及单侧极限的概念、无穷小与无穷大、函数极限的运算法则、两个重要的极限公式、函数连续的概念、函数的间断点及分类、初等函数的连续性、闭区间上连续函数的性质等内容.

重点:函数极限包括自变量趋于无穷大及自变量趋于有限值两种情形,左极限与右极限统称为单侧极限,当且仅当左右极限都存在且相等时函数的极限才存在. 可以应用极限的四则法则、复合函数的极限法则以及两个重要极限公式来求极限,但要特别注意极限的四则运算法则成立的条件. 无穷小量指的是在自变量的某一变化过程中以零为极限的变量,其性质"有界变量与无穷小量的乘积仍为无穷小量"可以用于判断特定形式的极限. 等价无穷小替换定理可用于简化极限的计算. 常借助无穷大量与无穷小量在同一极限过程互为倒数的关系判断一个变量是否为这一变化过程的无穷大. 函数在某点的连续性有两种等价的定义. 间断点通常分为两类:第一类间断点、第二类间断点.

难点:求函数的极限、函数连续性的讨论及间断点类型的判定.

总练习题一

一、选择题

1. 下列函数在指定的变化过程中为无穷小的是( ).

　　A. $e^{\frac{1}{x}}$ 当 $x\to\infty$;　　　B. $e^{\frac{1}{x}}$ 当 $x\to0$;　　　C. $\frac{\sin x}{x}$ 当 $x\to\infty$;　　　D. $\frac{\sin x}{x}$ 当 $x\to0$.

2. 当 $x\to1$ 时,函数 $f(x)=\frac{1-x}{1+x}$ 与 $g(x)=1-\sqrt{x}$ 的关系是( ).

　　A. $f(x)$ 是比 $g(x)$ 高阶无穷小;　　　　B. $f(x)$ 是比 $g(x)$ 低阶无穷小;

　　C. $f(x)$ 与 $g(x)$ 是等价无穷小;　　　　D. $f(x)$ 与 $g(x)$ 是同阶非等价无穷小.

3. 设 $f(x)=\dfrac{e^{\frac{1}{x}}-1}{e^{\frac{1}{x}}+1}$,则 $x=0$ 是 $f(x)$ 的( ).

　　A. 可去间断点;　　　B. 跳跃间断点;　　　C. 第二类间断点;　　　D. 连续点.

4. 设 $\lim\limits_{x\to2}\dfrac{x^2+ax+b}{x^2-x-2}=2$,则( ).

　　A. $a=1,b=2$;　　　B. $a=-2,b=8$;　　　C. $a=2,b=6$;　　　D. $a=2,b=-8$.

5. 设 $\lim\limits_{x\to\infty}\left(\dfrac{x^2}{2x+1}-ax-b\right)=0$,则( ).

　　A. $a=-\dfrac{1}{2},b=-\dfrac{1}{4}$;　　B. $a=\dfrac{1}{2},b=-\dfrac{1}{4}$;　　C. $a=-\dfrac{1}{2},b=\dfrac{1}{4}$;　　D. $a=\dfrac{1}{2},b=\dfrac{1}{4}$.

二、填空题

1. 设 $f(x)=\begin{cases}0, & x\le0,\\ x, & x>0,\end{cases}$ $g(x)=\begin{cases}0, & x\le0,\\ -x^2, & x>0,\end{cases}$ 则 $f[g(x)]=$＿＿＿＿;$g[f(x)]=$＿＿＿＿.

2. $\lim\limits_{x\to\infty}\dfrac{x^2+1}{2x-1}\sin\dfrac{\pi}{x}=$ _____ .

3. 若 $\lim\limits_{x\to\infty}\left(\dfrac{x+2a}{x-2a}\right)^{\frac{x}{3}}=\mathrm{e}^2$,则 $a=$ _____ .

4. 欲使函数 $f(x)=\begin{cases}\mathrm{e}^x+a, & x\leqslant 1,\\[2mm]\dfrac{\arctan\pi(x-1)}{x-1}, & x>1,\end{cases}$ 在 $x=1$ 处连续,则 $a=$ _____ .

三、计算题及证明题

1. 求下列极限

(1) $\lim\limits_{x\to 0}\arcsin\left(\dfrac{\tan x}{2x}\right)$;

(2) $\lim\limits_{x\to 0}\dfrac{\sqrt{1-x^2}-1}{\sin^2 x}$;

(3) $\lim\limits_{x\to 0}(1+3\tan^2 x)^{\cot^2 x}$;

(4) $\lim\limits_{x\to 0}\dfrac{\tan x-\sin x}{(1-\mathrm{e}^x)\ln(1+2x^2)}$;

(5) $\lim\limits_{x\to 0}\dfrac{2^x+3^x-2}{x}$;

(6) $\lim\limits_{n\to\infty}(\sqrt{n-\sqrt{n}}-\sqrt{n})$.

2. 设 $f(x)=\begin{cases}x\arctan\dfrac{1}{x}, & x>0,\\[2mm]a+x^2, & x\leqslant 0,\end{cases}$ 欲使函数 $f(x)$ 在 $(-\infty,+\infty)$ 内连续,应当怎样选择数 a ?

3. 设 $P(x)$ 是多项式,且 $\lim\limits_{x\to\infty}\dfrac{P(x)-2x^8}{x^2-x-2}=1,\lim\limits_{x\to 0}\dfrac{P(x)}{x}=3$,求 $P(x)$.

4. 证明方程 $\mathrm{e}^x-x=2$ 在开区间 $(0,2)$ 内至少有一个根 .

(祁爱琴)

第二章 导数与微分

第一节 导　数

导数的概念是许多自然现象在数量关系上抽象出来的研究变化率结构的数学模型.是人类认识客观世界、探索宇宙奥秘的智慧结晶.从历史上来看,导数是从探索曲线上某一点的切线的斜率和质点的变速直线运动的瞬时速度等问题中产生的.并在数学本身及其他领域中得到了充分的应用,例如,在研究曲线的曲率,化学中的反应速度,放射性物质的蜕变速度,生物学中的出生率、死亡率、自然生长率、人口增长率等方面的应用.

一、导数的定义

引例 1 已知曲线 $C:y=f(x)$,求曲线 C 上点 $M_0(x_0,y_0)$ 处的切线斜率.

解 如图 2-1 所示,取曲线 C 上另外一点 $M(x_0+\Delta x,y_0+\Delta y)$,则割线 M_0M 的斜率为

$$k_{M_0M}=\tan\varphi=\frac{\Delta y}{\Delta x}=\frac{f(x_0+\Delta x)-f(x_0)}{\Delta x}.$$

当点 M 沿曲线 C 趋于 M_0 时,即当 $\Delta x \to 0$ 时,割线 $M_0 M$ 的极限位置就是曲线 C 在点 M_0 的切线 $M_0 T$,此时割线的倾斜角 φ 趋于切线的倾斜角 α,故切线的斜率为

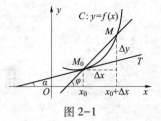

图 2-1

$$k = \lim_{\Delta x \to 0} \tan\varphi = \lim_{\Delta x \to 0} \frac{\Delta y}{\Delta x} = \lim_{\Delta x \to 0} \frac{f(x_0 + \Delta x) - f(x_0)}{\Delta x}.$$

引例 2 变速直线运动的瞬时速度.

设一质点 M 做变速直线运动,质点所走的路程 s 与时间 t 的函数关系为 $s = s(t)$,求 t_0 时刻的瞬时速度.

解 当时间由 t_0 时刻变化到 t(记 $t = t_0 + \Delta t$)时刻,路程就由 $s(t_0)$ 变化到 $s(t_0 + \Delta t)$,路程的改变量

$$\Delta s = s(t_0 + \Delta t) - s(t_0).$$

质点 M 在 $|\Delta t|$ 时间内,平均速度为

$$\bar{v} = \frac{\Delta s}{\Delta t} = \frac{s(t_0 + \Delta t) - s(t_0)}{\Delta t}.$$

一般情况下,当 Δt 变化时,平均速度 $\bar{v}$ 也随之变化.若质点 M 做匀速运动时,平均速度 $\bar{v}$ 是一常数,且为任意时刻的速度.但在实际问题中,这种情况很难发生,质点 M 每时每刻运动的速度都是变化的.因此,求 t_0 时刻的瞬时速度就显得尤为重要了.当 $|\Delta t|$ 较小时,平均速度 $\bar{v}$ 是质点在 t_0 时刻的"瞬时速度"的近似值.显然,当 $|\Delta t|$ 愈小,它的近似程度愈好.当 $\Delta t \to 0$ 时,若 $\bar{v}$ 趋于确定值,该值就是质点 M 在 t_0 时刻的瞬时速度 v,即

$$v = \lim_{\Delta t \to 0} \bar{v} = \lim_{\Delta t \to 0} \frac{\Delta s}{\Delta t} = \lim_{\Delta t \to 0} \frac{s(t_0 + \Delta t) - s(t_0)}{\Delta t}.$$

定义 1 设函数 $y = f(x)$ 在 x_0 点的某邻域 $U(x_0)$ 内有定义,当自变量 x 在 x_0 点处有改变量 $\Delta x (x_0 + \Delta x \in U(x_0))$,函数相应地有改变量 $\Delta y = f(x_0 + \Delta x) - f(x_0)$.如果极限

$$\lim_{\Delta x \to 0} \frac{\Delta y}{\Delta x} = \lim_{\Delta x \to 0} \frac{f(x_0 + \Delta x) - f(x_0)}{\Delta x} \tag{2-1}$$

存在,则称函数 $f(x)$ 在 x_0 点处可导,此极限值称为函数 $f(x)$ 在 x_0 点处的**导数**(derivative),记作

$$f'(x_0), y'\big|_{x=x_0}, \frac{dy}{dx}\big|_{x=x_0} \text{ 或 } \frac{df(x)}{dx}\big|_{x=x_0},$$

即

$$f'(x_0) = y'\big|_{x=x_0} = \frac{dy}{dx}\big|_{x=x_0} = \frac{df(x)}{dx}\big|_{x=x_0} = \lim_{\Delta x \to 0} \frac{\Delta y}{\Delta x} = \lim_{\Delta x \to 0} \frac{f(x_0 + \Delta x) - f(x_0)}{\Delta x}.$$

如果极限不存在,就称函数 $f(x)$ 在 x_0 点处不可导.若不可导,是因为极限为无穷大,为方便起见,我们也称函数 $f(x)$ 在 x_0 点处的导数为无穷大,记为 $f'(x_0) = \infty$.

函数 $f(x)$ 在 x_0 点处的导数是函数平均变化率 $\dfrac{\Delta y}{\Delta x}$ 的极限,即是函数在该点处相对于自变量的瞬时变化率,它反映了函数在该点处的变化的快慢程度.

令 $x = x_0 + \Delta x$,则式(2-1)可以写成

$$f'(x_0) = \lim_{x \to x_0} \frac{f(x) - f(x_0)}{x - x_0}, \tag{2-2}$$

往往用式(2-2)来求函数 $f(x)$ 在具体给定的 x_0 点处的导数.

若函数 $y=f(x)$ 在开区间 (a,b) 内的每一点都可导,则称函数 $f(x)$ 在开区间 (a,b) 内可导. 这时,对于区间 (a,b) 内任意一点 x,都有唯一确定的导数值 $f'(x)$ 与之对应,因此 $f'(x)$ 是区间 (a,b) 内的一个关于 x 的函数,称它为函数 $y=f(x)$ 的**导函数**(derived function),简称为导数,记作

$$f'(x), y', \frac{dy}{dx} \text{或} \frac{df(x)}{dx},$$

即

$$f'(x)=y'=\frac{dy}{dx}=\frac{df(x)}{dx}=\lim_{\Delta x\to 0}\frac{\Delta y}{\Delta x}=\lim_{\Delta x\to 0}\frac{f(x+\Delta x)-f(x)}{\Delta x}, \quad x\in(a,b).$$

显然,函数 $y=f(x)$ 在 x_0 点处的导数 $f'(x_0)$ 可视为导函数 $f'(x)$ 在 x_0 点处的函数值,即 $f'(x_0)=f'(x)\big|_{x=x_0}$.

若极限

$$\lim_{\Delta x\to 0^+}\frac{\Delta y}{\Delta x}=\lim_{\Delta x\to 0^+}\frac{f(x_0+\Delta x)-f(x_0)}{\Delta x}=\lim_{x\to x_0^+}\frac{f(x)-f(x_0)}{x-x_0}$$

或

$$\lim_{\Delta x\to 0^-}\frac{\Delta y}{\Delta x}=\lim_{\Delta x\to 0^-}\frac{f(x_0+\Delta x)-f(x_0)}{\Delta x}=\lim_{x\to x_0^-}\frac{f(x)-f(x_0)}{x-x_0}$$

存在,则称函数 $f(x)$ 在 x_0 点处右(方)可导或左(方)可导,其极限称为函数 $f(x)$ 在 x_0 点处的**右导数**(derivative on the right)或**左导数**(derivative on the left),记作 $f'_+(x_0)$ 或 $f'_-(x_0)$.

函数 $f(x)$ 在 x_0 点处可导的充分必要条件是,函数 $f(x)$ 在 x_0 点处左导数、右导数都存在,且相等,即 $f'_-(x_0)=f'_+(x_0)$.

若函数 $f(x)$ 在开区间 (a,b) 内可导,且 $f'_+(a)$ 和 $f'_-(b)$ 都存在,则称 $f(x)$ 在闭区间 $[a,b]$ 上可导,它的导数仍然是一个函数称之为导函数,简称为导数.

例1 已知函数 $y=x^3$,求 y'.

解 函数的改变量 $\Delta y=(x+\Delta x)^3-x^3=3x^2\Delta x+3x(\Delta x)^2+(\Delta x)^3$.

改变量的比值 $\frac{\Delta y}{\Delta x}=3x^2+3x\Delta x+(\Delta x)^2$.

比值的极限 $y'=\lim_{\Delta x\to 0}\frac{\Delta y}{\Delta x}=\lim_{\Delta x\to 0}[3x^2+3x\Delta x+(\Delta x)^2]=3x^2$.

例2 已知函数 $f(x)=\sqrt{x}$,求 $f'(1)$.

解1 $f'(1)=\lim_{x\to 1}\frac{f(x)-f(1)}{x-1}=\lim_{x\to 1}\frac{\sqrt{x}-1}{x-1}=\lim_{x\to 1}\frac{1}{\sqrt{x}+1}=\frac{1}{2}$.

解2 $f'(x)=\lim_{\Delta x\to 0}\frac{\Delta y}{\Delta x}=\lim_{\Delta x\to 0}\frac{\sqrt{x+\Delta x}-\sqrt{x}}{\Delta x}=\lim_{\Delta x\to 0}\frac{1}{\sqrt{x+\Delta x}+\sqrt{x}}=\frac{1}{2\sqrt{x}}$. 于是

$$f'(1)=\frac{1}{2\sqrt{x}}\bigg|_{x=1}=\frac{1}{2}.$$

例3 已知

$$f(x)=\begin{cases} \sin x, & x\leq 0, \\ ax+1, & x>0 \end{cases}$$

在 $x=0$ 点处可导,试求常数 a.

解 由 $f(x)$ 在 $x=0$ 点处可导,则 $f'_{-}(0)=f'_{+}(0)$. 而

$$f'_{-}(0)=\lim_{x\to 0^-}\frac{f(x)-f(0)}{x-0}=\lim_{x\to 0^-}\frac{\sin x}{x}=1,$$

$$f'_{+}(0)=\lim_{x\to 0^+}\frac{f(x)-f(0)}{x-0}=\lim_{x\to 0^+}\frac{ax}{x}=a.$$

所以,$a=1$.

二、导数的几何意义

由导数的定义及引例 1 可知,当函数 $y=f(x)$ 在 x_0 点处可导时,其导数值 $f'(x_0)$ 就是曲线 $y=f(x)$ 在 $M_0(x_0,f(x_0))$ 点处切线的斜率.

若 $f'(x_0)$ 存在,曲线 $y=f(x)$ 在 $M_0(x_0,f(x_0))$ 点处的切线方程为

$$y-f(x_0)=f'(x_0)(x-x_0),$$

法线方程为

$$y-f(x_0)=-\frac{1}{f'(x_0)}(x-x_0) \quad (f'(x_0)\neq 0).$$

显然 $f'(x_0)=0$,曲线的切线方程为 $y=f(x_0)$,法线方程为 $x=x_0$.

注意: $f'(x_0)=\infty$ 时,函数不可导,但曲线的切线、法线仍然存在.切线方程为 $x=x_0$,法线方程为 $y=f(x_0)$.曲线的切线存在,函数不一定可导,如切线垂直于 x 轴,$f'(x_0)=\infty$.

例 4 求曲线 $y=\sqrt{x}$ 在 $M_0(1,1)$ 点处的切线方程与法线方程.

解 由例 2,$y'\big|_{x=1}=\frac{1}{2\sqrt{x}}\big|_{x=1}=\frac{1}{2}$,得 $k_{切}=\frac{1}{2}$,$k_{法}=-2$. 于是所求的切线方程为

$$y-1=\frac{1}{2}(x-1),即 x-2y+1=0.$$

法线方程为

$$y-1=-2(x-1),即 2x+y-3=0.$$

三、函数的可导与连续的关系

定理 函数 $y=f(x)$ 在 x 点处可导,则函数 $y=f(x)$ 在 x 点处必连续.

证 若函数 $y=f(x)$ 在 x 点处可导,则有 $f'(x)=\lim_{\Delta x\to 0}\frac{\Delta y}{\Delta x}$. 于是

$$\frac{\Delta y}{\Delta x}=f'(x)+\alpha,$$

其中 $\lim_{\Delta x\to 0}\alpha=0$. 上式两边同乘以 Δx,得

$$\Delta y=f'(x)\Delta x+\alpha\Delta x.$$

于是

$$\lim_{\Delta x\to 0}\Delta y=\lim_{\Delta x\to 0}(f'(x)\Delta x+\alpha\Delta x)=f'(x)\lim_{\Delta x\to 0}\Delta x+\lim_{\Delta x\to 0}\alpha\lim_{\Delta x\to 0}\Delta x=0,$$

则 $y=f(x)$ 在 x 点处连续.

反之未然,即一个函数在某点处连续,但在该点处未必可导.

例如,函数 $f(x)=|x|=\sqrt{x^2}$ 为初等函数,因此在其定义域 $(-\infty,+\infty)$ 内连续,故在 $x=0$ 点处连续. 但

$$f'_-(0)=\lim_{x\to 0^-}\frac{f(x)-f(0)}{x-0}=\lim_{x\to 0^-}\frac{|x|}{x}=\lim_{x\to 0^-}\frac{-x}{x}=-1,$$

$$f'_+(0)=\lim_{x\to 0^+}\frac{f(x)-f(0)}{x-0}=\lim_{x\to 0^+}\frac{|x|}{x}=\lim_{x\to 0^+}\frac{x}{x}=1.$$

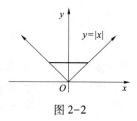

图 2-2

所以 $f'_-(0)\neq f'_+(0)$,因此函数 $f(x)=|x|$ 在 $x=0$ 点处不可导,如图 2-2 所示.

练习题 2-1

1. 判别下列命题是否正确,若有错误,错误何在?

(1) 函数 $y=f(x)$ 在 x_0 点处的导数等于 $[f(x_0)]'$;

(2) 函数 $y=f(x)$ 在 x_0 点处可导,则曲线 $y=f(x)$ 在 $(x_0,f(x_0))$ 点处有切线;

(3) 曲线 $y=f(x)$ 在 $(x_0,f(x_0))$ 点处有切线,则函数 $y=f(x)$ 在 x_0 点处可导;

(4) 函数 $y=f(x)$ 在 x_0 点处可导,则 $|f(x)|$ 在点 x_0 处可导;

(5) 函数 $y=|f(x)|$ 在 x_0 点处可导,则 $f(x)$ 在点 x_0 处可导;

(6) 初等函数在其定义区间内必可导.

2. 设某种细菌繁殖的数量 N 可近似表示为 $N=t^2+52t+1000$,其中时间 t 以小时(h)计,试计算从 $t=1$ 到 $t=1+\Delta t$ 之间的平均繁殖速率,并计算当 $\Delta t=0.1,\Delta t=0.01$ 时的平均繁殖速率,再计算 $t=1$ 时的瞬时繁殖速率.

3. 已知函数 $f(x)$ 在 x_0 点处可导,且 $f'(x_0)=4$,求下列极限.

(1) $\lim\limits_{\Delta x\to 0}\dfrac{f(x_0-\Delta x)-f(x_0)}{\Delta x}$;

(2) $\lim\limits_{\Delta x\to 0}\dfrac{f(x_0+\Delta x)-f(x_0-\Delta x)}{\Delta x}$;

(3) $\lim\limits_{h\to 0}\dfrac{h}{f(x_0-2h)-f(x_0)}$;

(4) $\lim\limits_{n\to\infty}n\left[f\left(x_0-\dfrac{1}{2n}\right)-f(x_0)\right]$.

4. 已知极限 $\lim\limits_{n\to\infty}\dfrac{f\left(x_0+\dfrac{1}{n}\right)-f(x_0)}{\dfrac{1}{n}}$ 存在,讨论函数 $y=f(x)$ 在 x_0 点处的可导性.

5. 讨论下列函数在 $x=0$ 点处是否可导,若可导求其导数.

(1) $f(x)=\begin{cases}\sin x, & x<0,\\ x, & x\geqslant 0.\end{cases}$

(2) $f(x)=\begin{cases}-x, & x<0,\\ x^2, & x\geqslant 0.\end{cases}$

6. 求曲线 $y=x^2$ 在 $(1,1)$ 点处的切线方程和法线方程.

7. 已知曲线 $y=x^3$ 上某点处的切线与直线 $x+12y=6$ 垂直,求该点的坐标.

8. 试证曲线 $y=\dfrac{1}{x}$ 上任意一点的切线与两坐标轴所围成的平面图形的面积都等于 2.

9. 已知函数 $f(x)=\begin{cases}x^3, & x\leqslant 1,\\ ax+b, & x>1.\end{cases}$ 在 $x=1$ 点处可导,求 a,b 之值.

10. 已知函数 $f(x)=(x-a)\varphi(x)$,其中 $\varphi(x)$ 在 a 点处连续,讨论函数 $f(x)$ 在 a 点处的可导性.

第二节　函数的求导方法

导数的定义,不失为求导的一种方法,但是对于较复杂的函数用这种方法求导往往是很困难的,甚至是无法进行的,有必要将求导问题公式化. 根据初等函数的结构,我们将介绍基本初等函数的导数公式和几个基本求导法则,从而可以比较简单地求出初等函数的导数.

一、导数公式

1. 常函数 $y=C(C$ 为常数) 的导数

$$y'=\lim_{\Delta x\to 0}\frac{\Delta y}{\Delta x}=\lim_{\Delta x\to 0}\frac{C-C}{\Delta x}=\lim_{\Delta x\to 0}\frac{0}{\Delta x}=\lim_{\Delta x\to 0}0=0,$$

即

$$(C)'=0.$$

2. 幂函数 $y=x^{\alpha}$ 的导数

$\alpha=n(n$ 为正整数)时,

$$y'=\lim_{\Delta x\to 0}\frac{\Delta y}{\Delta x}=\lim_{\Delta x\to 0}\frac{(x+\Delta x)^{n}-x^{n}}{\Delta x}=\lim_{\Delta x\to 0}\left[nx^{n-1}+\frac{n(n-1)}{2!}x^{n-2}\Delta x+\cdots+(\Delta x)^{n-1}\right]=nx^{n-1},$$

即

$$(x^{n})'=nx^{n-1}.$$

特别,$n=1$ 时,$(x)'=1$. 更一般地,对于幂函数 $y=x^{\alpha}(\alpha$ 为实数),也有

$$(x^{\alpha})'=\alpha x^{\alpha-1}.$$

3. 指数函数 $y=a^{x}(a>0$ 且 $a\neq1)$ 和对数函数 $y=\log_{a}x(a>0$ 且 $a\neq1)$ 的导数

$$y'=\lim_{\Delta x\to 0}\frac{\Delta y}{\Delta x}=\lim_{\Delta x\to 0}\frac{a^{x+\Delta x}-a^{x}}{\Delta x}=a^{x}\lim_{\Delta x\to 0}\frac{a^{\Delta x}-1}{\Delta x}.$$

令 $a^{\Delta x}-1=t$,则 $\Delta x=\log_{a}(1+t)$,当 $\Delta x\to 0$ 时,$t\to 0$. 于是

$$y'=a^{x}\lim_{t\to 0}\frac{t}{\log_{a}(1+t)}=a^{x}\frac{1}{\lim_{t\to 0}\log_{a}(1+t)^{\frac{1}{t}}}=a^{x}\frac{1}{\log_{a}\lim_{t\to 0}(1+t)^{\frac{1}{t}}}=a^{x}\frac{1}{\log_{a}e}=a^{x}\ln a,$$

即

$$(a^{x})'=a^{x}\ln a.$$

特别,$a=e$ 时,则有

$$(e^{x})'=e^{x}.$$

同理

$$(\log_{a}x)'=\frac{1}{x\ln a},$$

特别,$a=e$ 时,则有

$$(\ln x)'=\frac{1}{x}.$$

4. 正弦函数 $y=\sin x$ 和余弦函数 $y=\cos x$ 的导数

$$y'=\lim_{\Delta x\to 0}\frac{\Delta y}{\Delta x}=\lim_{\Delta x\to 0}\frac{\sin(x+\Delta x)-\sin x}{\Delta x}=\lim_{\Delta x\to 0}\frac{2\cos\left(x+\frac{\Delta x}{2}\right)\sin\frac{\Delta x}{2}}{\Delta x}$$

$$= \lim_{\Delta x \to 0} \cos\left(x + \frac{\Delta x}{2}\right) \lim_{\Delta x \to 0} \frac{\sin \frac{\Delta x}{2}}{\frac{\Delta x}{2}} = \cos x,$$

即

$$(\sin x)' = \cos x.$$

同理

$$(\cos x)' = -\sin x.$$

利用本节后面的求导法则还可证出:

$$(\tan x)' = \sec^2 x, \quad (\cot x)' = -\csc^2 x, \quad (\sec x)' = \sec x \tan x, \quad (\csc x)' = -\csc x \cot x;$$

$$(\arcsin x)' = -(\arccos x)' = \frac{1}{\sqrt{1-x^2}}, \quad (\arctan x)' = -(\text{arccot} x)' = \frac{1}{1+x^2}.$$

以上基本初等函数的导数结果,均为求导公式.

二、函数四则运算的求导法则

定理 1 设函数 $u = u(x)$, $v = v(x)$ 在 x 点处均可导,即 $u' = u'(x)$, $v' = v'(x)$,则

(1) $(u \pm v)' = u' \pm v'$;

(2) $(uv)' = u'v + uv'$,特别地,$(Cu)' = Cu'$(C 为常数);

(3) $\left(\dfrac{u}{v}\right)' = \dfrac{u'v - uv'}{v^2}$,特别地,$\left(\dfrac{1}{v}\right)' = -\dfrac{v'}{v^2}$ ($v \neq 0$).

本法则可由导数的定义加以证明,请自行证明.

例 1 已知函数 $y = \sqrt{x} - \dfrac{1}{x} + \sin x - \cos \dfrac{\pi}{8}$,求 y'.

解 $y' = (\sqrt{x})' - \left(\dfrac{1}{x}\right)' + (\sin x)' - \left(\cos \dfrac{\pi}{8}\right)'$

$$= \frac{1}{2\sqrt{x}} + \frac{1}{x^2} + \cos x - 0 = \frac{x\sqrt{x} + 2}{2x^2} + \cos x.$$

例 2 已知函数 $y = (x^4 + 2x^2 + 10)e^x$,求 y'.

解 $y' = (x^4 + 2x^2 + 10)'e^x + (x^4 + 2x^2 + 10)(e^x)'$

$$= [(x^4)' + (2x^2)' + (10)']e^x + (x^4 + 2x^2 + 10)e^x$$

$$= (4x^3 + 4x)e^x + (x^4 + 2x^2 + 10)e^x = (x^4 + 4x^3 + 2x^2 + 4x + 10)e^x.$$

例 3 已知函数 $y = \tan x$,求 y'.

解 $y' = \left(\dfrac{\sin x}{\cos x}\right)' = \dfrac{(\sin x)'\cos x - \sin x(\cos x)'}{\cos^2 x} = \dfrac{\cos^2 x + \sin^2 x}{\cos^2 x} = \dfrac{1}{\cos^2 x} = \sec^2 x.$

即

$$(\tan x)' = \sec^2 x.$$

同理可得

$$(\cot x)' = -\csc^2 x.$$

例 4 已知函数 $y = \sec x$,求 y'.

解 $y' = \left(\dfrac{1}{\cos x}\right)' = -\dfrac{(\cos x)'}{\cos^2 x} = \dfrac{\sin x}{\cos^2 x} = \sec x \tan x,$

即

$$(\sec x)' = \sec x \tan x.$$

同理可得

$$(\csc x)' = -\csc x \cot x.$$

例 5 已知函数 $y = x^2 \cot x + \dfrac{\ln x}{x}$，求 y'.

解 $y' = (x^2 \cot x)' + \left(\dfrac{\ln x}{x}\right)' = (x^2)' \cot x + x^2 (\cot x)' + \dfrac{(\ln x)'x - (x)' \ln x}{x^2}$

$$= 2x\cot x - x^2 \csc^2 x + \dfrac{\dfrac{1}{x} \cdot x - \ln x}{x^2} = 2x\cot x - x^2 \csc^2 x + \dfrac{1 - \ln x}{x^2}.$$

三、反函数与复合函数的求导法则

1. 反函数的求导法则 设可导函数 $x = \varphi(y)$ 是直接函数，$y = f(x)$ 是它的反函数，且 $\varphi'(y) \neq 0$，即有

$$\varphi'(y) = \lim_{\Delta y \to 0} \dfrac{\Delta x}{\Delta y}.$$

于是当 $\Delta y \neq 0$ 时，有

$$f'(x) = \lim_{\Delta x \to 0} \dfrac{\Delta y}{\Delta x} = \dfrac{1}{\lim\limits_{\Delta y \to 0} \dfrac{\Delta x}{\Delta y}} = \dfrac{1}{\varphi'(y)}.$$

这便是反函数的求导法则.

定理 2 如果函数 $x = \varphi(y)$ 在区间 I_y 上单调、可导，且 $\varphi'(y) \neq 0$，则它的反函数 $y = f(x)$ 在对应区间 $I_x (I_x = \{x \mid x = \varphi(y), y \in I_y\})$ 上可导，且

$$f'(x) = \dfrac{1}{\varphi'(y)}.$$

例 6 已知 $y = \log_a x (a > 0$ 且 $a \neq 1)$，求 y'.

解 已知 $y = \log_a x$ 是 $x = a^y$ 的反函数，而 $x = a^y$ 在 $(-\infty, +\infty)$ 内单调、可导，且

$$(a^y)' = a^y \ln a \neq 0.$$

故在对应的区间 $(0, +\infty)$ 内，有

$$(\log_a x)' = \dfrac{1}{(a^y)'} = \dfrac{1}{a^y \ln a} = \dfrac{1}{x \ln a},$$

即

$$(\log_a x)' = \dfrac{1}{x \ln a}.$$

特别，$a = e$ 时，有

$$(\ln x)' = \dfrac{1}{x}.$$

例 7 已知函数 $y = \arctan x \left(-1 < x < 1, -\dfrac{\pi}{2} < y < \dfrac{\pi}{2}\right)$，求 y'.

解 已知 $y = \arctan x$ 是 $x = \tan y$ 的反函数. $x = \tan y$ 在区间 $\left(-\dfrac{\pi}{2}, \dfrac{\pi}{2}\right)$ 内单调、可导，且

$(\tan y)' = \sec^2 y \neq 0$，故在$(-\infty, +\infty)$内有

$$(\arctan x)' = \frac{1}{(\tan y)'} = \frac{1}{\sec^2 y} = \frac{1}{1 + \tan^2 y} = \frac{1}{1 + x^2},$$

即

$$(\arctan x)' = \frac{1}{1 + x^2}.$$

同理可得

$$(\arcsin x)' = \frac{1}{\sqrt{1 - x^2}}, \quad (\arccos x)' = -\frac{1}{\sqrt{1 - x^2}}, \quad (\text{arccot} x)' = -\frac{1}{1 + x^2}.$$

2. 复合函数的求导法则

定理 3（链锁法则）　设函数 $u = \varphi(x)$ 在 x 点处可导，而函数 $y = f(u)$ 在其对应的 $u(u = \varphi(x))$ 点处可导，且复合函数 $y = f(\varphi(x))$ 有意义，则复合函数 $y = f(\varphi(x))$ 在 x 点处可导，且

$$\frac{dy}{dx} = \frac{dy}{du} \cdot \frac{du}{dx} \quad \text{或} \quad y'_x = y'_u u'_x,$$

或写成

$$[f(\varphi(x))]' = f'_x(\varphi(x)) = f'(\varphi(x))\varphi'(x). \tag{2-3}$$

证　给自变量 x 一改变量 Δx，则有函数 u 的改变量 Δu，从而有函数 y 的改变量 Δy.

已知函数 $y = f(u)$ 在 u 点处可导，则有 $\lim\limits_{\Delta u \to 0} \frac{\Delta y}{\Delta u} = f'(u)$. 于是

$$\frac{\Delta y}{\Delta u} = f'(u) + \alpha,$$

其中 $\lim\limits_{\Delta u \to 0} \alpha = 0$. 上式两边同乘以 Δu，得

$$\Delta y = f'(u)\Delta u + \alpha \Delta u,$$

即

$$\frac{\Delta y}{\Delta x} = f'(u)\frac{\Delta u}{\Delta x} + \alpha \cdot \frac{\Delta u}{\Delta x}.$$

由于 $u = \varphi(x)$ 在 x 点处可导，则 u 在 x 点处连续，所以当 $\Delta x \to 0$ 时，$\Delta u \to 0$. 因此

$$\lim_{\Delta x \to 0} \frac{\Delta y}{\Delta x} = f'(u)\lim_{\Delta x \to 0} \frac{\Delta u}{\Delta x} + \lim_{\Delta x \to 0} \frac{\Delta u}{\Delta x}\lim_{\Delta x \to 0} \alpha$$

$$= f'(u)\varphi'(x) + \varphi'(x)\lim_{\Delta u \to 0} \alpha$$

$$= f'(u)\varphi'(x) = f'(\varphi(x))\varphi'(x),$$

即

$$[f(\varphi(x))]' = f'_x(\varphi(x)) = f'(\varphi(x))\varphi'(x).$$

式(2-3)说明，复合函数 $y = f(\varphi(x))$ 的导数等于函数 $y = f(u)$ 对中间变量 u 的导数和 $u = \varphi(x)$ 的导数的乘积.

注意：复合函数的导数结果中只允许含有自变量，不允许含有中间变量. 导数结果中需将 u 用 $\varphi(x)$ 替换过来.

$[f(\varphi(x))]'$ 表示的是复合函数 $f(\varphi(x))$ 对 x 的导数；$f'(\varphi(x))$ 表示的是将 $\varphi(x)$ 看成一个变量，$f(\varphi(x))$ 关于 $\varphi(x)$ 的导数，两者不能混淆.

例 8　求下列函数的导数.

(1) $y=\cos^2 x$;　　　　　　　　　　(2) $y=e^{x^2}$.

解　(1) 令 $u=\cos x$，则 $y=u^2$. 于是

$$y'=\frac{dy}{du}\cdot\frac{du}{dx}=(u^2)'(\cos x)'=2u(-\sin x)=-2\cos x\sin x=-\sin 2x.$$

(2) 令 $u=x^2$，则 $y=e^u$. 于是

$$y'=\frac{dy}{du}\cdot\frac{du}{dx}=(e^u)'(x^2)'=e^u(2x)=2xe^{x^2}.$$

比较熟练后，把中间变量默记于心中，不必写出来，直接按链锁法则求导即可. 于是

$$(e^{x^2})'=e^{x^2}(x^2)'=e^{x^2}(2x)=2xe^{x^2}.$$

例9　已知幂函数 $y=x^{\alpha}$（α 为实数），试证明 $(x^{\alpha})'=\alpha x^{\alpha-1}$.

证　将 $y=x^{\alpha}$ 化成 $y=e^{\alpha\ln x}$，则有

$$y'=(e^{\alpha\ln x})'=e^{\alpha\ln x}(\alpha\ln x)'=x^{\alpha}\alpha\frac{1}{x}=\alpha x^{\alpha-1},$$

即

$$(x^{\alpha})'=\alpha x^{\alpha-1}.$$

例10　求下列函数的导数.

(1) $y=\ln(x+\sqrt{1+x^2})$;　　　　　　(2) $y=\arctan e^{\sqrt{x}}$;

(3) $y=\frac{x}{2}\sqrt{4-x^2}+2\arcsin\frac{x}{2}$;　　　　(4) $y=x^{\sin x}$.

解　(1) $y'=\dfrac{1}{x+\sqrt{1+x^2}}(x+\sqrt{1+x^2})'=\dfrac{1}{x+\sqrt{1+x^2}}\left[1+\dfrac{1}{2\sqrt{1+x^2}}(1+x^2)'\right]$

$$=\frac{1}{x+\sqrt{1+x^2}}\left(1+\frac{x}{\sqrt{1+x^2}}\right)=\frac{1}{\sqrt{1+x^2}}.$$

(2) $y'=\dfrac{1}{1+(e^{\sqrt{x}})^2}(e^{\sqrt{x}})'=\dfrac{1}{1+e^{2\sqrt{x}}}e^{\sqrt{x}}(\sqrt{x})'=\dfrac{e^{\sqrt{x}}}{1+e^{2\sqrt{x}}}\cdot\dfrac{1}{2\sqrt{x}}=\dfrac{e^{\sqrt{x}}}{2\sqrt{x}(1+e^{2\sqrt{x}})}.$

(3) $y'=\left(\dfrac{x}{2}\sqrt{4-x^2}\right)'+\left(2\arcsin\dfrac{x}{2}\right)'=\left(\dfrac{x}{2}\right)'\sqrt{4-x^2}+\dfrac{x}{2}(\sqrt{4-x^2})'+2\left(\arcsin\dfrac{x}{2}\right)'$

$$=\frac{1}{2}\sqrt{4-x^2}+\frac{x}{2}\cdot\frac{1}{2\sqrt{4-x^2}}(4-x^2)'+2\frac{1}{\sqrt{1-\left(\frac{x}{2}\right)^2}}\left(\frac{x}{2}\right)'$$

$$=\frac{\sqrt{4-x^2}}{2}-\frac{x^2}{2\sqrt{4-x^2}}+\frac{2}{\sqrt{4-x^2}}=\sqrt{4-x^2}.$$

(4) $y'=(e^{\sin x\ln x})'=e^{\sin x\ln x}(\sin x\ln x)'=x^{\sin x}[(\sin x)'\ln x+\sin x(\ln x)']$

$$=x^{\sin x}\left(\cos x\ln x+\frac{\sin x}{x}\right).$$

例11　放射性核素碘[131]I 广泛用来研究甲状腺的功能. 现将含量为 M_0 的碘[131]I 静脉推注于患者的血液中，血液中 t 时刻碘的含量为 $M=M_0 e^{-kt}$（k 为正常数），试求血液中碘的减少速度.

解　$\dfrac{dM}{dt}=(M_0 e^{-kt})'=M_0 e^{-kt}(-kt)'=M_0 e^{-kt}(-k)=-kM_0 e^{-kt}.$

因此血液中碘的减少速度为 $-kM_0 e^{-kt}$.

另外,上式可写成 $\dfrac{\mathrm{d}M}{\mathrm{d}t}=-kM$,这表明血液中碘(^{131}I)的含量随着时间的流逝而减少,且减少的速率与它当时所存在的量成正比.

例 12 据 2000 年人口普查,我国有 12.6583 亿人口,人口的平均年增长率为 0.57%.根据英国神父马尔萨斯(Malthus,1766~1834)1798 年提出的著名的人口理论,我国人口增长模型应为

$$f(x)=12.6583\mathrm{e}^{0.0057x},$$

式中,x 代表年数($0,1,2,\cdots$),并定义 2000 年为这个模型的起始年 $x=0$.按照此模型预测我国在 2010 年人口数约为 13.4008 亿,实际由 2010 年人口普查我国人口数约为 13.3973 亿.按照此模型可以预测我国在 2015 年人口将约有 13.7882 亿.求我国人口增长率函数.怎样控制人口增长速度?

解 人口增长率函数为 $f'(x)=0.0057\times12.6583\mathrm{e}^{0.0057x}$.

让人口年增长率 0.57% 变小,人口的增长速度就变小,即可控制人口的增长.

例 13 在人口增长阻滞问题中,人口数 x 是时间 t 的函数,其关系式为

$$x(t)=\dfrac{k}{1+\left(\dfrac{k}{x_0}-1\right)\mathrm{e}^{-rt}},$$

式中,k 为自然资源和环境条件所能允许的最大人口数;r 表示净增长率;x_0 为起始年 $t=0$ 时的人口数,求人口的增长速度.

解 $x'(t)=-\dfrac{-kr\left(\dfrac{k}{x_0}-1\right)\mathrm{e}^{-rt}}{\left(1+\left(\dfrac{k}{x_0}-1\right)\mathrm{e}^{-rt}\right)^2}=\dfrac{-kr\left(\dfrac{k}{x_0}-1\right)\mathrm{e}^{-rt}}{\left(1+\left(\dfrac{k}{x_0}-1\right)\mathrm{e}^{-rt}\right)^2}=-rx(t)\left(1-\dfrac{x(t)}{k}\right).$

所以人口的增长速度为

$$\dfrac{-kr\left(\dfrac{k}{x_0}-1\right)\mathrm{e}^{-rt}}{\left(1+\left(\dfrac{k}{x_0}-1\right)\mathrm{e}^{-rt}\right)^2},\text{或写成 } rx(t)\left(1-\dfrac{x(t)}{k}\right).$$

此人口增长模型比较符合实际情况.而例 12 中,Malthus 人口模型在短期、一定范围内对人口估计有很好的近似程度.

例 13 的函数曲线符合 Logistic 生长曲线.这种曲线在许多医学研究领域中有着广泛的应用,如人口增长阻滞、儿童生长发育等生物自然生长的研究,SARS、艾滋病等流行病的研究等等.

四、隐函数与参数方程的导数

1. 隐函数的导数 若函数能写成因变量等于自变量的数学表达式 $y=f(x)$,则称其为**显函数**(explicit function).但有时会遇到自变量 x 与因变量 y 之间的函数 $f(x)$ 是由方程 $F(x,y)=0$ 在一定条件下所确定的,例如方程

$$x^2+y^3=1 \text{ 和 } \mathrm{e}^{xy}-x+y=0,$$

任意给定 x 的一个值,y 都有确定的实数与其相对应,从而由此方程可确定 y 是 x 的函数,这样的函数称为**隐函数**(implicit function).把隐函数化成显函数,这叫作隐函数的显化,如隐函数 $x^2+y^3=1$ 可化成显函数 $y=\sqrt[3]{1-x^2}$.但隐函数的显化有时是很困难的,甚至是无法进行的.实际上

隐函数求导,并不需要将其显化,也无需引进新的方法,只要将方程 $F(x,y)=0$ 两端分别对 x 进行求导. 在求导的过程中注意 y 是 x 的函数,即视 $F(x,y)$ 为 x 的复合函数 $F(x,f(x))$,然后利用复合函数的求导法则求导,便可得到函数 y 导数.

例 14 由方程 $x^2+y^3=1$ 所确定的隐函数 $y=f(x)$,求 y'.

解 对方程两边分别关于 x 求导,得

$$2x+3y^2 \cdot y'=0,$$

即

$$y'=-\frac{2x}{3y^2}.$$

注意:隐函数的导数结果中允许含有因变量 y.

例 15 由方程 $e^{xy}-x+y=0$ 所确定的函数 $y=f(x)$,求 y' 和 $y'|_{x=0}$.

解 对方程两边分别关于 x 求导,得

$$e^{xy}(y+xy')-1+y'=0,$$

即

$$y'=\frac{1-ye^{xy}}{1+xe^{xy}},或 y'=\frac{1-xy+y^2}{1-xy+x^2}$$

当 $x=0$ 时,由方程解得 $y=-1$. 将 $y|_{x=0}=-1$ 代入上式,得

$$y'|_{x=0}=2.$$

例 16 生物群体的生长规律为

$$x=x_0\frac{1+l}{1+le^{-rt}},$$

其中 $x=x(t)$ 为 t 时刻生物群体的总数,l,r,x_0 均为常数,且 $l>0$,试求其生长率 $x'(t)$.

解 此函数可写成

$$x+lxe^{-rt}-x_0(1+l)=0.$$

上式两边分别关于 t 求导

$$x'+le^{-rt}x'-rlxe^{-rt}=0,$$

即

$$x'=\frac{rle^{-rt}}{1+le^{-rt}}x=\frac{x_0rl(1+l)e^{-rt}}{(1+le^{-rt})^2}.$$

也可写为

$$x'=(r-kx)x \quad \left(k=\frac{r}{x_0(1+l)}\right).$$

由例 16 可知,对显函数直接求导有时会很麻烦. 对其进行适当的恒等变换,将其化为隐函数,然后按隐函数求导方法去求导,往往会更简便. 我们采用对显函数表达式两边同时取自然对数这种恒等变换,然后利用对数的性质进一步化简,最后用隐函数的求导方法去求导,这种求导方法称为**对数求导法**. 适用这种方法的函数有 $y=\sqrt[n]{\frac{f_1(x)f_2(x)\cdots f_l(x)}{g_1(x)g_2(x)\cdots g_m(x)}}$($l,m,n$ 为自然数)和幂指函数 $y=u(x)^{v(x)}$ 等.

例 17 已知函数 $y=\sqrt[3]{\frac{(x-1)(x^2+2)}{(x-3)(x^3+4)}}$,求 y'.

解 对函数两边取对数,得

$$\ln y = \frac{1}{3}\left[\ln(x-1)+\ln(x^2+2)-\ln(x-3)-\ln(x^3+4)\right].$$

对上式两边关于 x 求导,得

$$\frac{1}{y}y' = \frac{1}{3}\left(\frac{1}{x-1}+\frac{2x}{x^2+2}-\frac{1}{x-3}-\frac{3x^2}{x^3+4}\right).$$

于是

$$y' = \frac{1}{3}y\left(\frac{1}{x-1}+\frac{2x}{x^2+2}-\frac{1}{x-3}-\frac{3x^2}{x^3+4}\right)$$

$$= \frac{1}{3}\sqrt[3]{\frac{(x-1)(x^2+2)}{(x-3)(x^3+4)}}\left(\frac{1}{x-1}+\frac{2x}{x^2+2}-\frac{1}{x-3}-\frac{3x^2}{x^3+4}\right).$$

若考虑取对数时,真数部分应大于零,则应先取绝对值再取对数,最后再来求导. 由 $(\ln|x|)' = \frac{1}{x}$ 可知,这时得到的导数结果与上面的结果是一样的. 故用对数求导法求导时,对显函数两边可以直接取对数,化简后再求导.

例 18 已知函数 $y = x^{\sin x}$,求 y'.

解 两边取对数,得

$$\ln y = \sin x\ln x.$$

再对上式两边关于 x 求导,得

$$\frac{1}{y}y' = \cos x\ln x+\frac{\sin x}{x}.$$

故

$$y' = y\left(\cos x\ln x+\frac{\sin x}{x}\right) = x^{\sin x}\left(\cos x\ln x+\frac{\sin x}{x}\right).$$

2. 参数方程的导数 在平面解析几何中,曲线用参数方程来表示,有时是很简捷的. 下面介绍以参变量的形式给出的函数关系的导数问题.

假定参数方程

$$\begin{cases} x=x(t), \\ y=y(t) \end{cases} \tag{2-4}$$

可以确定函数 $y=f(x)$,求其导数 $\frac{\mathrm{d}y}{\mathrm{d}x}$,可直接从式(2-4)中消去参数 t,将其化成 y 与 x 之间的函数关系 $y=y(x^{-1}(x))$,然后求其导数. 但是,从式(2-4)中消去 t 时并非易事,需要寻求一种直接由参数方程来求其导数的方法.

假设 $x=x(t),y=y(t)$ 均可导,且 $x'(t)\neq0$,则此函数关于自变量 x 可导,由复合函数求导法则以及反函数的求导法则,可得

$$\frac{\mathrm{d}y}{\mathrm{d}x} = \frac{\mathrm{d}y}{\mathrm{d}t}\cdot\frac{\mathrm{d}t}{\mathrm{d}x} = \frac{\mathrm{d}y}{\mathrm{d}t}\cdot\frac{1}{\frac{\mathrm{d}x}{\mathrm{d}t}} = \frac{y'(t)}{x'(t)},$$

即

$$\frac{\mathrm{d}y}{\mathrm{d}x} = \frac{y'(t)}{x'(t)}. \tag{2-5}$$

例 19 设 $\begin{cases} x=R\cos t, \\ y=R\sin t, \end{cases}$ 求导数 $\dfrac{\mathrm{d}y}{\mathrm{d}x}$.

解 $\dfrac{\mathrm{d}y}{\mathrm{d}x}=\dfrac{y'(t)}{x'(t)}=\dfrac{(R\sin t)'}{(R\cos t)'}=\dfrac{R\cos t}{-R\sin t}=-\cot t.$

例 20 求曲线 $\begin{cases} x=t^2+2t+2, \\ y=3t+\ln(1+t) \end{cases}$ 在 $t=0$ 相应的点处的切线方程和法线方程.

解 $\dfrac{\mathrm{d}y}{\mathrm{d}x}=\dfrac{y'(t)}{x'(t)}=\dfrac{[3t+\ln(1+t)]'}{(t^2+2t+2)'}=\dfrac{3+\dfrac{1}{1+t}}{2t+2}=\dfrac{3t+4}{2(1+t)^2},$

所以

$$\dfrac{\mathrm{d}y}{\mathrm{d}x}\bigg|_{t=0}=2.$$

$t=0$ 时, $x=2$, $y=0$. 故曲线上的相应点为 $(2,0)$.

在该点的切线方程为 $y-0=2(x-2)$, 即 $y=2x-4$.

在该点的法线方程为 $y-0=-\dfrac{1}{2}(x-2)$, 即 $y=-\dfrac{1}{2}x+1$.

五、高阶导数

若函数 $y=f(x)$ 的导(函)数 $y'=f'(x)$ 仍然可导,则它的导数称为函数 $y=f(x)$ 的**二阶导数**(second derivative),记作

$$y'', \quad f''(x), \quad \dfrac{\mathrm{d}^2y}{\mathrm{d}x^2} \text{或} \dfrac{\mathrm{d}^2f(x)}{\mathrm{d}x^2}.$$

类似,如果二阶导数 $y''=f''(x)$ 可导,则它的导数称为函数 $y=f(x)$ 的**三阶导数**(third derivative),记作

$$y''', \quad f'''(x), \quad \dfrac{\mathrm{d}^3y}{\mathrm{d}x^3} \text{或} \dfrac{\mathrm{d}^3f(x)}{\mathrm{d}x^3}.$$

依此类推,若函数 $y=f(x)$ 的 $n-1$ 阶导数仍然可导,则它的导数,称为 $f(x)$ 的 **n 阶导数**(n-order derivative),记作

$$y^{(n)}, \quad f^{(n)}(x), \quad \dfrac{\mathrm{d}^ny}{\mathrm{d}x^n} \text{或} \dfrac{\mathrm{d}^nf(x)}{\mathrm{d}x^n}.$$

函数 $y=f(x)$ 在 x 点处具有 n 阶导数,则 $f(x)$ 在 x 点的某一邻域内一定具有一切低于 n 阶的导数.

二阶以及二阶以上的导数,统称为**高阶导数**(higher derivative).

例 21 已知 n 次多项式 $P_n(x)=a_0x^n+a_1x^{n-1}+\cdots+a_{n-1}x+a_n$,求 $P_n(x)$ 的各阶导数.

解 $P'_n(x)=na_0x^{n-1}+(n-1)a_1x^{n-2}+\cdots+2a_{n-2}x+a_{n-1},$

$P''_n(x)=n(n-1)a_0x^{n-2}+(n-1)(n-2)a_1x^{n-3}+\cdots+2a_{n-2}.$

在求导次数小于等于 n 时,多项式求导仍为多项式,且每求一次导数,$P_n(x)$ 的次数降低一次,不难得到 $P_n(x)$ 的 n 阶导数是

$$P_n^{(n)}(x)=n(n-1)\cdots2\cdot1a_0=n!\ a_0,$$

$$P_n^{(n+1)}(x) = P_n^{(n+2)}(x) = \cdots = 0.$$

于是,n 次多项式 $P_n(x)$ 的 n 阶导数是常数 $n!\, a_0$,高于 n 阶的导数皆为 0.

例 22 已知余弦函数 $y = \cos x$,求 $y^{(n)}$.

解 $y' = (\cos x)' = -\sin x = \cos\left(x + \dfrac{\pi}{2}\right)$,

$$y'' = \left[\cos\left(x + \frac{\pi}{2}\right)\right]' = -\sin\left(x + \frac{\pi}{2}\right) = \cos\left(x + 2 \cdot \frac{\pi}{2}\right),$$

$$y''' = \left[\cos\left(x + 2 \cdot \frac{\pi}{2}\right)\right]' = -\sin\left(x + 2 \cdot \frac{\pi}{2}\right) = \cos\left(x + 3 \cdot \frac{\pi}{2}\right).$$

一般地,有

$$y^{(n)} = \cos\left(x + n \cdot \frac{\pi}{2}\right).$$

即

$$(\cos x)^{(n)} = \cos\left(x + n \cdot \frac{\pi}{2}\right).$$

类似地,可得

$$(\sin x)^{(n)} = \sin\left(x + n \cdot \frac{\pi}{2}\right).$$

例 23 已知指数函数 $y = \mathrm{e}^{ax}$(a 为常数),求 $y^{(n)}$.

解 $y' = a\mathrm{e}^{ax}, y'' = a^2 \mathrm{e}^{ax}, y''' = a^3 \mathrm{e}^{ax}$. 一般地,有 $y^{(n)} = a^n \mathrm{e}^{ax}$.

即

$$(\mathrm{e}^{ax})^{(n)} = a^n \mathrm{e}^{ax}.$$

特别,$a = 1$ 时,则有

$$(\mathrm{e}^x)^{(n)} = \mathrm{e}^x.$$

例 24 设 $y = f(\sin x)$,其中 $f(x)$ 在 $(-\infty, +\infty)$ 内二阶可导,求 y''.

解 $y' = [f(\sin x)]' = f'(\sin x)(\sin x)' = f'(\sin x)\cos x$,

$$y'' = [f'(\sin x)\cos x]' = f''(\sin x)(\sin x)'\cos x + f'(\sin x)(\cos x)'$$
$$= f''(\sin x)\cos^2 x - f'(\sin x)\sin x.$$

例 25 设由方程 $y = 1 + x\mathrm{e}^y$ 确定的函数 $y = f(x)$,求 y''.

解 对方程两边关于 x 求导,得

$$y' = 0 + \mathrm{e}^y + x\mathrm{e}^y y', \tag{1}$$

整理得

$$y' = \frac{\mathrm{e}^y}{1 - x\mathrm{e}^y} = \frac{\mathrm{e}^y}{2 - y}.$$

对式(1)两边关于 x 求导,得

$$y'' = \mathrm{e}^y y' + \mathrm{e}^y y' + x\mathrm{e}^y (y')^2 + x\mathrm{e}^y y'',$$

整理得

$$y'' = \frac{\mathrm{e}^y y'(2 + xy')}{1 - x\mathrm{e}^y} = \frac{\mathrm{e}^y \dfrac{\mathrm{e}^y}{2 - y}\left(2 + x\dfrac{\mathrm{e}^y}{2 - y}\right)}{2 - y} = \frac{(3 - y)\,\mathrm{e}^{2y}}{(2 - y)^3}.$$

例 26 已知参数方程 $\begin{cases} x = t - \sin t, \\ y = 1 - \cos t, \end{cases}$ 求 $\dfrac{\mathrm{d}^2 y}{\mathrm{d}x^2}$.

解 由式(2-5),得

$$\frac{\mathrm{d}y}{\mathrm{d}x} = \frac{y'(t)}{x'(t)} = \frac{\sin t}{1 - \cos t} = \cot \frac{t}{2},$$

$$\frac{\mathrm{d}^2 y}{\mathrm{d}x^2} = \frac{\mathrm{d}}{\mathrm{d}x}\left(\frac{\mathrm{d}y}{\mathrm{d}x}\right) = \frac{\left(\dfrac{\mathrm{d}y}{\mathrm{d}x}\right)'_t}{x'_t} = \frac{-\dfrac{1}{2}\csc^2 \dfrac{t}{2}}{1 - \cos t} = -\frac{1}{4}\csc^4 \frac{t}{2}.$$

实际上,参数方程式(2-5)函数的导数仍是 x 的函数,可由参数方程

$$\begin{cases} x = x(t), \\ \dfrac{\mathrm{d}y}{\mathrm{d}x} = \dfrac{y'(t)}{x'(t)} \end{cases}$$

表示,若可导,其导数,即函数 $y = f(x)$ 的二阶导数:

$$\frac{\mathrm{d}^2 y}{\mathrm{d}x^2} = \frac{\mathrm{d}}{\mathrm{d}x}\left(\frac{\mathrm{d}y}{\mathrm{d}x}\right) = \frac{\dfrac{\mathrm{d}}{\mathrm{d}t}\left(\dfrac{\mathrm{d}y}{\mathrm{d}x}\right)}{\dfrac{\mathrm{d}x}{\mathrm{d}t}} = \frac{y''(t)x'(t) - y'(t)x''(t)}{[x'(t)]^3}.$$

此结果可作为参数方程的二阶导数公式,但无需记忆.

练习题 2-2

1. 判别下列命题是否正确,并说明理由

(1) 函数 $f(x), g(x)$ 在 x_0 点处都不可导,则 $f(x) + g(x)$ 在 x_0 点处也不可导;

(2) 函数 $f(x)$ 在 x_0 点处可导,而函数 $g(x)$ 在 x_0 点处不可导,则 $f(x) + g(x)$ 在 x_0 点处不可导;

(3) 函数 $f(x)g(x)$ 在 x_0 点处可导,则 $f(x), g(x)$ 在 x_0 点处均可导;

(4) 设函数 $u = u(x), v = v(x)$ 可导,则 $(uv)' = u'v'$;

(5) 设函数 $u = u(x), v = v(x)$ 二阶可导,则 $(uv)'' = u''v + uv''$;

(6) 设函数 $y = \dfrac{\cos x}{x} + \ln 2$,则 $y' = \dfrac{(\cos x)'}{x'} + (\ln 2)' = -\sin x + \dfrac{1}{2}$;

(7) 设函数 $y = x^x$,则 $y' = x \cdot x^{x-1}$;

(8) 设函数 $y = \mathrm{e}^{a + \mathrm{e}^x}$,则 $y' = \mathrm{e}^{a + x + \mathrm{e}^x}$.

2. 求下列函数的导数

(1) $y = 3x^2 + 2\sqrt{x} + \sqrt{2}$；   (2) $y = x^a + a^x + a^a$；   (3) $y = \mathrm{e}^x \ln x$；

(4) $y = x\sin x + \cos x$；   (5) $y = \dfrac{1 - \ln x}{1 + \ln x}$；   (6) $y = x\ln x + \dfrac{\ln x}{x} + \ln 2$.

3. 求下列函数指定点的导数

(1) $f(x) = \dfrac{1}{3}x^3 - \dfrac{1}{2}x^2 + x$,求 $f'(-1), f'(0), f'(1)$；

(2) $f(x) = \sin x \cos x$,求 $f'\left(\dfrac{\pi}{6}\right), f'\left(\dfrac{\pi}{8}\right), f'\left(\dfrac{\pi}{4}\right)$.

4. 已知 $f(x)=\begin{cases}x, & x\le 1,\\ x^2, & x>1,\end{cases}$ 求 $f'(x)$.

5. 求下列函数的导数

（1）$y=(2x+1)^{50}$；　　　　（2）$y=\sqrt{x+\sqrt{x}}$；　　　　（3）$y=\sin x^2+\sec^2 x$；

（4）$y=e^{-x}\sin 2x$；　　　　（5）$y=\dfrac{\arctan\sqrt{x}}{1+x^2}$；　　　　（6）$y=\cos(\ln x)+\ln(\cos x)$.

6. 求下列函数的导数 $\dfrac{dy}{dx}$

（1）$xy+\ln y=1$；　　　　（2）$x-y+\sin y=0$；　　　　（3）$y=x^{\tan x}$；

（4）$y=\sqrt{\dfrac{(x+1)(x+2)}{\sin x\cos x}}$；　　（5）$\begin{cases}x=e^t\cos t,\\ y=e^t\sin t;\end{cases}$　　（6）$\begin{cases}x=1+t^3,\\ y=t+\ln(1+t).\end{cases}$

7. 设 $e^x-e^y=\sin(xy)$，求 y'，$y'|_{x=0}$.

8. 求下列函数的二阶导数 $\dfrac{d^2 y}{dx^2}$

（1）$y=e^x\sin x$；　　　　（2）$y=(1+x^2)\arctan x$；　　（3）$y=\tan(x+y)$；

（4）$\ln\sqrt{x^2+y^2}=\arctan\dfrac{y}{x}$；　　（5）$\begin{cases}x=3e^{-t},\\ y=2e^t;\end{cases}$　　（6）$\begin{cases}x=t-\ln(1+t^2),\\ y=\arctan t.\end{cases}$

9. $y=e^x\cos x$，试证 $y''-2y'+2y=0$.

10. 函数 $\varphi(x)$ 在 $(-\infty,+\infty)$ 内有一阶连续导数，$f(x)=(x-a)^2\varphi(x)$，求 $f''(a)$.

11. $y=x^2 f(\ln x)$，其中 $f(x)$ 具有二阶导数，求 y''.

12. $y=xe^{-x}$，求 $y^{(n)}$.

13. 试证曲线 $\sqrt{x}+\sqrt{y}=1$ 上任意一点处的切线在两坐标轴上的截距之和是一个常数.

第三节　函数的微分

一、微分的概念

前面我们研究了函数的瞬时变化率，即导数：当 $\Delta x\to 0$ 时，函数平均变化率 $\dfrac{\Delta y}{\Delta x}$ 的极限．下面我们来研究函数的改变量 Δy．研究当自变量有微小变化时，函数值改变的大体情况，即 Δy 的大小．一般说来，Δy 是 Δx 的复杂函数，要计算其精确值是非常困难的．我们只需要计算当 $|\Delta x|$ 很小时，Δy 的近似值．这便引出了微分学的另一个基本概念——微分.

（一）引例——面积的改变量

一块边长为 x 的正方形金属薄片受热膨胀，边长增加了 Δx，问此薄片的面积 S 改变了多少？

解　此薄片的面积为 $S=x^2$，当边长从 x 变化到 $x+\Delta x$，面积的改变量为

$$\Delta S=(x+\Delta x)^2-x^2=2x\Delta x+(\Delta x)^2.$$

上式中 ΔS 由两部分构成，第一部分 $2x\Delta x$ 是 Δx 的线性函数，即图 2-3 中两个小矩形面积之和；第二部分 $(\Delta x)^2$ 是当 $\Delta x\to 0$ 时关于 Δx 的高阶无穷小量，即图 2-3 中右上角小正方形的面积．因此，第一部分是 Δx 的线性主要部分；第二部分是当 $|\Delta x|$ 很小时可以被忽略的部分．因此，面

积的改变量可用第一部分来近似代替,即 $\Delta S \approx 2x\Delta x$.

定义 1 设函数 $y=f(x)$ 在 x_0 点的某邻域 $U(x_0)$ 内有定义,给自变量以改变量 Δx $(x_0+\Delta x \in U(x_0))$,若函数的改变量 $\Delta y=f(x_0+\Delta x)-f(x_0)$ 可表示为

$$\Delta y=A\Delta x+o(\Delta x), \qquad (2\text{-}6)$$

式中,A 是与 Δx 无关的量,而 $o(\Delta x)$ 是比 Δx 高阶的无穷小量(当 $\Delta x \to 0$ 时),那么称函数 $y=f(x)$ 在 x_0 点**可微(分)**(differentiable),$A\Delta x$ 叫作函数 $y=f(x)$ 在 x_0 点相应于自变量的改变量 Δx 的**微分**(differential),记作 $\mathrm{d}y$,即

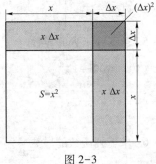

图 2-3

$$\mathrm{d}y=A\Delta x. \qquad (2\text{-}7)$$

若函数 $y=f(x)$ 的改变量 Δy 不能写成式(2-6)的形式,则称函数 $y=f(x)$ 在 x_0 点处不可微. 函数 $y=f(x)$ 在任意 x 点的微分,称为函数的微分,记作 $\mathrm{d}y$ 或 $\mathrm{d}f(x)$.

由定义可知,函数的微分 $\mathrm{d}y$ 与自变量的改变量 Δx 成正比,即 $\mathrm{d}y$ 是 Δx 的线性函数;当 $\Delta x \to 0$ 时,函数的微分 $\mathrm{d}y$ 与函数的改变量 Δy 相差一个高阶无穷小. 或着说,$\mathrm{d}y$ 是在 Δy 中忽略高阶无穷小后所剩的主要部分. 因此函数的微分 $\mathrm{d}y$ 又叫作函数改变量 Δy 的**线性主部**,它是研究函数微小改变量的有力工具,在整个微积分学中起着重要的作用.

由定义来判断函数是否可微,往往是十分困难的,甚至是无法进行的. 下面我们来讨论可微的条件.

定理 1 若函数 $y=f(x)$ 在 x 点处可导,则函数 $y=f(x)$ 在 x 点处可微,且 $A=f'(x)$,即

$$\mathrm{d}y=f'(x)\Delta x.$$

证 若函数 $y=f(x)$ 在 x 点处可导,则有

$$\lim_{\Delta x \to 0}\frac{\Delta y}{\Delta x}=f'(x).$$

由极限与无穷小量的关系,当 $\Delta x \to 0$ 时,有

$$\frac{\Delta y}{\Delta x}=f'(x)+\alpha, \qquad (2\text{-}8)$$

即 $\Delta y=f'(x)\Delta x+\alpha\Delta x$,其中 $\lim\limits_{\Delta x \to 0}\alpha=0$.

$f'(x)$ 是与 Δx 无关的量,记为 A. 由于 $\lim\limits_{\Delta x \to 0}\frac{\alpha\Delta x}{\Delta x}=\lim\limits_{\Delta x \to 0}\alpha=0$,则当 $\Delta x \to 0$ 时,$\alpha\Delta x$ 是比 Δx 高阶的无穷小量,记为 $\alpha\Delta x=o(\Delta x)$.故式(2-8)可写为 $\Delta y=A\Delta x+o(\Delta x)$,所以函数 $f(x)$ 在 x 点处可微,且 $A=f'(x)$,即 $\mathrm{d}y=f'(x)\Delta x$.

反之,函数 $y=f(x)$ 可微,那么函数 $f(x)$ 是否可导,微分中 A 的取值又是多少?

定理 2 若函数 $y=f(x)$ 在 x 点处可微,则函数 $y=f(x)$ 在 x 点处可导,且 $f'(x)=A$,即

$$\mathrm{d}y=f'(x)\Delta x.$$

证 若函数 $y=f(x)$ 在 x 点处可微,则

$$\Delta y=A\Delta x+o(\Delta x).$$

当 $\Delta x \neq 0$ 时,便有

$$\frac{\Delta y}{\Delta x}=A+\frac{o(\Delta x)}{\Delta x}.$$

于是

$$\lim_{\Delta x \to 0} \frac{\Delta y}{\Delta x} = \lim_{\Delta x \to 0} \left[A + \frac{o(\Delta x)}{\Delta x} \right] = A + \lim_{\Delta x \to 0} \frac{o(\Delta x)}{\Delta x} = A,$$

所以函数 $y = f(x)$ 在 x 点处可导，且 $f'(x) = A$，即 $dy = f'(x)\Delta x$.

由此可见，函数 $y = f(x)$ 在 x 点处可微的充分必要条件是函数 $y = f(x)$ 在 x 点处可导，并且 $A = f'(x)$，于是函数 $f(x)$ 的微分 dy 可以写成

$$dy = f'(x)\Delta x.$$

若取 $y = x$，则有 $dy = dx = (x)'\Delta x = \Delta x$，即 $dx = \Delta x$. 以后我们将自变量的改变量也称为自变量的微分，从而可得微分公式

$$dy = f'(x)dx, \tag{2-9}$$

式 (2-9) 可写成 $\dfrac{dy}{dx} = f'(x)$. 由此可见，函数 $f(x)$ 的导数 $f'(x)$ 等于函数的微分 dy 与自变量的微分 dx 的商，因此导数亦称为**微商**(differential quotient) 就源于此. 符号 $\dfrac{dy}{dx}$ 也便有了商的含义，这一点在分析运算中，会给我们带来很大方便.

（二）微分的几何意义

设函数 $y = f(x)$ 在 x_0 点可微. 如图 2-4，$M_0(x_0, f(x_0))$ 为曲线 $y = f(x)$ 上的一个确定点，$M(x_0 + \Delta x, f(x_0 + \Delta x))$ 为 M_0 点附近任意一点. 可知 $M_0 N = \Delta x$，$MN = \Delta y$. 过 M_0 点做该曲线的切线 $M_0 T$，其斜率为

$$k = \tan\alpha = f'(x_0).$$

切线 $M_0 T$ 交虚线 MN 于 P 点，则

$$PN = M_0 N \cdot \tan\alpha = \Delta x f'(x_0) = dy.$$

由此可见，**函数 $y = f(x)$ 在点 x_0 的微分等于曲线 $y = f(x)$ 在 $(x_0, f(x_0))$ 点处切线上点的纵坐标相应于自变量改变量 Δx 的改变量.**

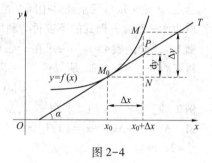

图 2-4

二、微分的计算

由函数的导数基本公式和求导法则，可以得到微分的基本公式和求微分法则，汇总如下

（一）微分的基本公式

1. $dC = 0$ (C 为常数)；

2. $dx^\alpha = \alpha x^{\alpha-1}dx$ (α 为实数)；

3. $d\log_a x = \dfrac{1}{x\ln a}dx$ ($a > 0$ 且 $a \neq 1$)；

4. $d\ln x = \dfrac{1}{x}dx$；

5. $da^x = a^x \ln a\, dx$ ($a > 0$ 且 $a \neq 1$)；

6. $de^x = e^x dx$；

7. $d\sin x = \cos x\, dx$；

8. $d\cos x = -\sin x\, dx$；

9. $d\tan x = \sec^2 x\, dx$；

10. $d\cot x = -\csc^2 x\, dx$；

11. $d\sec x = \sec x\tan x\, dx$；

12. $d\csc x = -\csc x\cot x\, dx$；

13. $d\arcsin x = \dfrac{1}{\sqrt{1-x^2}}dx$；

14. $d\arccos x = -\dfrac{1}{\sqrt{1-x^2}}dx$；

15. $d\arctan x = \dfrac{1}{1+x^2}dx$；

16. $d\text{arccot}\, x = -\dfrac{1}{1+x^2}dx$.

（二）微分的运算法则

1. 函数四则运算的微分法则　设函数 $u=u(x),v=v(x)$ 可微，C 为常数，则有

（1）$d(u\pm v)=du\pm dv$；

（2）$d(uv)=vdu+udv$，特别地，$d(Cu)=Cdu$；

（3）$d\dfrac{u}{v}=\dfrac{vdu-udv}{v^2}$，特别地，$d\dfrac{1}{v}=-\dfrac{dv}{v^2}$，$(v\neq 0)$.

2. 复合函数的微分法则　设函数 $y=f(x)$ 有导数 $y'=f'(x)$，则有

（1）若 x 为自变量时，显然 $dy=f'(x)dx$；

（2）若 x 为中间变量，是自变量 t 的可微函数 $x=\varphi(t)$，若函数 y 是 t 的复合函数，则

$$y'=\frac{dy}{dt}=f'(x)\varphi'(t).$$

于是

$$dy=f'(x)\varphi'(t)dt=f'(x)dx,$$

即

$$dy=f'(x)dx.$$

总之，无论 x 是自变量还是中间变量，函数 $y=f(x)$ 的微分形式 $dy=f'(x)dx$ 总是不变的，这种性质叫作**一阶微分形式的不变性**. 利用这一性质求复合函数的微分是十分方便的.

例1　已知函数 $y=x^3-x^2$，求在 $x=-1$ 时函数的微分 dy.

解　因为 $y'=3x^2-2x$，所以 $y'|_{x=-1}=5$. 于是

$$dy=y'|_{x=-1}dx=5dx.$$

例2　已知函数 $y=x^2$，求在 $x=1$，$\Delta x=0.001$ 时的函数改变量 Δy 与微分 dy.

解　$\Delta y=(x+\Delta x)^2-x^2=(1+0.001)^2-1^2=0.002001.$

$y'=2x$，所以 $y'|_{x=1}=2$. 于是

$$dy=y'|_{x=1}\Delta x=2\times 0.001=0.002.$$

例3　已知函数 $y=xe^{-x}+\dfrac{\arctan x}{1+x^2}$，求 dy.

解1　由微分公式（2-9）直接求得.

$$y'=e^{-x}-xe^{-x}+\frac{\dfrac{1}{1+x^2}(1+x^2)-2x\arctan x}{(1+x^2)^2}=(1-x)e^{-x}+\frac{1-2x\arctan x}{(1+x^2)^2}.$$

于是

$$dy=y'dx=\left[(1-x)e^{-x}+\frac{1-2x\arctan x}{(1+x^2)^2}\right]dx.$$

解2　用函数微分的四则运算法则.

$$dy=d(xe^{-x})+d\left(\frac{\arctan x}{1+x^2}\right)=e^{-x}dx+xde^{-x}+\frac{(1+x^2)d\arctan x-\arctan x d(1+x^2)}{(1+x^2)^2}$$

$$=e^{-x}dx-xe^{-x}dx+\frac{(1+x^2)\dfrac{1}{1+x^2}dx-2x\arctan x dx}{(1+x^2)^2}$$

$$=\left[(1-x)e^{-x}+\frac{1-2x\arctan x}{(1+x^2)^2}\right]dx.$$

例 4 已知函数 $y = \ln(1 + e^{\sin x})$,求 dy .

解 1 由微分公式(2-9)直接求得.

$$y' = \frac{1}{1 + e^{\sin x}}(1 + e^{\sin x})' = \frac{1}{1 + e^{\sin x}}e^{\sin x}(\sin x)' = \frac{e^{\sin x}\cos x}{1 + e^{\sin x}}.$$

于是

$$dy = y'dx = \frac{e^{\sin x}\cos x}{1 + e^{\sin x}}dx.$$

解 2 利用一阶微分形式不变性.

$$dy = \frac{1}{1 + e^{\sin x}}d(1 + e^{\sin x}) = \frac{1}{1 + e^{\sin x}}e^{\sin x}d\sin x = \frac{e^{\sin x}\cos x}{1 + e^{\sin x}}dx.$$

例 5 在下列等式的括号中填入适当函数,使等式成立.

(1) $d($ $) = xdx$;   (2) $darctane^x = ($ $)de^x$.

解 (1) 因为 $xdx = \left(\frac{1}{2}x^2\right)'dx$,所以 $d\left(\frac{1}{2}x^2\right) = xdx$,一般有 $d\left(\frac{1}{2}x^2 + C\right) = xdx$. 应填 $\frac{1}{2}x^2 + C$.

(2) 因为 $darctane^x = \frac{1}{1 + (e^x)^2}de^x$,所以 $darctane^x = \left(\frac{1}{1 + e^{2x}}\right)de^x$. 应填 $\frac{1}{1 + e^{2x}}$.

三、微分的应用

函数 $y = f(x)$ 在 x_0 点处可微,则有 $f(x) - f(x_0) = f'(x_0)(x - x_0) + o(x - x_0)$.从而当 $|x - x_0|$ 很小时,有 $f(x) - f(x_0) \approx f'(x_0)(x - x_0)$,即

$$f(x) \approx f(x_0) + f'(x_0)(x - x_0).$$

也就是说 x_0 点附近的函数值 $f(x)$ 可以用 $f(x_0) + f'(x_0)(x - x_0)$ 来近似计算.

记 $\Delta x = x - x_0$,有

$$f(x_0 + \Delta x) \approx f(x_0) + f'(x_0)\Delta x. \tag{2-10}$$

若取 $x_0 = 0$,即 $|x|$ 很小时,有

$$f(x) \approx f(0) + f'(0)x. \tag{2-11}$$

例 6 求 $\sqrt{1.002}$ 的近似值.

解 令 $f(x) = \sqrt{x}$,取 $x_0 = 1$, $\Delta x = 0.002$.

$$f'(x) = \frac{1}{2\sqrt{x}} ,得 f(1) = 1 , f'(1) = \frac{1}{2}.$$

于是

$$\sqrt{1.002} = f(1.002) \approx f(1) + f'(1) \times 0.002 = 1 + \frac{1}{2} \times 0.002 = 1.001.$$

例 7 有半径为 $1cm$ 的铁球,为了提高球面的光洁度,表面镀上一薄层厚度为 $0.01cm$ 的纯铜,试计算大约需要多少铜(铜的密度为 $8.9g/cm^3$)?

解 半径为 R 的球的体积为 $V = \frac{4}{3}\pi R^3$,得 $V' = 4\pi R^2$.

取 $R_0 = 1$, $\Delta R = 0.01$,则大约需要纯铜的体积,即球的体积的改变量

$$\Delta V \approx V'(R_0)\Delta R = 4\pi R_0^2 \Delta R = 4 \times 3.14 \times 1^2 \times 0.01 = 0.1256cm^3.$$

大约需要纯铜: $M = \rho\Delta V \approx 8.9 \times 0.1256 \approx 1.118g$.

例 8 试证当 $|x|$ 很小时,有 $e^x \approx 1+x$.

证 设 $f(x) = e^x$,则 $f'(x) = e^x$,$f(0) = f'(0) = 1$.

由式(2-11)可知,$e^x = f(x) \approx f(0) + f'(0)x$. 即

$$e^x \approx 1+x.$$

用例 8 的方法,可证当 $|x|$ 很小时,近似公式:

(1) $\ln(1+x) \approx x$;   (2) $\sin x \approx x$(x 用弧度单位);   (3) $\tan x \approx x$(x 用弧度单位);

(4) $(1+x)^\alpha \approx 1+\alpha x$,特别地,$\alpha = \dfrac{1}{n}$ 时,$\sqrt[n]{1+x} \approx 1 + \dfrac{1}{n}x$.

练习题 2-3

1. 判别下列命题是否正确,并说明理由.

(1) 函数 $y = f(x)$ 在 x 点处可微,则当 $|\Delta x|$ 很小时,Δy 可用 dy 近似地表示.

(2) 函数 $y = f(x)$ 在 x 点处可微,则函数 $y = f(x)$ 在 x 点处连续.

(3) 函数 $y = f(x)$ 在 x 点处连续,则函数 $y = f(x)$ 在 x 点处可微.

(4) 函数 $y = f(x)$ 在 x 点处可导是函数 $y = f(x)$ 在 x 点处可微的充分必要条件.

(5) 函数 $y = f(x)$ 在 x 点处可微,则函数的改变量大于函数的微分,即 $\Delta y > dy$.

2. 求下列函数的微分.

(1) $y = x\sin x + \cos 2x$;   (2) $y = \dfrac{1+\ln x}{x^2}$;

(3) $y = x^2 - x$,在 $x = 1$ 时;   (4) $y = \sqrt{x+1}$,在 $x = 0$,$\Delta x = 0.01$ 时;

(5) $y = \arctan e^x + \ln(1+x^2)$;   (6) $y = \sqrt{1+x^2} + \ln(x + \sqrt{1+x^2})$;

(7) $y = f(\cos^2 x^2)$;   (8) $xy + e^x - e^y = 0$,确定 $y = f(x)$.

3. $f(x)$ 可微,$y = f(x^2)$ 当 $x = -1$ 处,$\Delta x = -0.1$,Δy 的线性主部为 0.1,试求 $f'(1)$.

4. 在下列括号中,填入适当的函数.

(1) $d(\quad) = \dfrac{1}{\sqrt{x}}dx$;   (2) $d(\quad) = \dfrac{1}{x^2}dx$;

(3) $d(\quad) = k dx$;   (4) $d(\quad) = e^{-x}dx$.

5. 求 $\sqrt[3]{1001}$,$\sin 29°$ 的近似值.

6. 有一个半径为 10cm 的篮球,充气后,半径增加了 0.02cm,试求篮球容积大体改变了多少?

第四节 中值定理与洛必达法则

前三节,我们研究了函数的变化率,即导数,又研究了函数当自变量有微小变化时的改变量的近似值,即微分. 本节将利用导数来进一步研究函数的性质和函数曲线的某些性态,并利用这些知识来解决一些实际问题. 先介绍导数在应用中的理论基础:微分中值定理.

一、中值定理

1. 罗尔(Rolle)定理

定理1(罗尔定理) 若函数$f(x)$在闭区间$[a,b]$上连续,在开区间(a,b)内可导,且$f(a)=f(b)$,则在开区间(a,b)内至少存在一点ξ,使

$$f'(\xi)=0 \quad (a<\xi<b).$$

从代数学的角度来看,若$f(x)$满足罗尔中值定理的条件,则在开区间(a,b)内方程$f'(x)=0$至少存在一个实根.

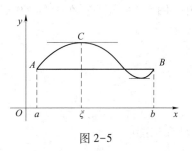

图2-5

证明从略,只做几何解释.如图2-5所示,一条连绵不断的曲线$y=f(x)$在闭区间$[a,b]$上除端点外的每一点都有不垂直于x轴的切线,且两端点的割线与x轴平行,则曲线$y=f(x)$在开区间(a,b)内至少存在一点C,使得其切线平行于x轴,即平行于两端点的割线.

Rolle中值定理中,若$f(a)\neq f(b)$,其他条件不变,上述结论仍然成立,这便是拉格朗日中值定理.

例1 设函数$f(x)=x(x-1)(x-2)$,直接判断方程$f'(x)=0$的实根的个数和范围.

解 $f(x)$为三次多项式,则$f(x)$分别在闭区间$[0,1]$,$[1,2]$上连续,在开区间$(0,1)$,$(1,2)$内可导,又$f(0)=f(1)=f(2)=0$,则$f(0)=f(1)$,$f(1)=f(2)$.由Rolle中值定理,至少存在一点$\xi_1\in(0,1)$,$\xi_2\in(1,2)$,使$f'(\xi_1)=0$,$f'(\xi_2)=0$,即ξ_1,ξ_2分别是$f'(x)=0$的实根.

又因$f'(x)=0$为二次方程,故该方程至多有两个实根.所以方程$f'(x)=0$方程只有两个实根,其范围为$(0,1)$,$(1,2)$.

2. 拉格朗日(Lagrange)中值定理

定理2(拉格朗日中值定理) 若函数$f(x)$在闭区间$[a,b]$上连续,在开区间(a,b)内可导,则在开区间(a,b)内至少存在一点ξ,使得

$$f(b)-f(a)=f'(\xi)(b-a) \quad (a<\xi<b)$$

或

$$f'(\xi)=\frac{f(b)-f(a)}{b-a} \quad (a<\xi<b) \tag{2-12}$$

称式(2-12)为**拉格朗日中值公式**.

证明从略,只做几何解释.如图2-6所示,在闭区间$[a,b]$上有连绵不断的曲线$y=f(x)$,端点$A(a,f(a))$,$B(b,f(b))$的割线的斜率为

$$k_{割}=\frac{f(b)-f(a)}{b-a}.$$

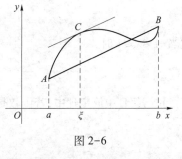

图2-6

如果曲线弧AB,除端点外,处处存在不垂直于x轴的切线,则在曲线弧AB上至少能找到一点C,使得曲线$y=f(x)$在C点的切线平行于割线AB,即它们的斜率相等.

值得说明的是,式(2-12)对于$b<a$也成立,并称其为拉格朗日中值公式.当$f(a)=f(b)$时,拉格朗日中值定理便是罗尔中值定理,所以罗尔中值定理是拉格朗日中值定理的特例,而拉格朗日中值定理是罗尔中值定理的推广.

推论 1 若函数 $f(x)$ 在 (a,b) 内可导,且 $f'(x)=0$,则 $f(x)=C(C$ 为常数).

推论 2 若函数 $f(x),g(x)$ 在 (a,b) 内可导,且 $f'(x)=g'(x)$,则 $f(x)=g(x)+C(C$ 为常数).

例 2 当 $x>0$ 时,试证 $x>\ln(1+x)>\dfrac{x}{1+x}$.

证 设函数 $f(t)=\ln(1+t)$,则 $f(t)$ 在 $[0,x]$ 上连续,在 $(0,x)$ 内可导,且 $f'(t)=\dfrac{1}{1+t}$. 由拉格朗日中值定理,至少存在一 $\xi\in(0,x)$,使

$$f'(\xi)=\frac{f(x)-f(0)}{x-0}\quad(0<\xi<x),$$

即

$$\frac{1}{1+\xi}=\frac{\ln(1+x)}{x}.$$

由 $0<\xi<x$,则

$$1>\frac{1}{1+\xi}>\frac{1}{1+x}.$$

所以

$$1>\frac{\ln(1+x)}{x}>\frac{1}{1+x},$$

即

$$x>\ln(1+x)>\frac{x}{1+x}.$$

例 3 当 $-1\leqslant x\leqslant 1$ 时,试证 $\arcsin x+\arccos x=\dfrac{\pi}{2}$.

证 设 $f(x)=\arcsin x+\arccos x$,则 $f(x)$ 在 $(-1,1)$ 内可导,且

$$f'(x)=\frac{1}{\sqrt{1-x^2}}+\left(-\frac{1}{\sqrt{1-x^2}}\right)=0.$$

由拉格朗日中值定理推论,得

$$f(x)=\arcsin x+\arccos x=C,\quad -1\leqslant x\leqslant 1.$$

取 $x=0$,得

$$C=f(0)=\frac{\pi}{2},$$

故当 $-1\leqslant x\leqslant 1$ 时,

$$\arcsin x+\arccos x=\frac{\pi}{2}.$$

拉格朗日中值定理中,若函数是参数方程

$$\begin{cases}x=g(t)\\y=f(t)\end{cases}\quad(a\leqslant t\leqslant b).$$

给出. 连接曲线两端点 $A(g(a),f(a))$,$B(g(b),f(b))$,割线 AB 的斜率为 $\dfrac{f(b)-f(a)}{g(b)-g(a)}$. 曲线 $\overset{\frown}{AB}$ 上任意一点 (x,y) 切线的斜率为 $\dfrac{\mathrm{d}y}{\mathrm{d}x}=\dfrac{f'(t)}{g'(t)}$. C 点坐标为 $(g(\xi),f(\xi))$,其切线平行于割线

AB，即

$$\frac{f(b)-f(a)}{g(b)-g(a)}=\frac{f'(\xi)}{g'(\xi)}.$$

这便是柯西中值定理.

3. 柯西(Cauchy)中值定理

定理 3（柯西中值定理） 若函数 $f(x)$ 及 $g(x)$ 都在闭区间 $[a,b]$ 上连续，在开区间 (a,b) 内可导，且 $g'(x)\neq0$，则在开区间 (a,b) 内至少存在一点 ξ，使得

$$\frac{f(b)-f(a)}{g(b)-g(a)}=\frac{f'(\xi)}{g'(\xi)}.$$

特别地，当 $g(x)=x$ 时，$g(b)-g(a)=b-a$，$g'(x)=1$，则上式变成

$$\frac{f(b)-f(a)}{b-a}=f'(\xi).$$

故拉格朗日中值定理是柯西中值定理的特例，而柯西中值定理是拉格朗日中值定理的推广.

二、洛必达法则

如果当 $x\to x_0$（或 $x\to\infty$）时，函数 $f(x),g(x)$ 均为无穷小量或无穷大量，即 $\lim f(x)=\lim g(x)=0$ 或 ∞，那么极限 $\lim\frac{f(x)}{g(x)}$ 可能存在，也可能不存在，通常将这种极限叫作未定式（不定式），分别记作 $\frac{0}{0}$ 或 $\frac{\infty}{\infty}$，其中约定无穷小量用"0"表示，无穷大量用"∞"表示. 未定式还有其他几种类型 $0\cdot\infty$、1^{∞}、0^{0}、∞^{0}、$\infty-\infty$ 等，其中约定用"1"表示以 1 为极限的函数. 这五种未定式皆可化为 $\frac{0}{0}$ 或 $\frac{\infty}{\infty}$ 型. 洛必达法则是计算 $\frac{0}{0}$ 或 $\frac{\infty}{\infty}$ 型未定式的一种简便而有效的计算方法.

定理 4（洛必达法则） 如果函数 $f(x)$ 与 $g(x)$ 满足下列条件：

(1) 当 $x\to x_0$ 时，函数 $f(x)$ 和 $g(x)$ 都趋于 0 或都趋于无穷大；

(2) 在 x_0 点的某去心领域内，$f'(x)$ 和 $g'(x)$ 都存在，且 $g'(x)\neq0$；

(3) $\lim\limits_{x\to x_0}\frac{f'(x)}{g'(x)}$ 存在或无穷大；

则

$$\lim_{x\to x_0}\frac{f(x)}{g(x)}=\lim_{x\to x_0}\frac{f'(x)}{g'(x)}. \tag{2-13}$$

此法则给出了求未定式的一种新方法，即在一定条件下，两个函数比的极限可转化为这两个函数导数比的极限. 当导数比的极限仍是未定式，且满足条件，则可继续使用洛必达法则，即

$$\lim\frac{f(x)}{g(x)}=\lim\frac{f'(x)}{g'(x)}=\lim\frac{f''(x)}{g''(x)},$$

直到它不再是未定式或不满足定理 4 的条件为止.

洛必达法则中，$x\to x_0$ 可换成 $x\to x_0^-$ 或 $x\to x_0^+$ 或 $x\to-\infty$ 或 $x\to+\infty$ 或 $x\to\infty$.

例 4 求 $\lim\limits_{x\to1}\dfrac{2x^3-3x^2+1}{x^3-3x+2}$.

解 这是 $\dfrac{0}{0}$ 型未定式. 则有

$$\lim_{x \to 1} \frac{2x^3-3x^2+1}{x^3-3x+2} \xlongequal{\frac{0}{0}\text{型}} \lim_{x \to 1} \frac{6x^2-6x}{3x^2-3} \xlongequal{\frac{0}{0}\text{型}} \lim_{x \to 1} \frac{12x-6}{6x} = 1.$$

例 5　求 $\lim\limits_{x \to +\infty} \dfrac{\ln x}{x^a}(a>0)$.

解　这是 $\dfrac{\infty}{\infty}$ 型未定式. 则有

$$\lim_{x \to +\infty} \frac{\ln x}{x^a} \xlongequal{\frac{\infty}{\infty}\text{型}} \lim_{x \to +\infty} \frac{\frac{1}{x}}{ax^{a-1}} = \lim_{x \to +\infty} \frac{1}{ax^a} = 0.$$

例 6　求 $\lim\limits_{x \to +\infty} \dfrac{x^n}{e^{\lambda x}}(n$ 为正整数, $\lambda>0)$.

解　这是 $\dfrac{\infty}{\infty}$ 型未定式. 则有

$$\lim_{x \to +\infty} \frac{x^n}{e^{\lambda x}} \xlongequal{\frac{\infty}{\infty}\text{型}} \lim_{x \to +\infty} \frac{nx^{n-1}}{\lambda e^{\lambda x}} \xlongequal{\frac{\infty}{\infty}\text{型}} \lim_{x \to +\infty} \frac{n(n-1)x^{n-2}}{\lambda^2 e^{\lambda x}} \xlongequal{\frac{\infty}{\infty}\text{型}} \cdots \xlongequal{\frac{\infty}{\infty}\text{型}} \lim_{x \to +\infty} \frac{n!}{\lambda^n e^{\lambda x}} = 0.$$

说明:$n = \alpha > 0$ 时,结果仍然成立,即 $\lim\limits_{x \to +\infty} \dfrac{x^\alpha}{e^{\lambda x}} = 0(\alpha>0, \lambda>0)$.

注意:由例 5,例 6 可知,当 $x \to +\infty$ 时,$\ln x, x^\alpha(\alpha>0)$,$e^{\lambda x}(\lambda>0)$ 趋于 $+\infty$ 的速度后者比前者更快,这一结论以后可以直接用.

例 7　求 $\lim\limits_{x \to 0^+} x^a \ln x(a>0)$.

解　这是 $0 \cdot \infty$ 型未定式. 由 $x^a \ln x = \dfrac{\ln x}{x^{-a}}$,所以可将其化为 $\dfrac{\infty}{\infty}$ 型未定式. 则有

$$\lim_{x \to 0^+} x^a \ln x \xlongequal{0 \cdot \infty \text{型}} \lim_{x \to 0^+} \frac{\ln x}{x^{-a}} \xlongequal{\frac{\infty}{\infty}\text{型}} \lim_{x \to 0^+} \frac{\frac{1}{x}}{-ax^{-a-1}} = -\lim_{x \to 0^+} \frac{x^a}{a} = 0.$$

例 8　求 $\lim\limits_{x \to 0} \left(\dfrac{1}{x} - \dfrac{1}{e^x-1} \right)$.

解　这是 $\infty - \infty$ 型未定式. 由 $\dfrac{1}{x} - \dfrac{1}{e^x-1} = \dfrac{e^x-1-x}{x(e^x-1)}$,所以将其可化为 $\dfrac{0}{0}$ 型未定式. 则有

$$\lim_{x \to 0} \left(\frac{1}{x} - \frac{1}{e^x-1} \right) \xlongequal{\infty - \infty \text{型}} \lim_{x \to 0} \frac{e^x-1-x}{x(e^x-1)} \xlongequal{\frac{0}{0}\text{型}} \lim_{x \to 0} \frac{e^x-1}{e^x-1+xe^x}$$

$$\xlongequal{\frac{0}{0}\text{型}} \lim_{x \to 0} \frac{e^x}{2e^x+xe^x} = \lim_{x \to 0} \frac{1}{2+x} = \frac{1}{2}.$$

例 9　求 $\lim\limits_{x \to 0^+} x^x$.

解　这是 0^0 型未定式. 令 $y = x^x$,两边取对数,得 $\ln y = x \ln x = \dfrac{\ln x}{\frac{1}{x}}$,使 $\ln y$ 的极限成为 $\dfrac{\infty}{\infty}$ 型未定式. 则有

$$\lim_{x \to 0^+}\ln y = \lim_{x \to 0^+}\frac{\ln x}{\frac{1}{x}} \xlongequal{\frac{\infty}{\infty}型} \lim_{x \to 0^+}\frac{\frac{1}{x}}{-\frac{1}{x^2}} = -\lim_{x \to 0^+}x = 0.$$

于是

$$\lim_{x \to 0^+}x^x = e^{\lim\limits_{x \to 0^+}\ln y} = e^0 = 1.$$

例 10 求 $\lim\limits_{x \to +\infty}x^{\frac{1}{x}}$.

解 这是 ∞^0 型未定式. 令 $y = x^{\frac{1}{x}}$,两边取对数,得 $\ln y = \dfrac{\ln x}{x}$,使 $\ln y$ 的极限为 $\dfrac{\infty}{\infty}$ 型未定式.
则有

$$\lim_{x \to +\infty}\ln y = \lim_{x \to +\infty}\frac{\ln x}{x} \xlongequal{\frac{\infty}{\infty}型} \lim_{x \to +\infty}\frac{\frac{1}{x}}{1} = 0.$$

于是

$$\lim_{x \to +\infty}x^{\frac{1}{x}} = e^{\lim\limits_{x \to 0^+}\ln y} = e^0 = 1.$$

例 11 求 $\lim\limits_{x \to \infty}\left(1+\dfrac{1}{x}\right)^x$.

解 这是 1^∞ 型未定式. 令 $y = \left(1+\dfrac{1}{x}\right)^x$,两边取对数,得

$$\ln y = x\ln\left(1+\frac{1}{x}\right) = \frac{\ln\left(1+\dfrac{1}{x}\right)}{x^{-1}},$$

使 $\ln y$ 的极限为 $\dfrac{0}{0}$ 型未定式. 则有

$$\lim_{x \to +\infty}\ln y = \lim_{x \to +\infty}\frac{\ln\left(1+\dfrac{1}{x}\right)}{x^{-1}} \xlongequal{\frac{0}{0}型} \lim_{x \to +\infty}\frac{-\dfrac{1}{x(x+1)}}{-x^{-2}} = \lim_{x \to +\infty}\frac{x^2}{x(x+1)} = 1.$$

于是

$$\lim_{x \to \infty}\left(1+\frac{1}{x}\right)^x = e^{\lim\limits_{x \to 0^+}\ln y} = e.$$

例 12 求 $\lim\limits_{x \to +\infty}\dfrac{\sqrt{1+x^2}}{x}$.

解 这是 $\dfrac{\infty}{\infty}$ 型未定式. 则有

$$\lim_{x \to +\infty}\frac{\sqrt{1+x^2}}{x} = \lim_{x \to +\infty}\sqrt{\frac{1}{x^2}+1} = 1.$$

注意:若使用洛必达法则,则出现下面情况

$$\lim_{x \to +\infty}\frac{\sqrt{1+x^2}}{x} = \lim_{x \to +\infty}\frac{\left(\sqrt{1+x^2}\right)'}{x'} = \lim_{x \to +\infty}\frac{x}{\sqrt{1+x^2}} = \lim_{x \to +\infty}\frac{x'}{\left(\sqrt{1+x^2}\right)'} = \lim_{x \to +\infty}\frac{\sqrt{1+x^2}}{x}.$$

如此循环,无法确定能否求出极限,故此题不能使用洛必达法则.

例 13 求 $\lim\limits_{x\to 0}\dfrac{\tan x-x}{x^2\sin x}$.

解 这是 $\dfrac{0}{0}$ 型未定式.则有

$$\lim_{x\to 0}\frac{\tan x-x}{x^2\sin x}=\lim_{x\to 0}\left(\frac{\tan x-x}{x^3}\cdot\frac{x}{\sin x}\right)=\lim_{x\to 0}\frac{\tan x-x}{x^3}\lim_{x\to 0}\frac{x}{\sin x}$$

$$=\lim_{x\to 0}\frac{\sec^2 x-1}{3x^2}=\lim_{x\to 0}\frac{\tan^2 x}{3x^2}=\frac{1}{3}\lim_{x\to 0}\left(\frac{\tan x}{x}\right)^2=\frac{1}{3}.$$

注意:若直接采用 L' Hospital 法则,分母求导很麻烦!

例 14 求 $\lim\limits_{x\to+\infty}\dfrac{x+\sin x}{x}$.

解 由于

$$\lim_{x\to+\infty}\frac{x+\sin x}{x}=\lim_{x\to+\infty}\left(1+\frac{\sin x}{x}\right)=1+\lim_{x\to+\infty}\frac{\sin x}{x}.$$

又因为 $\lim\limits_{x\to+\infty}\dfrac{1}{x}=0$,$|\sin x|\leqslant 1$,所以 $\lim\limits_{x\to+\infty}\dfrac{\sin x}{x}=0$. 因此,$\lim\limits_{x\to+\infty}\dfrac{x+\sin x}{x}=1$.

注意:这是 $\dfrac{\infty}{\infty}$ 型未定式,但是 $\lim\limits_{x\to+\infty}\dfrac{(x+\sin x)'}{x'}=\lim\limits_{x\to+\infty}\dfrac{1+\cos x}{1}=\lim\limits_{x\to+\infty}(1+\cos x)$ 不存在,且又不是无穷大,所以它不满足洛必达法则中第三个条件. 故此题不能使用洛必达法则,即

$$\lim_{x\to+\infty}\frac{x+\sin x}{x}\neq\lim_{x\to+\infty}\frac{(x+\sin x)'}{x'}.$$

练习题 2-4

1. 验证函数 $f(x)=\ln\sin x$ 在 $\left[\dfrac{\pi}{6},\dfrac{5\pi}{6}\right]$ 上罗尔中值定理的正确性.

2. 设函数 $f(x)=(x+1)(x-1)(x-3)$,直接判断方程 $f'(x)=0$ 的实根的个数和范围.

3. $x=x_0$ 是方程 $a_0 x^n+a_1 x^{n-1}+\cdots+a_{n-1}x=0$ 的一个正根,试证方程 $a_0 nx^{n-1}+a_1(n-1)x^{n-2}+\cdots+a_{n-1}=0$ 必有一个小于 x_0 正根.

4. 验证函数 $f(x)=\ln x$,在 $[1,\mathrm{e}]$ 上拉格朗日中值定理的正确性.

5. 试证明下列不等式.

(1) 当 $b>a>0$ 时,$3a^2(b-a)\leqslant b^3-a^3\leqslant 3b^2(b-a)$;

(2) $|\sin b-\sin a|\leqslant|b-a|$;

(3) 当 $x>0$ 时,$\mathrm{e}^x>1+x$.

6. 试证明下列恒等式.

(1) 当 $x>0$ 时,$\arctan x+\arctan\dfrac{1}{x}=\dfrac{\pi}{2}$;

(2) 当 $-1<x<1$ 时,$\arctan\dfrac{1-x}{1+x}+\arctan\dfrac{1+x}{1-x}=\dfrac{\pi}{2}$.

7. 设函数 $f(x)$ 在闭区间 $[a,b]$ 上连续,在开区间 (a,b) 内可导,试证明在开区间 (a,b) 内至

少存在一点 ξ，使 $\dfrac{bf(b)-af(a)}{b-a}=f(\xi)+\xi f'(\xi)$.

8. 验证函数 $f(x)=\sin x,g(x)=x-\cos x$，在 $\left[0,\dfrac{\pi}{2}\right]$ 上柯西中值定理的正确性.

9. 求下列极限.

$(1)\ \lim\limits_{x\to 0}\dfrac{1-\cos x}{x^2}$；

$(2)\ \lim\limits_{x\to +\infty}\dfrac{\pi-2\arctan x}{\ln\dfrac{x}{1+x}}$；

$(3)\ \lim\limits_{x\to 0^+}\dfrac{\ln\sin 2x}{\ln\sin x}$；

$(4)\ \lim\limits_{x\to \frac{\pi}{2}}\dfrac{\ln\sin x}{(\pi-2x)^2}$；

$(5)\ \lim\limits_{x\to +\infty}\dfrac{xe^{\frac{x}{2}}}{x+e^x}$；

$(6)\ \lim\limits_{x\to \frac{\pi}{2}}(\sec x-\tan x)$；

$(7)\ \lim\limits_{x\to 0}\left(\dfrac{1}{\sin x}-\dfrac{1}{x}\right)$；

$(8)\ \lim\limits_{x\to 0}x^2e^{\frac{1}{x^2}}$；

$(9)\ \lim\limits_{x\to 0^+}x^{\sin x}$；

$(10)\ \lim\limits_{x\to \frac{\pi}{2}}(\tan x)^{2\cos x}$；

$(11)\ \lim\limits_{x\to 1}x^{\frac{1}{1-x}}$；

$(12)\ \lim\limits_{x\to 0}(e^x+x)^{\frac{1}{x}}$.

第五节　函数性态的研究

导数的应用极其广泛，如前面介绍的利用导数求质点的瞬时速度、曲线在某点上切线的斜率、未定式的极限等，下面再介绍利用导数来研究函数的性质和曲线的性态.

一、函数的单调性与曲线的凹凸性

1. 单调性　如图 2-7 所示，如果可导函数 $y=f(x)$ 在区间 (a,b) 内单调递增（单调递减），那么它的图形是沿 x 轴正方向上升（下降）的曲线，即切线的斜率 $f'(x)=\tan\alpha\geq 0(\leq 0)$. 由此可见，函数的单调性与导数的符号有着密切关系.

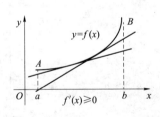 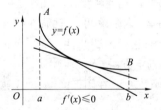

图 2-7

定理 1（函数单调性的判别法）　设函数 $f(x)$ 在区间 (a,b) 内可导，则

（1）若对任意 $x\in(a,b)$，有 $f'(x)>0$，则曲线 $f(x)$ 在 (a,b) 内单调递增；

（2）若对任意 $x\in(a,b)$，有 $f'(x)<0$，则曲线 $f(x)$ 在 (a,b) 内单调递减.

本定理中，若将开区间换成其他区间（包括无穷区间），有个别点处的导数等于零，其定理的结论仍然成立.

例 1　讨论函数 $f(x)=x+\text{arccot}x$ 的单调性.

解　函数 $f(x)$ 的定义域为 $(-\infty,+\infty)$.

$$f'(x)=1-\dfrac{1}{1+x^2}=\dfrac{x^2}{1+x^2}.$$

除 $x=0$ 时, $f'(x)=0$ 外,恒有 $f'(x)>0$. 故 $f(x)$ 在 $(-\infty,+\infty)$ 内是单调递增的.

例 2 求函数 $f(x)=(x-1)\sqrt[3]{x^2}$ 的单调区间.

解 函数 $f(x)$ 的定义域为 $(-\infty,+\infty)$. $f'(x)=\sqrt[3]{x^2}+\dfrac{2(x-1)}{3\sqrt[3]{x}}=\dfrac{5x-2}{3\sqrt[3]{x}}$.

令 $f'(x)=0$,得 $x=\dfrac{2}{5}$;$x=0$ 时,$f'(x)$ 不存在. 用 $0,\dfrac{2}{5}$ 将定义域分成三个子区间. 列表讨论.

x	$(-\infty,0)$	0	$\left(0,\dfrac{2}{5}\right)$	$\dfrac{2}{5}$	$\left(\dfrac{2}{5},+\infty\right)$
$f'(x)$	+	不存在	−	0	+
$f(x)$	↗		↘		↗

函数 $f(x)$ 单调递增区间为 $(-\infty,0)$ 和 $\left(\dfrac{2}{5},+\infty\right)$;单调递减区间为 $\left(0,\dfrac{2}{5}\right)$.

例 3 $x>0$ 时,试证不等式 $x>\ln(1+x)$.

证 设 $f(x)=x-\ln(1+x)$. 显然,$f(x)$ 在 $(0,+\infty)$ 内可导,且

$$f'(x)=1-\frac{1}{1+x}=\frac{x}{1+x}>0.$$

所以 $f(x)$ 在 $(0,+\infty)$ 内单调增加. 于是

$$f(x)>f(0+0).$$

又因为 $f(x)$ 在 $x=0$ 点连续,则 $f(0+0)=f(0)=0$. 所以 $f(x)>0$,即当 $x>0$ 时,

$$x>\ln(1+x).$$

2. 函数曲线的凹凸性和拐点 如图 2-8 所示,函数 $y=\sqrt[3]{x}$ 的图形在 $(-\infty,+\infty)$ 内是单调上升的,在 $(-\infty,0)$ 内是凹的,在 $(0,+\infty)$ 内是凸的,它们的凹凸性不同. 下面我们就来研究曲线的凹凸性及其判定方法.

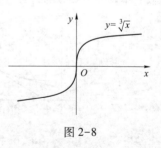

定义 1 设函数 $f(x)$ 在闭区间 $[a,b]$ 上连续,如果对于 $[a,b]$ 上的任意两点 x_1,x_2,有

$$f\left(\frac{x_1+x_2}{2}\right)<\frac{f(x_1)+f(x_2)}{2} \text{ 或 } f\left(\frac{x_1+x_2}{2}\right)>\frac{f(x_1)+f(x_2)}{2},$$

图 2-8

则称函数 $f(x)$ 是 $[a,b]$ 上的**凹函数**或**凸函数**,亦称曲线 $y=f(x)$ 在 $[a,b]$ 上是**凹的**(concave)或**凸的**(convex),曲线上凹凸的分界点,称为**拐点**(inflection point).

由图 2-9 可见,当曲线 $f(x)$ 在 (a,b) 内是凹的(凸的)时,曲线 $f(x)$ 在 (a,b) 内的点 (x,y),随着 x 的增大,该点切线的斜率也随着 x 的增大而增大(减小),即导数 $f'(x)$ 是单调递增(单调递减)的,故有 $f''(x)>0(f''(x)<0)$,反之亦然.

定理 2(函数曲线凹凸性的判别法) 设函数 $f(x)$ 在区间 (a,b) 内具有二阶导数,则

(1) 若对任意 $x\in(a,b)$,有 $f''(x)>0$,则曲线 $f(x)$ 在 (a,b) 内是凹的;

(2) 若对任意 $x\in(a,b)$,有 $f''(x)<0$,则曲线 $f(x)$ 在 (a,b) 内是凸的.

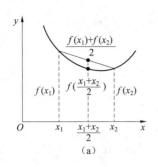 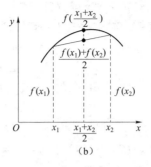

图 2-9

本定理中,若将开区间换成其他区间(包括无穷区间),有个别点处的二阶导数等于零,其定理的结论仍然成立.

例 4 判别曲线 $f(x) = 3x - x^3$ 的凹凸性.

解 函数 $f(x)$ 的定义域为 $(-\infty, +\infty)$. $f'(x) = 3 - 3x^2$,$f''(x) = -6x$.

在 $(-\infty, 0)$ 内,$f''(x) > 0$,则曲线 $f(x)$ 在 $(-\infty, 0)$ 内是凹的;在 $(0, +\infty)$ 内,$f''(x) < 0$,则曲线 $f(x)$ 在 $(0, +\infty)$ 内是凸的.

【说明】一般情况下,函数曲线在定义域内不一定始终是凹的或凸的. 拐点又是曲线凹凸的分界点,所以拐点两侧曲线的凹凸性不同,即曲线两侧的 $f''(x)$ 的符号也就不同. 因此,曲线上的拐点 (x, y) 对应的 x 点处的二阶导数只能等于 0 或不存在. 于是,可按下列步骤判别曲线的凹凸性及拐点:

(1)求函数 $f(x)$ 的定义域;

(2)求 $f''(x)$,及在定义域内 $f''(x)$ 等于零的点和不存在的点,并用这些点将其定义域分成若干个子区间;

(3)判别 $f''(x)$ 在每个子区间内的符号,从而得出曲线 $f(x)$ 在各个子区间内的凹凸性,同时可确定出上述各点对应曲线上的点是否为拐点.

例 5 讨论曲线 $f(x) = \dfrac{1}{2}x^2 + \dfrac{9}{10}(x-2)^{\frac{5}{3}}$ 的凹凸性及拐点.

解 函数 $f(x)$ 的定义域为 $(-\infty, +\infty)$. $f'(x) = x + \dfrac{3}{2}(x-2)^{\frac{2}{3}}$,$f''(x) = \dfrac{\sqrt[3]{x-2}+1}{\sqrt[3]{x-2}}$.

令 $f''(x) = 0$,得 $x = 1$;$x = 2$ 时,$f''(x)$ 不存在. 用 1,2 两点将定义域分成三个子区间,列表讨论.

x	$(-\infty, 1)$	1	$(1, 2)$	2	$(2, +\infty)$
$f''(x)$	+	0	−	不存在	+
$f(x)$	凹的	取拐点	凸的	取拐点	凹的

所以曲线 $y = f(x)$ 在区间 $(-\infty, 1)$ 和 $(2, +\infty)$ 内是凹的,在区间 $(1, 2)$ 内是凸的,$f(1) = -\dfrac{2}{5}$,$f(2) = 2$,所以 $\left(1, -\dfrac{2}{5}\right)$ 和 $(2, 2)$ 点是拐点.

例 6 已知曲线 $y = ax^3 + bx^2 + cx + d$ 上有一拐点 $(1, -10)$,且在 $(-2, 44)$ 点处有水平切线,求常数 a, b, c, d 之值,并写出此曲线方程.

解　$y'=3ax^2+2bx+c, y''=6ax+2b.$

因为曲线在$(-2,44)$点处有水平切线,所以 $y(-2)=44, y'(-2)=0$,即

$$-8a+4b-2c+d=44, \tag{1}$$

$$12a-4b+c=0. \tag{2}$$

又因曲线上有一拐点$(1,-10)$,所以 $y(1)=-10, y''(1)=0$,即

$$a+b+c+d=-10, \tag{3}$$

$$6a+2b=0. \tag{4}$$

解联立方程$(1)(2)(3)(4)$,得 $a=1, b=-3, c=-24, d=16.$
于是所求的曲线方程为

$$y=x^3-3x^2-24x+16.$$

二、函数的极值与最大值、最小值

所有的理论都来源于实践并反过来服务于实践. 函数的极值也不例外,它在十六七世纪就有很深刻的应用背景.

1. 极值　如图2-10所示,函数$y=f(x)$为闭区间$[a,b]$上的连续函数,函数$f(x)$在x_1和x_4(x_2和x_5)点处的函数值分别是该点某邻域内函数值的最大值(最小值),这些点的函数值就是我们要讨论的函数的极大值(极小值).

定义2　设函数$f(x)$在x_0点某邻域内有定义,若对该去心邻域内的任意x点,都有

$$f(x_0)>f(x) \text{ 或 } f(x_0)<f(x),$$

则称$f(x_0)$为函数$f(x)$的**极大值**(local maximum)**或极小值**(local minimum),x_0点称为极大值点或极小值点.

函数的极大值和极小值统称为**极值**(extreme value),极大值点和极小值点统称为**极值点**(extreme point).

图2-10中,$f(x_1)$和$f(x_4)$为极大值,$f(x_2)$和$f(x_5)$为极小值,x_1和x_4为极大值点,x_2和x_5为极小值点. 极值的概念是局部性的,它是根据x_0点的函数值与其附近一个局部范围内的点的函数值比较而来的. 函数在整个区间上可能有若干个极大值和极小值,极大值可能比极小值还小,如极大值$f(x_1)<$极小值$f(x_5)$. 极大(小)值不一定是整个所讨论区间的最大(小)值. 整个区间上的最大(小)值,也可能为端点的函数值. 最小值为极小值$f(x_2)$,最大值为端点的函数值$f(b)$.

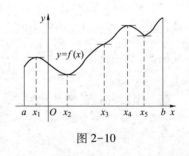

图2-10

图2-10还可看到,在函数极值点处,曲线的切线是水平的,即$f'(x)=0$;但曲线切线是水平的点又未必取极值,如$f'(x_3)=0$,但$f(x_3)$不是极值.

定理3　若函数$y=f(x)$在x_0点处可导,且$f(x)$在x_0点处取极值,则$f'(x_0)=0.$

满足$f'(x)=0$的点,称为函数$y=f(x)$的**驻点**. 显然,可导函数的极值点必是驻点. 但反之,函数的驻点并不一定是极值点.

下面给出判别驻点是否为极值点的方法.

定理4(第一判别法)　设函数$y=f(x)$在x_0点的某邻域内可导,且$f'(x_0)=0$,

(1) 若$x<x_0$时,$f'(x)>0$;$x>x_0$时,$f'(x)<0$,则$f(x)$在x_0点处取得极大值;

（2）若 $x<x_0$ 时，$f'(x)<0$；$x>x_0$ 时，$f'(x)>0$，则 $f(x)$ 在 x_0 点处取得极小值；

（3）若当 x 在 x_0 点左右两侧时，$f'(x)$ 符号恒定，则 $f(x)$ 在 x_0 点处不取极值.

驻点是否为极值点，由定理4，需考察 $f'(x)$ 在 x_0 点左右两侧邻近点的符号，但有时很麻烦.下面给出一个比较好用的方法（注意它也有一定的局限性）.

定理5（第二判别法）　设函数 $f(x)$ 在 x_0 点处具有二阶导数，且 $f'(x_0)=0$，则

（1）当 $f''(x_0)<0$ 时，则 $f(x)$ 在 x_0 点处取得极大值；

（2）当 $f''(x_0)>0$ 时，则 $f(x)$ 在 x_0 点处取得极小值；

（3）当 $f''(x_0)=0$ 时，无法判定 $f(x)$ 在 x_0 点处是否取得极值.

由定理5中（3）可知，$f'(x_0)=f''(x_0)=0$ 时，$f(x)$ 在 x_0 点处可能取得极值，也可能不取极值. 例如 $f(x)=x^3$，$g(x)=x^4$，$f'(0)=f''(0)=0$，$g'(0)=g''(0)=0$. $f(x)=x^3$ 在 $x=0$ 点处不取极值，见图 2-11；而 $g(x)=x^4$ 在 $x=0$ 点处取极小值，见图 2-12. 因此在 $f''(x_0)=0$，定理5无法判别，这时只能用定理4来判别.

函数不可导的点也可能是极值点. 例如，函数 $f(x)=|x|$，在 $x=0$ 点处不可导，但在 $x=0$ 点处函数取得极小值（图 2-2）. 函数 $f(x)=\sqrt[3]{x}$，在 $x=0$ 点处不可导，在 $x=0$ 点处函数不取得极值（图 2-8）.

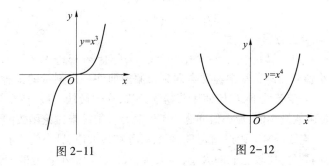

图 2-11　　　　　　　　　　图 2-12

在定理4中，若函数 $f(x)$ 在 x_0 点处导数不存在，其他条件不变，定理4中（1）~（3）三条法则仍然适用.

求函数 $y=f(x)$ 极值的基本步骤：

（1）求函数 $f(x)$ 的定义域及导数；

（2）求出 $f(x)$ 在定义域内的全部驻点及导数不存在的点；

（3）由定理4或定理5分别判别这些点是否为极值点，若是极值点，则求出该点的函数值，即为极值.

例7　求函数 $f(x)=1+\dfrac{3}{4}\sqrt[3]{(x^2-1)^2}$ 的极值.

解　函数 $f(x)$ 的定义域 $(-\infty,+\infty)$，$f'(x)=\dfrac{x}{\sqrt[3]{x^2-1}}$.

令 $f'(x)=0$，得驻点 $x=0$；又知 $x=\pm1$ 时，$f'(x)$ 不存在. 列表讨论

x	$(-\infty,-1)$	-1	$(-1,0)$	0	$(0,1)$	1	$(1,+\infty)$
$f'(x)$	$-$	不存在	$+$	0	$-$	不存在	$+$
$f(x)$	↘	极小值	↗	极大值	↘	极小值	↗

所以 $f(x)$ 有极大值 $f(0) = \dfrac{7}{4}$,有极小值 $f(\pm 1) = 1$.

例 8 函数 $f(x) = ax^3 + bx^2 + cx + d$,在 $x = -1$ 处有极大值 10,在 $x = 3$ 处有极小值 -22,试求常数 a, b, c, d,并写出函数 $f(x)$ 的表达式.

解 $f'(x) = 3ax^2 + 2bx + c$.

因为 $f(x)$ 在 $x = -1$ 处取极大值 10,

所以

$$f'(-1) = 0, \quad f(-1) = 10,$$

即

$$3a - 2b + c = 0, \tag{1}$$
$$-a + b - c + d = 10, \tag{2}$$

又因为 $f(x)$ 在 $x = 3$ 处有极小值 22,

所以

$$f'(3) = 0, \quad f(3) = -22,$$

即

$$27a + 6b + c = 0, \tag{3}$$
$$27a + 9b + 3c + d = -22. \tag{4}$$

解(1)(2)(3)(4)联立方程,得

$$a = 1, \quad b = -3, \quad c = -9, \quad d = 5, \quad f(x) = x^3 - 3x^2 - 9x + 5.$$

2. 最大值、最小值 在医药学中经常会遇到口服或肌注一定剂量的某种药物后,血药浓度何时达到最高值? 在一定条件下,如何使用药物最经济,疗效最佳,毒性最小等问题. 这类问题反映到数学上,就是函数最大值、最小值问题. 下面就几种情况来讨论函数的最值.

(1)闭区间上的连续函数. 由最值定理,函数必存在最大值、最小值. 求出驻点和导数不存在的点以及端点的函数值,比较它们的大小,最大者为最大值,最小者为最小值. 若函数是单调的,则最大值、最小值必在端点处取得,当函数是单调递增(递减)时,左(右)端点取最小值,右(左)端点取最大值. 若在一个区间上,函数 $f(x)$ 只有一个极值 $f(x_0)$,$f(x_0)$ 若是极大(小)值,则 $f(x_0)$ 在该区间上必是最大(小)值.

(2)在实际问题中,可根据问题的具体实际意义,确定目标函数 $f(x)$ 一定在定义区间内取得最大(小)值,若 $f(x)$ 在定义区间内有唯一的驻点 x_0,则 $f(x_0)$ 就一定是最大(小)值.

例 9 求函数 $f(x) = x - \dfrac{3}{2}\sqrt[3]{x^2}$ 在 $[-1, 2]$ 上的最大值、最小值.

解 $f'(x) = 1 - x^{-\frac{1}{3}} = \dfrac{\sqrt[3]{x} - 1}{\sqrt[3]{x}}$.

令 $f'(x) = 0$,得驻点 $x = 1$;又知 $x = 0$ 时,$f'(x)$ 不存在.

$$f(-1) = -\frac{5}{2}, \quad f(0) = 0, \, f(1) = -\frac{1}{2}, \quad f(2) = 2 - \frac{3}{2}\sqrt[3]{4} \approx -0.38.$$

比较上述函数值,得 $f(x)$ 的最大值为 $f(0) = 0$,最小值为 $f(-1) = -\dfrac{5}{2}$.

例 10 肌内注射或皮下注射某药物后,血中的药物浓度 c 是时间 t 的函数,可表示为

$$c = \frac{A}{\sigma_2 - \sigma_1}(\mathrm{e}^{-\sigma_1 t} - \mathrm{e}^{-\sigma_2 t}),$$

其中常数 $A, \sigma_1, \sigma_2 > 0$, 且 $\sigma_2 > \sigma_1$, 问 t 为何值时, 药物浓度为最大, 最大药物浓度是多少?

    解 由实际意义可知目标函数 c 的定义域为 $[0, +\infty)$,

$$c' = \frac{A}{\sigma_2 - \sigma_1}(\sigma_2 e^{-\sigma_2 t} - \sigma_1 e^{-\sigma_1 t}).$$

令 $c' = 0$, 可得唯一驻点

$$t = \frac{\ln\sigma_2 - \ln\sigma_1}{\sigma_2 - \sigma_1},$$

由于 c 在 $[0, +\infty)$ 上只有一个驻点, 且 $t \to +\infty$ 时, $c \to 0$. $c\left(\dfrac{\ln\sigma_2 - \ln\sigma_1}{\sigma_2 - \sigma_1}\right) = \dfrac{A}{\sigma_2}\left(\dfrac{\sigma_1}{\sigma_2}\right)^{\frac{\sigma_1}{\sigma_2 - \sigma_1}}.$

    则 $t = \dfrac{\ln\sigma_2 - \ln\sigma_1}{\sigma_2 - \sigma_1}$ 时, 药物浓度达到最值, 其最大的药物浓度为 $c_{\max} = \dfrac{A}{\sigma_2}\left(\dfrac{\sigma_1}{\sigma_2}\right)^{\frac{\sigma_1}{\sigma_2 - \sigma_1}}.$

练习题 2-5

1. 求下列函数的单调区间

(1) $f(x) = 2x^3 - 6x^2 - 18x + 1$;
    (2) $f(x) = 2x^2 - \ln x$;

(3) $f(x) = x^2 e^{-x}$;
    (4) $f(x) = \dfrac{\sqrt{x}}{1+x}$.

2. 求下列曲线的凹凸区间与拐点

(1) $y = x^3 - 5x^2 + 3x + 5$;
    (2) $y = \ln(x + \sqrt{1+x^2})$;

(3) $y = \dfrac{x^3}{x^2+1}$;
    (4) $y = (x-5)^{\frac{5}{3}} + 2x + 1$.

3. 求下列函数的极值

(1) $f(x) = 3x - x^3$;
    (2) $f(x) = x - \ln(1+x)$;

(3) $f(x) = \dfrac{x}{x^2+1}$;
    (4) $f(x) = (2x-1)\sqrt[3]{(x-3)^2}$.

4. 试问 a 为何值时, 函数 $f(x) = a\sin x + \dfrac{1}{3}\sin 3x$ 在 $x = \dfrac{\pi}{3}$ 处具有极值? 它是极大值, 还是极小值, 并求此极值.

5. 证明下列不等式

(1) 当 $x > 0$ 时, $\ln(1+x) > x - \dfrac{x^2}{2}$;
    (2) 当 $x > 0$ 时, $x - \dfrac{x^3}{6} < \sin x < x$.

6. 求函数 $y = 1 + \dfrac{2x}{(x-1)^2}$ 的单调区间、极值、凹凸区间和拐点.

7. 已知曲线 $y = ax^3 + bx^2 + cx$ 有一拐点 $(1,3)$, 且 $x = 0$ 是函数的极值点, 求该曲线方程.

8. 求下列函数在指定区间上的最大值、最小值.

(1) $y = x^5 - 5x^4 + 5x^3 + 1$, 区间 $[-1, 2]$;
    (2) $y = x^2 - \dfrac{54}{x}$, 区间 $(-\infty, 0)$.

9. 已知口服一定剂量的某种药物后, 其血药浓度 c 与时间 t 的关系可表示为

$$c = c(t) = 40(e^{-0.2t} - e^{-2.3t}),$$

问 t 为何值时,血药浓度最高,并求其最高浓度.

10. 1~9 个月婴儿体重 $W(g)$ 的增长与月龄 t 的关系有经验公式

$$\ln W - \ln(341.5 - W) = k(t - 1.66).$$

问 t 为何值时,婴儿的体重增长率 v 最快?

11. 已知半径为 R 的圆内接矩形,问长和宽为多少时矩形的面积最大,并求其最大面积.

第六节　泰勒公式

由第三节微分可知,$f(x)$ 在 x_0 点可导时,有

$$f(x) = f(x_0) + f'(x_0)(x - x_0) + o(x - x_0) = P_1(x) + R_1(x), \quad x \to x_0,$$

其中 $P_1(x) = f(x_0) + f'(x_0)(x - x_0)$, $R_1(x) = o(x - x_0)$.

这说明,当 $x \to x_0$ 时,对复杂函数 $f(x)$ 可用简单的一次多项式函数 $P_1(x)$ 近似地表示,且 $P_1(x_0) = f(x_0)$, $P_1'(x_0) = f'(x_0)$,其误差为 $R_1(x)$ 是关于 $x - x_0$ 的高阶无穷小.

为提高近似程度,当 $f(x)$ 在 x_0 点有 n 阶导数时,想找 $x - x_0$ 的 n 次多项式 $P_n(x)$ 来近似表示,且 $P_n(x)$ 尽可能多地反映出函数 $f(x)$ 所具有的性态:

$$P_1(x_0) = f(x_0), \quad P_n^{(k)}(x_0) = f^{(k)}(x_0) \quad (k = 1, 2, \cdots, n). \tag{2-14}$$

并且能求出 $P_n(x)$ 近似表示 $f(x)$ 所产生的误差 $R_n(x) = f(x) - P_n(x)$.

设 n 次多项式 $P_n(x) = a_0 + a_1(x - x_0) + a_2(x - x_0)^2 + \cdots + a_n(x - x_0)^n$,由式 $(2-15)$ 可得

$$a_0 = f(x_0), a_1 = f'(x_0), a_2 = \frac{f''(x_0)}{2!}, \cdots, a_n = \frac{f^{(n)}(x_0)}{n!},$$

即

$$P_n(x) = f(x_0) + f'(x_0)(x - x_0) + \frac{f''(x_0)}{2!}(x - x_0)^2 + \cdots + \frac{f^{(n)}(x_0)}{n!}(x - x_0)^n,$$

称其为 $f(x)$ 在 x_0 点的 n 次泰勒(Tayler)多项式.

定理　若函数 $f(x)$ 在含有 x_0 点的某个开区间 (a, b) 内具有 $n+1$ 导数,则当 $x \in (a, b)$ 时,$f(x)$ 可以表示成

$$f(x) = f(x_0) + f'(x_0)(x - x_0) + \frac{f''(x_0)}{2!}(x - x_0)^2 + \cdots + \frac{f^{(n)}(x_0)}{n!}(x - x_0)^n + R_n(x), \tag{2-15}$$

其中,$R_n(x) = \frac{f^{(n+1)}(\xi)}{(n+1)!}(x - x_0)^{n+1}$, ξ 在 x_0 与 x 之间. 称式 $(2-14)$ 为函数 $f(x)$ 在 x_0 点处的 n 阶泰勒公式,简称为泰勒公式. $R_n(x)$ 称为 n 阶泰勒公式中的拉格朗日余项.

式 $(2-15)$ 中取 $n = 0$,则有 $f(x) = f(x_0) + f'(\xi)(x - x_0)$ **(ξ 在 x_0 与 x 之间)**.这恰是拉格朗日中值公式. 因此,泰勒中值定理是拉格朗日中值定理的推广.

当 $x_0 = 0$ 时,ξ 在 0 与 x 之间,记 $\xi = \theta x$ $(0 < \theta < 1)$ 泰勒公式为

$$f(x) = f(0) + f'(0)x + \frac{f''(0)}{2!}x^2 + \cdots + \frac{f^{(n)}(0)}{n!}x^n + \frac{f^{(n+1)}(\theta x)}{(n+1)!}x^n \quad (0 < \theta < 1),$$

称其为函数 $f(x)$ 的 n 阶麦克劳林(Maclaurin)公式.

例 1　求 $f(x) = e^x$ 的 n 阶麦克劳林公式.

解　由于 $f^{(k)}(x) = e^x, k = 0, 1, 2, \cdots, n+1$.

则 $f(0)=f'(0)=f''(0)=f^{(n)}(0)=\mathrm{e}^{0}=1, f^{(n+1)}(\theta x)=\mathrm{e}^{\theta x}$. 于是

$$\mathrm{e}^{x}=1+x+\frac{1}{2!}x^{2}+\cdots+\frac{1}{n!}x^{n}+\frac{\mathrm{e}^{\theta x}}{(n+1)!}x^{n+1} \quad (0<\theta<1).$$

显然,有近似公式

$$\mathrm{e}^{x}\approx 1+x+\frac{1}{2!}x^{2}+\cdots+\frac{1}{n!}x^{n} \quad (0<\theta<1),$$

其误差的界为 $|R_{n}(x)|\leqslant\dfrac{\mathrm{e}^{|x|}}{(n+1)!}|x|^{n}$.

例 2 求 $f(x)=\sin x$ 的 n 阶麦克劳林公式.

解 由于 $f^{(k)}(x)=\sin\left(x+k\cdot\dfrac{\pi}{2}\right), k=0,1,2,\cdots$.

则

$$f^{(k)}(0)=\begin{cases}0, & k=2m, \\ (-1)^{m}, & k=2m+1,\end{cases} m=0,1,2,\cdots, \quad f^{(2m+1)}(\theta x)=\sin\left(\theta x+\frac{2m+1}{2}\pi\right).$$

于是 $\sin x$ 的 $n(n=2m)$ 阶麦克劳林公式为

$$\sin x=x-\frac{1}{3!}x^{3}+\frac{1}{5!}x^{5}-\cdots+\frac{(-1)^{m-1}}{(2m-1)!}x^{2m-1}+\frac{\sin\left(\theta x+\frac{2m+1}{2}\pi\right)}{(2m+1)!}x^{2m+1} \quad (0<\theta<1).$$

显然,有近似公式

$$\sin x\approx x-\frac{1}{3!}x^{3}+\frac{1}{5!}x^{5}-\cdots+\frac{(-1)^{m-1}}{(2m-1)!}x^{2m-1} \quad (0<\theta<1),$$

其误差的界为 $|R_{2m}(x)|\leqslant\dfrac{1}{(2m+1)!}|x|^{2m+1}$.

同理,$\cos x$ 的 $n(n=2m+1)$ 阶麦克劳林公式为

$$\cos x=1-\frac{1}{2!}x^{2}+\frac{1}{4!}x^{4}-\cdots+\frac{(-1)^{m}}{(2m)!}x^{2m}+\frac{\cos\left(\theta x+\frac{2m+2}{2}\pi\right)}{(2m+2)!}x^{2m+2} \quad (0<\theta<1).$$

例 3 求 e 的近似值,使其误差不超过 10^{-6}.

解 由近似公式 $\mathrm{e}^{x}\approx 1+x+\dfrac{1}{2!}x^{2}+\cdots+\dfrac{1}{n!}x^{n}\ (0<\theta<1)$.

取 $x=1$,得

$$\mathrm{e}\approx 1+1+\frac{1}{2!}+\cdots+\frac{1}{n!}.$$

误差的界为

$$|R_{n}(x)|\leqslant\frac{\mathrm{e}^{|x|}}{(n+1)!}|x|^{n}=\frac{\mathrm{e}}{(n+1)!}<\frac{3}{(n+1)!}.$$

令 $\dfrac{3}{(n+1)!}<10^{-6}$,得 $n\geqslant 10$,取 $n=10$,得

$$\mathrm{e}\approx 1+1+\frac{1}{2!}+\cdots+\frac{1}{10!}\approx 2.718282,$$

其误差不超过 10^{-6}.

练习题 2-6

1. 写出 $f(x) = \sqrt{x}$ 在 $x_0 = 4$ 点处的 3 阶泰勒公式.

2. 写出 $f(x) = \dfrac{1}{x}$ 在 $x_0 = -1$ 点处的 n 阶泰勒公式.

3. 写出 $f(x) = \sin 2x$ 的 n 阶麦克劳林公式.

4. 写出 $f(x) = x e^{-x}$ 的 n 阶麦克劳林公式.

5. 应用 3 阶泰勒公式求 $\ln 1.2$，$\sin 18°$ 的近似值，并估计误差.

6. 求 $\sqrt{e}$ 的近似值，使其误差不超过 10^{-2}.

本 章 小 结

本章主要包括导数与微分的概念及其计算方法、微分在近似计算上的应用、微积分学的四个基本定理(罗尔中值定理、拉格朗日中值定理、柯西中值定理、泰勒中值定理)、导数在极限中的应用(用洛必达法则求未定式的极限)、导数在研究函数的某些性质和曲线的某些性态上的应用(用导数求函数的单调性和极值，判别曲线的凹凸性，并求曲线上的拐点)、导数在解决一些实际问题上的应用(求最大值、最小值问题)等内容.

重点：1. 函数导数的计算方法、常见的是四则运算求导法、复合函数求导法、隐函数求导法、对数求导法、由参数方程确定的函数求导法、利用可导的充分必要条件求分段函数的分段点的导数；

2. 函数微分的计算方法，常见的是利用 $dy = f'(x) dx$ 公式求微分，利用微分法则求微分；

3. 函数连续，可导，可微之间的关系，如下：

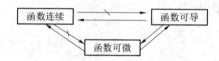

4. 利用洛必达法则求未定式的极限. 但要注意法则可用的条件，另外法则也不是万能的，要结合第一章求极限的方法，准确、迅速求出函数的极限；

5. 利用导数求函数的单调性和极值，判别曲线的凹凸性，求曲线上的拐点. 注意导数不存在的点可能是极值点，二阶导数不存在点对应曲线上的点可能是拐点.

难点：四个微分中值定理，常借助于中值定理解决一些实际问题，如用拉格朗日中值定理证明不等式和拉格朗日中值定理推论证明恒等式，用罗尔定理证明方程 $f'(x) = 0$ 根的存在等.

总练习题二

一、选择题

1. 设函数 $f(x)$ 可导，且 $\lim\limits_{x \to 0} \dfrac{f(1) - f(1-x)}{2x} = -1$，则曲线 $y = f(x)$ 在 $(1, f(1))$ 点处的切线斜率为(　　).

    A. -1；   B. -2；   C. 0；   D. 1.

2. 设 $f(x)=\begin{cases}\dfrac{1-\cos x}{\sqrt{x}} & x>0,\\ x^2\cdot g(x) & x\le 0,\end{cases}$ 其中 $g(x)$ 是有界函数,则 $f(x)$ 在 $x=0$ 点处（   ）.

    A. 可导；   B. 极限不存在；

    C. 连续不可导；   D. 极限存在但不可导.

3. 若函数 $y=f(x)$ 满足 $f'(x_0)=\dfrac{1}{2}$,则当 $\Delta x\to 0$ 时, $\mathrm{d}y\big|_{x=x_0}$ 是（   ）.

    A. 与 Δx 等价无穷小；   B. 比 Δx 高阶无穷小；

    C. 与 Δx 同阶但不是等价无穷小；   D. 比 Δx 低阶无穷小.

4. 若曲线 $y=x^2+ax+b$ 与 $2y=xy^3-1$ 在 $(1,-1)$ 点处相切,则（   ）.

    A. $a=0,b=2$；   B. $a=1,b=-3$；   C. $a=-3,b=1$；   D. $a=-1,b=-1$.

5. 已知函数 $f(x)$ 在 $[a,b]$ 上连续,在 (a,b) 内可导,且 $f(a)<f(b)$,则（   ）.

    A. 必存在 $\xi\in(a,b)$,使 $f'(\xi)=0$；   B. 必存在 $\xi\in(a,b)$,使 $f'(\xi)>0$；

    C. 必存在 $\xi\in(a,b)$,使 $f'(\xi)<0$；   D. 不存在 $\xi\in(a,b)$,使 $f'(\xi)=0$.

6. 设函数 $f(x)$ 满足 $f''(x)-2f'(x)+4f(x)=0$, $f(x_0)>0$, $f'(x_0)=0$,则 $f(x)$ 在 x_0 点处（   ）.

    A. 某邻域内单调增加；   B. 某邻域内单调减少；

    C. 取得极小值；   D. 取得极大值.

二、填空题

1. 设 $y=f(x)$, $f(0)=0$, $f'(0)=1$,则 $\lim\limits_{x\to\infty}xf\left(\dfrac{2}{x}\right)=$ _____；

2. 设 $f(t)=\lim\limits_{x\to\infty}t\left(\dfrac{x+t}{x-t}\right)^x$,则 $f'(t)=$ _____；

3. 设 $\begin{cases}x=f(2\sin t),\\ y=f(\cos t+1)+f(t-\pi),\end{cases}$ 其中 f 可微且 $f'(0)\ne 0$,则 $\dfrac{\mathrm{d}y}{\mathrm{d}x}\bigg|_{t=\pi}=$ _____；

4. 设 $f(x)=\dfrac{1-x}{1+x}$,则 $f^{(n)}(x)=$ _____；

5. 设 $y^3+y=x^2+\sin x$,则 $\mathrm{d}y\big|_{x=0}=$ _____；

6. 函数 $y=\mathrm{e}^{-2x}$ 的 n 阶麦克劳林公式为 _____.

三、计算题及证明题

1. 设函数 $\varphi(x)$ 在 $x=a$ 点连续, $f(x)=|x-a|\varphi(x)$,讨论 $f(x)$ 在 $x=a$ 点的可导性.

2. 求下列函数的导数或微分

(1) $y=\sin^2\left(\dfrac{1-\ln x}{x}\right)$,求 y'；

(2) 设 $y=\sqrt{x\sqrt{1-\mathrm{e}^{-\sqrt{x}}\sin^2 x}}$,求 y'；

(3) 设 $y=f\left(\dfrac{x-2}{x+2}\right)$, $f'(x)=\arctan x^2$,求 $y'\big|_{x=0}$；

(4) 设 $y=\dfrac{x}{2}\sqrt{x^2-a^2}-\dfrac{a^2}{2}\ln(x+\sqrt{x^2-a^2})$,求 y''；

（5）设 $y=y(x)$ 由方程 $2^{xy}=x+y$ 所确定，求 $\mathrm{d}y|_{x=0}$；

（6）$y=\pi^x+x^\pi-x^x+\arctan 2$，求 $\mathrm{d}y$.

3. 1970 年，Page 在实验室饲养雌性小鼠，通过收集的大量资料分析，得小鼠生长函数为

$$W=\frac{36}{1+30\mathrm{e}^{-\frac{2}{3}t}}.$$

式中，W 为重量，t 为时间，试求小鼠生长速率函数.

4. 求下列极限

（1）$\lim\limits_{x\to 1}\dfrac{\ln\cos(x-1)}{1-\sin\left(\dfrac{\pi}{2}x\right)}$；   （2）求 $\lim\limits_{x\to 0+0}\dfrac{\ln(\tan 5x)}{\ln(\tan 2x)}$；

（3）求 $\lim\limits_{x\to 1+0}\left(\dfrac{x}{x-1}-\dfrac{1}{\ln x}\right)$；   （4）$\lim\limits_{x\to 0^+}(\cot x)^{\frac{1}{\ln x}}$.

5. 求函数 $y=x\mathrm{e}^{-x}$ 的单调区间、极值、凹凸区间和拐点.

6. 已知曲线 $f(x)=ax^3+bx^2+cx+d$ 在 $x=2$ 点处有极值 6，$(1,3)$ 点为曲线 $y=f(x)$ 上的拐点，求常数 a,b,c,d 之值，并写出此曲线方程.

7. 已知奇函数 $f(x)$ 在 $[-1,1]$ 上具有二阶导数，且 $f(1)=1$，试证明在区间 $(0,1)$ 内至少存在一点 ξ，使 $f'(\xi)=1$.

（王 颖）

第三章　不定积分

学习导引

知识要求:

1. **掌握** 不定积分的性质、不定积分的基本积分公式、不定积分的换元积分法和分部积分法.

2. **熟悉** 原函数和不定积分的概念.

3. **了解** 不定积分与微分的关系、有理函数与三角函数有理式的积分求法.

能力要求:

1. 熟练应用基本积分公式和不定积分的性质计算不定积分.

2. 学会应用不定积分的换元积分法与分部积分法解决不定积分的计算问题;会求有理函数和三角函数有理式的积分.

前面已经讨论了导数和微分,两者统称为一元函数微分学,主要讨论求已知函数的导数或微分.但在实际生活中,常常会遇到与此相反的问题,这就是本章将要讨论的不定积分.本章主要讲述不定积分的概念、性质及求不定积分的基本方法.同时,本章的内容也为下一章定积分的学习做准备.

第一节　不定积分的概念与性质

一、原函数与不定积分

(一) 原函数的概念

在微分学中,讨论了求已知函数的导数或微分,但在实际生活中,常常会遇到与此相反的问题,即已知一个函数 $F(x)$ 的导数 $f(x)$,求该函数 $F(x)$.为了讨论这类问题,引进了原函数的概念.

定义 1 若在某一区间上,有 $F'(x) = f(x)$ 或 $dF(x) = f(x)dx$,则称函数 $F(x)$ 是函数 $f(x)$ 在这个区间的一个**原函数**(primary function).

例如,在 $(-\infty, +\infty)$ 内,因为 $(x^2)' = 2x$,所以 x^2 是 $2x$ 的一个原函数;在 $(-\infty, +\infty)$ 内,因为 $(\sin x)' = \cos x$,所以 $\sin x$ 是 $\cos x$ 的一个原函数等.

关于原函数,通过以下三个问题来讨论:

（1）函数 $f(x)$ 应具备什么条件,才能保证其原函数必定存在呢?

（2）若函数 $f(x)$ 有原函数,那么原函数一共有多少个?

（3）函数 $f(x)$ 的任意两个原函数之间有什么关系?

针对上述三个问题,可以用三个定理来解答.

定理 1　若函数 $f(x)$ 在某区间上连续,那么 $f(x)$ 在该区间上的原函数必定存在.

由于初等函数在其定义区间上连续,故初等函数在其定义区间上都有原函数存在.

定理 2　若函数 $f(x)$ 有原函数,那么它就有无数多个原函数.

证　设函数 $F(x)$ 是函数 $f(x)$ 的一个原函数,即 $F'(x) = f(x)$,并设 C 为任意常数. 因为

$$[F(x) + C]' = F'(x) + C' = F'(x) = f(x),$$

所以 $F(x) + C$ 也是 $f(x)$ 的原函数. 又因为 C 为任意常数,C 值不同,则 $F(x) + C$ 就不同,故 $f(x)$ 就有无数多个原函数.

定理 3　函数 $f(x)$ 的任意两个原函数的差是一个常数.

证　设函数 $F(x)$ 是函数 $f(x)$ 的一个原函数,即 $F'(x) = f(x)$,又设 $G(x)$ 是 $f(x)$ 的任意一个原函数,则有 $G'(x) = f(x)$.

由于 $[G(x) - F(x)]' = G'(x) - F'(x) = f(x) - f(x) \equiv 0$.

根据导数恒为零的函数必为常数,可知 $G(x) - F(x) = C$(C 为任意常数),即 $G(x) = F(x) + C$.

上述定理表明,若 $F(x)$ 是 $f(x)$ 的一个原函数,那么 $f(x)$ 就有无数多个原函数,并且任意一个原函数都可表示为 $F(x) + C$(C 为任意常数)的形式,即 $F(x) + C$(C 为任意常数)可表示函数 $f(x)$ 的全部原函数,从而引出了不定积分的概念.

（二）不定积分的概念

定义 2　若 $F(x)$ 是 $f(x)$ 的一个原函数,则 $f(x)$ 的所有原函数 $F(x) + C$ 称为 $f(x)$ 的**不定积分**(indefinite integral),记为 $\int f(x)\mathrm{d}x = F(x) + C$.

其中,记号 $\int$ 称为**积分号**,$f(x)$ 称为**被积函数**(integrand),$f(x)\mathrm{d}x$ 称为**被积表达式**(integral expression),x 称为积分变量,C 称为积分常数(integral constant).

根据上述定义,若要求已知函数 $f(x)$ 的不定积分,只要先求出它的一个原函数 $F(x)$,然后再加上任意常数 C 即可.

（三）不定积分的几何意义

由于函数 $f(x)$ 的不定积分 $F(x) + C$ 中含有任意常数 C,因此对于每一个给定的 C,都有一个确定的原函数,在几何上,相应地对应一条确定的曲线,这条曲线称为 $f(x)$ 的一条积分曲线.

因为 C 可以取任意值,因此不定积分 $\int f(x)\mathrm{d}x$ 表示 $f(x)$ 的一簇积分曲线,即 $y = F(x) + C$. 因为 $[F(x) + C]' = f(x)$,所以积分曲线簇上横坐标相同的点处的切线斜率都相同,即切线都平行,如图 3-1 所示.

因此,不定积分 $\int f(x)\mathrm{d}x = F(x) + C$ 在几何上表示积分曲线 $y = F(x)$ 沿 y 轴上下平移而得到的一簇积分曲线.

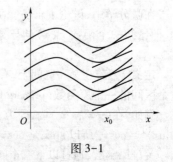

图 3-1

例 1　求下列不定积分

(1) $\int \cos x \mathrm{d}x$; (2) $\int x^3 \mathrm{d}x$;

(3) $\int \mathrm{e}^x \mathrm{d}x$.

解 (1)因为 $(\sin x)' = \cos x$,所以 $\sin x$ 是 $\cos x$ 的一个原函数,故 $\int \cos x \mathrm{d}x = \sin x + C$.

(2) 因为 $\left(\dfrac{1}{4}x^4\right)' = x^3$,所以 $\dfrac{1}{4}x^4$ 是 x^3 的一个原函数,故 $\int x^3 \mathrm{d}x = \dfrac{1}{4}x^4 + C$.

(3) 因为 $(\mathrm{e}^x)' = \mathrm{e}^x$,所以 e^x 是 e^x 的一个原函数,故 $\int \mathrm{e}^x \mathrm{d}x = \mathrm{e}^x + C$.

例 2 设曲线通过点 $(1,2)$,且其上任一点处的切线斜率等于该点横坐标的两倍,求此曲线的方程.

解 由曲线的切线斜率为 $2x$ 和不定积分定义可知

$$\int 2x \mathrm{d}x = x^2 + C,$$

从而得积分曲线簇 $y = x^2 + C$.

将 $x = 1$,$y = 2$ 代入,得 $C = 1$. 所以

$$y = x^2 + 1$$

就是所求曲线方程,如图 3-2 所示.

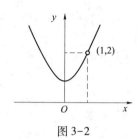

图 3-2

二、基本积分公式

由不定积分的定义可知,不定积分就是微分运算的逆运算. 因此,有一个导数或微分公式,就对应地有一个不定积分公式,从而得到不定积分的基本积分公式:

(1) $\int k \mathrm{d}x = kx + C$ (k 是常数);

(2) $\int x^\alpha \mathrm{d}x = \dfrac{1}{\alpha + 1}x^{\alpha+1} + C$ ($\alpha \neq -1$);

(3) $\int \dfrac{1}{x} \mathrm{d}x = \ln|x| + C$;

(4) $\int a^x \mathrm{d}x = \dfrac{a^x}{\ln a} + C$ ($a \neq 1, a > 0$);

(5) $\int \mathrm{e}^x \mathrm{d}x = \mathrm{e}^x + C$;

(6) $\int \cos x \mathrm{d}x = \sin x + C$;

(7) $\int \sin x \mathrm{d}x = -\cos x + C$;

(8) $\int \dfrac{1}{\cos^2 x} \mathrm{d}x = \int \sec^2 x \mathrm{d}x = \tan x + C$;

(9) $\int \dfrac{1}{\sin^2 x} \mathrm{d}x = \int \csc^2 x \mathrm{d}x = -\cot x + C$;

(10) $\int \sec x \tan x \mathrm{d}x = \sec x + C$;

(11) $\int \csc x \cot x \mathrm{d}x = -\csc x + C$;

(12) $\int \dfrac{1}{\sqrt{1-x^2}} \mathrm{d}x = \arcsin x + C = -\arccos x + C$;

(13) $\int \dfrac{1}{1+x^2} \mathrm{d}x = \arctan x + C = -\operatorname{arccot} x + C$.

以上的基本积分公式,是求不定积分的基础,我们必须熟记.

例3 求下列不定积分

(1) $\int x \mathrm{d}x$;   (2) $\int \dfrac{1}{x^3} \mathrm{d}x$;   (3) $\int \sqrt{x} \mathrm{d}x$.

解 (1) $\int x \mathrm{d}x = \dfrac{1}{1+1} x^{1+1} + C = \dfrac{1}{2} x^2 + C$;

(2) $\int \dfrac{1}{x^3} \mathrm{d}x = \int x^{-3} \mathrm{d}x = \dfrac{1}{-3+1} x^{-3+1} + C = -\dfrac{1}{2} x^{-2} + C$;

(3) $\int \sqrt{x} \mathrm{d}x = \int x^{\frac{1}{2}} \mathrm{d}x = \dfrac{1}{\frac{1}{2}+1} x^{\frac{1}{2}+1} + C = \dfrac{2}{3} x^{\frac{3}{2}} + C$.

例4 验证:$\int \dfrac{1}{x} \mathrm{d}x = \ln|x| + C \,(x \neq 0)$.

解 当 $x > 0$ 时,

$$(\ln|x|)' = (\ln x)' = \dfrac{1}{x},$$

当 $x < 0$ 时,

$$(\ln|x|)' = [\ln(-x)]' = \left(-\dfrac{1}{x}\right)(-x)' = \dfrac{1}{x},$$

所以 $\int \dfrac{1}{x} \mathrm{d}x = \ln|x| + C \,(x \neq 0)$.

三、不定积分的性质

若对 $\int f(x) \mathrm{d}x = F(x) + C$ 等式两边微分,得到

$$\mathrm{d}\int f(x) \mathrm{d}x = \mathrm{d}[F(x) + C] = [F(x) + C]' \mathrm{d}x = f(x) \mathrm{d}x,$$

上式说明先积分后微分时,两种作用抵消.

若对 $\int f(x) \mathrm{d}x = F(x) + C$ 等式两边求导,得到

$$\left[\int f(x) \mathrm{d}x\right]' = [F(x) + C]' = F'(x) = f(x),$$

从而有 $\int F'(x) \mathrm{d}x = F(x) + C$ 或 $\int \mathrm{d}F(x) \mathrm{d}x = F(x) + C$.

上式说明先微分后积分时,两种作用抵消后差一个常数 C. 因而得到不定积分的两个基本性质.

性质1 $\left[\int f(x) \mathrm{d}x\right]' = f(x)$ 或 $\mathrm{d}\int f(x) \mathrm{d}x = f(x) \mathrm{d}x$.

性质 2 $\int f'(x)\mathrm{d}x = f(x) + C$ 或 $\int \mathrm{d}f(x) = f(x) + C.$

另外,不定积分还有两个运算性质.

性质 3 被积函数中不为零的常数因子可以提到积分号的外面,即

$$\int kf(x)\mathrm{d}x = k\int f(x)\mathrm{d}x \quad (k \text{ 是非零常数}).$$

这是因为上式右端的导数

$$\left[k\int f(x)\mathrm{d}x \right]' = k\left[\int f(x)\mathrm{d}x \right]' = kf(x)$$

恰好是左端的被积函数. 另一方面,对 $\int kf(x)\mathrm{d}x$ 求导也是 $kf(x)$,在不考虑积分常数的条件下,有

$$k\int f(x)\mathrm{d}x = \int kf(x)\mathrm{d}x.$$

性质 4 两个函数代数和的不定积分等于各个函数的不定积分的代数和,即

$$\int [f(x) \pm g(x)]\mathrm{d}x = \int f(x)\mathrm{d}x \pm \int g(x)\mathrm{d}x.$$

要证明这个等式,只需验证等式右端的导数等于左端的被积函数即可.

上式可以推广到有限多个函数的不定积分的情形.

推论: 若 $f(x) = \sum_{i=1}^{n} k_i f_i(x)$,则 $\int f(x)\mathrm{d}x = \sum_{i=1}^{n} k_i \int f_i(x)\mathrm{d}x.$

例 5 求不定积分 $\int \left(\sin x + \dfrac{2}{1+x^2} + \mathrm{e}^x \right)\mathrm{d}x.$

解 $\displaystyle\int \left(\sin x + \frac{2}{1+x^2} + \mathrm{e}^x \right)\mathrm{d}x = \int \sin x\,\mathrm{d}x + \int \frac{2}{1+x^2}\mathrm{d}x + \int \mathrm{e}^x\mathrm{d}x$

$$= \int \sin x\,\mathrm{d}x + 2\int \frac{1}{1+x^2}\mathrm{d}x + \int \mathrm{e}^x\mathrm{d}x = -\cos x + 2\arctan x + \mathrm{e}^x + C.$$

例 6 求不定积分 $\int \dfrac{1+x+x^2}{x(1+x^2)}\mathrm{d}x.$

解 $\displaystyle\int \frac{1+x+x^2}{x(1+x^2)}\mathrm{d}x = \int \frac{x+(1+x^2)}{x(1+x^2)}\mathrm{d}x = \int \left(\frac{1}{x} + \frac{1}{1+x^2} \right)\mathrm{d}x = \int \frac{1}{x}\mathrm{d}x + \int \frac{1}{1+x^2}\mathrm{d}x$

$$= \ln|x| + \arctan x + C.$$

例 7 求不定积分 $\int \dfrac{x^4}{1+x^2}\mathrm{d}x.$

解 $\displaystyle\int \frac{x^4}{1+x^2}\mathrm{d}x = \int \frac{x^4-1+1}{1+x^2}\mathrm{d}x = \int \left(x^2 - 1 + \frac{1}{1+x^2} \right)\mathrm{d}x = \frac{x^3}{3} - x + \arctan x + C$

例 8 求不定积分 $\int \cos^2 \dfrac{x}{2}\mathrm{d}x.$

解 $\displaystyle\int \cos^2 \frac{x}{2}\mathrm{d}x = \int \frac{1+\cos x}{2}\mathrm{d}x = \int \frac{1}{2}\mathrm{d}x + \int \frac{\cos x}{2}\mathrm{d}x = \frac{1}{2}x + \frac{1}{2}\sin x + C.$

例 9 求不定积分 $\int \tan^2 x\,\mathrm{d}x.$

解 $\displaystyle\int \tan^2 x\,\mathrm{d}x = \int (\sec^2 x - 1)\mathrm{d}x = \tan x - x + C.$

在上述实例中,均是直接使用基本积分公式与运算性质求不定积分,或者对被积函数进行适当的恒等变形(包括代数变形与三角变形),再利用运算性质与基本积分公式求不定积分,这种方法称为不定积分的**直接积分法**.

注意:不定积分的直接积分法是最基本的积分方法,是换元积分法与分部积分法的基础,所以必须要熟练掌握.

练习题 3-1

1. 选择题

(1) 已知 $F'(x) = f(x)$,且 C 是任意常数,下列命题错误的是(　　).

A. $\int \mathrm{d}F(x) = F(x) + C$;

B. $\int f(x)\mathrm{d}x = F(x) + C$;

C. $\int F'(x)\mathrm{d}x = F(x) + C$;

D. $\int f'(x)\mathrm{d}x = F(x) + C$.

(2) 如果 $F(x)$、$G(x)$ 都是 $f(x)$ 的原函数,那么必有(　　).

A. $F(x) = G(x) + C$;

B. $F(x) = CG(x)$;

C. $F(x) = G(x)$;

D. $F(x) = \dfrac{1}{C}G(x)$.

(3) 如果 $\int \mathrm{d}f(x) = \int \mathrm{d}g(x)$,那么下列命题正确的是(　　).

A. $f(x) = g(x)$;

B. $f(x) = g(x) + C$;

C. $f(x) = g'(x)$;

D. $f'(x) = g(x)$.

(4) 设 $\int a^x \mathrm{d}x = \int \mathrm{d}f(x)$,则 $f(x) = ($　　$)$.

A. $\dfrac{\ln a}{a^x} + C$;

B. $\dfrac{a^x}{\ln a} + C$;

C. $a^x \ln a + C$;

D. 以上都不对.

(5) 若 $\ln|x|$ 是函数 $f(x)$ 的一个原函数,那么 $f(x)$ 的另一个原函数是(　　).

A. $\ln|ax|$;

B. $\dfrac{1}{a}\ln|ax|$;

C. $\ln|x+a|$;

D. $\dfrac{1}{2}(\ln x)^2$.

(6) 若 $f(x)$ 的一个原函数是 $\sin x$,则 $\int f'(x)\mathrm{d}x = ($　　$)$.

A. $\sin x + C$;

B. $\cos x + C$;

C. $-\sin x + C$;

D. $-\cos x + C$.

2. 填空题

(1) 一阶导数 $\left(\int 3^x \cos x \mathrm{d}x\right)' = $ _____.

(2) 不定积分 $\int \mathrm{d}(\operatorname{arccot} x) = $ _____.

(3) $f(x)$ 的一个原函数是 $\ln x^2$,则 $\int x^3 f'(x)\mathrm{d}x = $ _____.

(4) 设 $f(x) = \csc^2 x$，则 $\int f'(x)\,dx = $ _____，$\dfrac{d}{dx}\int f(x)\,dx = $ _____．

(5) 已知 $f'(x) = \dfrac{1}{1 + x^2}$，且 $f(1) = \dfrac{\pi}{2}$，则 $f(x) = $ _____．

3. 求下列不定积分

(1) $\int (x^2 + 3)\,dx$；

(2) $\int x^2 \sqrt{x}\,dx$；

(3) $\int \left(e^x + \dfrac{1}{x} - \dfrac{2}{x^2} \right) dx$；

(4) $\int \dfrac{x^3 - 27}{x - 3}\,dx$；

(5) $\int 2^x e^x\,dx$；

(6) $\int \left(2x - \dfrac{3}{\sqrt{1 - x^2}} \right) dx$；

(7) $\int \dfrac{2^{x-1} - 3^{x-1}}{6^x}\,dx$；

(8) $\int \left(1 - \dfrac{1}{x} \right) \sqrt{x\sqrt{x}}\,dx$；

(9) $\int \cos x (\tan x + \sec x)\,dx$；

(10) $\int \sin^2 \dfrac{x}{2}\,dx$；

(11) $\int \sec x (\sec x - \tan x)\,dx$；

(12) $\int \dfrac{1}{\sin^2 x \cos^2 x}\,dx$；

(13) $\int \dfrac{2 + \sin^2 x}{\cos^2 x}\,dx$；

(14) $\int \dfrac{\cos 2x}{\cos x - \sin x}\,dx$；

(15) $\int \dfrac{\ln(\tan x)}{\sin x \cos x}\,dx$．

4. 已知函数 $f(x)$ 的导数为 $f'(x) = 4 - 3x^2$，且 $f(1) = 5$，求函数 $f(x)$．

5. 一曲线通过点 $(2,5)$，且在任一点处的切线斜率是该点的横坐标的 2 倍，求此曲线的方程．

6. 已知某种药品产量的变化率是时间 t 的函数，即 $g(t) = at + b (a, b$ 是常数$)$．设此种药品 t 时的产量函数为 $f(t)$，已知 $f(0) = 0$，求 $f(t)$．

第二节　换元积分法

前面介绍了利用直接积分法计算不定积分，但遇到如 $\int \cos(2x)\,dx$，$\int \dfrac{1}{1 + \sqrt[3]{x + 2}}\,dx$ 等不定积分的求解时显得非常困难．因此，有必要引进一些方法和技巧．下面介绍利用复合函数的求导法则反过来用于求不定积分而得到一种基本的积分方法，这种方法称为**换元积分法**（integration by substitution）．常见的换元积分法有两类，下面将逐一介绍．

一、第一类换元积分法

引例　求不定积分 $\int \cos(2x)\,dx$．

分析：要求解此不定积分，首先想到用基本积分公式 $\int \cos x\,dx = \sin x + C$，但被积函数 $\cos 2x$ 是 x 的复合函数．针对这种情况，可先将积分变量 x 变换为 $\dfrac{1}{2}u$ 后，积分表达式变为 $\dfrac{1}{2}\cos u\,du$，

不定积分 $\int \cos(2x)\mathrm{d}x$ 变为 $\dfrac{1}{2}\int \cos u\mathrm{d}u$，可直接由基本积分公式求出不定积分来．

解 令 $2x = u$，则 $2\mathrm{d}x = \mathrm{d}u$，即 $\mathrm{d}x = \dfrac{1}{2}\mathrm{d}u$，于是

$$\int \cos(2x)\mathrm{d}x = \frac{1}{2}\int \cos(2x)\mathrm{d}(2x) = \frac{1}{2}\int \cos u\mathrm{d}u = \frac{1}{2}\sin u + C = \frac{1}{2}\sin 2x + C.$$

定理 1 设 $f(u)$ 具有原函数 $F(u)$，$u = \varphi(x)$ 可导，那么 $F[\varphi(x)]$ 是 $f[\varphi(x)]\varphi'(x)$ 的原函数，即有换元公式

$$\int f[\varphi(x)]\varphi'(x)\mathrm{d}x = \left[\int f(u)\mathrm{d}u\right]_{u=\varphi(x)} = F[\varphi(x)] + C.$$

证 根据不定积分的定义，只需证明 $F[\varphi(x)]' = f[\varphi(x)]\varphi'(x)$．

因为

$$\int f(u)\mathrm{d}u = F(u) + C,$$

所以

$$F'(u) = f(u),$$

则

$$F'[\varphi(x)] = F'(u)u'(x) = f(u)\varphi'(x) = f[\varphi(x)]\varphi'(x).$$

因此 $F'[\varphi(x)]$ 为 $f[\varphi(x)]\varphi'(x)$ 的一个原函数，即有

$$\int f[\varphi(x)]\varphi'(x)\mathrm{d}x = F[\varphi(x)] + C.$$

注意：

(1) $\int f[\varphi(x)]\varphi'(x)\mathrm{d}x$ 是一个整体记号；

(2) 被积表达式中的 $\mathrm{d}x$ 可当作变量 x 的微分来对待，从而微分等式 $\varphi'(x)\mathrm{d}x = \mathrm{d}[\varphi(x)] = \mathrm{d}u$ 可以应用到被积表达式中．

由上述定理，得到利用第一类换元积分法求不定积分 $\int g(x)\mathrm{d}x$ 的步骤：

如果函数 $g(x)$ 可以化为 $g(x) = f[\varphi(x)]\varphi'(x)$ 的形式，那么

$$\int g(x)\mathrm{d}x = \int f[\varphi(x)]\varphi'(x)\mathrm{d}x = \int f[\varphi(x)]\mathrm{d}\varphi(x) \quad (\text{凑微分})$$

$$= \int f(u)\mathrm{d}u \qquad\qquad [\text{换元：令 } \varphi(x) = u]$$

$$= F(u) + C \qquad\qquad (\text{积分})$$

$$= F[\varphi(x)] + C. \qquad\qquad [\text{回代：} u = \varphi(x)]$$

综上所述，使用第一类换元积分法解题的关键是将 $\int g(x)\mathrm{d}x$ 凑成 $\int f[\varphi(x)]\mathrm{d}[\varphi(x)]$，因此第一类换元积分法又叫作**凑微分法**．

例 1 求不定积分 $\int \sqrt{2x-1}\,\mathrm{d}x$．

解 令 $2x - 1 = u$，则 $\mathrm{d}x = \dfrac{1}{2}\mathrm{d}u$，于是

$$\int \sqrt{2x-1}\,\mathrm{d}x = \frac{1}{2}\int \sqrt{u}\,\mathrm{d}u = \frac{1}{2}\times\frac{1}{\frac{3}{2}}u^{\frac{1}{2}+1} + C = \frac{1}{3}u^{\frac{3}{2}} + C = \frac{1}{3}(2x-1)^{\frac{3}{2}} + C.$$

将上例推广到一般幂函数的情形,显然有

当 $n \neq -1, a \neq 0$ 时,有

$$\int (ax + b)^n dx = \frac{1}{a}\int (ax + b)^n d(ax + b) = \frac{(ax + b)^{n+1}}{a(n + 1)} + C.$$

当 $n = -1, a \neq 0$ 时,有

$$\int \frac{1}{ax + b} dx = \frac{1}{a}\int \frac{1}{ax + b} d(ax + b) = \frac{1}{a}\ln |ax + b| + C.$$

例 2 求不定积分 $\int \tan x dx$.

解 令 $\cos x = u$,则 $\sin x dx = -du$,于是

$$\int \tan x dx = \int \frac{\sin x}{\cos x} dx = -\int \frac{1}{\cos x} d(\cos x) = -\int \frac{1}{u} du = -\ln |u| + C = -\ln |\cos x| + C.$$

所以

$$\int \tan x dx = -\ln |\cos x| + C \ \text{或} \int \tan x dx = \ln |\sec x| + C.$$

同理可得

$$\int \cot x dx = \ln |\sin x| + C.$$

上面的例子表明,换元积分法应用的范围很广,当使用比较熟练后,在演算过程中不必写出换元,就更为简便了.

例 3 求不定积分 $\int \frac{\sin\sqrt{x}}{\sqrt{x}} dx$.

解 因为

$$\frac{\sin\sqrt{x}}{\sqrt{x}} = 2\sin\sqrt{x} (\sqrt{x})',$$

所以

$$\int \frac{\sin\sqrt{x}}{\sqrt{x}} dx = 2\int \sin\sqrt{x} (\sqrt{x})' dx = 2\int \sin\sqrt{x} d(\sqrt{x}) = -2\cos\sqrt{x} + C.$$

例 4 求不定积分 $\int \frac{dx}{a^2 - x^2} (a \neq 0)$.

解 $\int \frac{dx}{a^2 - x^2} = \frac{1}{2a}\int \left(\frac{1}{a + x} + \frac{1}{a - x}\right) dx = \frac{1}{2a}\left[\int \left(\frac{1}{a + x}\right) dx + \int \left(\frac{1}{a - x}\right) dx\right]$

$= \frac{1}{2a}\left[\int \frac{1}{a + x} d(a + x) - \int \frac{1}{a - x} d(a - x)\right] = \frac{1}{2a}[\ln |a + x| - \ln |a - x|]$

$= \frac{1}{2a}\ln \left|\frac{a + x}{a - x}\right| + C.$

例 5 求不定积分 $\int \sec x dx$.

解 1 $\int \sec x dx = \int \frac{1}{\cos x} dx = \int \frac{\cos x}{\cos^2 x} dx = \int \frac{d(\sin x)}{1 - \sin^2 x}$

$= \frac{1}{2}\int \left[\frac{1}{1 + \sin x} + \frac{1}{1 - \sin x}\right] d(\sin x)$

$$= \frac{1}{2} \int \frac{1}{1 + \sin x} d(\sin x) + \frac{1}{2} \int \frac{1}{1 - \sin x} d(\sin x)$$

$$= \frac{1}{2} \int \frac{1}{1 + \sin x} d(1 + \sin x) - \frac{1}{2} \int \frac{1}{1 - \sin x} d(1 - \sin x)$$

$$= \frac{1}{2} \ln \left| \frac{1 + \sin x}{1 - \sin x} \right| + C$$

$$= \ln \left| \frac{1 + \sin x}{\cos x} \right| + C = \ln | \sec x + \tan x | + C.$$

解 2 $\int \sec x dx = \int \frac{\sec x(\sec x + \tan x)}{\tan x + \sec x} dx = \int \frac{\sec^2 x + \sec x \tan x}{\sec x + \tan x} dx$

$$= \int \frac{d(\tan x + \sec x)}{\sec x + \tan x} = \ln | \sec x + \tan x | + C.$$

所以

$$\int \sec x dx = \ln | \sec x + \tan x | + C.$$

同理可得

$$\int \csc x dx = \ln | \csc x - \cot x | + C.$$

例 6 求不定积分 $\int \cos^2 x dx$.

解 $\int \cos^2 x dx = \int \frac{1 + \cos 2x}{2} dx = \frac{1}{2} \int (1 + \cos 2x) dx = \frac{1}{2} x + \frac{1}{4} \sin 2x + C.$

注意：若被积函数是正余弦三角函数偶次幂的形式，求解时一般应先降幂.

例 7 求不定积分 $\int \sin^3 x dx$.

解 $\int \sin^3 x dx = \int \sin^2 x \cdot \sin x dx = -\int (1 - \cos^2 x) d(\cos x) = -\cos x + \frac{\cos^3 x}{3} + C.$

例 8 求不定积分 $\int \sin^2 x \cdot \cos^5 x dx$.

解 $\int \sin^2 x \cdot \cos^5 x dx = \int \sin^2 x \cdot \cos^4 x \cdot \cos x dx = \int \sin^2 x (1 - \sin^2 x)^2 d(\sin x)$

$$= \int (\sin^2 x - 2 \sin^4 x + \sin^6 x) d(\sin x) = \frac{1}{3} \sin^3 x - \frac{2}{5} \sin^5 x + \frac{1}{7} \sin^7 x + C.$$

例 9 求不定积分 $\int \sin 6x \cdot \cos 2x dx$.

解 $\int \sin 6x \cdot \cos 2x dx = \frac{1}{2} \int (\sin 8x + \sin 4x) dx = -\frac{1}{2} \times \frac{1}{8} \cos 8x - \frac{1}{2} \times \frac{1}{4} \cos 4x + C$

$$= -\frac{1}{16} \cos 8x - \frac{1}{8} \cos 4x + C.$$

例 10 求不定积分 $\int \sin 2x dx$.

解 1 $\int \sin 2x dx = \frac{1}{2} \int \sin 2x d(2x) = -\frac{1}{2} \cos 2x + C$;

解 2 $\int \sin 2x dx = 2 \int \sin x \cos x dx = 2 \int \sin x d(\sin x) = \sin^2 x + C$;

解 3 $\int \sin 2x \, \mathrm{d}x = 2 \int \sin x \cos x \, \mathrm{d}x = -2 \int \cos x \, \mathrm{d}(\cos x) = -\cos^2 x + C.$

注意:上述三种解法的结果,形式上虽不一样,但它们的正确性都可以通过对各结果求导数得到验证,即有

$$\left(\sin^2 x + C \right)' = \left(-\cos^2 x + C \right)' = \left(-\frac{1}{2} \cos 2x + C \right)' = \sin 2x.$$

综合以上内容,得到常见第一类换元积分法的类型有:

(1) $\int f(ax^n + b) x^{n-1} \mathrm{d}x = \dfrac{1}{na} \int f(ax^n + b) \, \mathrm{d}(ax^n + b)$ (n 为自然数);

(2) $\int f(\mathrm{e}^x) \mathrm{e}^x \mathrm{d}x = \int f(\mathrm{e}^x) \, \mathrm{d}\mathrm{e}^x$;

(3) $\int f(x^{n+1}) x^n \mathrm{d}x = \int \dfrac{f(x^{n+1}) \, \mathrm{d}(x^{n+1})}{n + 1}$;

(4) $\int \dfrac{f(\ln x)}{x} \mathrm{d}x = \int f(\ln x) \, \mathrm{d}(\ln x)$;

(5) $\int f(\sin x) \cos x \, \mathrm{d}x = \int f(\sin x) \, \mathrm{d}(\sin x)$,用于求积分 $\int \sin^m x \cos^{2n-1} x \, \mathrm{d}x$ (m, n 是自然数);

(6) $\int f(\cos x) \sin x \, \mathrm{d}x = -\int f(\cos x) \, \mathrm{d}(\cos x)$,用于求积分 $\int \sin^{2m-1} x \cos^n x \, \mathrm{d}x$ (m, n 是自然数);

(7) $\int f(\tan x) \sec^2 x \, \mathrm{d}x = \int f(\tan x) \, \mathrm{d}(\tan x)$,用于求积分 $\int \tan^m x \sec^{2n} x \, \mathrm{d}x$ (m, n 是自然数);

(8) $\int f(\sec x) \sec x \tan x \, \mathrm{d}x = \int f(\sec x) \, \mathrm{d}(\sec x)$,用于求积分 $\int \tan^{2m-1} x \sec^n x \, \mathrm{d}x$ (m, n 是自然数);

(9) $\int \dfrac{f(\arcsin x)}{\sqrt{1 - x^2}} \mathrm{d}x = \int f(\arcsin x) \, \mathrm{d}(\arcsin x)$;

(10) $\int \dfrac{f(\arctan x)}{1 + x^2} \mathrm{d}x = \int f(\arctan x) \, \mathrm{d}(\arctan x)$;

(11) $\int f(\sqrt{1 + x^2}) \dfrac{x}{\sqrt{1 + x^2}} \mathrm{d}x = \int f(\sqrt{1 + x^2}) \, \mathrm{d}(\sqrt{1 + x^2})$;

(12) $\int \dfrac{f(\sqrt{x})}{\sqrt{x}} \mathrm{d}x = 2 \int f(\sqrt{x}) \, \mathrm{d}(\sqrt{x})$;

(13) $\int f\left(\dfrac{1}{x} \right) \dfrac{1}{x^2} \mathrm{d}x = -\int f\left(\dfrac{1}{x} \right) \mathrm{d}\left(\dfrac{1}{x} \right)$.

二、第二类换元积分法

定理 2 设 $x = \psi(t)$ 是单调可导的函数,且其导数 $\psi'(t) \neq 0$, $x = \psi(t)$ 的反函数 $t = \psi^{-1}(x)$ 存在且可导. 又设 $f[\psi(t)]\psi'(t)$ 具有原函数 $F(t)$,则有换元公式

$$\int f(x) \mathrm{d}x = \int f[\psi(t)]\psi'(t) \mathrm{d}t = F(t) + C = F[\psi^{-1}(x)] + C.$$

证 根据不定积分的定义,只需验证 $F[\psi^{-1}(x)]$ 是 $f(x)$ 的原函数即可.

因为

$$F'(t) = f[\psi(t)]\psi'(t), \qquad \frac{\mathrm{d}x}{\mathrm{d}t} = \psi'(t),$$

所以

$$\{F[\psi^{-1}(x)]\}' = F'(t) \cdot \frac{\mathrm{d}t}{\mathrm{d}x} = f[\psi(t)]\psi'(t) \cdot \frac{1}{\frac{\mathrm{d}x}{\mathrm{d}t}} = f[\psi(t)] = f(x).$$

因此

$$\int f(x)\,\mathrm{d}x = F[\psi'(x)] + C.$$

第二类换元积分法的适用条件是换元后的积分 $\int f[\psi(t)]\psi'(t)\mathrm{d}t$ 的原函数容易求解.

使用第二类换元积分法解题的步骤如下:

$$\int f(x)\mathrm{d}x = \int f[\psi(t)]\mathrm{d}[\psi(t)] \quad [换元: x = \psi(t)]$$

$$= \int f[\psi(t)]\psi'(t)\mathrm{d}t \quad (微分)$$

$$= F(t) + C \quad (积分)$$

$$= F[\psi^{-1}(x)] + C, \quad [回代: t = \psi^{-1}(x)]$$

其中 $\psi(t)$ 单调可微,且 $\psi'(t) \neq 0$.

第二类换元积分法常用的换元方法有:**根式代换法、三角代换法和倒数代换法.**

1. 根式代换法 若被积函数含有形如 $\sqrt[n]{ax+b}\,(a \neq 0)$ 或 $\sqrt[n]{\dfrac{ax+b}{cx+d}}$ 的根式时,可直接令

$\sqrt[n]{ax+b} = t$ 或 $\sqrt[n]{\dfrac{ax+b}{cx+d}} = t$,用以去掉被积函数中的根式,这种方法称为**根式代换法.**

例 11 求不定积分 $\displaystyle\int \frac{\mathrm{d}x}{1 + \sqrt[3]{x+2}}$.

解 令 $\sqrt[3]{x+2} = t$,则 $x = t^3 - 2$, $\mathrm{d}x = 3t^2\mathrm{d}t$,于是

$$\int \frac{\mathrm{d}x}{1+\sqrt[3]{x+2}} = \int \frac{1}{1+t} \cdot 3t^2\mathrm{d}t = 3\int \frac{t^2}{1+t}\mathrm{d}t = 3\int \frac{t^2-1+1}{1+t}\mathrm{d}t = 3\int\left(t-1+\frac{1}{1+t}\right)\mathrm{d}t$$

$$= 3\left(\frac{t^2}{2} - t + \ln|1+t|\right) + C$$

$$= 3\left[\frac{1}{2}\sqrt[3]{(x+2)^2} - \sqrt[3]{x+2} + \ln|1+\sqrt[3]{x+2}|\right] + C.$$

例 12 求不定积分 $\displaystyle\int \frac{1}{\sqrt{x}(1+\sqrt[3]{x})}\mathrm{d}x$.

解 令 $t = \sqrt[6]{x}$,则 $x = t^6$, $\mathrm{d}x = 6t^5\mathrm{d}t$,于是

$$\int \frac{1}{\sqrt{x}(1+\sqrt[3]{x})}\mathrm{d}x = \int \frac{1}{t^3(1+t^2)}6t^5\mathrm{d}t = 6\int \frac{t^2}{1+t^2}\mathrm{d}t = 6\int\left(1 - \frac{1}{1+t^2}\right)\mathrm{d}t$$

$$= 6t - 6\arctan t + C = 6\sqrt[6]{x} - 6\arctan\sqrt[6]{x} + C.$$

有时上述方法,也适用于其他情形,如例 13.

例 13 求不定积分 $\int \dfrac{\mathrm{d}x}{\sqrt{1 + \mathrm{e}^x}}$.

解 令 $\sqrt{1 + \mathrm{e}^x} = t$，则 $x = \ln(t^2 - 1)$，$\mathrm{d}x = \dfrac{2t}{t^2 - 1}\mathrm{d}t$，于是

$$\int \frac{\mathrm{d}x}{\sqrt{1 + \mathrm{e}^x}} = \int \frac{1}{t} \cdot \frac{2t}{t^2 - 1}\mathrm{d}t = 2\int \frac{1}{t^2 - 1}\mathrm{d}t = \int \left(\frac{1}{t - 1} - \frac{1}{t + 1}\right)\mathrm{d}t = \int \frac{1}{t - 1}\mathrm{d}t - \int \frac{1}{t + 1}\mathrm{d}t$$

$$= \ln|t - 1| - \ln|t + 1| + C = \ln\left|\frac{t - 1}{t + 1}\right| + C.$$

将 $t = \sqrt{1 + \mathrm{e}^x}$ 回代，得

$$\int \frac{\mathrm{d}x}{\sqrt{1 + \mathrm{e}^x}} = \ln\left|\frac{\sqrt{1 + \mathrm{e}^x} - 1}{\sqrt{1 + \mathrm{e}^x} + 1}\right| + C = 2\ln\left|\sqrt{1 + \mathrm{e}^x} - 1\right| - x + C.$$

2. 三角代换法 若被积函数含有形如 $\sqrt{a^2 - x^2}$ 或 $\sqrt{x^2 \pm a^2}$ 根式时，由三角函数间的平方关系，求积分时可采用三角函数关系的变换代换，即三角代换法，从而使上述二次根式有理化.

例 14 求不定积分 $\int \sqrt{a^2 - x^2}\,\mathrm{d}x\ (a > 0)$.

解 令 $x = a\sin t\left(-\dfrac{\pi}{2} < t < \dfrac{\pi}{2}\right)$，那么 $\sqrt{a^2 - x^2} = \sqrt{a^2 - a^2\sin^2 t} = a\cos t$，

$\mathrm{d}x = a\cos t\,\mathrm{d}t$，于是

$$\int \sqrt{a^2 - x^2}\,\mathrm{d}x = \int a\cos t \cdot a\cos t\,\mathrm{d}t = a^2\int \cos^2 t\,\mathrm{d}t = a^2\left(\frac{1}{2}t + \frac{1}{4}\sin 2t\right) + C.$$

为使变量回代简单，根据 $\sin t = \dfrac{x}{a}$，画一个辅助直角三角形，如

图 3-3 所示. 因 $t = \arcsin \dfrac{x}{a}$，

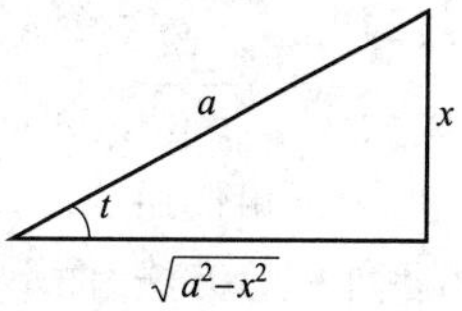

$$\sin 2t = 2\sin t\cos t = 2 \cdot \frac{x}{a} \cdot \frac{\sqrt{a^2 - x^2}}{a}.$$

图 3-3

所以 $\displaystyle\int \sqrt{a^2 - x^2}\,\mathrm{d}x = a^2\left(\frac{1}{2}t + \frac{1}{4}\sin 2t\right) + C = \frac{a^2}{2}\arcsin \frac{x}{a} + \frac{1}{2}x\sqrt{a^2 - x^2} + C.$

例 15 求不定积分 $\displaystyle\int \frac{\mathrm{d}x}{\sqrt{x^2 + a^2}}\ (a > 0)$.

解 令 $x = a\tan t\left(-\dfrac{\pi}{2} < t < \dfrac{\pi}{2}\right)$，那么

$$\sqrt{x^2 + a^2} = \sqrt{a^2 + a^2\tan^2 t} = a\sqrt{1 + \tan^2 t} = a\sec t, \quad \mathrm{d}x = a\sec^2 t\,\mathrm{d}t,$$

于是 $\displaystyle\int \frac{\mathrm{d}x}{\sqrt{x^2 + a^2}} = \int \frac{a\sec^2 t}{a\sec t}\mathrm{d}t = \int \sec t\,\mathrm{d}t = \ln|\sec t + \tan t| + C.$

为使变量回代简单，根据 $\tan t = \dfrac{x}{a}$，作辅助直角三角形，如图 3-4 所示. 因为 $\sec t = $

$\dfrac{\sqrt{x^2 + a^2}}{a}$，$\tan t = \dfrac{x}{a}$，所以

$$\int \frac{\mathrm{d}x}{\sqrt{x^2 + a^2}} = \ln|\sec t + \tan t| + C = \ln\left|\frac{x}{a} + \frac{\sqrt{x^2 + a^2}}{a}\right| + C_1$$

$$= \ln\left|x + \sqrt{x^2 + a^2}\right| + C \quad (\text{其中 } C = C_1 - \ln a).$$

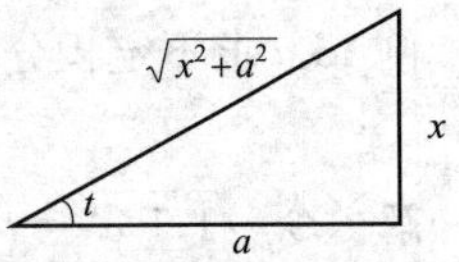

例 16 求不定积分 $\displaystyle\int \frac{\mathrm{d}x}{\sqrt{x^2 - a^2}}\ (a > 0)$.

图 3-4

解 令 $x = a\sec t\left(-\dfrac{\pi}{2} < t < \dfrac{\pi}{2}\right)$，那么

$$\sqrt{x^2 - a^2} = \sqrt{a^2 \sec^2 t - a^2} = a\sqrt{\sec^2 t - 1} = a\tan t, \quad \mathrm{d}x = a\sec t \cdot \tan t \,\mathrm{d}t,$$

于是 $\displaystyle\int \frac{\mathrm{d}x}{\sqrt{x^2 - a^2}} = \int \frac{a\sec t \cdot \tan t}{a\tan t}\mathrm{d}t = \int \sec t \,\mathrm{d}t = \ln|\sec t + \tan t| + C.$

为使变量回代简单,根据 $\sec t = \dfrac{x}{a}$, 作辅助直角三角形,如图 3-5

图 3-5

所示. 因为 $\tan t = \dfrac{\sqrt{x^2 - a^2}}{a}$,所以

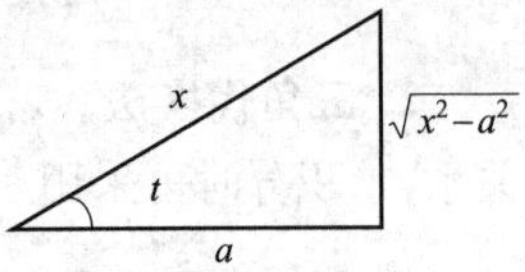

$$\int \frac{\mathrm{d}x}{\sqrt{x^2 - a^2}} = \ln|\sec t + \tan t| + C = \ln\left|\frac{x}{a} + \frac{\sqrt{x^2 - a^2}}{a}\right| + C_1$$

$$= \ln\left|x + \sqrt{x^2 - a^2}\right| + C \quad (\text{其中 } C = C_1 - \ln a).$$

根据被积函数所含二次根式的不同情况,可归纳如下:

(1) $\sqrt{a^2 - x^2}$, 令 $x = a\sin t$ (或 $x = a\cos t$);

(2) $\sqrt{x^2 + a^2}$, 令 $x = a\tan t$ (或 $x = a\cot t$);

(3) $\sqrt{x^2 - a^2}$, 令 $x = a\sec t$ (或 $x = a\csc t$).

由于三角代换法的回代过程比较麻烦,所以,具体解题时要分析被积函数的具体情况,灵活运用各种积分方法,而不拘泥于上述变量代换. 换言之,若能直接用基本积分公式或第一类换元积分来计算积分,就尽量避免使用三角代换法.

例 17 求不定积分 $\displaystyle\int \frac{x\mathrm{d}x}{\sqrt{a^2 - x^2}}(a > 0)$.

解 $\displaystyle\int \frac{x\mathrm{d}x}{\sqrt{a^2 - x^2}} = -\int \frac{\mathrm{d}(a^2 - x^2)}{2\sqrt{a^2 - x^2}} = -\sqrt{a^2 - x^2} + C.$

3. 倒数代换法 要根据被积函数的具体情况,选取简单的代换,对 $\displaystyle\int \frac{\mathrm{d}x}{\sqrt{a^2 - x^2}}$ 用第一类换

元积分较简单,而 $\displaystyle\int \sqrt{a^2 - x^2}\,\mathrm{d}x$ 却要用三角代换,但形如 $\displaystyle\int \frac{\sqrt{x^2 - a^2}}{x^4}\mathrm{d}x$, $\displaystyle\int \frac{\mathrm{d}x}{x\sqrt{a^2 \pm x^2}}$, $\displaystyle\int$

$\dfrac{\mathrm{d}x}{x^2 \sqrt{a^2 \pm x^2}}$, $\displaystyle\int \frac{\sqrt{a^2 \pm x^2}}{x^4}\mathrm{d}x$ 等的不定积分虽含 $\sqrt{a^2 - x^2}$ 或 $\sqrt{x^2 + a^2}$ 的根式,但利用三角代换法计算比较困难,从而引进了**倒数代换法**.

倒数代换法主要适用于分母的最高次幂远高于分子的最高次幂的不定积分的计算.

例 18 求不定积分 $\displaystyle\int \frac{1}{x(x^n + 1)}\mathrm{d}x$.

解 令 $x = \dfrac{1}{t}$，则 $\mathrm{d}x = -\dfrac{1}{t^2}\mathrm{d}t$，于是

$$\int \frac{1}{x(x^n + 1)}\mathrm{d}x = \int \frac{-\dfrac{1}{t^2}}{\dfrac{1}{t}\left(\dfrac{1}{t^n} + 1\right)}\mathrm{d}t = -\int \frac{t^{n-1}}{1 + t^n}\mathrm{d}t = = -\frac{1}{n}\ln|1 + t^n| + C.$$

$$= -\frac{1}{n}\ln\left|1 + \frac{1}{x^n}\right| + C.$$

想一想：该题能不能用第一类换元积分法来求解？

例 19 求不定积分 $\displaystyle\int \frac{\sqrt{a^2 - x^2}}{x^4}\mathrm{d}x$.

解 令 $x = \dfrac{1}{t}$，则 $\mathrm{d}x = -\dfrac{1}{t^2}\mathrm{d}t$，于是

$$\int \frac{\sqrt{a^2 - x^2}}{x^4}\mathrm{d}x = \int \frac{\sqrt{a^2 - \left(\dfrac{1}{t}\right)^2}}{\left(\dfrac{1}{t}\right)^4}\left(-\frac{1}{t^2}\right)\mathrm{d}t = -\int \sqrt{a^2 t^2 - 1}\,|t|\,\mathrm{d}t.$$

当 $x > 0$ 时，$\displaystyle\int \frac{\sqrt{a^2 - x^2}}{x^4}\mathrm{d}x = -\frac{1}{2a^2}\int \sqrt{a^2 t^2 - 1}\,\mathrm{d}(a^2 t^2 - 1) = -\frac{(a^2 t^2 - 1)^{\frac{3}{2}}}{3a^3} + C$

$$= -\frac{(a^2 - x^2)^{\frac{3}{2}}}{3a^2 x^3} + C.$$

当 $x < 0$ 时，$\displaystyle\int \frac{\sqrt{a^2 - x^2}}{x^4}\mathrm{d}x = \frac{(a^2 t^2 - 1)^{\frac{3}{2}}}{3a^3} + C = \frac{(a^2 - x^2)^{\frac{3}{2}}}{3a^2 x^3} + C.$

所以

$$\int \frac{\sqrt{a^2 - x^2}}{x^4}\mathrm{d}x = \begin{cases} -\dfrac{(a^2 - x^2)^{\frac{3}{2}}}{3a^2 x^2} + C, & x > 0, \\[3mm] \dfrac{(a^2 - x^2)^{\frac{3}{2}}}{3a^2 x^2} + C, & x < 0. \end{cases}$$

有时同一题目可使用以上的两类换元积分法求解，即使用同一类换元积分法在解题时也可出现不同的变形.

例 20 求不定积分 $\displaystyle\int \frac{1}{1 + \mathrm{e}^x}\mathrm{d}x$.

解 1 $\displaystyle\int \frac{1}{1 + \mathrm{e}^x}\mathrm{d}x = \int \frac{1 + \mathrm{e}^x - \mathrm{e}^x}{1 + \mathrm{e}^x}\mathrm{d}x = \int \left(1 - \frac{\mathrm{e}^x}{1 + \mathrm{e}^x}\right)\mathrm{d}x = \int \mathrm{d}x - \int \frac{\mathrm{d}(1 + \mathrm{e}^x)}{1 + \mathrm{e}^x}$

$$= x - \ln|1 + \mathrm{e}^x| + C.$$

解 2 $\displaystyle\int \frac{1}{1 + \mathrm{e}^x}\mathrm{d}x = \int \frac{\mathrm{e}^{-x}}{\mathrm{e}^{-x} + 1}\mathrm{d}x = -\int \frac{\mathrm{d}(1 + \mathrm{e}^{-x})}{1 + \mathrm{e}^{-x}} = -\ln|1 + \mathrm{e}^{-x}| + C$

$$= x - \ln|1 + \mathrm{e}^x| + C.$$

解 3 $\displaystyle\int \frac{1}{1 + \mathrm{e}^x}\mathrm{d}x = \int \frac{\mathrm{e}^x}{\mathrm{e}^x(1 + \mathrm{e}^x)}\mathrm{d}x = \int \frac{1}{\mathrm{e}^x(1 + \mathrm{e}^x)}\mathrm{d}\mathrm{e}^x = \int \left(\frac{1}{\mathrm{e}^x} - \frac{1}{1 + \mathrm{e}^x}\right)\mathrm{d}\mathrm{e}^x$

$$= \int \frac{\mathrm{d}e^x}{e^x} - \int \frac{\mathrm{d}(1 + e^x)}{1 + e^x} = \ln e^x - \ln|1 + e^x| + C = x - \ln|1 + e^x| + C.$$

解 4 令 $e^x = t$，那么 $x = \ln t$，$\mathrm{d}x = \frac{1}{t}\mathrm{d}t$，于是

$$\int \frac{1}{1 + e^x}\mathrm{d}x = \int \frac{1}{1 + t} \cdot \frac{1}{t}\mathrm{d}t = \int \frac{\mathrm{d}t}{t(t + 1)} = \int\left(\frac{1}{t} - \frac{1}{t + 1}\right)\mathrm{d}t = \int \frac{1}{t}\mathrm{d}t - \int \frac{\mathrm{d}(t + 1)}{t + 1}$$

$$= \ln t - \ln|t + 1| + C.$$

将 $t = e^x$ 回代，得

$$\int \frac{1}{1 + e^x}\mathrm{d}x = \ln e^x - \ln|e^x + 1| + C = x - \ln|1 + e^x| + C.$$

除基本积分表外，常用的积分公式如下：

（14）$\int \tan x\mathrm{d}x = -\ln|\cos x| + C = \ln|\sec x| + C$；

（15）$\int \cot x\mathrm{d}x = \ln|\sin x| + C = -\ln|\csc x| + C$；

（16）$\int \sec x\mathrm{d}x = \ln|\sec x + \tan x| + C$；

（17）$\int \csc x\mathrm{d}x = \ln|\csc x - \cot x| + C$；

（18）$\int \frac{1}{a^2 + x^2}\mathrm{d}x = \frac{1}{a}\arctan \frac{x}{a} + C$；

（19）$\int \frac{1}{x^2 - a^2}\mathrm{d}x = \frac{1}{2a}\ln\left|\frac{x - a}{x + a}\right| + C$；

（20）$\int \frac{1}{\sqrt{a^2 - x^2}}\mathrm{d}x = \arcsin \frac{x}{a} + C$；

（21）$\int \frac{1}{\sqrt{x^2 \pm a^2}}\mathrm{d}x = \ln\left|x + \sqrt{x^2 \pm a^2}\right| + C.$

练习题 3-2

1. 选择题

（1）$\int \frac{1}{\sqrt{x(2 - x)}}\mathrm{d}x = ($ $)$．

A. $\arcsin(x - 1) + C$；   B. $-\arcsin(x - 1) + C$；

C. $2\arcsin(x - 1) + C$；   D. $-2\arcsin(x - 1) + C.$

（2）$\int \frac{1}{\sqrt{2x}}\mathrm{d}x = ($ $)$．

A. $\sqrt{x + C}$；   B. $\sqrt{2x} + C$；

C. $\frac{1}{\sqrt{2x}} + C$；   D. $2\sqrt{x} + C.$

(3) $\int \dfrac{e^x + 1}{e^x - 1} dx = ($ $)$.

  A. $\ln | e^x + 1 | + C$;
                B. $\ln | e^x - 1 | + C$;

  C. $x - 2\ln | e^x - 1 | + C$;
        D. $2\ln | e^x - 1 | - x + C$.

(4) $\int f'(2x) dx = ($ $)$.

  A. $\dfrac{1}{2} f(x) + C$;
                B. $\dfrac{1}{2} f(2x) + C$;

  C. $2f(x) + C$;
                D. $2f(2x) + C$.

(5) 如果 $\int f(x) dx = F(x) + C$, 那么 $\int \cos x f(\sin x) dx = ($ $)$.

  A. $F(\cos x) + C$;
                B. $-F(\cos x) + C$;

  C. $-F(\sin x) + C$;
                D. $F(\sin x) + C$.

(6) $\int \dfrac{1}{1 - \cos 2x} dx = ($ $)$.

  A. $-2\cot x + C$;
                B. $2\cot x + C$;

  C. $\dfrac{1}{2}\cot x + C$;
             D. $-\dfrac{1}{2}\cot x + C$.

(7) 设 $F'(x) = f(x)$, 则 $\int f(ax - b) dx \, (a > 0) = ($ $)$.

  A. $\dfrac{1}{a} F(ax - b) + C$;
           B. $-\dfrac{1}{a} F(ax - b) + C$;

  C. $aF(ax - b) + C$;
             D. $-aF(ax - b) + C$.

(8) 设 $f(x) = k\tan 2x$ 的一个原函数是 $\dfrac{2}{3}\ln(\cos 2x)$, 则常数 $k = ($ $)$.

  A. $-\dfrac{2}{3}$;
      B. $\dfrac{2}{3}$;
      C. $-\dfrac{4}{3}$;
      D. $\dfrac{4}{3}$.

2. 求下列不定积分

(1) $\int e^{-2x} dx$;
            (2) $\int a^{4x} dx \ (a > 0 \text{ 且 } a \neq 1)$;

(3) $\int \dfrac{3x}{1 + x^2} dx$;
       (4) $\int \dfrac{x}{4 + x^4} dx$;

(5) $\int (1 - 2x)^{20} dx$;
     (6) $\int \dfrac{e^{2\arctan x}}{1 + x^2} dx$;

(7) $\int \dfrac{dx}{(x^2 + 1)(x^2 + 2)}$;
    (8) $\int \dfrac{x^8}{x^9 + 1} dx$;

(9) $\int \dfrac{e^{2x} + 1}{e^x} dx$;
       (10) $\int \dfrac{\sqrt{1 - \ln x}}{x} dx$;

(11) $\int \dfrac{(\arcsin x)^2}{\sqrt{1 - x^2}} dx$;
   (12) $\int \dfrac{dx}{\sqrt{1 + e^{2x}}}$;

(13) $\int \dfrac{dx}{\cos^4 x}$;
       (14) $\int \sin 3x \cos 4x \, dx$;

(15) $\displaystyle\int \frac{\mathrm{d}x}{\sqrt{4-9x^2}}$;　　　　(16) $\displaystyle\int \frac{\mathrm{d}x}{\sqrt{4+9x^2}}$;

(17) $\displaystyle\int \tan^3 x\mathrm{d}x$;　　　　(18) $\displaystyle\int \frac{\mathrm{d}x}{x\ln x}$;

(19) $\displaystyle\int \frac{\mathrm{d}x}{1+\sqrt[3]{x+2}}$;　　　　(20) $\displaystyle\int \frac{1}{\sqrt{x}}\sin\sqrt{x}\,\mathrm{d}x$;

(21) $\displaystyle\int \frac{1}{4\cos^2 x+9\sin^2 x}\mathrm{d}x$;　　　　(22) $\displaystyle\int \frac{\mathrm{d}x}{\sqrt{x-1}-\sqrt[4]{x-1}}$;

(23) $\displaystyle\int \frac{\sqrt{1+x}}{1+\sqrt{1+x}}\mathrm{d}x$;　　　　(24) $\displaystyle\int \frac{6x+4}{3x^2+4x+8}\mathrm{d}x$;

(25) $\displaystyle\int \frac{\mathrm{d}x}{5-2x+x^2}$.

第三节　分部积分法

前面介绍的直接积分法与换元积分法,虽然能够求一些不定积分,但对于某些不定积分,如 $\int x\cos x\mathrm{d}x$, $\int x^2\ln x\mathrm{d}x$, $\int x\mathrm{e}^x\mathrm{d}x$ 等被积函数是由两个函数乘积构成的不定积分仍然求不出来. 为了解决这类不定积分问题,我们引入了另一种求不定积分的方法:**分部积分法**(integration by parts).

设函数 $u=u(x)$ 及 $v=v(x)$ 具有连续导数,那么两个函数乘积的导数公式为 $(uv)'=u'v+uv'$,移项得 $uv'=(uv)'-u'v$.

对等式两边求不定积分,得

$$\int uv'\mathrm{d}x = uv - \int u'v\mathrm{d}x,$$

整理得　$\displaystyle\int u\mathrm{d}v = uv - \int v\mathrm{d}u$, 这个公式称为**分部积分公式**.

用分部积分法求积分时,关键在于恰当选取 u 与 $\mathrm{d}v$. 一般地,选取 u 和 $\mathrm{d}v$ 要考虑以下两点:

(1) v 要容易求得,即由 v' 或 $\mathrm{d}v$ 容易求 v ;

(2) 使 $\int v\mathrm{d}u$ 要比原积分 $\int u\mathrm{d}v$ 容易积出.

应用分部积分法解题的详细步骤:

$$\int u(x)v'(x)\mathrm{d}x = \int u(x)\mathrm{d}[v(x)] \qquad （凑微分）$$

$$= u(x)v(x) - \int v(x)\mathrm{d}[u(x)] \qquad （利用分部积分公式）$$

$$= u(x)v(x) - \int v(x)u'(x)\mathrm{d}x. \qquad （积分）$$

例1　求不定积分 $\int x\ln x\mathrm{d}x$.

解　令 $u=\ln x$, $\mathrm{d}v=x\mathrm{d}x=\mathrm{d}\dfrac{x^2}{2}$,则有 $\mathrm{d}u=\dfrac{1}{x}\mathrm{d}x$, $v=\dfrac{x^2}{2}$, 于是

$$\int x\ln x\mathrm{d}x = \int \ln x\mathrm{d}\frac{x^2}{2} = \frac{x^2}{2}\ln x - \int \frac{x^2}{2}\mathrm{d}(\ln x) = \frac{x^2}{2}\ln x - \frac{1}{2}\int x\mathrm{d}x = \frac{x^2}{2}\ln x - \frac{x^2}{4} + C.$$

思考： 如何求不定积分 $\int x^n\ln x\mathrm{d}x$.

注意： 若被积函数是幂函数和对数函数的乘积，可设 u 为对数函数.

例 2 求不定积分 $\int x\arctan x\mathrm{d}x$.

解 令 $u = \arctan x, \mathrm{d}v = x\mathrm{d}x = \mathrm{d}\frac{x^2}{2}$，则有 $\mathrm{d}u = \frac{1}{1+x^2}\mathrm{d}x, v = \frac{x^2}{2}$，于是

$$\int x\arctan x\mathrm{d}x = \int \arctan x\mathrm{d}\left(\frac{x^2}{2}\right) = \frac{x^2}{2}\arctan x - \int \frac{x^2}{2}\mathrm{d}(\arctan x)$$

$$= \frac{x^2}{2}\arctan x - \int \frac{x^2}{2}\cdot\frac{1}{1+x^2}\mathrm{d}x = \frac{x^2}{2}\arctan x - \frac{1}{2}\int \frac{x^2}{1+x^2}\mathrm{d}x$$

$$= \frac{x^2}{2}\arctan x - \frac{1}{2}\int\left(1 - \frac{1}{1+x^2}\right)\mathrm{d}x = \frac{x^2}{2}\arctan x - \frac{1}{2}x + \frac{1}{2}\arctan x + C.$$

在计算方法熟练后，分部积分法的替换过程可以省略.

例 3 求不定积分 $\int \mathrm{e}^x\sin x\mathrm{d}x$.

解 因为 $\int \mathrm{e}^x\sin x\mathrm{d}x = \int \sin x\mathrm{d}\mathrm{e}^x = \mathrm{e}^x\sin x - \int \mathrm{e}^x\mathrm{d}\sin x = \mathrm{e}^x\sin x - \int \mathrm{e}^x\cos x\mathrm{d}x$.

发现等式右端的积分与等式左端的积分是同一类型的.

对等式右端的积分再用一次分部积分法，得

$$\int \mathrm{e}^x\sin x\mathrm{d}x = \mathrm{e}^x\sin x - \int \cos x\mathrm{d}\mathrm{e}^x = \mathrm{e}^x\sin x - \mathrm{e}^x\cos x + \int \mathrm{e}^x\mathrm{d}\cos x$$

$$= \mathrm{e}^x\sin x - \mathrm{e}^x\cos x + \int \mathrm{e}^x\mathrm{d}\cos x = \mathrm{e}^x\sin x - \mathrm{e}^x\cos x - \int \mathrm{e}^x\sin x\mathrm{d}x.$$

即

$$\int \mathrm{e}^x\sin x\mathrm{d}x = \mathrm{e}^x\sin x - \mathrm{e}^x\cos x - \int \mathrm{e}^x\sin x\mathrm{d}x.$$

将上式整理再添加上任意常数，得

$$\int \mathrm{e}^x\sin x\mathrm{d}x = \frac{1}{2}\mathrm{e}^x(\sin x - \cos x) + C.$$

这种求解方法，称为**复原法**，复原法在求不定积分时有着广泛的应用.

总结以上例子，可得到一些选取 u 和 $\mathrm{d}v$ 的技巧.

注意： 把被积函数视为两个函数之积，按"**反对幂指三**"的顺序，前者为 u 后者与 $\mathrm{d}x$ 变为 $\mathrm{d}v$，其中"**反**"表示"反三角函数"，"**对**"表示"对数函数"，"**幂**"表示"幂函数"，"**指**"表示"指数函数"，"**三**"表示"三角函数".

例 4 求不定积分 $\int \sin(\ln x)\mathrm{d}x$.

解 $\int \sin(\ln x)\mathrm{d}x = x\sin(\ln x) - \int x\mathrm{d}[\sin(\ln x)]$

$$= x\sin(\ln x) - \int x\cos(\ln x)\frac{1}{x}\mathrm{d}x = x\sin(\ln x) - \int \cos(\ln x)\mathrm{d}x$$

$$= x\sin(\ln x) - [x\cos(\ln x) - \int x d[\cos(\ln x)]]$$

$$= x\sin(\ln x) - x\cos(\ln x) + \int x[-\sin(\ln x)]\frac{1}{x}dx$$

$$= x\sin(\ln x) - x\cos(\ln x) - \int \sin(\ln x)dx.$$

即

$$\int \sin(\ln x)dx = x\sin(\ln x) - x\cos(\ln x) - \int \sin(\ln x)dx.$$

将上式整理再添加上任意常数,得

$$\int \sin(\ln x)dx = \frac{1}{2}[x\sin(\ln x) - x\cos(\ln x)] + C.$$

综上所述,得到被积函数类型及 u 和 dv 的选取法:

类型 I : $\int P(x)e^{ax}dx, u = P(x), dv = e^{ax}dx$;

$\int P(x)\sin x dx, u = P(x), dv = \sin x dx$;

$\int P(x)\cos x dx, u = P(x), dv = \cos x dx.$

类型 II : $\int P(x)\ln x dx, u = \ln x, dv = P(x)dx$;

$\int P(x)\arcsin x dx, u = \arcsin x, dv = P(x)dx$;

$\int P(x)\arctan x dx, u = \arctan x, dv = P(x)dx.$

类型 III : $\int e^{ax}\sin bx dx, u, dv$ 任意选取.

在不定积分的计算中,有时要同时使用多种方法求解,如例5.

例 5　求不定积分 $\int e^{\sqrt{x}}dx$.

解　设 $\sqrt{x} = t$, 那么 $x = t^2$, $dx = 2tdt$, 于是

$$\int e^{\sqrt{x}}dx = \int e^t \cdot 2tdt = 2\int te^t dt.$$

再使用分部积分法,得

$$\int e^{\sqrt{x}}dx = 2\int tde^t = 2te^t - 2\int e^t dt = 2te^t - 2e^t + C = 2e^t(t - 1) + C.$$

将 $t = \sqrt{x}$ 回代,得

$$\int e^{\sqrt{x}}dx = 2e^{\sqrt{x}}(\sqrt{x} - 1) + C.$$

练习题 3-3

1. 简述不定积分的第一换元积分法与分部积分法的异同点.

2. 选择题

(1) $\int xf''(x)\,dx = ($ $)$.

    A. $xf'(x) - f(x) + C$;
                B. $xf'(x) - f'(x) + C$;

    C. $xf'(x) + f'(x) + C$;
                D. 以上都不对.

(2) 设 e^{-x} 是 $f(x)$ 的一个原函数,则 $\int xf(x)\,dx = ($ $)$.

    A. $e^{-x}(1 + x) + C$;
                B. $e^{-x}(1 - x) + C$;

    C. $e^{-x}(x - 1) + C$;
                D. $- e^{-x}(1 + x) + C$.

(3) 如果 $\int f(x)\,dx = F(x) + C$,那么 $\int e^{-x}f(e^{-x})\,dx = ($ $)$.

    A. $F(e^{x}) + C$;
                B. $- F(e^{-x}) + C$;

    C. $F(e^{-x}) + C$;
                D. $\dfrac{F(e^{-x})}{x} + C$.

(4) $\int \dfrac{\ln x}{x^2}\,dx = ($ $)$.

    A. $\dfrac{1}{x}(\ln x + 1) + C$;
            B. $\dfrac{1}{x}(\ln x - 1) + C$;

    C. $-\dfrac{1}{x}(\ln x + 1) + C$;
        D. $-\dfrac{1}{x}(\ln x - 1) + C$.

(5) $\int \dfrac{x\,dx}{\cos^2 x} = ($ $)$.

    A. $x\tan x + \ln|\sin x| + C$;
        B. $x\tan x - \ln|\cos x| + C$;

    C. $x\tan x + \ln|\cos x| + C$;
        D. $x\tan x - \ln|\sin x| + C$.

3. 求下列不定积分

(1) $\int x\cos x\,dx$;
                    (2) $\int xe^{x}\,dx$;

(3) $\int x\sin 3x\,dx$;
                  (4) $\int (x + 1)\ln x\,dx$;

(5) $\int \log_2(x + 1)\,dx$;
             (6) $\int \arctan x\,dx$;

(7) $\int x\csc^2 x\,dx$;
                (8) $\int x^2 e^{x}\,dx$;

(9) $\int \ln(x^2 + 1)\,dx$;
           (10) $\int \ln^2 x\,dx$;

(11) $\int \ln(\sqrt{1 + x^2} - x)\,dx$;
    (12) $\int \cos(\ln x)\,dx$;

(13) $\int \sec^3 x\,dx$;
               (14) $\int e^{2x}\cos^2 x\,dx$;

(15) $\int \cos\sqrt{x}\,dx$;
            (16) $\int \dfrac{\ln\sqrt{x}}{\sqrt{x}}\,dx$;

(17) $\int e^{2\sqrt{x}}\,dx$;
              (18) $\int \dfrac{\ln(\ln x)}{x}\,dx$;

(19) $\int \dfrac{x \arcsin x}{\sqrt{1 - x^2}} \mathrm{d}x$; (20) $\int \dfrac{\ln(\sin x)}{\sin^2 x} \mathrm{d}x$.

第四节　有理函数的积分与三角函数有理式的积分

一、有理函数的积分

（一）有理函数的概念

有理函数（rational function）是指由两个多项式的商所表示的函数，即具有如下形式的函数：

$$\frac{P(x)}{Q(x)} = \frac{a_0 x^n + a_1 x^{n-1} + \cdots + a_{n-1} x + a_n}{b_0 x^m + b_1 x^{m-1} + \cdots + b_{m-1} x + b_m},$$

式中，m 和 n 都是非负整数；$a_0, a_1, a_2, \cdots, a_n$ 及 $b_0, b_1, b_2, \cdots, b_m$ 都是实数，并且 $a_0 \neq 0, b_0 \neq 0$. 当 $n < m$ 时，称这有理函数是**真分式**（proper fraction）；而当 $n \geq m$ 时，称这有理函数是**假分式**（improper fraction）.

（二）有理函数的性质

1. 利用多项式除法假分式可以化成一个多项式和一个真分式之和　任何一个假分式，总可以利用多项式的除法，把它化成一个多项式与一个真分式之和的形式．例如 $\dfrac{x^3 + x + 1}{x^2 + 1} = \dfrac{x(x^2 + 1) + 1}{x^2 + 1} = x + \dfrac{1}{x^2 + 1}$.

由于多项式的积分容易求出，因此要求有理函数的不定积分，只需讨论真分式的不定积分的求法.

2. 在实数范围内真分式可以分解成最简式之和　目前常见的最简分式有如下两种形式的分式：$\dfrac{A}{(x-a)^k}$ 和 $\dfrac{Mx + N}{(x^2 + px + q)^k}$，其中 A, B, a, p, q 都是待定的系数，k 为正整数，$p^2 - 4q > 0$.

3. 真分式化为最简分式之和的一般规律

（1）分母中若有因式 $(x - a)^k$，则分解后为

$$\frac{A_1}{x - a} + \frac{A_2}{(x - a)^2} + \cdots + \frac{A_k}{(x - a)^k},$$

式中，$A_1, A_2, \cdots, A_k$ 都是待定的系数.

特别地，当 $k = 1$ 时，则分解式中含有 $\dfrac{A}{x - a}$.

（2）分母中若有因式 $(x^2 + px + q)^k$，其中 $p^2 - 4q > 0$，则分解后为

$$\frac{M_1 x + N_1}{x^2 + px + q} + \frac{M_2 x + N_2}{(x^2 + px + q)^2} + \cdots + \frac{M_k x + N_k}{(x^2 + px + q)^k},$$

式中，M_i, N_i 都是待定的系数 $(i = 1, 2, \cdots, k)$.

特别地，当 $k = 1$ 时，则分解式中含有 $\dfrac{Mx + N}{x^2 + px + q}$.

求真分式的不定积分时，如果分母可因式分解，则先因式分解，然后化成最简分式再积分．而将真分式进行因式分解的过程，被称为**裂项**.

例 1 求不定积分 $\int \dfrac{x+3}{x^2-5x+6}\mathrm{d}x$.

解 设 $\dfrac{x+3}{x^2-5x+6} = \dfrac{A_1}{x-2} + \dfrac{A_2}{x-3}$，其中 A_1,A_2 是待定系数，将上式右端通分，得 $\dfrac{x+3}{x^2-5x+6} = \dfrac{A_1(x-3)+A_2(x-2)}{x^2-5x+6}$.

比较等式两端的分子与分母，得

$$x+3 = A_1(x-3)+A_2(x-2).$$

整理，得

$$x+3 = (A_1+A_2)x + (-3A_1-2A_2).$$

确定待定系数 A_1,A_2 有两种方法：

（1）比较等式两边同次幂的系数，得到

$$\begin{cases} A_1+A_2 = 1, \\ -3A_1-2A_2 = 3. \end{cases}$$

解方程组得

$$A_1 = -5, \quad A_2 = 6.$$

因此

$$\frac{x+3}{(x-2)(x-3)} = \frac{6}{x-3} - \frac{5}{x-2}.$$

（2）由于 $x+3 = A_1(x-3)+A_2(x-2)$ 为恒等式.

故令 $x=2$，代入上式中，得 $5=-A_1$，即 $A_1=-5$.

又令 $x=3$，代入上式中，得 $6=A_2$，即 $A_2=6$.

因此

$$\frac{x+3}{(x-2)(x-3)} = \frac{6}{x-3} - \frac{5}{x-2}.$$

所以

$$\int \frac{x+3}{x^2-5x+6}\mathrm{d}x = \int\left(\frac{6}{x-3} - \frac{5}{x-2}\right)\mathrm{d}x$$

$$= \int \frac{6}{x-3}\mathrm{d}x - \int \frac{5}{x-2}\mathrm{d}x$$

$$= 6\ln|x-3| - 5\ln|x-2| + C.$$

若熟悉了真分式裂项的思路或方法，在计算时可以不必列出裂项的具体过程.

例 2 求不定积分 $\int \dfrac{x}{x^3-x^2+x-1}\mathrm{d}x$.

解 $\int \dfrac{x}{x^3-x^2+x-1}\mathrm{d}x = \dfrac{1}{2}\int\left(\dfrac{1}{x-1} - \dfrac{x}{x^2+1} + \dfrac{1}{x^2+1}\right)\mathrm{d}x$

$$= \frac{1}{2}\int \frac{1}{x-1}\mathrm{d}x - \frac{1}{2}\int \frac{x}{x^2+1}\mathrm{d}x + \frac{1}{2}\int \frac{1}{x^2+1}\mathrm{d}x$$

$$= \frac{1}{2}\int \frac{1}{x-1}\mathrm{d}x - \frac{1}{4}\int \frac{\mathrm{d}(x^2+1)}{x^2+1} + \frac{1}{2}\int \frac{1}{x^2+1}\mathrm{d}x$$

$$= \frac{1}{2}\ln|x-1| - \frac{1}{4}\ln|x^2+1| + \frac{1}{2}\arctan x + C.$$

例3 求不定积分 $\int \dfrac{1}{x(x-1)^2}\mathrm{d}x$.

解
$$\int \frac{1}{x(x-1)^2}\mathrm{d}x = \int\left[\frac{1}{x} - \frac{1}{x-1} + \frac{1}{(x-1)^2}\right]\mathrm{d}x$$

$$= \int\frac{1}{x}\mathrm{d}x - \int\frac{1}{x-1}\mathrm{d}x + \int\frac{1}{(x-1)^2}\mathrm{d}x$$

$$= \ln|x| - \ln|x-1| - \frac{1}{x-1} + C = \ln\left|\frac{x}{x-1}\right| - \frac{1}{x-1} + C.$$

例4 求不定积分 $\int \dfrac{2x+3}{x^2+4x+8}\mathrm{d}x$.

解
$$\int\frac{2x+3}{x^2+4x+8}\mathrm{d}x = \int\frac{2x+4-1}{x^2+4x+8}\mathrm{d}x = \int\frac{\mathrm{d}(x^2+4x)}{x^2+4x+8}\mathrm{d}x - \int\frac{1}{(x+2)^2+2^2}\mathrm{d}x$$

$$= \int\frac{\mathrm{d}(x^2+4x+8)}{x^2+4x+8}\mathrm{d}x - \frac{1}{2}\int\frac{1}{\left(\dfrac{x+2}{2}\right)^2+1}\mathrm{d}\left(\frac{x+2}{2}\right)$$

$$= \ln|x^2+4x+8| - \frac{1}{2}\arctan\frac{x+2}{2} + C.$$

二、三角函数有理式的积分

三角函数有理式,是指由三角函数和常数经过有限次四则运算所构成的函数,其特点是分子分母都包含三角函数的和差与乘积运算. 由于各种三角函数都可以用 $\sin x$ 及 $\cos x$ 的有理式表示,故三角函数有理式也就是由 $\sin x$ 和 $\cos x$ 的有理式,记作 $R(\sin x, \cos x)$.

对于形如 $R(\sin x, \cos x)$ 的积分,总可以采用**万能代换**,即令 $\tan\dfrac{x}{2} = u$,将其化为有理函数的积分.

因为

$$\sin x = 2\sin\frac{x}{2}\cos\frac{x}{2} = \frac{2\tan\dfrac{x}{2}}{\sec^2\dfrac{x}{2}} = \frac{2\tan\dfrac{x}{2}}{1+\tan^2\dfrac{x}{2}} = \frac{2u}{1+u^2},$$

$$\cos x = \cos^2\frac{x}{2} - \sin^2\frac{x}{2} = \frac{1-\tan^2\dfrac{x}{2}}{\sec^2\dfrac{x}{2}} = \frac{1-u^2}{1+u^2},$$

$$\mathrm{d}x = \mathrm{d}(2\arctan u) = \frac{2}{1+u^2}\mathrm{d}u.$$

所以 $\displaystyle\int R(\sin x, \cos x)\mathrm{d}x = \int R\left(\frac{2u}{1+u^2}, \frac{1-u^2}{1+u^2}\right)\frac{2}{1+u^2}\mathrm{d}u$,这样,等式的右边就化为有理函数的积分.

例5　求不定积分 $\displaystyle\int \frac{1+\sin x}{\sin x(1+\cos x)}\mathrm{d}x$.

解　令 $u=\tan\dfrac{x}{2}$，则 $x=2\arctan u$，$\mathrm{d}x=\dfrac{2}{1+u^2}\mathrm{d}u$，于是

$$\int \frac{1+\sin x}{\sin x(1+\cos x)}\mathrm{d}x=\int \frac{\left(1+\dfrac{2u}{1+u^2}\right)}{\dfrac{2u}{1+u^2}\left(1+\dfrac{1-u^2}{1+u^2}\right)}\cdot\frac{2}{1+u^2}\mathrm{d}u=\frac{1}{2}\int\left(u+2+\frac{1}{u}\right)\mathrm{d}u$$

$$=\frac{1}{2}\left(\frac{u^2}{2}+2u+\ln|u|\right)+C=\frac{1}{4}\tan^2\frac{x}{2}+\tan\frac{x}{2}+\frac{1}{2}\ln\left|\tan\frac{x}{2}\right|+C.$$

例6　求不定积分 $\displaystyle\int \frac{\mathrm{d}x}{2+\cos x}$.

解　作变换 $\tan\dfrac{x}{2}=u$，则有 $x=2\arctan u$，$\mathrm{d}x=\dfrac{2}{1+u^2}\mathrm{d}t$，于是

$$\int \frac{\mathrm{d}x}{2+\cos x}=\int \frac{1}{2+\dfrac{1-u^2}{1+u^2}}\cdot\frac{2}{1+u^2}\mathrm{d}u=2\int \frac{1}{3+u^2}\mathrm{d}t=\frac{2}{\sqrt{3}}\int \frac{1}{1+\left(\dfrac{u}{\sqrt{3}}\right)^2}\mathrm{d}\left(\frac{u}{\sqrt{3}}\right)$$

$$=\frac{2}{\sqrt{3}}\arctan\frac{u}{\sqrt{3}}+C=\frac{2}{\sqrt{3}}\arctan\left(\frac{1}{\sqrt{3}}\tan\frac{x}{2}\right)+C.$$

注意：并非所有的三角函数有理式的积分都要通过万能代换化为有理函数的积分来求解.

例7　求不定积分 $\displaystyle\int \frac{\cos x}{1+\sin x}\mathrm{d}x$.

解　$\displaystyle\int \frac{\cos x}{1+\sin x}\mathrm{d}x=\int \frac{1}{1+\sin x}\mathrm{d}(\sin x)$

$$=\int \frac{1}{1+\sin x}\mathrm{d}(1+\sin x)$$

$$=\ln|1+\sin x|+C.$$

例8　求不定积分 $\displaystyle\int \frac{\sin^5 x}{\cos^4 x}\mathrm{d}x$.

解　$\displaystyle\int \frac{\sin^5 x}{\cos^4 x}\mathrm{d}x=-\int \frac{\sin^4 x}{\cos^4 x}\mathrm{d}(\cos x)=-\int \frac{(1-\cos^2 x)^2}{\cos^4 x}\mathrm{d}(\cos x)$

$$=-\int\left(1-\frac{2}{\cos^2 x}+\frac{1}{\cos^4 x}\right)\mathrm{d}(\cos x)=-\cos x-\frac{2}{\cos x}+\frac{1}{3\cos^3 x}+C.$$

练习题 3-4

求下列不定积分

(1) $\displaystyle\int \frac{x-1}{x^2-2x-3}\mathrm{d}x$；

(2) $\displaystyle\int \frac{\mathrm{d}x}{x(x^2+1)}$；

(3) $\displaystyle\int \frac{x}{x^3-1}\mathrm{d}x$；

(4) $\displaystyle\int \frac{2}{(x-1)(x-2)(x-3)}\mathrm{d}x$；

(5) $\int \dfrac{2x^2 + 2}{(x + 1)(x - 1)^2}\mathrm{d}x$; (6) $\int \dfrac{x^5}{x^2 - 1}\mathrm{d}x$;

(7) $\int \dfrac{\mathrm{d}x}{2 + \sin^2 x}$; (8) $\int \dfrac{\mathrm{d}x}{1 + \sin x - \cos x}$;

(9) $\int \dfrac{\mathrm{d}x}{1 - \sin x}$.

本 章 小 结

本章首先从微分法的逆运算引出原函数与不定积分的概念,并讨论了不定积分的性质和运算法则,从而得出基本积分公式,接着介绍了三种不定积分的求法:直接积分法、换元积分法与分部积分法,最后介绍了简单的有理函数与三角函数有理式的积分等求法.

重点:第一类换元积分法(凑微分法)主要解决被积函数为复合函数的积分,第二类换元积分主要解决带根式的不定积分,分部积分法主要适用于被积函数为 $u(x)$ 和 $v'(x)$ 的乘积的积分.

难点:有理函数的积分及如何选择最佳的不定积分的方法.

总练习题三

一、判断题

1. 若函数 $f(x)$ 在 (a,b) 上连续,则 $f(x)$ 在 (a,b) 上必有原函数.

2. 函数 $f(x)$ 的任意两个原函数之间是相等关系.

3. 不定积分的运算结果中常数 C 可有可无.

4. 设 e^x 是 $f(x)$ 的一个原函数,则 $\int xf(x)\mathrm{d}x = \mathrm{e}^x(x - 1) + C$.

5. 设 $f'(\sin^2 x) = \cos^2 x$,则 $f(x) = x - \dfrac{x^2}{2} + C$.

6. $\int u''\mathrm{d}v$ 和 $\int u''\mathrm{d}u$ 是两个不同的不定积分.

二、填空题

1. $\int \cos 2x\mathrm{d}x = $ _____ .

2. $\int x\sqrt{x\sqrt{x}}\,\mathrm{d}x = $ _____ .

3. $\int \dfrac{f'(x)}{\sqrt{1 - f^2(x)}}\mathrm{d}x = $ _____ .

4. 设 $f(x)$ 的一个原函数为 $\dfrac{1}{x}$,则 $f'(x) = $ _____ .

5. 在积分曲线族 $y = \int \dfrac{\mathrm{d}x}{\sqrt{x}}$ 中,过 $(1,2)$ 点的积分曲线为 $y = $ _____ .

三、选择题

1. 下列说法正确的是(   ).

A. $d\left[\int f(x)dx\right] = f(x)$;

B. $\dfrac{d}{dx}\left[\int f(x)dx\right] = f(x)dx$;

C. $\int df(x) = f(x)$;

D. $\int df(x) = f(x) + C$.

2. 设 $f(x) = e^{-x}$，那么 $\int \dfrac{f(\ln x)}{x}dx = ($).

A. $-\dfrac{1}{x} + C$;

B. $\ln x + C$;

C. $\dfrac{1}{x} + C$;

D. $-\ln x + C$.

3. 设 $f(x)$ 在 $[a,b]$ 的某原函数为零，则在 $[a,b]$ 上必有（ ）.
   A. $f(x)$ 不恒等于零，但其导数 $f(x)$ 恒为零； B. $f(x)$ 恒等于零；
   C. $f(x)$ 的不定积分恒等于零；   D. $f(x)$ 的原函数恒等于零.

4. $f(x) = \sin|x|$ 的原函数是（ ）.
   A. $-\cos|x|$;
   B. $-|\cos x|$;
   C. $F(x) = \begin{cases} -\cos x, & x \geqslant 0, \\ \cos x - 2, & x < 0; \end{cases}$
   D. $F(x) = \begin{cases} -\cos x + C_1, & x \geqslant 0 \\ \cos x + C_2, & x < 0 \end{cases}$ （ C_1, C_2 为任意常数）.

5. 如果 $\dfrac{2}{1+x}f(x) = \dfrac{d}{dx}\left[f(x)\right]^2$，且 $f(0) = 0$，那么 $f(x) = ($).
   A. $\ln|1+x|$;
   B. $-\ln|1+x|$;
   C. $\dfrac{1}{2}\ln|1+x|$;
   D. $-\dfrac{1}{2}\ln|1+x|$.

四、计算题

求下列不定积分

1. $\int \sin^5 x \cos x dx$;

2. $\int \dfrac{2 + \cos\sqrt{x}}{\sqrt{x}}dx$;

3. $\int \dfrac{\ln^2 x - 1}{x\ln x}dx$;

4. $\int \dfrac{4}{x^4 - 1}dx$;

5. $\int \dfrac{dx}{x^2 + 2x + 5}$;

6. $\int \dfrac{1}{x\sqrt{x^2 - 1}}dx$;

7. $\int \dfrac{\sqrt{x+2}}{\sqrt[4]{(x+2)^3} + 1}dx$;

8. $\int \dfrac{dx}{\sin x \cos^3 x}$;

9. $\int \dfrac{2x^3 - x}{\sqrt{1 - x^4}}dx$;

10. $\int x(x^2 - 1)e^{x^3}dx$;

11. $\int x\sin x \sec^3 x dx$;

12. $\int e^{3x}\cos 2x dx$;

13. $\int \dfrac{\arctan\sqrt{x}}{\sqrt{x}}dx$;

14. $\int \dfrac{1}{2 + \cos x}dx$.

（刘国良）

第四章　定积分及其应用

学习导引

知识要求:

1. **掌握**　定积分的概念与性质;牛顿-莱布尼兹公式;定积分的换元积分法和分部积分法.

2. **熟悉**　用定积分求平面图形的面积、旋转体体积及平面曲线的弧长.

3. **了解**　定积分在医药学中的应用;反常积分的概念及反常积分的计算.

能力要求:

1. 熟练掌握牛顿-莱布尼兹公式计算定积分;会利用定积分的换元积分法和分部积分法求定积分.

2. 学会应用定积分求平面图形的面积及旋转体的体积.

第一节　定积分的概念与性质

定积分是微积分学中最重要的基本概念之一,它有着极其广泛的应用. 我们先分别从几何和物理上考察两个实例,然后再进行概念的叙述和讨论.

引例 1　曲边梯形的面积

曲边梯形:设函数 $y = f(x)$ 在区间 $[a, b]$ 上非负、连续. 由直线 $x = a, x = b, y = 0$ 及曲线 $y = f(x)$ 所围成的图形称为曲边梯形,如图 4-1 所示.

分析:我们先来分析计算时会遇到的困难. 由于曲边梯形的高是随 x 而变化的,所以不能直接按矩形或直角梯形的面积公式去计算它的面积. 但我们可以用平行于 y 轴的直线将曲边梯形细分为许多小曲边梯形(图 4-2),在每个小曲边梯形以其底边一点的函数值为高,得到相应的小矩形,把所有这些小矩形的面积加起来,就得到原曲边梯形面积的近似值. 容易想象,把曲边梯形分得越细,误差越小,所得到的近似值就愈接近于原曲边梯形的面积,从而运用极限的思想就为曲边梯形面积的计算提供了一种方法.

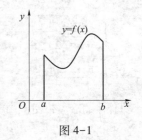

图 4-1

上述思路具体实施分为下述四步：

（1）分割 将曲边梯形分割为 n 个小曲边梯形，在区间 $[a,b]$ 内任取分点

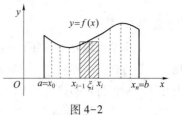

图 4-2

$$a = x_0 < x_1 < x_2 < \cdots < x_{n-1} < x_n = b.$$

把区间 $[a,b]$ 分成 n 个小区间 $[x_{i-1},x_i]$ $(i=1,2,\cdots,n)$. 小区间长度记为 $\Delta x_i = x_i - x_{i-1}(i=1,2,\cdots,n)$；经过各分点作平行于 y 轴的直线，把曲边梯形分割为 n 个小曲边梯形. 它们的面积记作 $\Delta A_i(i=1,2,\cdots,n)$，显然，$A = \sum\limits_{i=1}^{n} \Delta A_i$.

（2）近似 在每个小区间 $[x_{i-1},x_i]$ 上任取一点 ξ_i 作以 $f(\xi_i)$ 为高、$[x_{i-1},x_i]$ 为底的第 i 个小矩形，小矩形的面积为 $f(\xi_i)\Delta x_i$，第 i 个小曲边梯形面积 ΔA_i 的近似值为

$$\Delta A_i \approx f(\xi_i)\Delta x_i \quad (i=1,2,\cdots,n).$$

（3）求和 把 n 个小矩形面积相加（即阶梯形面积）就得到曲边梯形面积 A 的近似值 $A \approx$

$$f(\xi_1)\Delta x_1 + f(\xi_2)\Delta x_2 + \cdots + f(\xi_n)\Delta x_n = \sum\limits_{i=1}^{n} f(\xi_i)\Delta x_i.$$

（4）取极限 当 n 无限增大（即分点无限增多）时，每个小区间的长度 $\Delta x_i = x_i - x_{i-1}(i=1,2,\cdots,n)$ 便无限缩小. 令小区间长度的最大值 $\lambda = \max\limits_{1\leqslant i\leqslant n}\{\Delta x_i\}$ 趋于零，即表示所有小区间的长度都趋近于零. 则和式 $\sum\limits_{i=1}^{n} f(\xi_i)\Delta x_i$ 的极限就是曲边梯形面积 A 的精确值，即 $A = \lim\limits_{\lambda\to 0}\sum\limits_{i=1}^{n} f(\xi_i)\Delta x_i.$

引例2 求变速直线运动的路程

设某物体作直线运动，其速度 v 是时间 t 的连续函数 $v = v(t)$. 试求该物体在时间间隔 $[T_1, T_2]$ 上所经过的路程 s.

分析：因为 $v = v(t)$ 是变量，我们不能直接用时间乘速度来计算路程. 但我们仍可以用类似于计算曲边梯形面积的方法与步骤来解决所述问题. 把整段时间分割成若干小段，每小段上速度看作不变，求出各小段的路程再相加，便得到路程的近似值，最后通过对时间的无限细分过程求得路程的精确值.

（1）分割 用分点 $T_1 = t_0 < t_1 < t_2 < \cdots < t_{n-1} < t_n = T_2$.

把时间区间 $[T_1,T_2]$ 任意分成 n 个小段（图 4-3）：$[t_0,t_1]$，$[t_1,t_2]$，$\cdots$，$[t_{n-1},t_n]$. 每个小段的长度为 $\Delta t_i = t_i - t_{i-1}(i=1,2,\cdots,n)$.

图 4-3

（2）近似 把每一小段 $[t_{i-1},t_i]$ 上的运动视为匀速，在每个小段 $[t_{i-1},t_i]$ $(i=1,2,\cdots,n)$ 上任取一点 τ_i，作乘积 $v_i(\tau_i)\Delta t_i$，显然这小段时间所走的路程 Δs_i 可近似表示为

$$\Delta s_i \approx v_i(\tau_i)\Delta t_i \quad (i=1,2,\cdots,n).$$

（3）求和 把 n 个小段时间上的路程相加，就得到总路程 s 的近似值

$$s \approx \sum\limits_{i=1}^{n} v(\tau_i)\Delta t_i.$$

（4）取极限 当分点的个数无限地增加，小区间长度的最大值 $\lambda = \max\limits_{1\leqslant i\leqslant n}\{\Delta t_i\}$ 趋于零，即表示所有小区间的长度都趋近于零. 则和式 $\sum\limits_{i=1}^{n} v(\tau_i)\Delta t_i$ 的极限就是 s 的精确值，即 $s =$

$$\lim_{\lambda \to 0} \sum_{i=1}^{n} v(\tau_i) \Delta t_i.$$

以上两个问题分别来自于几何与物理学中,两者的性质截然不同,但是确定它们的量所使用的数学方法是一样的,即归结为对某个量进行"分割、近似、求和、取极限",或者说都转化为具有相同结构的特定和式的极限问题.在科学技术中有许多实际问题,如函数平均值、曲线的弧长,药物的有效药量等,都需要用类似的方法去解决.这促使人们对这种和式的极限问题加以抽象的研究,由此产生了定积分的概念.

一、定积分的概念与几何意义

1. 定积分的定义

定义 1 设函数 $y = f(x)$ 在 $[a, b]$ 上有定义,任意取分点
$$a = x_1 < x_2 < x_3 < \cdots < x_{n-1} < x_n = b,$$
把区间 $[a, b]$ 为 n 个小区间 $[x_{i-1}, x_i]$ $(i = 1, 2, \cdots, n)$,其长度记为
$$\Delta x_i = x_i - x_{i-1} \quad (i = 1, 2, \cdots, n),$$
$\lambda = \max_{1 \le i \le n} \{\Delta x_i\}$,再在每个小区间 $[x_{i-1}, x_i]$ 上任取一点 ξ_i,作乘积 $f(\xi_i) \Delta x_i$ 的和式:
$$\sum_{i=1}^{n} f(\xi_i) \Delta x_i.$$

当 n 无限增大,且 $\lambda \to 0$ 时,如果和式 $\sum_{i=1}^{n} f(\xi_i) \Delta x_i$ 的极限存在且唯一(即这个极限值与 $[a, b]$ 的分割及点 ξ_i 的取法均无关),那么称此极限值为函数 $f(x)$ 在区间 $[a, b]$ 上的**定积分**,记为 $\int_a^b f(x) \mathrm{d}x$,即 $\int_a^b f(x) \mathrm{d}x = \lim_{\lambda \to 0} \sum_{i=1}^{n} f(\xi_i) \Delta x_i$,其中称" $\int$ "为积分号,$f(x)$ 为被积函数,$f(x) \mathrm{d}x$ 为**被积表达式**,x 为积分变量,区间 $[a, b]$ 为积分区间,a 为积分下限,b 为积分上限.

当函数 $f(x)$ 在区间 $[a, b]$ 上的定积分存在时,我们称 $f(x)$ 在区间 $[a, b]$ 上可积.否则称 $f(x)$ 在区间 $[a, b]$ 上不可积.

几点说明:

(1)定积分表示一个数,它只取决于被积函数与积分上、下限,而与积分变量采用什么字母无关,例如:$\int_0^1 x^2 \mathrm{d}x = \int_0^1 t^2 \mathrm{d}t$. 一般地,$\int_a^b f(x) \mathrm{d}x = \int_a^b f(t) \mathrm{d}t = \int_a^b f(u) \mathrm{d}u$.

(2)定义中区间的分法和 ξ_i 的取法是任意的.

(3)定义中要求积分限 $a < b$,我们补充如下规定:

当 $a = b$ 时,$\int_b^b f(x) \mathrm{d}x = 0$;当 $a > b$ 时,$\int_b^a f(x) \mathrm{d}x = -\int_b^a f(x) \mathrm{d}x$.

(4)无界函数是不可积的,即函数 $f(x)$ 有界是可积的必要条件.

(5)有限区间上的连续函数是可积的,有限区间上只有有限个间断点的有界函数也是可积的.

根据定积分定义得,曲边梯形的面积 $\quad A = \lim_{\lambda \to 0} \sum_{i=1}^{n} f(\xi_i) \Delta x_i = \int_a^b f(x) \mathrm{d}x$.

变速直线运动的路程 $\quad s = \lim_{\lambda \to 0} \sum_{i=1}^{n} v(\tau_i) \Delta t_i = \int_{T_1}^{T_2} v(t) \mathrm{d}t$.

2. 定积分的几何意义 在区间 $[a,b]$ 上,如果 $f(x) \geqslant 0$,则 $\int_a^b f(x)\mathrm{d}x \geqslant 0$,此时 $\int_a^b f(x)\mathrm{d}x$ 表示由曲线 $y = f(x)$,$x = a$,$x = b$ 及 x 轴所围成的曲边梯形的面积 A,即 $\int_a^b f(x)\mathrm{d}x = A$ [图 4-4(a)].

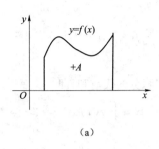
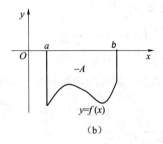

(a)　　　　　　　　　　　(b)

图 4-4

在区间 $[a,b]$ 上,如果 $f(x) \leqslant 0$,则 $\int_a^b f(x)\mathrm{d}x \leqslant 0$,此时 $\int_a^b f(x)\mathrm{d}x$ 表示由曲线 $y = f(x)$,$x = a$,$x = b$ 及 x 轴所围成的曲边梯形的面积 A 的负值,即 $\int_a^b f(x)\mathrm{d}x = -A$ [图 4-4(b)].

如果 $f(x)$ 在 $[a,b]$ 上有正有负时,则 $\int_a^b f(x)\mathrm{d}x$ 表示由曲线 $y = f(x)$,直线 $x = a$,$x = b$ 及 x 轴所围成的平面图形的面积位于 x 轴上方的面积减去位于 x 轴下方的面积,如图 4-5 所示,即

$$\int_a^b f(x)\mathrm{d}x = A_1 - A_2 + A_3.$$

例 1 根据定积分的几何意义推出下列积分的值:

(1) $\int_{-1}^1 x\mathrm{d}x$;(2) $\int_{-R}^R \sqrt{R^2 - x^2}\,\mathrm{d}x$.

解 (1) 如图 4-6 所示,$\int_{-1}^1 x\mathrm{d}x = (-A_2) + A_2 = 0$.

(2) 如图 4-7 所示,$\int_{-R}^R \sqrt{R^2 - x^2}\,\mathrm{d}x = A_2 = \dfrac{\pi R^2}{2}$.

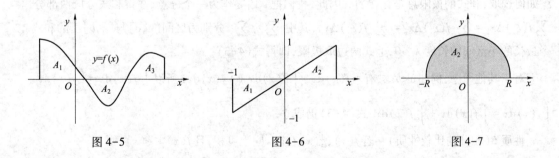

图 4-5　　　　　　　　图 4-6　　　　　　　　图 4-7

二、定积分的性质

由定积分的定义知,定积分是和式的极限,由极限的运算法则,容易推出定积分的一些简单性质.下面各性质中积分上下限的大小,如无特别说明,均不加限制,并且假定各性质中的函数

都是可积的.

性质1 被积分函数中的常数因子可提到积分号外面,即

$$\int_a^b kf(x)\,\mathrm{d}x = k\int_a^b f(x)\,\mathrm{d}x \quad (k \text{ 为常数}). \tag{4-1}$$

证 根据定义,有

$$\int_a^b kf(x)\,\mathrm{d}x = \lim_{\lambda\to 0}\sum_{i=1}^n kf(\xi_i)\Delta x_i = k\lim_{\lambda\to 0}\sum_{i=1}^n f(\xi_i)\Delta x_i = k\int_a^b f(x)\,\mathrm{d}x.$$

所以式(4-1)成立.

性质2 函数的代数和的定积分等于各个函数定积分的代数和,即

$$\int_a^b [f(x) \pm g(x)]\,\mathrm{d}x = \int_a^b f(x)\,\mathrm{d}x \pm \int_a^b g(x)\,\mathrm{d}x. \tag{4-2}$$

证 根据定义,有

$$\int_a^b [f(x) \pm g(x)]\,\mathrm{d}x = \lim_{\lambda\to 0}\sum_{i=1}^n [f(\xi_i) \pm g(\xi_i)]\Delta x_i$$

$$= \lim_{\lambda\to 0}\sum_{i=1}^n f(\xi_i)\Delta x_i \pm \lim_{\lambda\to 0}\sum_{i=1}^n g(\xi_i)\Delta x_i$$

$$= \int_a^b f(x)\,\mathrm{d}x \pm \int_a^b g(x)\,\mathrm{d}x.$$

所以式(4-2)成立.

性质2和性质1称为线性性质,可以推广到一般情形.

$$\int_a^b \sum_{j=1}^n k_j f_j(x)\,\mathrm{d}x = \sum_{j=1}^n k_j \int_a^b f_j(x)\,\mathrm{d}x.$$

其中 $f_j(x)(j=1,2,\cdots,n)$ 在 $[a,b]$ 上可积, $k_j(j=1,2,\cdots,n)$ 为常数.

性质3 $\int_a^b f(x)\,\mathrm{d}x = -\int_b^a f(x)\,\mathrm{d}x.$

性质3表明:交换积分的上下限,定积分变为相反数.

性质4 (积分对区间的可加性)不论的 a,b,c 大小关系如何,总有等式

$$\int_a^b f(x)\,\mathrm{d}x = \int_a^c f(x)\,\mathrm{d}x + \int_c^b f(x)\,\mathrm{d}x. \tag{4-3}$$

证 先考虑 $a<c<b$ 的情形. 由于 $f(x)$ 在 $[a,b]$ 上可积,所以不论将区间 $[a,b]$ 如何划分,点 ξ_i 如何选取,和式的极限总是存在的. 因此,我们把 c 始终作为一个分点,并将和式分成两部分: $\sum f(\xi_i)\Delta x_i = \sum_1 f(\xi_i)\Delta x_i = \sum_2 f(\xi_i)\Delta x_i$,其中 $\sum_1$, $\sum_2$ 分别为区间 $[a,c]$ 与 $[c,b]$ 上的和式. 令最长的小区间的长度 $\lambda\to 0$,上式两边取极限,即得式(4-3).

对于其他顺序,例如 $a<b<c$,有 $\int_a^c f(x)\,\mathrm{d}x = \int_a^b f(x)\,\mathrm{d}x + \int_b^c f(x)\,\mathrm{d}x$,所以 $\int_a^b f(x)\,\mathrm{d}x = \int_a^c f(x)\,\mathrm{d}x - \int_b^c f(x)\,\mathrm{d}x = \int_a^c f(x)\,\mathrm{d}x + \int_c^b f(x)\,\mathrm{d}x.$ 式(4-3)仍成立.

性质5(积分的比较性质) 若 $f(x),g(x)$ 在 $[a,b]$ 上可积,且 $f(x)\leqslant g(x)$,则

$$\int_a^b f(x)\,\mathrm{d}x \leqslant \int_a^b g(x)\,\mathrm{d}x. \tag{4-4}$$

证 $\int_a^b g(x)\,\mathrm{d}x - \int_a^b f(x)\,\mathrm{d}x = \int_a^b [g(x) - f(x)]\,\mathrm{d}x$

$$= \lim_{\lambda\to 0}\sum_{i=1}^n [g(\xi_i) - f(\xi_i)]\Delta x_i.$$

由假设知 $g(\xi_i)-f(\xi_i)\ge 0$, 且 $\Delta x_i>0$ ($i=1,2,\cdots,n$), 所以上式右边的极限值为非负, 从而有 $\int_a^b g(x)\mathrm{d}x - \int_a^b f(x)\mathrm{d}x \ge 0$. 即 $\int_a^b f(x)\mathrm{d}x \le \int_a^b g(x)\mathrm{d}x$, 式(4-4)成立.

从性质5可推出:

推论 若 $f(x)$ 在 $[a,b]$ 上可积, 且 $f(x)\ge 0$, 则 $\int_a^b f(x)\mathrm{d}x \ge 0$.

性质6(积分估值性质) 设 M 与 m 分别是 $f(x)$ 在 $[a,b]$ 上的最大值与最小值, 则

$$m(b-a) \le \int_a^b f(x)\mathrm{d}x \le M(b-a).$$

证 因为 $m \le f(x) \le M$ ($a \le x \le b$), 由性质5可知

$$\int_a^b m\mathrm{d}x \le \int_a^b f(x)\mathrm{d}x \le \int_a^b M\mathrm{d}x.$$

由性质1, 可得

$$m(b-a) \le \int_a^b f(x)\mathrm{d}x \le M(b-a).$$

性质7(积分中值定理) 如果 $f(x)$ 在 $[a,b]$ 上连续, 则至少存在一点 $\xi \in [a,b]$, 使得

$$\int_a^b f(x)\mathrm{d}x = f(\xi)(b-a). \tag{4-5}$$

证 因为 $f(x)$ 在 $[a,b]$ 上连续, 所以 $f(x)$ 在 $[a,b]$ 上可积, 且有最小值 m 和最大值 M. 于是在 $[a,b]$ 上

$$m(b-a) \le \int_a^b f(x)\mathrm{d}x \le M(b-a) \quad \text{或} \quad m \le \frac{\int_a^b f(x)\mathrm{d}x}{b-a} \le M.$$

根据连续函数的介值定理可知, 在 $[a,b]$ 上至少存在一点 ξ, 使

$$\frac{\int_a^b f(x)\mathrm{d}x}{b-a} = f(\xi).$$

所以式(4-5)成立.

积分中值定理的几何意义如图4-8所示.

若 $f(x)$ 在 $[a,b]$ 上连续且非负, 则 $f(x)$ 在 $[a,b]$ 上的曲边梯形面积等于与该曲边梯形同底、以 $f(\xi)=\dfrac{\int_a^b f(x)\mathrm{d}x}{b-a}$ 为高的矩形面积.

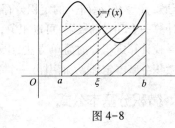

图 4-8

通常把 $f(\xi)$, 即 $\dfrac{\int_a^b f(x)\mathrm{d}x}{b-a}$ 称为函数 $f(x)$ 在 $[a,b]$ 上的积分均值, 而这正是算术平均值概念的推广.

例2 比较下列积分值的大小:

(1) $\int_0^1 (1+x)^2\mathrm{d}x$ 与 $\int_0^1 (1+x)^3\mathrm{d}x$; (2) $\int_0^1 \mathrm{e}^x\mathrm{d}x$ 与 $\int_0^1 \mathrm{e}^{x^2}\mathrm{d}x$.

解 利用性质5可比较两个定积分值的大小.

(1) 当 $0 \le x \le 1$ 时, $(1+x)^2 \le (1+x)^3$ 且只要 $x \ne 0$, $(1+x)^2 < (1+x)^3$, 所以

$$\int_0^1 (1+x)^2 \mathrm{d}x < \int_0^1 (1+x)^3 \mathrm{d}x;$$

(2) 当 $0 \leqslant x \leqslant 1$ 时, $x \geqslant x^2$, 就有 $e^x \geqslant e^{x^2}$, 所以 $\int_0^1 e^x \mathrm{d}x \geqslant \int_0^1 e^{x^2} \mathrm{d}x$.

例3 估计定积分 $\int_1^2 (x^2+1)\mathrm{d}x$ 的值.

解 令 $f(x) = x^2 + 1$, 由于它在 $[1,2]$ 上是单调增加的, 于是有

$$M = f(2) = 5, \quad m = f(1) = 2.$$

由性质 6 得

$$2(2-1) \leqslant \int_1^2 (x^2+1)\mathrm{d}x \leqslant 5(2-1)$$

即

$$2 \leqslant \int_1^2 (x^2+1)\mathrm{d}x \leqslant 5.$$

练习题 4-1

1. 根据定积分的几何意义推出下列积分的值

(1) $\int_0^{2\pi} \cos x \mathrm{d}x$; (2) $\int_{-1}^1 |x| \mathrm{d}x$; (3) $\int_{-2}^2 x \mathrm{d}x$; (4) $\int_{-1}^1 \sqrt{1-x^2} \mathrm{d}x$.

2. 比较下列定积分的大小

(1) $\int_1^2 x^2 \mathrm{d}x$ 与 $\int_1^2 x^3 \mathrm{d}x$; (2) $\int_1^2 \ln x \mathrm{d}x$ 与 $\int_1^2 (\ln x)^2 \mathrm{d}x$; (3) $\int_0^{\frac{\pi}{2}} x \mathrm{d}x$ 与 $\int_0^{\frac{\pi}{2}} \sin x \mathrm{d}x$.

3. 估计下列定积分的值

(1) $\int_{-2}^1 (x^2+1)\mathrm{d}x$; (2) $\int_1^2 e^x \mathrm{d}x$; (3) $\int_0^1 e^{-\frac{x}{2}} \mathrm{d}x$.

第二节 定积分的计算

若已知 $f(x)$ 在 $[a,b]$ 上的定积分存在, 怎样计算这个积分值呢? 如果利用定积分的定义, 由于需要计算一个和式的极限, 可以想象, 即使是很简单的被积函数, 那也是十分困难的. 为此我们必须寻找计算定积分的简单方法, 牛顿和莱布尼兹从另一角度揭示了微分和积分的内在联系——微积分基本定理, 从而引出一个简捷的定积分的计算公式.

一、微积分基本公式

设函数 $f(x)$ 在区间 $[a,b]$ 上可积, 则对 $[a,b]$ 中的每个 x, $f(x)$ 在 $[a,x]$ 上的定积分 $\int_a^x f(x)\mathrm{d}x$ 都存在, 也就是说有唯一确定的积分值与 x 对应, 从而在 $[a,b]$ 上定义了一个新的函数, 它是上限 x 的函数, 记作 $\varPhi(x)$, 即 $\varPhi(x) = \int_a^x f(t)\mathrm{d}t$, $x \in [a,b]$. 称此函数为**积分上限的函数**或**变上限积分**.

定理1 设 $f(x)$ 在 $[a,b]$ 上可积, 则 $\varPhi(x) = \int_a^x f(t)\mathrm{d}t$ 是 $[a,b]$ 上的连续函数.

证 任取 $x \in [a,b]$ 及 $\Delta x \neq 0$，使 $x + \Delta x \in [a,b]$. 根据积分对区间的可加性，

$$\Delta \Phi = \Phi(x + \Delta x) - \Phi(x) = \int_a^{x+\Delta x} f(t)\,dt - \int_a^x f(t)\,dt = \int_x^{x+\Delta x} f(t)\,dt.$$

由于 $f(x)$ 在 $[a,b]$ 上可积，从而有界，即存在 $M > 0$，使对一切 $x \in [a,b]$ 有 $|f(x)| \leq M$，于是 $\Delta \Phi = \left| \int_x^{x+\Delta x} f(t)\,dt \right| \leq M |\Delta x|$，故当 $\Delta x \to 0$ 时，有 $\Delta \Phi \to 0$. 所以 $\Phi(x)$ 在 x 处连续，由 $x \in [a,b]$ 的任意性可知 $\Phi(x)$ 是 $[a,b]$ 上的连续函数.

定理 2（微积分学基本定理） 如果函数 $f(x)$ 在区间 $[a,b]$ 上连续，则变上限函数 $\Phi(x) = \int_a^x f(t)\,dt$ 在 $[a,b]$ 上可导，并且它的导数是 $\Phi'(x) = \dfrac{d}{dx} \int_a^x f(t)\,dt = \left[\int_a^x f(t)\,dt \right]' = f(x) \ (a \leq x \leq b)$. 也就是说 $\Phi(x)$ 是 $f(x)$ 在 $[a,b]$ 上的一个原函数.

证 任取 $x \in [a,b]$ 及 $\Delta x \neq 0$，使 $x + \Delta x \in [a,b]$. 根据定积分中值定理有

$$\Delta \Phi = \Phi(x + \Delta x) - \Phi(x) = \int_x^{x+\Delta x} f(t)\,dt = f(\xi)\Delta x, \tag{4-6}$$

其中 ξ 在 x 与 $x + \Delta x$ 之间.

由于 $f(x)$ 在 $[a,b]$ 上连续，$\lim\limits_{x \to \xi} f(x) = f(\xi) \ (\Delta x \to 0$ 时 $\xi \to x)$.

故在式（4-6）中令 $\Delta x \to 0$ 取极限，得 $\lim\limits_{\Delta x \to 0} \dfrac{\Delta \Phi}{\Delta x} = f(x)$.

所以 $\Phi(x)$ 在 $[a,b]$ 上可导，且 $\Phi'(x) = f(x)$. 由 $x \in [a,b]$ 的任意性推知 $\Phi(x)$ 就是 $f(x)$ 在 $[a,b]$ 上的一个原函数.

本定理回答了我们自第三章以来一直关心的原函数的存在问题. 它明确地告诉我们：**连续函数必有原函数**，并以变上限积分的形式具体地给出了连续函数 $f(x)$ 的一个原函数.

已知微分与不定积分先后作用的结果可能相差一个常数. 这里若把 $\Phi'(x) = f(x)$ 写成

$$\frac{d}{dx} \int_a^x f(t)\,dx = f(x) \ , \ \text{或} \ d\Phi(x) = f(x)\,dx,$$

推得 $\int_a^x d\Phi(t) = \int_a^x f(t)\,dx = \Phi(x)$，就明显看出微分和变上限积分确为一对互逆的运算，从而使得微分和积分这两个看似互不相干的概念彼此互逆地联系起来，组成一个有机的整体. 因此，定理 2 也称为**原函数存在定理**.

例 1 求函数 $\Phi(x) = \int_0^x \sin^2 t\,dt$ 的导数.

解 $\Phi'(x) = \left(\int_0^x \sin^2 t\,dt \right)' = \sin^2 x.$

例 2 求 $\left[\int_{x^2}^{x^3} e^{-t^2}\,dt \right]'.$

解 $\left[\int_{x^2}^{x^3} e^{-t^2}\,dt \right]' = \left[\int_{x^2}^a e^{-t^2}\,dt \right]' + \left[\int_a^{x^3} e^{-t^2}\,dt \right]' = \left[-\int_a^{x^2} e^{-t^2}\,dt \right]' + \left[\int_a^{x^3} e^{-t^2}\,dt \right]'$

$= -e^{-x^4}(x^2)' + e^{-x^6}(x^3)' = -2x e^{-x^4} + 3x^2 e^{-x^6}.$

例 3 求 $\lim\limits_{x \to 0} \dfrac{\int_{\cos x}^1 e^{-t^2}\,dt}{x^2}.$

解 应用洛必达法则，原式 $= \lim\limits_{x \to 0} \dfrac{-e^{-\cos^2 x}(\cos x)'}{2x} == \lim\limits_{x \to 0} \dfrac{\sin x}{x} \cdot \dfrac{1}{2} e^{-\cos^2 x} = \dfrac{1}{2} e^{-1}.$

定理 3　设 $f(x)$ 在 $[a,b]$ 上连续，若 $F(x)$ 是 $f(x)$ 在 $[a,b]$ 上的一个原函数，则

$$\int_a^b f(x)\,dx = F(b) - F(a). \tag{4-7}$$

证　根据微积分学基本定理，$\int_a^x f(x)\,dx$ 是 $f(x)$ 在 $[a,b]$ 上的一个原函数．因为两个原函数之差是一个常数，所以

$$\int_a^x f(x)\,dx = F(x) + C, \quad x \in [a,b].$$

上式中令 $x = a$，得 $C = -F(a)$，于是

$$\int_a^x f(x)\,dx = F(x) - F(a).$$

再令 $x = b$，即得式（4-7）.

在使用上，式（4-7）也常写作

$$\int_a^b f(x)\,dx = F(x)\,\Big|_a^b, \ \text{或} \int_a^b f(x)\,dx = [F(x)]_a^b.$$

式（4-7）就是著名的**牛顿-莱布尼兹公式**，简称 **N-L 公式**．它进一步揭示了定积分与原函数之间的内在联系：$f(x)$ 在 $[a,b]$ 上的定积分等于它的任意一个原函数 $F(x)$ 在 $[a,b]$ 上的增量，从而为定积分的计算提供了一个简便而有效的方法．它把定积分的计算转化为求它的被积函数 $f(x)$ 的任意一个原函数，或者说转化为求 $f(x)$ 的不定积分．在这之前，我们只会从定积分的定义去求定积分的值，那是十分困难的，甚至是不可能的．因此这个公式又称为**微积分学基本公式**．在微积分学上具有极其重要的意义．

例 4　计算下列定积分

(1) $\displaystyle\int_0^1 e^x\,dx$;　　　　(2) $\displaystyle\int_0^\pi \sin x\,dx$;　　　　(3) $\displaystyle\int_{-2}^1 |x|\,dx$.

解　(1) $\displaystyle\int_0^1 e^x\,dx = e^x\,\Big|_0^1 = e^1 - e^0 = e - 1$;

(2) $\displaystyle\int_0^\pi \sin x\,dx = -\cos x\,\Big|_0^\pi = -[(-1) - 1] = 2$;

(3) $\displaystyle\int_{-2}^1 |x|\,dx = \int_{-2}^0 (-x)\,dx + \int_0^1 x\,dx = -\frac{x^2}{2}\,\Big|_{-2}^0 + \frac{x^2}{2}\,\Big|_0^1 = 2 + \frac{1}{2} = \frac{5}{2}$.

例 5　设 $f(x) = \begin{cases} x^2+1, & 0 \leqslant x \leqslant 1. \\ 3-x, & 1 < x \leqslant 3, \end{cases}$ 求 $\displaystyle\int_0^3 f(x)\,dx$.

解　$\displaystyle\int_0^3 f(x)\,dx = \int_0^1 (x^2 + 1)\,dx + \int_1^3 (3 - x)\,dx$

$$= \left(\frac{x^3}{3} + x\right)\Big|_0^1 + \left(3x - \frac{x^2}{2}\right)\Big|_1^3 = 3\frac{1}{3}.$$

例 6　细菌繁殖　经科学家研究知，在 t 小时细菌总数是以每小时繁殖 2^t 百万个细菌增长，求第一个小时内细菌数的总增长．

解　设 $F(t)$ 为 t 时刻的细菌总数，细菌总数的增长的速率为 $F'(t) = 2^t$. 所以

$$细菌总数的变化 = F(1) - F(0) = \int_0^1 2^t\,dt = \frac{2^t}{\ln 2}\,\Big|_0^1 = \frac{1}{\ln 2}.$$

二、定积分的换元积分法

定理 4　设 $f(x)$ 在 $[a,b]$ 上连续，而 $x = \varphi(t)$ 满足下列条件：

（1）$x = \varphi(t)$ 在 $[\alpha, \beta]$ 上有连续导数；

（2）$\varphi(\alpha) = a, \varphi(\beta) = b$，且当 t 在 $[\alpha, \beta]$ 上变化时，$x = \varphi(t)$ 的值在 $[a, b]$ 上变化，则有换元公式：

$$\int_a^b f(x)\,\mathrm{d}x = \int_\alpha^\beta f[\varphi(t)]\varphi'(t)\,\mathrm{d}t. \tag{4-8}$$

证 由于 $f(x)f[\varphi(t)]\varphi'(t)$ 皆为连续函数，所以它们存在原函数.

设 $F(x)$ 是 $f(x)$ 在 $[a, b]$ 上的一个原函数，由复合函数导数的求导法则有

$$(F[\varphi(t)])' = F'(x)\varphi'(t) = f(x)\varphi'(t) = f[\varphi(t)]\varphi'(t),$$

可见 $F[\varphi(t)]$ 是 $f[\varphi(t)]\varphi'(t)$ 的一个原函数. 利用 N-L 公式，即得

$$\int_\alpha^\beta [f(\varphi(t))]\varphi'(t)\,\mathrm{d}t = F[\varphi(t)]\Big|_\alpha^\beta = F[\varphi(\beta)] - F[\varphi(\alpha)] = F(b) - F(a) = \int_a^b f(x)\,\mathrm{d}x.$$

所以式（4-8）成立.

注意：换元必须换限.（原）上限对（新）上限，（原）下限对（新）下限.

例7 计算下列定积分

（1）$\displaystyle\int_0^{\frac{\pi}{2}} \cos^4 x \sin x\,\mathrm{d}x$；（2）$\displaystyle\int_{\frac{3}{4}}^1 \frac{\mathrm{d}x}{\sqrt{1-x}-1}$；

（3）$\displaystyle\int_0^{\frac{1}{2}} \frac{x^2}{\sqrt{1-x^2}}\,\mathrm{d}x$；（4）$\displaystyle\int_0^\pi \sqrt{\sin^3 x - \sin^5 x}\,\mathrm{d}x.$

解 （1）原式 $= -\displaystyle\int_0^{\frac{\pi}{2}} \cos^4 x\,\mathrm{d}(\cos x) = -\frac{1}{5}\cos^5 x\Big|_0^{\frac{\pi}{2}} = \frac{1}{5}.$

（2）令 $\sqrt{1-x} = t$，则 $x = 1 - t^2, \mathrm{d}x = -2t\,\mathrm{d}t$，且当 $x = \dfrac{3}{4}$ 时，$t = \dfrac{1}{2}$；当 $x = 1$ 时，$t = 0$. 于是原式 $=$

$-2\displaystyle\int_{\frac{1}{2}}^0 \frac{t\,\mathrm{d}t}{t-1} = 2\int_0^{\frac{1}{2}}\left(1 + \frac{1}{t-1}\right)\mathrm{d}t = 2[t + \ln|t-1|]_0^{\frac{1}{2}} = 1 - 2\ln 2.$

（3）令 $x = \sin t$，则 $\mathrm{d}x = \cos t\,\mathrm{d}t$，且当 $x = 0$ 时，$t = 0$；当 $x = \dfrac{1}{2}$ 时，$t = \dfrac{\pi}{6}$.

原式 $= \displaystyle\int_0^{\frac{\pi}{6}} \frac{\sin^2 t}{\cos t}\cos t\,\mathrm{d}x = \int_0^{\frac{\pi}{6}} \sin^2 t\,\mathrm{d}t = \left[\frac{t}{2} - \frac{\sin 2t}{4}\right]_0^{\frac{\pi}{6}} = \frac{\pi}{12} - \frac{\sqrt{3}}{8}.$

（4）原式 $= \displaystyle\int_0^\pi \sin^{\frac{3}{2}} x\,|\cos x|\,\mathrm{d}x = \int_0^{\frac{\pi}{2}} \sin^{\frac{3}{2}} x \cos x\,\mathrm{d}x + \int_{\frac{\pi}{2}}^\pi \sin^{\frac{3}{2}} x(-\cos x)\,\mathrm{d}x$

$= \displaystyle\int_0^{\frac{\pi}{2}} \sin^{\frac{3}{2}} x\,\mathrm{d}\sin x - \int_{\frac{\pi}{2}}^\pi \sin^{\frac{3}{2}} x\,\mathrm{d}\sin x$

$= \dfrac{2}{5}\sin^{\frac{5}{2}} x\Big|_0^{\frac{\pi}{2}} - \dfrac{2}{5}\sin^{\frac{5}{2}} x\Big|_{\frac{\pi}{2}}^\pi = \dfrac{4}{5}.$

例8 设 $f(x) = \begin{cases} \dfrac{1}{1+x}, & 0 \leqslant x < 1, \\ \dfrac{1}{1+\mathrm{e}^x}, & 1 \leqslant x \leqslant 2, \end{cases}$ 求 $\displaystyle\int_0^2 f(x)\,\mathrm{d}x.$

解 因为 $f(x)$ 在 $x = 1$ 处不连续,则需把区间 $[0,2]$ 分开. 所以

$$\int_0^2 f(x)\,dx = \int_0^1 f(x)\,dx + \int_1^2 f(x)\,dx = \ln(1 + x)\ \big|_0^1 + \int_1^2 \frac{1 + e^x - e^x}{1 + e^x}\,dx$$

$$= \ln 2 + \int_1^2 \left[dx - \frac{d(1 + e^x)}{1 + e^x} \right] = \ln 2 + 1 - \ln(1 + e^x)\ \big|_1^2$$

$$= 1 + \ln 2 - \ln(2 + e^2) + \ln(1 + e).$$

例 9 求 $\displaystyle\int_0^{\ln 2} \sqrt{e^x - 1}\,dx.$

解 设 $\sqrt{e^x - 1} = t$,即 $x = \ln(t^2 + 1)$, $dx = \dfrac{2t}{t^2 + 1}\,dt$.

换积分限:当 $x = 0$ 时,$t = 0$,当 $x = \ln 2$ 时,$t = 1$,于是

$$\int_0^{\ln 2} \sqrt{e^x - 1}\,dx = \int_0^1 t \cdot \frac{2t}{t^2 + 1}\,dt = 2\int_0^1 \left(1 - \frac{1}{t^2 + 1}\right)dt = 2(t - \arctan t)\ \big|_0^1 = 2 - \frac{\pi}{2}.$$

例 10 设 $f(x)$ 在对称区间 $[-a, a]$ 上连续,试证明:

(1) 当 $f(x)$ 为偶函数时,$\displaystyle\int_{-a}^a f(x)\,dx = 2\int_0^a f(x)\,dx$;

(2) 当 $f(x)$ 为奇函数时,$\displaystyle\int_{-a}^a f(x)\,dx = 0$.

证 因为 $\displaystyle\int_{-a}^a f(x)\,dx = \int_{-a}^0 f(x)\,dx + \int_0^a f(x)\,dx$,对积分 $\displaystyle\int_{-a}^0 f(x)\,dx$ 作变量代换 $x = -t$,由定积分换元法,得 $\displaystyle\int_{-a}^0 f(x)\,dx = -\int_a^0 f(-t)\,dt = \int_0^a f(-t)\,dt = \int_0^a f(-x)\,dx.$

于是 $\displaystyle\int_{-a}^a f(x)\,dx = \int_0^a f(-x)\,dx + \int_0^a f(x)\,dx = \int_0^a [f(-x) + f(x)]\,dx.$

(1) 若 $f(x)$ 为偶函数,即 $f(-x) = f(x)$,由上式得 $\displaystyle\int_{-a}^a f(x)\,dx = 2\int_0^a f(x)\,dx$;

(2) 若 $f(x)$ 为奇函数,即 $f(-x) = -f(x)$,有 $f(-x) + f(x) = 0$,则 $\displaystyle\int_{-a}^a f(x)\,dx = 0.$

例 11 求 $\displaystyle\int_{-\pi}^{\pi} x^6 \sin x\,dx.$

解 因为 $x^6 \sin x$ 在对称区间 $[-\pi, \pi]$ 上是奇函数,所以 $\displaystyle\int_{-\pi}^{\pi} x^6 \sin x\,dx = 0.$

例 12 计算 $\displaystyle\int_{-1}^1 \frac{2x^2 + x\cos x}{1 + x^2}\,dx.$

解 $\displaystyle\int_{-1}^1 \frac{2x^2 + x\cos x}{1 + x^2}\,dx = \int_{-1}^1 \frac{2x^2}{1 + x^2}\,dx + \int_{-1}^1 \frac{x\cos x}{1 + x^2}\,dx$

$$= 4\int_0^1 \left(1 - \frac{1}{1 + x^2}\right)dx + 0 = 4(x - \arctan x)\ \big|_0^1 = 4 - \pi.$$

例 13 植物生长 大多数植物的生长率是以若干天为周期的连续函数. 假定一种谷物以 $g(t) = \sin^2(\pi t)$ 的速率生长,其中 t 的单位是天. 求在前 10 天内谷物生长的量.

解 设 $F(t)$ 为 t 时刻植物生长量,谷物生长的速率为 $F'(t) = g(t) = \sin^2(\pi t)$.

所以前 10 天内谷物生长的量

$$\int_0^{10} \sin^2(\pi t)\,dt = \int_0^{10} \frac{1 - \cos 2\pi t}{2}\,dt = \frac{1}{2}\left(\int_0^{10} dt - \int_0^{10} \cos 2\pi t\,dt\right) = 5\,(\text{生长单位}).$$

三、定积分的分部积分法

相应于不定积分,定积分也有分部积分公式.

定理5 若 $u(x),v(x),v(x)$ 在 $[a,b]$ 上具有连续的导数,则

$$\int_a^b u(x)v'(x)\mathrm{d}x = u(x)v(x)\Big|_a^b - \int_a^b v(x)u'(x)\mathrm{d}x. \tag{4-9}$$

证 因为 $[u(x)v(x)]' = u(x)v'(x) + u'(x)v(x), a \leqslant x \leqslant b$. 所以 $u(x)v(x)$ 是 $u(x)v'(x) + u'(x)v(x)$ 在 $[a,b]$ 上的一个原函数,应用 N-L 公式,得

$$\int_a^b [u(x)v'(x) + u'(x)v(x)]\mathrm{d}x = u(x)v(x)\Big|_a^b,$$

利用积分的线性性质并移项即得式(4-9).

式(4-9)称为定积分的分部积分公式,且简单地写为

$$\int_a^b u\mathrm{d}v = uv\Big|_a^b - \int_a^b v\mathrm{d}u. \tag{4-10}$$

注意: 此公式的作用及 u 和 $\mathrm{d}v$ 的选取原则、使用范围与不定积分的分部积分法相同,它的简便之处在于可把先积出来得那一部分代入积分上下限,变为数值.

例14 计算 $\int_0^{\frac{1}{2}} \arcsin x \mathrm{d}x$.

解 $\displaystyle\int_0^{\frac{1}{2}} \arcsin x \mathrm{d}x = x\arcsin x \Big|_0^{\frac{1}{2}} - \int_0^{\frac{1}{2}} \frac{x}{\sqrt{1-x^2}}\mathrm{d}x$

$$= \frac{1}{2}\arcsin\frac{1}{2} + \sqrt{1-x^2}\,\Big|_0^{\frac{1}{2}} = \frac{\pi}{12} + \frac{\sqrt{3}}{2} - 1.$$

例15 计算 $\int_0^\pi x\sin x \mathrm{d}x$.

解 $\displaystyle\int_0^\pi x\sin x \mathrm{d}x = \int_0^\pi x\mathrm{d}(-\cos x) = x(-\cos x)\Big|_0^\pi + \int_0^\pi \cos x \mathrm{d}x$

$$= \pi + \sin x \Big|_0^\pi = \pi.$$

例16 计算 $\int_0^1 x\mathrm{e}^x \mathrm{d}x$.

解 $\displaystyle\int_0^1 x\mathrm{e}^x \mathrm{d}x = \int_0^1 x\mathrm{d}\mathrm{e}^x = x\mathrm{e}^x\Big|_0^1 - \int_0^1 \mathrm{e}^x\mathrm{d}x = x\mathrm{e}^x\Big|_0^1 - \mathrm{e}^x\Big|_0^1 = 1.$

例17 计算 $\int_{\frac{1}{e}}^{e} |\ln x|\mathrm{d}x$.

解 先分成不同区间上的定积分,以脱掉绝对值符号,再用分部积分公式,得

$$\int_{\frac{1}{e}}^{e} |\ln x|\mathrm{d}x = \int_{\frac{1}{e}}^{1}(-\ln x)\mathrm{d}x + \int_1^e \ln x\mathrm{d}x = -[x\ln x - x]_{\frac{1}{e}}^1 + [x\ln x - x]_1^e$$

$$= 2\left(1 - \frac{1}{e}\right).$$

例18 计算 $\int_1^2 x^2\ln x\mathrm{d}x$.

解 $\displaystyle\int_1^2 x^2\ln x\mathrm{d}x = \int_1^2 \ln x\mathrm{d}\left(\frac{x^3}{3}\right) = \frac{x^3}{3}\ln x\,\Big|_1^2 - \int_1^2 \frac{x^3}{3}\cdot\frac{1}{x}\mathrm{d}x = \frac{8\ln 2}{3} - \frac{1}{3}\cdot\frac{x^3}{3}\,\Big|_1^2$

$$= \frac{8\ln 2}{3} - \frac{7}{9}.$$

例 19 计算 $\int_0^1 e^{\sqrt{x}} dx.$

解 令 $\sqrt{x} = t,$，则

$$\int_0^1 e^{\sqrt{x}} dx = \int_0^1 e^{-t} \cdot 2t dt = -2 \int_0^1 t de^{-t}$$

$$= -2te^{-t} \Big|_0^1 + 2 \int_0^1 e^{-t} dt = -2e^{-1} - 2e^{-t} \Big|_0^1 = 2 - \frac{4}{e}.$$

练习题 4-2

1. 求下列极限

(1) $\lim\limits_{x \to 1} \dfrac{\int_1^x \sin \pi t dt}{1 + \cos \pi x}$ ；

(2) $\lim\limits_{x \to +\infty} \dfrac{\int_0^x (\arctan t)^2 dt}{\sqrt{x^2 + 1}}.$

2. 下面的计算是否正确,请对所给积分写出正确结果

(1) $\int_{-\frac{\pi}{2}}^{\frac{\pi}{2}} \sqrt{\cos x - \cos^3 x} dx = \int_{-\frac{\pi}{2}}^{\frac{\pi}{2}} (\cos x)^{\frac{1}{2}} \sin x dx$

$$= -\int_{-\frac{\pi}{2}}^{\frac{\pi}{2}} (\cos x)^{\frac{1}{2}} d(\cos x) = \frac{-2}{3} \cos^{\frac{3}{2}} x \Big|_{-\frac{\pi}{2}}^{\frac{\pi}{2}} = 0.$$

(2) $\int_{-1}^1 \sqrt{1 - x^2} dx = \int_{-1}^1 \sqrt{1 - (\sin t)^2} d(\sin t) = \int_{-1}^1 \cos t \cdot \cos t dt = \int_{-1}^1 (\cos t)^2 dt$

$$= 2\int_0^1 (\cos t)^2 dt = 2\int_0^1 \frac{1 + \cos 2t}{2} dt = \left(t + \frac{1}{2} \sin 2t \right) \Big|_0^1 = 1 + \frac{1}{2} \sin 2.$$

3. 求下列函数的定积分

(1) $\int_{-1}^{\sqrt{3}} \dfrac{dx}{1 + x^2}$ ；

(2) $\int_{-\frac{1}{2}}^{\frac{1}{2}} \dfrac{dx}{\sqrt{1 - x^2}}$ ；

(3) $\int_0^1 \sqrt{x} (1 - x) dx$ ；

(4) $\int_{-1}^1 \sqrt{x^2} dx$ ；

(5) $\int_0^4 |2 - x| dx$ ；

(6) $\int_0^{2\pi} |\sin x| dx$ ；

(7) $\int_0^{\frac{\pi}{2}} \cos^5 x \sin x dx$ ；

(8) $\int_0^1 x e^{-\frac{x^2}{2}} dx$ ；

(9) $\int_1^e \dfrac{\ln x}{2x} dx$ ；

(10) $\int_1^4 \dfrac{dx}{x + \sqrt{x}}$ ；

(11) $\int_0^4 \sqrt{16 - x^2} dx$ ；

(12) $\int_0^{\ln 2} \sqrt{e^x - 1} dx$ ；

(13) $\int_{-\frac{\pi}{3}}^{\frac{\pi}{3}} \dfrac{x}{1 + \cos x} dx$ ；

(14) $\int_{-\pi}^{\pi} \sin^2 x dx$ ；

(15) $\int_{-1}^1 (x + \sqrt{1 - x^2})^2 dx$

(16) $\int_0^1 x e^{2x} dx$ ；

(17) $\int_1^e x \ln x dx$ ；

(18) $\int_0^{\frac{\pi}{2}} e^x \cos x dx$ ；

(19) $\int_0^{e-1} \ln(x + 1) dx$ ；

(20) $\int_0^1 x \arctan x dx.$

4. (药物吸收)口服药物必须先被吸收进入血液循环,然后才能在机体的不同部位发挥作用. 一种典型的吸收率函数具有以下形式:$f(t) = kt(t-b)^2, 0 \leq t \leq b$,其中 k 和 b 是常数,求药物吸收的总量.

第三节　反常积分和 Γ 函数

前面讨论定积分时,是以积分区间为有限区间及在该区间函数有界为前提. 但是,在医药学及其他科学技术的实际问题中,往往需要讨论积分区间为无穷区间或被积函数在积分区间上具有无穷间断点的积分. 因此我们有必要把积分概念就这两种情形加以推广,前者称为无穷区间的积分,后者称为无界函数的积分,而两者都称为反常积分或广义积分.

一、反常积分

1. 无穷区间上的反常积分

引例　设静脉注射某药后所得的血药浓度(c)是时间 (t) 的函数 $c(t) = c_0 e^{-kt}$,其中 c_0 为 $t = 0$ 时的初始血药浓度,k 为药物在体内的消除速率常数,试求 $c - t$ 曲线下的总面积 AUC. (图 4-9)

分析:问题实际中是要求一个开口曲边梯形的面积,即
$AUC = \int_0^{+\infty} c_0 e^{-kt} dt$,显然这个积分已不是通常意义下的积分,因为它的积分区间是无限的.

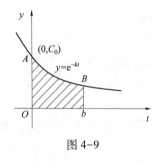

图 4-9

为了求解此问题,任取实数 $b > 0$,在有限区间 $[0, b]$ 上,以曲线 $c(t) = c_0 e^{-kt}$ 为曲边的曲边梯形的面积为

$$\int_0^b c_0 e^{-kt} dt = c_0 \left(-\frac{1}{k} e^{-kt} \right) \Big|_0^b = c_0 \left(-\frac{1}{k} e^{-kb} + \frac{1}{k} \right).$$

显然,当 $b \to +\infty$ 时,阴影部分曲边梯形的面积的极限就是开口曲边梯形的面积,即

$$AUC = \lim_{b \to +\infty} \int_0^b c_0 e^{-kt} dt = c_0 \lim_{b \to +\infty} \left(-\frac{1}{k} e^{-kb} + \frac{1}{k} \right) = \frac{c_0}{k}.$$

定义 1　设函数 $f(x)$ 在 $[a, +\infty)$ 上连续,且对任意实数 $b > a$,如果极限 $\lim\limits_{b \to +\infty} \int_a^b f(x) dx$ 存在,则称此极限为 $f(x)$ 在 $[a, +\infty)$ 上的**反常积分**,记为 $\int_a^{+\infty} f(x) dx = \lim\limits_{b \to +\infty} \int_a^b f(x) dx$. 此时称反常积分 $\int_a^{+\infty} f(x) dx$ 存在或收敛;如果极限不存在,则称反常积分 $\int_a^{+\infty} f(x) dx$ 不存在或发散.

例 1　计算反常积分:$\int_0^{+\infty} e^{-x} dx$.

解　$\int_0^{+\infty} e^{-x} dx = \lim\limits_{b \to +\infty} \int_0^b e^{-x} dx = \lim\limits_{b \to +\infty} (-e^{-x} \big|_0^b) = \lim\limits_{b \to +\infty} (-e^{-b} + 1) = 1.$

类似地,可定义 $f(x)$ 在 $(-\infty, b]$ 上的反常积分为 $\int_{-\infty}^b f(x) dx = \lim\limits_{a \to -\infty} \int_a^b f(x) dx$,$f(x)$ 在 $(-\infty, +\infty)$ 上的反常积分为 $\int_{-\infty}^{+\infty} f(x) dx = \int_{-\infty}^c f(x) dx + \int_c^{+\infty} f(x) dx$. 其中,$c$ 为任意实数(如取 $c = 0$),当**右端两个反常积分都收敛时,反常积分 $\int_{-\infty}^{+\infty} f(x) dx$ 才是收敛的,否则是发散的**. 根据积分对区

间的可加性,易知该反常积分的敛散性及收敛时积分的值都与实数 c 的选取无关.

例2 计算反常积分 $\int_{-\infty}^{+\infty} \frac{dx}{1+x^2}$.

解 $\int_{-\infty}^{+\infty} \frac{dx}{1+x^2} = \int_{-\infty}^{0} \frac{dx}{1+x^2} + \int_{0}^{+\infty} \frac{dx}{1+x^2} = \lim_{a\to-\infty} \int_{a}^{0} \frac{dx}{1+x^2} + \lim_{b\to+\infty} \int_{0}^{b} \frac{dx}{1+x^2}$

$$= \lim_{a\to-\infty}(-\arctan a) + \lim_{b\to+\infty}(\arctan b) = -\left(-\frac{\pi}{2}\right) + \frac{\pi}{2} = \pi.$$

为书写的统一与简便,以后在反常积分的讨论中,我们也引用定积分(也称常义积分) N-L 公式的记法. 如例2可写成 $\int_{-\infty}^{+\infty} \frac{dx}{1+x^2} = \arctan x \Big|_{-\infty}^{+\infty} = \frac{\pi}{2} - \left(-\frac{\pi}{2}\right) = \pi.$

例3 讨论反常积分 $\int_{\frac{2}{\pi}}^{+\infty} \frac{1}{x^2}\sin\frac{1}{x} dx$ 的敛散性.

解 任取 $b>\frac{2}{\pi}$,有

$$F(b) = \int_{\frac{2}{\pi}}^{b} \frac{1}{x^2}\sin\frac{1}{x} dx = -\int_{\frac{2}{\pi}}^{b} \sin\frac{1}{x} d\frac{1}{x}$$

$$= \left[\cos\frac{1}{x}\right]_{\frac{2}{\pi}}^{b} = \cos\frac{1}{b},$$

因为 $\lim_{b\to+\infty}F(b) = \lim_{b\to+\infty}\cos\frac{1}{b} = 1$,所以这反常积分收敛,且 $\int_{\frac{2}{\pi}}^{+\infty} \sin\frac{1}{x}dx = 1.$

例4 计算反常积分 $\int_{0}^{+\infty} te^{-pt}dt \ (p>0)$.

解 $\int_{0}^{+\infty} te^{-pt}dt = -\frac{1}{p}\int_{0}^{+\infty} tde^{-pt} = -\frac{t}{p}e^{-pt}\Big|_{0}^{+\infty} + \frac{1}{p}\int_{0}^{+\infty} e^{-pt}dt$

$$= -\frac{1}{p^2}e^{-pt}\Big|_{0}^{+\infty} = \frac{1}{p^2}.$$

例5 证明反常积分 $\int_{1}^{+\infty} \frac{dx}{x^p}$ 当 $p>1$ 时收敛,当 $p\leq 1$ 时发散.

证 当 $p=1$ 时,$\int_{1}^{+\infty} \frac{dx}{x^p} = \int_{1}^{+\infty} \frac{dx}{x} = \ln x \Big|_{1}^{+\infty} = +\infty.$

当 $p\neq 1$ 时,$\int_{1}^{+\infty} \frac{dx}{x^p} = \frac{1}{1-p}x^{1-p}\Big|_{1}^{+\infty} = \begin{cases} \dfrac{1}{1-p}, & p>1, \\ +\infty, & p<1. \end{cases}$

所以,此反常积分当 $p>1$ 时收敛,其值为 $\frac{1}{1-p}$;当 $p\leq 1$ 时发散.

2. 无界函数的反常积分

例6 圆柱形小桶(图4-10),内壁高为 h,内半径为 R,桶底有一小洞,半径为 r. 试问在盛满水的情况下,从把小洞开放起直至水流完为止,共需多少时间?

解 当水面下降距离为 x 时,水在洞口的流速为

$$v = \sqrt{2g(h-x)}.$$

单位时间内减少的水量等于流出的水量,所以有

$$\pi R^2 \mathrm{d}x = v\pi r^2 \mathrm{d}t,$$

即

$$\frac{\mathrm{d}t}{\mathrm{d}x} = \frac{R^2}{r^2 \sqrt{2g(h-x)}}.$$

所以

$$t = \int_0^h \frac{R^2}{r^2 \sqrt{2g(h-x)}} \mathrm{d}x.$$

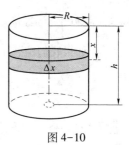

图 4-10

被积函数在 $x \to h^-$ 时无界,很自然地认为

$$t = \lim_{u \to h^-} \int_0^u \frac{R^2}{r^2 \sqrt{2g(h-x)}} \mathrm{d}x = \lim_{u \to h^-} \sqrt{\frac{2}{g}} \frac{R^2}{r^2} (\sqrt{h} - \sqrt{h-u}) = \sqrt{\frac{2h}{g}} \frac{R^2}{r^2}.$$

定义 2 设 $f(x)$ 在 $(a,b]$ 上连续,而 $\lim\limits_{x \to a+0} f(x) = \infty$ (a 为无穷间断点),取 $\varepsilon > 0$,如果极限 $\lim\limits_{\varepsilon \to 0^+} \int_{a+\varepsilon}^b f(x)\mathrm{d}x.$ 存在,则称此极限为函数 $f(x)$ 在区间 $(a,b]$ 上的反常积分,记为

$$\int_a^b f(x)\mathrm{d}x = \lim_{\varepsilon \to 0^+} \int_{a+\varepsilon}^b f(x)\mathrm{d}x.$$

此时称此反常积分 $\int_a^b f(x)\mathrm{d}x$ 存在或收敛;如果极限不存在,则称反常积分 $\int_a^b f(x)\,\mathrm{d}x$ 不存在或发散.

类似地,可定义 $f(x)$ 在 $[a,b)$ 上(b 为无穷间断点)的反常积分为

$$\int_a^b f(x)\mathrm{d}x = \lim_{\varepsilon \to 0^+} \int_a^{b-\varepsilon} f(x)\mathrm{d}x.$$

若 $f(x)$ 的无穷间断点 c 在闭区间 $[a,b]$ 的内部,即 $a<c<b$,则反常积分 $\int_a^b f(x)\mathrm{d}x$ 定义为

$$\int_a^b f(x)\mathrm{d}x = \int_a^c f(x)\mathrm{d}x + \int_c^b f(x)\mathrm{d}x = \lim_{\varepsilon_1 \to 0^+} \int_a^{c-\varepsilon_1} f(x)\mathrm{d}x + \lim_{\varepsilon_2 \to 0^+} \int_{c+\varepsilon_2}^b f(x)\mathrm{d}x,$$

其中 $\varepsilon_1 > 0$,$\varepsilon_2 > 0$.

上式左边的反常积分当且仅当右边两个反常积分都收敛时才收敛,否则左边的反常积分发散.

例 7 计算反常积分 $\int_0^1 \frac{\mathrm{d}x}{\sqrt{1-x^2}}$.

解 $x = 1$ 为函数 $\frac{1}{\sqrt{1-x^2}}$ 的无穷间断点.

$$\int_0^1 \frac{\mathrm{d}x}{\sqrt{1-x^2}} = \lim_{\varepsilon \to 0^+} \int_0^{1-\varepsilon} \frac{\mathrm{d}x}{\sqrt{1-x^2}} = \lim_{\varepsilon \to 0^+} [\arcsin x]_0^{1-\varepsilon}$$

$$= \lim_{\varepsilon \to 0^+} \arcsin(1-\varepsilon) = \arcsin 1 = \frac{\pi}{2}.$$

例 8 讨论反常积分 $\int_{-1}^1 \frac{\mathrm{d}x}{x^2}$ 的敛散性.

解 $x = 0$ 为函数 $\frac{1}{x^2}$ 的无穷间断点. 由于

$$\int_0^1 \frac{\mathrm{d}x}{x^2} = \lim_{\varepsilon \to 0^+} \int_\varepsilon^1 \frac{\mathrm{d}x}{x^2} = \lim_{\varepsilon \to 0^+} \left[-\frac{1}{x}\right]_\varepsilon^1 = \lim_{\varepsilon \to 0^+} \left[-1 + \frac{1}{\varepsilon}\right] = +\infty,$$

所以反常积分 $\int_0^1 \dfrac{\mathrm{d}x}{x^2}$ 发散,从而推出反常积分 $\int_{-1}^1 \dfrac{\mathrm{d}x}{x^2}$ 发散.

注意,如果我们疏忽了 $x = 0$ 是无穷间断点,就会得出错误的结果:

$$\int_{-1}^1 \frac{\mathrm{d}x}{x^2} = \left[-\frac{1}{x} \right]_{-1}^1 = -2.$$

例 9 证明反常积分 $\int_0^1 \dfrac{\mathrm{d}x}{x^q}$ 当 $q < 1$ 时收敛,当 $q \geqslant 1$ 时发散.

证 当 $q = 1$ 时,$\int_0^1 \dfrac{\mathrm{d}x}{x^q} = \int_0^1 \dfrac{\mathrm{d}x}{x^q} = \ln x \big|_0^1 = +\infty$.

当 $q \neq 1$ 时,$\int_0^1 \dfrac{\mathrm{d}x}{x^q} = \left[\dfrac{1}{1-q} x^{1-q} \right]_0^1 = \begin{cases} \dfrac{1}{1-q}, & q < 1, \\ +\infty, & q > 1. \end{cases}$

所以这反常积分当 $q < 1$ 时收敛,其值为 $\dfrac{1}{1-q}$,当 $q \geqslant 1$ 时发散.

二、Γ 函数

Γ(Gamma)函数是在概率论中用到的积分区间无限且含参变量的积分.

定义 3 积分 $\Gamma(r) = \int_0^{+\infty} x^{r-1} \mathrm{e}^{-x} \mathrm{d}x \ (x > 0)$ 是参变量 r 的函数,称为 Γ 函数.

可以证明这个积分是收敛的.(略)

Γ 函数的重要性质:$\Gamma(r+1) = r\Gamma(r)$.

因为 $\Gamma(r+1) = \int_0^{+\infty} x^r \mathrm{e}^{-x} \mathrm{d}x = -x^r \mathrm{e}^{-x} \big|_0^{+\infty} + r \int_0^{+\infty} x^{r-1} \mathrm{e}^{-x} \mathrm{d}x = r\Gamma(r)$.

利用此递推公式,可将 Γ 函数的任一个函数值化为函数在区间 $[0,1]$ 上的函数值.

例如 $\Gamma(3.5) = \Gamma(2.5+1) = 2.5\Gamma(2.5) = 2.5\Gamma(1.5+1) = 2.5 \times 1.5\Gamma(1.5)$
$\qquad\qquad = 2.5 \times 1.5\Gamma(0.5+1) = 2.5 \times 1.5 \times 0.5\Gamma(0.5)$.

特别地,当 r 为正整数时可得 $\Gamma(n+1) = n!$.

因为 $\Gamma(n+1) = n\Gamma(n) = n(n-1)\Gamma(n-1) = \cdots = n!\ \Gamma(1)$,

$$\Gamma(1) = \int_0^{+\infty} \mathrm{e}^{-x} \mathrm{d}x = 1.$$

所以 $\Gamma(n+1) = n!$

本来 $n!$ 只对自然数有定义,现在由于 $\Gamma(r)$ 的引进,r 不是正整数时,$\Gamma(x)$ 也可以看作阶乘的推广,即对 $n > -1$ 的任何实数 n,$n! = \int_0^{+\infty} x^n \mathrm{e}^{-x} \mathrm{d}x$ 都有意义的.

例 10 计算下列各值

(1) $\dfrac{\Gamma(5)}{2\Gamma(3)}$;　　　　　　　　(2) $\dfrac{\Gamma(2.5)}{\Gamma(0.5)}$.

解 (1) $\dfrac{\Gamma(5)}{2\Gamma(3)} = \dfrac{4!}{2 \times 2!} = 6$;

(2) $\dfrac{\Gamma(2.5)}{\Gamma(0.5)} = \dfrac{\Gamma(1.5+1)}{\Gamma(0.5)} = \dfrac{1.5\Gamma(1.5)}{\Gamma(0.5)} = \dfrac{1.5\Gamma(0.5+1)}{\Gamma(0.5)} = \dfrac{1.5 \times 0.5\Gamma(0.5)}{\Gamma(0.5)} = \dfrac{3}{4}$.

例11 计算下列积分

（1）$\displaystyle\int_0^{+\infty} x^3 \mathrm{e}^{-x}\mathrm{d}x$;　　　　　　（2）$\displaystyle\int_0^{+\infty} x^{r-1}\mathrm{e}^{-\lambda x}\mathrm{d}x.$

解　（1）$\displaystyle\int_0^{+\infty} x^3 \mathrm{e}^{-x}\mathrm{d}x = \Gamma(4) = 3! = 6;$

　　（2）$\displaystyle\int_0^{+\infty} x^{r-1}\mathrm{e}^{-\lambda x}\mathrm{d}x \xrightarrow{\text{令}\, t=\lambda x} \frac{1}{\lambda}\int_0^{+\infty}\left(\frac{t}{\lambda}\right)^{r-1}\mathrm{e}^{-t}\mathrm{d}t = \frac{1}{\lambda^r}\int_0^{+\infty} t^{r-1}\mathrm{e}^{-t}\mathrm{d}t = \frac{\Gamma(r)}{\lambda^r}.$

Γ 函数的另一种形式：

在 Γ 函数中令 $x = t^2$，有　$\Gamma(r) = 2\displaystyle\int_0^{+\infty} t^{2r-1}\mathrm{e}^{-t^2}\mathrm{d}t.$

当 $r = \dfrac{1}{2}$ 时，$\Gamma\left(\dfrac{1}{2}\right) = 2\displaystyle\int_0^{+\infty}\mathrm{e}^{-t^2}\mathrm{d}t = \sqrt{\pi}$，　即 $\displaystyle\int_0^{+\infty}\mathrm{e}^{-t^2}\mathrm{d}t = \dfrac{\pi}{2}$——泊松分布.

练习题 4-3

1. 下列解法是否正确？为什么？

$$\int_{-1}^2 \frac{1}{x}\mathrm{d}x = \ln|x|\,\big|_{-1}^2 = \ln 2 - \ln 1 = \ln 2.$$

2. 下列反常积分是否收敛？若收敛，算出它的值.

（1）$\displaystyle\int_0^{+\infty}\mathrm{e}^{-2x}\mathrm{d}x$;　　　　（2）$\displaystyle\int_1^{+\infty}\frac{1}{x^4}\mathrm{d}x$;　　　　（3）$\displaystyle\int_e^{+\infty}\frac{\ln x}{x}\mathrm{d}x$;

（4）$\displaystyle\int_0^{+\infty}\frac{1}{x^2+1}\mathrm{d}x$;　　　（5）$\displaystyle\int_0^{+\infty} x\mathrm{e}^{-x}\mathrm{d}x$;　　　（6）$\displaystyle\int_0^{+\infty}\mathrm{e}^{-x}\sin x\mathrm{d}x$;

（7）$\displaystyle\int_0^1\frac{1}{\sqrt{x}}\mathrm{d}x$;　　　　　（8）$\displaystyle\int_0^1\frac{\arcsin x}{\sqrt{1-x^2}}\mathrm{d}x$;　　（9）$\displaystyle\int_0^1\frac{x}{\sqrt{1-x^2}}\mathrm{d}x.$

3. 证明反常积分 $\displaystyle\int_1^2\frac{\mathrm{d}x}{(x-1)^q}$ 当 $q<1$ 时收敛；当 $q\geq 1$ 时发散.

4. 在一次口服给药的情况下，血药浓度 c 与时间 t 的关系曲线常用如下函数表示：$c = \dfrac{k_a F D}{V(k_a - k)}(\mathrm{e}^{-kt} - \mathrm{e}^{-k_a t})$，其中 k, k_a, V, F, D 均为正的常数，试求 $c\text{-}t$ 曲线下的总面积 AUC.

第四节　定积分的应用

定积分的定义导出有四步：先将区间 $[a,b]$ 分割成 n 个长度为 Δx_i 的小区间 $[x_{i-1}, x_i]$（$i = 1, 2, \cdots, n$）；然后在每个小区间上任取一点 ξ_i，作近似代替 $\Delta A_i \approx f(\xi_i)\Delta x_i$；再求积分和 $\displaystyle\sum_{i=1}^n f(\xi_i)\Delta x_i$；最后取极限 $\displaystyle\lim_{\lambda \to 0}\sum_{i=1}^n f(\xi_i)\Delta x_i$ 抽象为定积分 $\displaystyle\int_a^b f(x)\mathrm{d}x$. 也就是"分割、近似、求和、取极限"的方法.

若细致分析一下，具体问题只要抓住如下三步便可：

（1）据问题的具体情况，选取一个变量例如 x 为积分变量，并确定它的变化区间 $[a,b]$；

（2）设想把区间 $[a,b]$ 分成 n 个小区间，取其中任一小区间并记为 $[x, x+\mathrm{d}x]$，求出相应于这小区间的部分量 ΔA 的近似值，ΔA 表示为 $[a,b]$ 上的一个连续函数在 x 处的值 $f(x)$ 与 dx 的乘积，$\Delta A = f(x)dx$；其中 $f(x)dx$ 称为量 A 的**微元**，记为 dA，即 $dA = f(x)dx$；

（3）以所求量 A 的微元 $f(x)dx$ 为被积表达式，在区间 $[a,b]$ 上作定积分，得 $A = \int_a^b f(x)dx$，即为所求量 A 的积分表达式．这个方法通常叫作**微元法**．

一、平面图形的面积

用微元法不难将下列图形面积表示为定积分．

（1）曲线 $y = f(x)$（$f(x) \geqslant 0$），$x = a$，$x = b$ 及 Ox 轴所围图形，如图 4-11 所示，面积微元 $dA = f(x)dx$，面积 $A = \int_a^b f(x)dx$．

（2）由上、下两条曲线 $y = f(x)$，$y = g(x)$（$f(x) \geqslant g(x)$）及直线 $x = a$，$x = b$ 所围成的图形，如图 4-12 所示，面积微元 $dA = [f(x) - g(x)]dx$，面积 $A = \int_a^b [f(x) - g(x)]dx$．

（3）由左右两条曲线 $x = \psi(y)$，$x = \varphi(y)$ 及 $y = c$，$y = d$ 所围成图形，如图 4-13 所示，面积微元（注意这时就应取横条矩形 dA，即取 y 为积分变量）$dA = [\varphi(y) - \psi(y)]dy$，面积 $A = \int_c^d [\varphi(y) - \psi(y)]dy$．

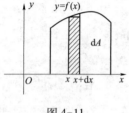

图 4-11

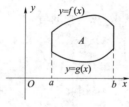

图 4-12

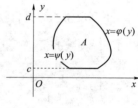

图 4-13

例 1 求两条抛物线 $y^2 = x$，$y = x^2$ 所围成的图形的面积．

解 （1）画出图形简图（图 4-14）并求出曲线交点以确定积分区间：

解方程组 $\begin{cases} y = x^2 \\ y^2 = x \end{cases}$，得交点 $(0,0)$ 及 $(1,1)$．

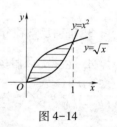

图 4-14

（2）选择积分变量，写出面积微元，本题取竖条或横条作 dA 均可，习惯上取竖条，即取 x 为积分变量，x 变化范围为 $[0,1]$，于是 $dA = (\sqrt{x} - x^2)dx$．

（3）将 A 表示成定积分，并计算 $A = \int_0^1 (\sqrt{x} - x^2)dx = \left[\frac{2}{3}x^{\frac{3}{2}} - \frac{1}{3}x^3 \right]_0^1 = \frac{1}{3}$（面积单位）．

一般地，求解面积问题的步骤为：

（1）作草图，求曲线的交点，确定积分限；

（2）写出积分公式；

（3）计算定积分．

例 2 求 $y^2 = 2x$ 及 $y = x - 4$ 所围成图形面积．

解 作图（图 4-15）．

求出交点坐标 $A(2,-2)$，$B(8,4)$．以 x 为积分变量，则所求面积为

$$A = \int_0^2 (\sqrt{2x} - (-\sqrt{2x}) \, dx + \int_2^8 [\sqrt{2x} - (x - 4)] \, dx$$

$$= 2\sqrt{2} \times \frac{2}{3} x^{\frac{3}{2}} \Big|_0^2 + \left[\sqrt{2} \times \frac{2}{3} x^{\frac{3}{2}} - \frac{x^2}{2} + 4x\right]_2^8 = 18.$$

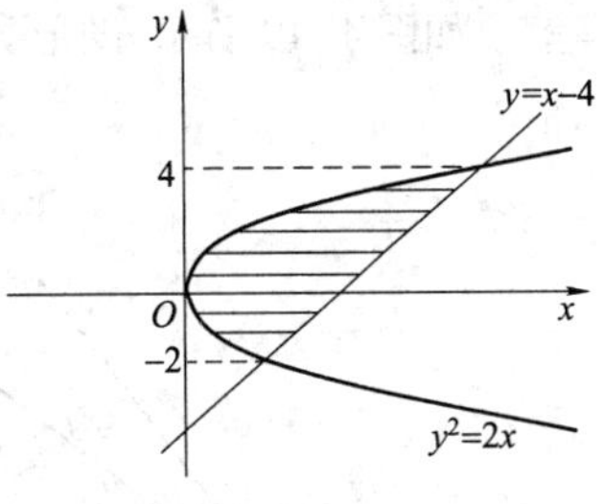

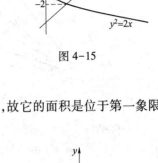

图 4-15

若以 y 为积分变量, 则 $A = \int_{-2}^4 \left(y + 4 - \frac{y^2}{2}\right) dy = \left[\frac{y^2}{2} + 4y - \frac{y^3}{6}\right]_{-2}^4 = 18.$

从此例看出, 适当选取积分变量, 会给计算带来方便.

例3 求椭圆 $\frac{x^2}{a^2} + \frac{y^2}{b^2} = 1$ 的面积.

解 如图 4-16 所示, 由于椭圆关于 x 轴与 y 轴都是对称的, 故它的面积是位于第一象限内的面积的 4 倍.

$$A = 4\int_0^a y \, dx = 4\int_0^a \frac{b}{a}\sqrt{a^2 - x^2} \, dx$$

$$\xrightarrow{\Leftrightarrow x = a\sin t} \frac{4b}{a}\int_0^{\frac{\pi}{2}} a^2 \cos^2 t \, dt = 4ab \int_0^{\frac{\pi}{2}} \frac{1 + \cos 2t}{2} dt = \pi ab.$$

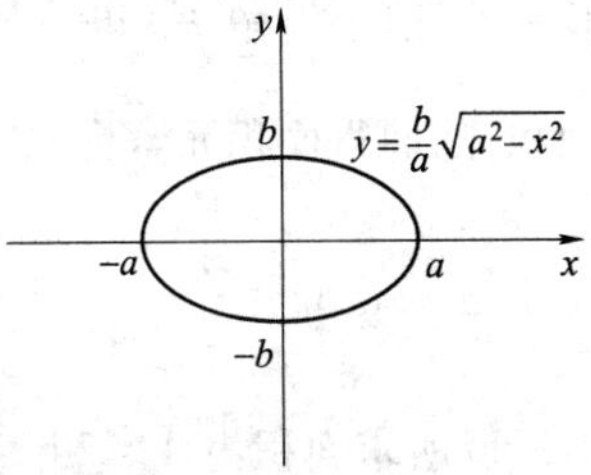

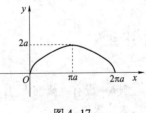

图 4-16

在例 3 中, 若写出椭圆的参数方程

$$\begin{cases} x = a\cos t \\ y = b\sin t \end{cases} \quad (0 \leqslant t \leqslant 2\pi),$$

应用换元公式得

$$A = 4\int_{\frac{\pi}{2}}^0 b\sin t(-a\sin t) \, dt = 4ab \int_0^{\frac{\pi}{2}} \sin^2 t \, dt = 4ab \int_0^{\frac{\pi}{2}} \frac{1 - \cos 2t}{2} dt = \pi ab.$$

一般地, 若曲线由参数方程 $x = \varphi(t), y = \psi(t)$ $(\alpha \leqslant t \leqslant \beta)$ 给出, 其中 $\varphi(t), \psi(t)$ 及 $\varphi'(t)$ 在 $[\alpha, \beta]$ 上连续, 记 $\varphi(\alpha) = a, \varphi(\beta) = b$, 则由此曲线与两直线 $x = a, x = b$ 及 x 轴所围图形的面积为 $A = \int_\alpha^\beta |\psi(t)| \varphi'(t) \, dt.$

例4 求由摆线 $x = a(t - \sin t), y = a(1 - \cos t)$ 的一拱 $(0 \leqslant t \leqslant 2\pi)$ 与横轴所围图形 (图 4-17) 的面积.

$$A = \int_0^{2\pi} a(1 - \cos t) a(1 - \cos t) \, dt$$

$$= 2a^2 \int_0^\pi \left(2\sin^2 \frac{t}{2}\right)^2 dt \quad (\Leftrightarrow \frac{t}{2} = \theta)$$

$$= 16a^2 \int_0^{\frac{\pi}{2}} \sin^4 \theta \, d\theta$$

$$= -16a^2 \int_0^{\frac{\pi}{2}} \sin^3 \theta \, d\cos\theta$$

$$= -16a^2 \left(\sin^3\theta\cos\theta \Big|_0^{\frac{\pi}{2}} - \int_0^{\frac{\pi}{2}} \cos\theta \, 3\sin^2\theta\cos\theta \, d\theta\right) = 16a^2 \cdot \frac{3}{4} \cdot \frac{\pi}{4} = 3\pi a^2.$$

图 4-17

一般地, 在极坐标下, 求由曲线 $r = r(\theta)$ 及两条射线 $\theta = \alpha, \theta = \beta$ $(\alpha < \beta$ 是常数) 所围成可以得曲边扇形 (图 4-18) 面积的公式为 $A = \frac{1}{2}\int_\alpha^\beta r^2(\theta) \, d\theta.$

例5（心形线所围面积） 求心形线 $r = a(1 + \cos\theta)$ $(a > 0)$ 所围图形的面积.

解 如图 4-19 所示，图形关于极轴对称，因此，所求图形的面积 A 是极轴以上部分面积 A_0 的两倍.

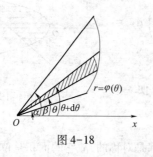
图 4-18

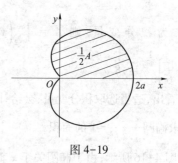
图 4-19

对于极轴以上部分的图形，取极角 θ 为积分变量，它的变化区间为 $[0, \pi]$. 相应于 $[0, \pi]$ 上的任一小区间的 $[\theta, \theta + \mathrm{d}\theta]$ 图形面积近似等于半径为 $r = a(1 + \cos\theta)$，而中心角为 $\mathrm{d}\theta$ 的圆扇形的面积，从而得面积元素为 $\mathrm{d}A = \dfrac{1}{2}a^2(1 + \cos\theta)^2\mathrm{d}\theta$.

于是
$$A_0 = \frac{1}{2}a^2\int_0^{\pi}(1 + \cos\theta)^2\mathrm{d}\theta = \frac{1}{2}a^2\int_0^{\pi}\left(\frac{3}{2} + 2\cos\theta + \frac{1}{2}\cos 2\theta\right)\mathrm{d}\theta = \frac{3}{4}\pi a^2.$$

所以所求面积为 $A = 2A_0 = \dfrac{3}{4}\pi a^2$（面积单位）.

二、体积

（一）已知平行截面面积的立体体积

设空间某立体夹在垂直于 x 轴的两平面 $x = a, x = b$ $(a < b)$ 之间（图 4-20）.

以 $A(x)$ 表示过 x $(a < x < b)$，且垂直于 x 轴的截面面积. 若 $A(x)$ 为已知的连续函数，则相应于 $[a, b]$ 的任一子区间 $[x, x + \mathrm{d}x]$ 上的薄片的体积近似于底面积为 $A(x)$，高为 $\mathrm{d}x$ 的柱体体积. 从而得这立体的体积微元

$$\mathrm{d}V = A(x)\mathrm{d}x.$$

所求体积为

$$V = \int_a^b A(x)\mathrm{d}x.$$

例6 设有一截锥体，其高为 h，上下底均为椭圆，椭圆的轴长分别为 $2a, 2b$ 和 $2A, 2B$，求这截锥体的体积.

解 取截锥体的中心线为 t 轴（图 4-21），即取 t 为积分变量，其变化区间为 $[0, h]$. 在 $[0, h]$ 上任取一点 t，过 t 且垂直于 t 轴的截面面积记为 πxy. 容易算出

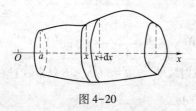
图 4-20

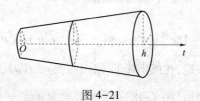
图 4-21

$$x = a + \frac{A-a}{h}t, \quad y = b + \frac{B-b}{h}t.$$

所以这截锥体的体积为

$$V = \int_0^h \pi\left(a + \frac{A-a}{h}t\right)\left(b + \frac{B-b}{h}t\right)dt$$

$$= \frac{\pi h}{6}\left[aB + Ab + 2(ab + AB)\right].$$

例7 半径为 R 的正圆柱体被通过其底的直径并与底面成 a 角的平面所截,得一圆柱楔(图 4-22),求其体积.

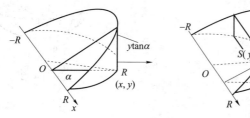

图 4-22

解1 截面积 $A(x) = \frac{1}{2}(R^2 - x^2)\tan\alpha$,

$$V = \int_{-R}^R A(x)dx = \int_{-R}^R \frac{1}{2}(R^2 - x^2)\tan\alpha dx = \frac{2}{3}R^3\tan\alpha.$$

解2 截面积 $S(y) = 2y\sqrt{R^2 - y^2}\tan\alpha$,

$$V = \int_0^R S(y)dy = \int_0^R 2y\sqrt{R^2 - y^2}\tan\alpha dy = \frac{2}{3}R^3\tan\alpha.$$

由公式 $V = \int_a^b A(x)dx$ 知:两个高相同的立体,如果等高处的横截面面积相同,则其体积也相等.这个原理早为我国梁代数学家祖暅发现,称之为**祖暅原理:夫叠棋为立体,缘幂势既同,则积不容异.** 幂——截面面积,势——高.

(二) 旋转体的体积

旋转体是一类特殊的已知平行截面面积的立体,容易导出它的计算公式.

由连续曲线 $y=f(x)$, $x \in [a,b]$ 绕 x 轴旋转一周所得的旋转体(图 4-23).由于过 $x(a \le x \le b)$ 轴,且垂直于 x 轴的截面是半径等于 $f(x)$ 的圆,截面面积为 $A(x) = \pi f^2(x)$. 所以这旋转体的体积为

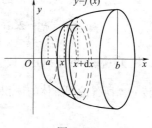

图 4-23

$$V = \pi \int_a^b f^2(x)dx. \qquad (4-11)$$

类似地,由连续曲线 $x=\varphi(y)$, $y \in [c,d]$ 绕 y 轴旋转一周所得旋转体(图 4-24)的体积为

$$V = \pi \int_c^d \varphi^2(y)dy. \qquad (4-12)$$

例8 计算由椭圆 $\frac{x^2}{a^2} + \frac{y^2}{b^2} = 1$ 所围成的图形绕 x 轴和 y 轴旋转一周而成的旋转体(旋转椭球体)的体积.

解 如图 4-25 所示,取 x 为积分变量,它的变化区间为 $[-a,a]$. 对于 $[-a,a]$ 上的任一小区间 $[x,x+\mathrm{d}x]$,相应部分图形的体积近似等于以 $\dfrac{b}{a}\sqrt{a^2-x^2}$ 为底面半径、$\mathrm{d}x$ 为高的圆柱体的体积,

从而得体积微元为 $\mathrm{d}A=\dfrac{\pi b^2}{a^2}(a^2-x^2)\mathrm{d}x$.

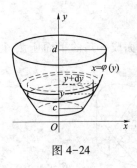

图 4-24

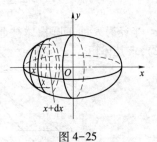

图 4-25

因此,绕 x 轴旋转时,椭球体体积为

$$V=\int_{-a}^{a}\frac{\pi b^2}{a^2}(a^2-x^2)\mathrm{d}x=2\int_{0}^{a}\frac{\pi b^2}{a^2}(a^2-x^2)\mathrm{d}x$$

$$=\frac{2\pi b^2}{a^2}\left[a^2x-\frac{x^3}{3}\right]_{0}^{a}=\frac{4}{3}\pi ab^2\ (\text{体积单位}).$$

类似地,绕 y 轴旋转时,椭球体体积为

$$V=\int_{-b}^{b}\frac{\pi a^2}{b^2}(b^2-y^2)\mathrm{d}y=2\int_{0}^{b}\frac{\pi a^2}{b^2}(b^2-y^2)\mathrm{d}y^2$$

$$=\frac{2\pi a^2}{b^2}\left[b^2y-\frac{y^3}{3}\right]_{0}^{b}=\frac{4}{3}\pi a^2b\ (\text{体积单位}).$$

特别地,当 $a=b=r$ 时,即得半径是 r 的球体的体积为 $\dfrac{4}{3}\pi r^3$.

例 9 求由抛物线 $y=x^2$、直线 $x=2$ 及 x 轴所围成的平面图形绕轴旋转一周所得的体积.

解 所求体积为圆柱体的体积减去中间环状物的体积(图 4-26)

$$V=\pi\int_{0}^{4}2^2\mathrm{d}y-\pi\int_{0}^{4}(\sqrt{y})^2\mathrm{d}y=\pi\int_{0}^{4}(4-y)\mathrm{d}y=8\pi\ (\text{体积}).$$

例 10(漏斗的体积) 求直线 $y=\dfrac{R}{h}x(R>0,h>0)$,$x=0$,$x=h$,x 轴所围成的三角形绕 x 轴旋转一周所得的圆锥体的体积(图 4-27).

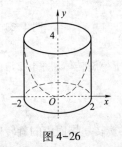

图 4-26

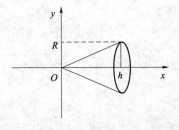

图 4-27

解 取 x 为积分变量,变化区间为 $[0,h]$,应用体积公式得到

$$V = \int_0^h \pi \left(\frac{R}{h} x \right)^2 \mathrm{d}x = \frac{1}{3} \pi R^2 h \text{ (体积单位)}.$$

三、平面曲线的弧长

设有一曲线弧段 $\overset{\frown}{AB}$,它的方程是 $y=f(x)$, $x \in [a,b]$. 如果 $f(x)$ 在 $[a,b]$ 上有连续的导数,则称弧段 $\overset{\frown}{AB}$ 是光滑的,试求这段光滑曲线的长度.

应用定积分,即采用"分割、近似、求和、取极限"的方法,可以证明:光滑曲线弧段是可求长的. 从而保证我们能用简化的方法,即微元法,来导出计算弧长的公式.

如图 4-28 所示,取 x 为积分变量,其变化区间为 $[a,b]$.相应于 $[a,b]$ 上任一子区间 $[x,x+\mathrm{d}x]$ 的一段弧的长度,可以用曲线在点 $(x,f(x))$ 处切线上相应的一直线段的长度来近似代替,这直线段的长度为 $\sqrt{(\mathrm{d}x)^2+(\mathrm{d}y)^2} = \sqrt{1+y'^2}\,\mathrm{d}x$,于是得弧长微元(也称弧微分) $\mathrm{d}s = \sqrt{1+y'^2}\,\mathrm{d}x$,

所以所求弧长为 $s = \int_a^b \sqrt{1+y'^2}\,\mathrm{d}x = \int_a^b \sqrt{1+[f'(x)]^2}\,\mathrm{d}x$ (也称为弧微分公式).

例 11 求悬链线 $y = \dfrac{e^x + e^{-x}}{2}$ 从 $x=0$ 到 $x=a$ 那一段的弧长(图 4-29).

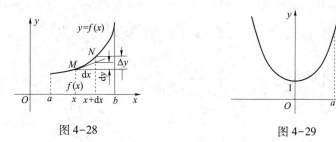

图 4-28   图 4-29

解 $y' = \dfrac{e^x - e^{-x}}{2}$ 代入弧微分公式,得 $s = \int_0^a \sqrt{1+y'^2}\,\mathrm{d}x = \int_0^a \dfrac{e^x + e^{-x}}{2}\,\mathrm{d}x = \dfrac{e^a - e^{-a}}{2}$.

例 12 牙弓长度 在口腔畸形科的临床中,确定治疗措施需考虑牙弓的形状. 牙弓曲线可以用悬链线拟合,其数学模型是 $f(x) = \dfrac{a}{2}(e^{bx} + e^{-bx})$,畸形科医生要求的是牙弓的长度,即悬链线的弧长. $f'(x) = \dfrac{ab}{2}(e^{bx} - e^{-bx})$,由弧长公式得牙弓长度为

$$L = \int_a^b \sqrt{1+y'^2}\,\mathrm{d}x = \int_a^b \sqrt{1+[f'(x)]^2}\,\mathrm{d}x = \int_a^b \sqrt{1+\left[\frac{ab}{2}(e^{bx} - e^{-bx}) \right]^2}\,\mathrm{d}x \text{ (长度单位)},$$

参数 a,b 可通过某些测量值来确定.

四、定积分在医药学上的应用

例 13 药物效力的测量 药物被患者服用后,首先由血液系统吸收,然后才能发挥它的作用,然而,并非所有的剂量都可以被吸收产生效用. 为了测量血液系统中有效药量的总量,就必须监测药物在人体尿中的排泄速率,目前在临床上已有标准测定法. 如果排泄速率为 $f(t)$(t 为时间),则在时间间隔 $[0,T]$ 内进入人体各部分的药物总量可用定积分求得.

取时间 t 为积分变量, $t \in [0, T]$. 在 $[0, T]$ 内任取一小区间 $[t, t + dt]$，由于 dt 变化不大，此期间内药物排泄速率可近似于 t 时刻的药物排泄速率 $f(t)$，所以药物排泄量微元为 $dD = f(t)dt$，在时间 $[0, T]$ 内进入人体各部分的药物总量，即药物有效剂量为

$$D = \int_0^T f(t) dt.$$

解 设某药标准排出速率函数 $f(t) = te^{-kt}(k > 0)$，其中 k 称为消除常数，则有效剂量为

$$D = \int_0^T te^{-kt}dt = \frac{-te^{-kt}}{k}\bigg|_0^T + \int_0^T \frac{1}{k}e^{-kt}dt = \frac{-Te^{-kT}}{k} - \frac{1}{k^2}\left[e^{-kt}\right]_0^T = \frac{1}{k^2} - e^{-kT}\left(\frac{T}{k} + \frac{1}{k^2}\right).$$

当 $t \to \infty$ 时，上式中第二项很小，此时药物的有效水平为 $D \approx \frac{1}{k^2}$.

例 14 血流量测定 假定长为 L，半径为 R 的一段血管，左端为相对动脉管，其血压为 p_1，右端为相对静脉管，血压为 p_2，且 $p_1 > p_2$；若血管某截面上某一点与血管中心距离为 r，其流速 $v(r) = \frac{p_1 - p_2}{4\eta L}(R^2 - r^2)$，其中，$\eta$ 为血液黏滞系数，求单位时间内，通过该截面的血流量 Q.

解 在半径为 R 的截面圆上，求出通过截面的某个圆环的血流量 ΔQ 的近似值.

如图 4-30，在 $[0, R]$ 上任取一点 r，在 $[r, r + \Delta r]$ 上圆环面积近似值为 $2\pi r \Delta r$，所以在单位时间内，区间上的血流量微元是 $dQ = v(r)2\pi r \Delta r$，于是得单位时间内通过该截面的血流量

$$Q = \int_0^R dQ = \int_0^R v(r)2\pi r dr = \int_0^R \frac{p_1 - p_2}{4\eta L}(R^2 - r^2)2\pi r dr = \frac{\pi(p_1 - p_2)}{2\eta L}\int_0^R (R^2 r - r^3)dr$$

$$= \frac{\pi(p_1 - p_2)}{2\eta L}\left(R^2 \cdot \frac{r^2}{2}\bigg|_0^R - \frac{r^4}{4}\bigg|_0^R\right) = \frac{\pi(p_1 - p_2)R^4}{8\eta L}.$$

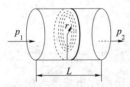 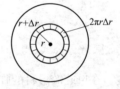

图 4-30

例 15 人口统计模型 某城市居民人口分布密度近似为 $P(r) = \frac{2}{r^2 + 18}$，其中 r(km) 是离开市中心的距离，$P(r)$ 的单位是 10 万人/平方千米，求在离市中心 10km 范围内的人口数.

解 假设从市中心画一条射线，把这条射线从 0 到 10 之间均分成若干个小区间，每个小区间确定了一个环，在 $[0, 10]$ 上任取一点 r，在 $[r, r + \Delta r]$ 上环面积近似值为 $2\pi r \Delta r$，此环内的人口数微元是 $P(r)2\pi r dr$，即在离市中心 10km 范围内的人口数为

$$N = \int_0^{10} P(r) \cdot 2\pi r dr = \int_0^{10} \frac{2}{r^2 + 18} \cdot 2\pi r dr$$

$$= 2\pi \int_0^{10} \frac{2r}{r^2 + 18}dr = 2\pi \ln(r^2 + 18) \approx 11.8083(10 万人).$$

故在离市中心 10km 范围内的人口数为 118083.

练习题 4-4

1. 求由下列曲线所围图形的面积

（1）曲线 $y=x^2$ 与直线 $x=1,x=3,y=0$；

（2）$y=\dfrac{1}{x}$ 及直线 $y=x,x=2$；

（3）$y=\dfrac{x^2}{2}$ 与 $x^2+y^2=8$（两部分均应计算）；

（4）$y=e^x,y=e^{-x}$ 与直线 $x=1$；

（5）$y=\ln x$，y 轴与直线 $y=\ln a,y=\ln b(b>a>0)$；

（6）直线 $y=x+2$ 与抛物线 $y=x^2$；

（7）抛物线 $y=-x^2+2x+3$ 与 x 轴.

2. 求由下列曲线所围成的图形，绕指定轴旋转所产生的旋转体的体积

（1）直线 $2x-y+4=0,x=0$ 及 $y=0$ 所围图形绕 x 轴；

（2）抛物线 $y^2=x$ 与 $y=x^2$ 所围图形绕 y 轴；

（3）$y=\sin x,y=\cos x$ 以及 x 轴上区间 $\left[0,\dfrac{\pi}{2}\right]$ 对应线段所围图形绕 x 轴；

3. 用弧长公式计算半径为的 R 的圆周长.

4. 某种阿司匹林药物进入血液系统的量称为有效药量，其进入速率可表示为函数
$$f(t)=0.2t(t-3)^2 \qquad (0\leqslant t\leqslant 3).$$
试求:（1）何时速率最大？这时的速率是什么？

（2）有效药量是多少？

5. 某圆形城市的人口分布密度（人/平方千米）是离开市中心的距离 $r(\mathrm{km})$ 的函数
$$P(r)=1000(8-r)\text{人/平方千米},$$
求:（1）假设城市边缘人口密度为 0，那么该圆形城市的半径 R 是多少千米？

（2）求该城市的人口总数.

┌本 章 小 结┐

定积分的计算是在不定积分的运算基础上提出来的，牛顿-莱布尼兹公式揭示了这一内在联系. 其次，定积分作为一个和式的极限，具有广泛的应用价值. 本章介绍的"微元法"给出了用定积分解决实际问题的一般方法，计算平面图形的面积、旋转体的体积等等. 最后简单介绍了定积分在医药学上的应用及反常积分. 反常积分是定积分的推广，它是极限和定积分的结合，反常积分在医学统计中也有着重要的应用.

重点:定积分的计算方法及定积分的应用.

难点:定积分的换元法，利用极坐标求平面图形的面积.

总练习题四

一、选择题

1. 设 $f(x)$ 在 $[a,b]$ 上连续,则 $f(x)$ 在 $[a,b]$ 上的平均值是(　　).

A. $\dfrac{f(b)+f(a)}{2}$;　　　B. $\displaystyle\int_b^a f(x)\,\mathrm{d}x$;　　　C. $\dfrac{1}{2}\displaystyle\int_a^b f(x)\,\mathrm{d}x$;　　　D. $\dfrac{1}{b-a}\displaystyle\int_a^b f(x)\,\mathrm{d}x$.

2. 设函数 $\varPhi(x)=\displaystyle\int_a^{x^3} f(t)\,\mathrm{d}t$, 则 $\varPhi'(x)=$ (　　).

A. $f(x)$;　　　　　B. $f(x^3)$;　　　　　C. $3x^2 f(x)$;　　　　　D. $3x^2 f(x^3)$.

3. 已知函数 $y=\displaystyle\int_0^x \dfrac{\mathrm{d}t}{(1+t)^2}$, 则 $y''(1)=$ (　　).

A. $-\dfrac{1}{2}$;　　　　　B. $-\dfrac{1}{4}$;　　　　　C. $\dfrac{1}{4}$;　　　　　D. $\dfrac{1}{2}$.

4. 设 $\displaystyle\int_0^x f(t)\,\mathrm{d}t=\dfrac{1}{2}f(x)-\dfrac{1}{2}$, 且 $f(0)=1$, 则 $f(x)=$ (　　).

A. $\mathrm{e}^{\frac{x}{2}}$;　　　　　B. $\dfrac{1}{2}\mathrm{e}^x$;　　　　　C. e^{2x};　　　　　D. $\dfrac{1}{2}\mathrm{e}^{2x}$;

5. 设 $f(x)$ 在 $[a,b]$ 上连续, $F(x)$ 是 $f(x)$ 的一个原函数,则 $\displaystyle\lim_{\Delta x\to 0}\dfrac{F(x+\Delta x)-F(x)}{\Delta x}=$ (　　).

A. $F(x)$;　　　　　B. $f(x)$;　　　　　C. 0;　　　　　D. $f'(x)$.

6. 设 $f(x)$ 是连续函数,且为奇函数,则在对称区间 $[-a,a]$ 上的定积分 $\displaystyle\int_{-a}^a f(x)\,\mathrm{d}x=$ (　　).

A. 0;　　　　　B. $2\displaystyle\int_{-a}^0 f(x)\,\mathrm{d}x$;　　　C. $\displaystyle\int_{-a}^0 f(x)\,\mathrm{d}x$;　　　D. $\displaystyle\int_0^a f(x)\,\mathrm{d}x$.

7. 利用定积分的有关性质可以得出定积分 $\displaystyle\int_{-1}^1 [(\arctan x)^{11}+(\cos x)^{21}]\,\mathrm{d}x=$ (　　).

A. $2\displaystyle\int_0^1 [(\arctan x)^{11}+(\cos x)^{21}]\,\mathrm{d}x$;　　　　B. 0;

C. $2\displaystyle\int_0^1 \cos^{21}x\,\mathrm{d}x$;　　　　D. 2.

8. 若 $\displaystyle\int_0^1 (2x+k)\,\mathrm{d}x=2$, 则 $k=$ (　　)

A. 0;　　　　　B. -1;　　　　　C. 1;　　　　　D. $\dfrac{1}{2}$.

二、判断题(指出下列叙述是否正确)

1. 定积分的值只与积分区间及被积函数有关,而与积分变量无关.　　　　　　(　　)

2. 初等函数在其定义区间内是可积的.　　　　　　　　　　　　　　　　(　　)

3. 定积分 $\displaystyle\int_a^b f(x)\,\mathrm{d}x$ 的几何意义是,介于函数 $f(x)$ 的曲线、x 轴与 $x=a$、$x=b$ 之间曲边梯形

的面积.   (   )

4. $\int_{-\infty}^{+\infty} \dfrac{x \cdot \sin x}{\sqrt{1 + x^2}} \mathrm{d}x = 0$.   (   )

5. $\dfrac{\mathrm{d}}{\mathrm{d}x} \int_0^{x^2} \dfrac{\sin t}{1 + \cos^2 t} \mathrm{d}t = \dfrac{2x \sin x^2}{1 + \cos^2 x^2}$.   (   )

6. 反常积分 $\int_a^b \dfrac{1}{(x-a)^k} \mathrm{d}x$ 收敛.   (   )

三、填空题

1. $\int_0^1 \sqrt{x\sqrt{x}}\, \mathrm{d}x = $ _____ ;

2. $\int_0^1 2^x \mathrm{e}^x \mathrm{d}x = $ _____ ;

3. $\int_{-1}^1 \dfrac{1}{1 + x^2} \mathrm{d}x = $ _____ ;

4. $\int_0^\pi (\sin x + \cos x)\,\mathrm{d}x = $ _____ ;

5. $\int_0^{\frac{\pi}{2}} \sin^2 \dfrac{x}{2}\, \mathrm{d}x = $ _____ ;

6. $\int_{-\pi}^{\pi} x^4 \sin^3 x\, \mathrm{d}x = $ _____ ;

7. $\int_1^{+\infty} \dfrac{1}{x^2}\, \mathrm{d}x = $ _____ ;

8. $\int_{-\infty}^{+\infty} \dfrac{1}{x^2 + 2x + 2}\, \mathrm{d}x = $ _____ ;

9. $\lim\limits_{x \to 0} \dfrac{\int_0^x \tan t\, \mathrm{d}t}{x} = $ _____ ;

10. 若无穷积分 $\int_1^{+\infty} \dfrac{\mathrm{d}x}{x^p}$ 收敛, 则 p _____ .

四、计算题

1. $\int_0^1 (2x^3 - 7x^2 - 3)\,\mathrm{d}x$;

2. $\int_0^2 |1 - x|\,\mathrm{d}x$;

3. $\int_0^{\frac{\pi}{2}} \sin\left(2x + \dfrac{\pi}{3}\right)\mathrm{d}x$;

4. $\int_0^1 \dfrac{\mathrm{e}^{\sqrt{x}}}{\sqrt{x}}\mathrm{d}x$;

5. $\int_0^{\frac{\pi}{2}} \dfrac{\cos x}{1 + \sin^2 x}\mathrm{d}x$;

6. $\int_0^1 \ln(1 + x^2)\,\mathrm{d}x$;

7. $\int_0^\pi x \sin 2x\, \mathrm{d}x$;

8. $\int_0^{\sqrt{3}} x \arctan x\, \mathrm{d}x$;

9. $\int_0^1 x\mathrm{e}^{-x}\,\mathrm{d}x$;

10. $\int_1^{\mathrm{e}} x \ln x\, \mathrm{d}x$.

五、问答题

1. 求由曲线 $y = \ln x$, 直线 $x = 1, x = \mathrm{e}^2$ 及 x 轴所围成的平面图形的面积.

2. 设平面区域 D 由曲线 $y = 2x^2$ 及直线 $y = 2$ 所围成, 求:

    (1) D 的面积;

    (2) D 绕 x 轴和 y 轴旋转所得旋转体的体积.

(安建平)

第五章 微分方程

第一节 微分方程的基本概念

在第三章中,我们学习过不定积分的求解,如:

$$\int \frac{dx}{x} = \ln|x| + C, \tag{5-1}$$

$$\int k dt = kt + C_1, \tag{5-2}$$

$$\int (kt + C_1) dt = \frac{1}{2}kt^2 + C_1 t + C_2, \tag{5-3}$$

其中,C、C_1 和 C_2 均为任意常数.C_1 和 C_2 不能合并而生成新的常数,此时,它们被称为独立任意常数.下面,我们来了解一个细菌繁殖模型.

引例 1 设细菌繁殖数目与时间的关系为:$N = N(t)$,并设 $t = 0$ 时,细菌数为 $N = N_0$.已知细菌的繁殖速度与当时细菌的数目成正比,试建立细菌的繁殖数目与时间的函数关系.

由于繁殖速度是细菌数目对时间的导数,于是有

$$\frac{dN}{dt} = kN(t), \tag{5-4}$$

其中, $k > 0$ 是比例系数. 将式(5-4)改写成

$$\frac{\mathrm{d}N}{N} = k\mathrm{d}t.$$

两边同时积分:

$$\int \frac{\mathrm{d}N}{N} = \int k\mathrm{d}t.$$

参看式(5-1)和式(5-2),对上式两边同时积分,积分常量可只取一个 C_1.

这样,

$$\ln|N| = kt + C_1. \tag{5-5}$$

对式(5-5)两端同时取自然对数,得: $|N| = \mathrm{e}^{kt+C_1}$,去掉绝对值后得: $N = \pm \mathrm{e}^{C_1} \mathrm{e}^{kt}$,令 $C = \pm \mathrm{e}^{C_1}$,最后得: $N = C\mathrm{e}^{kt}$, C 为任意常数.

因为, $t = 0$ 时, $N = N_0$,可得 $N_0 = C\mathrm{e}^{k\cdot 0}$,即 $C = N_0$,因此,细菌繁殖数目与时间的函数关系为

$$N = N_0 \mathrm{e}^{kt}. \tag{5-6}$$

可见,细菌数目随时间的增加而按照指数规律繁殖增长. 不过上述关系是理想环境下的增长,按照这一关系,当时间 $t \to +\infty$ 时,细菌数目 $N \to +\infty$.

引例 2 设某一物体在重力作用下从空中自由下落,若忽略空气阻力,求该物体下落的路程 S 与时间 t 之间的关系.

解 根据牛顿第二运动定律可知,路程 S 与时间 t 满足如下方程式:

$$\frac{\mathrm{d}^2 S}{\mathrm{d}t^2} = g. \tag{5-7}$$

对式(5-7)两端积分一次,得

$$v = \frac{\mathrm{d}S}{\mathrm{d}t} = \int g\mathrm{d}t = gt + C_1. \tag{5-8}$$

对式(5-8)两端再积分一次[参看式(5-3)],可得

$$S = \int \frac{\mathrm{d}S}{\mathrm{d}t} = \int (gt + C_1)\mathrm{d}t = \frac{1}{2}gt^2 + C_1 t + C_2, \tag{5-9}$$

其中, C_1 和 C_2 均为任意常数. 设运动开始时,初始速度为0,初始位移为0,即 $t = 0$ 时 $v = 0$, $S = 0$. 可知, C_1 和 C_2 均为零.

于是可得路程 S 与时间 t 之间的关系:

$$S = \frac{1}{2}gt^2. \tag{5-10}$$

通过以上两个例子看出,式(5-4)和式(5-7)可分别被改写成微分的形式,即:

$$\mathrm{d}N = kN(t)\mathrm{d}t, \tag{5-4$'$}$$

$$\mathrm{d}^2 S = g\mathrm{d}t^2. \tag{5-7$'$}$$

像这种含有未知函数的导数或微分的方程被称为**微分方程**. 上述几个方程都是非常简单的微分方程. 下面给出有关微分方程的相关概念.

1. 微分方程 指含有未知函数的导数或微分的方程.

2. 常微分方程 指未知函数是一元函数的微分方程.

3. 偏微分方程 指未知函数是多元函数的微分方程.

上述例子中式(5-4)和式(5-7)都是含有未知函数的导数的方程,式(5-4)$'$和式(5-7)$'$都

是含有未知函数的微分的方程,并且它们都是常微分方程. 而形如 $\dfrac{\partial^2 u}{\partial x^2} + \dfrac{\partial^2 u}{\partial x \partial y} + \dfrac{\partial^2 u}{\partial y^2} = 1$(其中 u 是 x,y 的二元函数)的方程则是偏微分方程. 本章只讨论常微分方程,为了方便介绍,我们将本章中的常微分方程简称为微分方程.

4. 微分方程的阶　指微分方程中出现的未知函数的导数或微分的最高阶数. 例如方程 (5-4)是一阶微分方程;方程(5-7)是二阶微分方程. 一般地,n 阶微分方程的一般形式是 $F(x, y, y', \cdots y^{(n)}) = 0$. 在这个方程中,$y^{(n)}$ 是必须出现的,而 $x, y, y', \cdots, y^{(n-1)}$ 则可以不出现.

5. n 阶线性微分方程　指微分方程 $F(x, y, y', \cdots y^{(n)}) = 0$ 的左端是 $y, y', y'', \cdots, y^{(n)}$ 的一次有理整式. 如 $y' = 3x$ 和 $y' - x + 2y = \cos x$ 都是一阶线性微分方程;而 $y'' = 2$ 和 $y'' + 2y' - 3y = 1$ 则是二阶线性微分方程. 不是线性的微分方程称为非线性微分方程,例如 $(1 + y^2)dx + (1 + x^2)dy = 0$ 是一阶非线性微分方程;而 $y'' + a\sin y = 0$ 是二阶非线性微分方程.

6. 微分方程的解　指把某个(或某些)函数代入微分方程能使该微分方程成为恒等式的函数. 可以验证,式(5-5)和式(5-6)都是微分方程(5-4)的解;式(5-9)和式(5-10)都是微分方程(5-7)的解. 其中,形如式(5-5)、式(5-9)这样含有独立任意常数且任意常数的个数与微分方程的阶数相同的解,称为微分方程的通解;而在特定条件支持下,可确定式(5-5)和式(5-9)中的任意常数,进而得出形如式(5-6)、式(5-10)这样的解则称为特解;同时,用于确定通解中任意常数的条件称为初始条件.

初始条件一般写成:

$$x = x_0 \text{ 时 } y = y_0, \text{ 或 } y\big|_{x=x_0} = y_0.$$

式中,x_0、y_0 都是给定的值;对于二阶微分方程,用来确定任意常数的条件可表示为

$$x = x_0 \text{ 时 } y = y_0, y' = y_0',$$

或写成

$$y\big|_{x=x_0} = y_0, \quad y'\big|_{x=x_0} = y_0'.$$

式中,x_0、y_0、y_0' 都是给定的值. 上面两个引例中,$t = 0$ 时,$N = N_0$,和 $t = 0$ 时,$v = 0$,$S = 0$ 都是初始条件,它们还可被写成 $N\big|_{t=0} = N_0$ 和 $S\big|_{t=0} = 0$,$v\big|_{t=0} = 0$.

7. 一阶微分方程的初值问题　指求一阶微分方程 $F(x, y, y') = 0$ 满足初始条件 $y\big|_{x=x_0} = y_0$ 的特解的问题. 记作

$$\begin{cases} F(x, y, y') = 0, \\ y\big|_{x=x_0} = y_0. \end{cases} \tag{5-11}$$

微分方程通解的图形是一簇曲线,叫作微分方程的积分曲线. 初值问题(5-11)的几何意义就是求微分方程通过点 (x_0, y_0) 的那条积分曲线. 二阶微分方程的初值问题为

$$\begin{cases} F(x, y, y', y'') = 0, \\ y\big|_{x=x_0} = y_0, y'\big|_{x=x_0} = y_0'. \end{cases} \tag{5-12}$$

初值问题(5-12)的几何意义则是求上述微分方程通过点 (x_0, y_0) 且在该点处的切线斜率为 y_0' 的那条积分曲线.

例 1　求微分方程 $y' = x^4$ 的通解.

解　将原式改写成

$$\frac{dy}{dx} = x^4.$$

对上式两端同时积分,得 $y = \displaystyle\int x^4 dx$,通解即为 $y = \dfrac{1}{5}x^5 + C$,其中,C 为任意常数.

例 2　验证函数 $y = k_1 e^{2x} + k_2 e^{-2x}$（$k_1, k_2$ 是任意常数）是二阶微分方程 $y'' - 4y = 0$ 的通解.

解　要验证函数是否是一个微分方程的通解，只需将函数及其导数代入该微分方程中，判断方程式是否为恒等式，然后再看通解中所含独立的任意常数的个数是否与方程的阶数相同，即可. 具体如下：

分别求出函数 $y = k_1 e^{2x} + k_2 e^{-2x}$ 的一阶导数和二阶导数，即

$$y' = 2k_1 e^{2x} - 2k_2 e^{-2x},$$
$$y'' = 4k_1 e^{2x} + 4k_2 e^{-2x}.$$

把它们代入原微分方程中，得

$$y'' - 4y = 4k_1 e^{2x} + 4k_2 e^{-2x} - 4k_1 e^{2x} - 4k_2 e^{-2x} = 0,$$

方程恒等，故函数 $y = k_1 e^{2x} + k_2 e^{-2x}$ 是所给微分方程的解. 又因为这个解中含有两个独立的任意常数，任意常数的个数与微分方程的阶数相同，所以它是原微分方程的通解.

例 3　求解以下初值问题：

$$\begin{cases} y' = 3x^2, \\ y|_{x=1} = 2. \end{cases}$$

解　将 $y' = 3x^2$ 改写成：$\dfrac{dy}{dx} = 3x^2$. 对上式两端同时积分，得 $y = \displaystyle\int 3x^2 dx = x^3 + C$，再将初始条件 $y|_{x=1} = 2$ 代入通解 $y = x^3 + C$ 中，求得 $C = 1$，从而得到初值问题的解 $y = x^3 + 1$.

例 4　验证 $y = k_1 \ln x + k_2$（k_1, k_2 是任意常数）是 $xy'' + y' = 0$ 的通解，并求满足初始条件 $y|_{x=1} = 0, y'|_{x=1} = 2$ 的特解.

解　分别求出函数 $y = k_1 \ln x + k_2$ 的一阶导数和二阶导数，即

$$y' = \frac{k_1}{x},$$
$$y'' = -\frac{k_1}{x^2}.$$

把它们代入原微分方程中，得

$$x\left(-\frac{k_1}{x^2}\right) + \frac{k_1}{x} = 0,$$

方程恒等，故函数 $y = k_1 \ln x + k_2$ 是所给微分方程的解. 又因为这个解中含有两个独立的任意常数，任意常数的个数与微分方程的阶数相同，所以它是原微分方程的通解. 将所给的初始条件代入通解中，得

$$k_1 = 2, \quad k_2 = 0.$$

于是，所求特解即为

$$y = 2\ln x.$$

练习题 5-1

1. 指出下列微分方程的阶数.

(1) $(y')^2 + x^2 yy' - 2e^x = 2$；　　　　(2) $y'' + 3x - xy = 1$；

(3) $2x dy - y + \sin x dx = 0$；　　　　(4) $(x^3 + y^3) d^2 y + (y - 1) dx^2 = 0$.

2. 判断下列各微分方程是否为线性微分方程.

(1) $y' + \dfrac{y}{x} = 2$;

(2) $2x\mathrm{d}y - (y^2 + \sin x)\mathrm{d}x = 0$;

(3) $y'' = \dfrac{x}{y} + \dfrac{y}{x}$;

(4) $\cos x\mathrm{d}y = \sin y\mathrm{d}x$.

3. 验证指定函数是否为所给微分方程的解.

(1) $y' = \dfrac{y}{x} + 2x$, $y = 2x^2 + x$;

(2) $y'' + y = 0$, $y = 2\sin x + 3\cos x$;

(3) $y' - y^2 = 1$, $y = \tan(x + 3)$;

(4) $y'' - 2y' + y = 0$, $y = x^2 \mathrm{e}^x$.

4. 试求下列微分方程的通解.

(1) $y' = 2x + 3$;

(2) $y'' = 5x$.

5. 求解以下微分方程的初值问题.

(1) $\begin{cases} y' = 4x^3, \\ y|_{x=1} = 2; \end{cases}$

(2) $\begin{cases} y'' = 2, \\ y|_{x=0} = 1, y'|_{x=0} = 1. \end{cases}$

第二节 一阶微分方程的解法

一、可分离变量的微分方程

如果一个一阶微分方程能够写成一端只含有 y 的表达式(通常在方程的左端),另一端只含有 x 的表达式(通常在方程的右端),即

$$g(y)\,\mathrm{d}y = f(x)\mathrm{d}x, \tag{5-13}$$

那么该方程就称为可分离变量的微分方程. 求解这种类型的微分方程,首先对微分方程(5-13)式两端同时积分,可得

$$\int g(y)\,\mathrm{d}y = \int f(x)\,\mathrm{d}x.$$

设 $g(y)$,$f(x)$ 的原函数分别为 $G(y)$,$F(x)$,于是有

$$G(y) = F(x) + C.$$

由上式所确定的隐函数 $y = y(x)$ 就是微分方程(5-13)的通解.

例 1 试判断下列方程中是否为可分离变量的微分方程,若是将其分离变量.

(1) $y' = 2xy$;

(2) $2x + 7x^3 - y' = 0$;

(3) $(x + y^3)\mathrm{d}x - xy\mathrm{d}y = 0$;

(4) $y' = \dfrac{x}{y} + \dfrac{y}{x}$.

解 (1) 是,$\dfrac{1}{y}\mathrm{d}y = 2x\mathrm{d}x$;

(2) 是, $\mathrm{d}y = (2x + 7x^3)\mathrm{d}x$;

(3) 不是;

(4) 不是.

例 2 求微分方程 $\dfrac{\mathrm{d}y}{\mathrm{d}x} - 2xy = 0$ 的通解.

解 分离变量,得

$$\frac{\mathrm{d}y}{y} = 2x\mathrm{d}x.$$

两边积分,得

$$\ln|y| = x^2 + C_1,$$

其中, C_1 是任意常数, 于是

$$y = Ce^{x^2},$$

这里 $C = \pm e^{C_1} \neq 0$. 显然, 当 $C = 0$ 时, $y = 0$ 也是方程的解, 从而上式通解中的 C 可以为任意常数, 则原方程的通解可写为: $y = Ce^{x^2}$ (C 为任意常数).

一般地, 为了运算方便, 我们可以将上述等式 $\ln|y| = x^2 + C_1$ 中的 $\ln|y|$ 形式上记为 $\ln y$, 而将 C 形式上记为 $\ln C$, 则有 $\ln y = x^2 + \ln C$, 这样也可得 $y = Ce^{x^2}$ (要注意此处的 C 为任意常数). 可见此形式解与上述所得的最终结果是一致的. 因此以后凡是遇到此类情况, 均可按照此方法处理, 即 $\ln|y|$ 形式上记为 $\ln y$, 而将 C 形式上记为 $\ln C$.

例 3　求微分方程 $y' = y^2 \cos x$ 的通解.

解　分离变量, 得

$$\frac{\mathrm{d}y}{y^2} = \cos x \mathrm{d}x,$$

上式中的 $y \neq 0$. 对上式两边积分, 得

$$-\frac{1}{y} = \sin x + C,$$

则原方程的通解为

$$y = -\frac{1}{\sin x + C} \ (C \text{ 为任意常数}).$$

此外, 方程还有解 $y = 0$.

例 4　求微分方程 $y\ln x \mathrm{d}x + x\ln y \mathrm{d}y = 0$ 的通解.

解　分离变量, 得

$$\frac{\ln y \mathrm{d}y}{y} = -\frac{\ln x \mathrm{d}x}{x}.$$

两边积分, 得

$$\int \frac{\ln y \mathrm{d}y}{y} = -\int \frac{\ln x \mathrm{d}x}{x},$$

$$\int \ln y \mathrm{d}\ln y = -\int \ln x \mathrm{d}\ln x.$$

于是

$$\frac{(\ln y)^2}{2} = -\frac{(\ln x)^2}{2} + C_1,$$

化简得

$$(\ln y)^2 + (\ln x)^2 = C \ (\text{令 } C = 2C_1, \ C \text{ 为任意常数}).$$

注: 微分方程通解中代表性函数的形式可以是隐函数.

例 5　求微分方程 $x(1 + y^2)\mathrm{d}x - (1 + x^2)y\mathrm{d}y = 0$ 的通解.

解　分离变量, 得

$$\frac{y\mathrm{d}y}{(1 + y^2)} = \frac{x\mathrm{d}x}{(1 + x^2)}.$$

两边积分, 得

$$\int \frac{y\mathrm{d}y}{(1+y^2)} = \int \frac{x\mathrm{d}x}{(1+x^2)}.$$

于是

$$\int \frac{\frac{1}{2}\mathrm{d}(y^2+1)}{(1+y^2)} = \int \frac{\frac{1}{2}\mathrm{d}(x^2+1)}{(1+x^2)},$$

$$\ln(1+y^2) = \ln(1+x^2) + \ln C.$$

化简得 $1+y^2 = C(1+x^2)$. 则原方程的通解可写为

$$y^2 = C(1+x^2) \ (C \text{ 为任意常数}).$$

例 6 某日清晨,郊外野地发现一具尸体,当时气温 15℃,尸体温度 26℃,假设死者刚刚死亡时体温是 37℃.根据物理学知识可知,物体温度降低的速率与其自身温度和周围介质的温度差成正比. 如果假设该问题中比例系数为-2/小时,那么该如何推断此人的死亡时间呢?

解 我们知道人体在死亡后,温度调节功能随即消失,体温逐渐降低. 这样可以借助尸体温度与空气温度的比较,利用上述物理学知识判定该人的死亡时间. 设环境气温为 E,尸体温度为 T,其随时间 t 的变化率为 $\dfrac{\mathrm{d}T}{\mathrm{d}t}$,而人体冷却速率 $\dfrac{\mathrm{d}T}{\mathrm{d}t}$ 与其和所处环境的温度差 $(T-E)$ 成正比,即有

$$\frac{\mathrm{d}T}{\mathrm{d}t} = k(T-E),$$

其中,k 为比例系数.

对该微分方程分离变量,由已知得

$$\frac{\mathrm{d}T}{T-15} = -2\mathrm{d}t.$$

两边积分,得

$$\int \frac{\mathrm{d}T}{T-15} = \int -2\mathrm{d}t,$$

则有

$$\int \frac{\mathrm{d}(T-15)}{T-15} = \int -2\mathrm{d}t,$$

即

$$\ln(T-15) = -2t + C_1,$$

$$T-15 = \mathrm{e}^{-2t+C_1} = \mathrm{e}^{C_1}\mathrm{e}^{-2t} = C\mathrm{e}^{-2t}, \ \diamondsuit \ C = \mathrm{e}^{C_1}.$$

于是,原方程的通解为

$$T = C\mathrm{e}^{-2t} + 15 \ (C \text{ 为任意常数}).$$

又 $t=0, T=37$,可得常数 $C=22$.

于是,原方程的特解为

$$T = 22\mathrm{e}^{-2t} + 15.$$

由于已知发现死者时,尸体温度是 26℃,也即

$$26 = 22\mathrm{e}^{-2t} + 15 \Rightarrow t = \frac{\ln 2}{2},$$

故发现此死者时,他已经死亡 $\dfrac{\ln 2}{2} \approx 0.35$ 小时.

指数变化规律

一般地,如果某变量 Q 关于时间的变化率与该变量当时的数量成正比,且该比例在初始时刻 $t = 0$ 处的数量为 Q_0,那么,该变量关于时间的发展关系就呈现出指数增长规律. 可如下表示:

若 $\dfrac{\mathrm{d}Q}{\mathrm{d}t} = rQ$,且 $Q(0) = Q_0$,则 $Q = Q_0 \mathrm{e}^{rt}$.

式中,Q_0 是初始时刻 $t = 0$ 处 $Q(t)$ 的数量;r 是系数;也是连续复合增长率($r > 0$,常用小数表示);t 是时间;$Q(t)$ 是时刻 t 处的数量.

需要注意的是,不要把 r(指数增长规律中的常数系数,即增长率)与 $\dfrac{\mathrm{d}Q}{\mathrm{d}t}$(变量 Q 关于时间的变化率)相互混淆. 如果 $r > 0$,那么 $\dfrac{\mathrm{d}Q}{\mathrm{d}t} > 0$,即变量 Q 随时间 t 递增,该变量的变化就呈现出指数增长规律.

另外,如果 $r < 0$,那么 $\dfrac{\mathrm{d}Q}{\mathrm{d}t} < 0$,即变量 Q 随时间 t 递减,此时该变量以指数衰减规律变化.

例 7 Malthus 人口增长模型

18 世纪末,英国人 Malthus 在研究了百余年的人口统计资料后认为,在人口自然增长的过程中,净相对增长率(出生率减去死亡率为净增长率)是常数. 并且,Malthus 认为人口总数的变化率与人口的总数 N 成正比. 例如假设人口净增长率 b 和净死亡率 d 均为常数,则净相对增长率 $r = b - d$ 也是一个常数. 于是可建立 Malthus 人口增长模型:

$$\begin{cases} \dfrac{\mathrm{d}N}{\mathrm{d}t} = rN, \\ N(t_0) = N_0. \end{cases}$$

于是,利用上述结果,该方程的解为

$$N(t) = N_0 \mathrm{e}^{r(t - t_0)}.$$

一旦知道某变量的变化率与该变量当时的数量成正比,我们就可利用指数增长规律判定该变量将按照指数增长规律发展,并可以运用上述的内容直接写出结果,而无须再求解微分方程. 如本例便是如此. 指数增长和衰减规律可以应用到很多领域的研究,诸如人口增长、胰岛素注射入糖尿病患者体内后量的变化、放射性元素的衰减、自然资源的枯竭等.

例 8 ^{14}C(放射性碳 14)年龄测定法

在某遗址,考古学家发现一座古墓,里面一具尸体骨骼中 ^{14}C 的连续复合衰减率是 0.0001238,也就是 $r = -0.0001238$,因为衰减也就意味着连续复合率是负值,即 ^{14}C 按指数衰减规律变化. 如果该骨骼中 ^{14}C 的含量是现在正常人的 10%,试估测该古墓中尸体死亡的年代.

根据上面内容,我们可知,人体骨骼中 ^{14}C 含量随时间的变化关系是

$$Q = Q_0 \mathrm{e}^{-0.0001238t}.$$

该具尸体骨骼中 ^{14}C 的含量是现在正常人的 10%,故

$$0.1Q_0 = Q_0 \mathrm{e}^{-0.0001238t}.$$

化简后,两端同时取自然对数,得

$$t = \frac{\ln 0.1}{-0.0001238} \approx 18600 \text{ 年}$$

因此,该古墓中的尸体大约死于 18600 年前.

二、齐次方程

形如

$$\frac{\mathrm{d}y}{\mathrm{d}x} = f\left(\frac{y}{x}\right) \tag{5-14}$$

的一阶微分方程称为**齐次方程**. 其中, $f\left(\frac{y}{x}\right)$ 是 $\frac{y}{x}$ 的连续函数. 这里的齐次是指方程中每一项关于 x, y 的次数都是相等的. 一般地,齐次方程可通过变量替换,转化为可分离变量的微分方程后再进行求解. 即令

$$u = \frac{y}{x}, u = u(x) \text{ 或 } y = ux,$$

其中, $u = u(x)$ 是新的未知函数,由于 $y = ux$, 故

$$\frac{\mathrm{d}y}{\mathrm{d}x} = x\frac{\mathrm{d}u}{\mathrm{d}x} + u.$$

代入原方程,可化为

$$x\frac{\mathrm{d}u}{\mathrm{d}x} + u = f(u),$$

$$x\frac{\mathrm{d}u}{\mathrm{d}x} = f(u) - u.$$

可看出,经过变量替换,原微分方程转化成了可分离变量的微分方程.

变量分离后可得

$$\frac{\mathrm{d}u}{f(u) - u} = \frac{\mathrm{d}x}{x}.$$

两边积分

$$\int \frac{\mathrm{d}u}{f(u) - u} = \int \frac{\mathrm{d}x}{x}.$$

求出积分后,再以 $\frac{y}{x}$ 代替 u, 便得原齐次方程的通解.

例 9 求微分方程 $\frac{\mathrm{d}y}{\mathrm{d}x} = \frac{y}{x} + \tan\frac{y}{x}$ 满足初始条件 $y|_{x=1} = \frac{\pi}{6}$ 的特解.

解 原微分方程是一个典型的齐次方程. 令 $u = \frac{y}{x}$, 则 $\frac{\mathrm{d}y}{\mathrm{d}x} = x\frac{\mathrm{d}u}{\mathrm{d}x} + u$, 原方程可化为

$$x\frac{\mathrm{d}u}{\mathrm{d}x} + u = u + \tan u.$$

分离变量,得

$$\frac{\mathrm{d}u}{\tan u} = \frac{\mathrm{d}x}{x}.$$

两边积分,得

$$\int \frac{\mathrm{d}u}{\tan u} = \int \frac{\mathrm{d}x}{x},$$

$$\int \cot u \, \mathrm{d}u = \ln x,$$

$$\ln \sin u = \ln x + \ln C,$$

即 $\sin u = Cx$，将 $u = \dfrac{y}{x}$ 回代，则得到原方程的通解

$$\sin \frac{y}{x} = Cx \, (C \text{ 为任意常数}).$$

利用初始条件 $y\big|_{x=1} = \dfrac{\pi}{6}$，可得 $C = \dfrac{1}{2}$，从而原微分方程的特解为 $\sin \dfrac{y}{x} = \dfrac{1}{2}x$.

例 10　求微分方程 $\dfrac{\mathrm{d}y}{\mathrm{d}x} = \dfrac{x-y}{x+y}$.

解　该微分方程不能进行变量分离，也没有像例 9 那样有着齐次方程的典型表达，不过通过观察，可以发现，对该方程的右端进行改写，从而得

$$\frac{\mathrm{d}y}{\mathrm{d}x} = \frac{1 - \dfrac{y}{x}}{1 + \dfrac{y}{x}}.$$

这样就变形成为了一个齐次方程，然后便可以按照齐次方程的变量替换方法进行处理. 令 $u = \dfrac{y}{x}$，则 $\dfrac{\mathrm{d}y}{\mathrm{d}x} = x\dfrac{\mathrm{d}u}{\mathrm{d}x} + u$，上述方程可化为

$$x\frac{\mathrm{d}u}{\mathrm{d}x} + u = \frac{1-u}{1+u}.$$

化简得

$$x\frac{\mathrm{d}u}{\mathrm{d}x} = \frac{1-u}{1+u} - u = \frac{1 - 2u - u^2}{1+u}.$$

显然，这是一个可分离变量的微分方程，分离变量后得

$$\frac{\mathrm{d}x}{x} = \frac{1+u}{1 - 2u - u^2}\mathrm{d}u.$$

两边积分处理后得

$$\int \frac{\mathrm{d}x}{x} = \int -\frac{1}{2} \cdot \frac{1}{1 - 2u - u^2}\mathrm{d}(1 - 2u - u^2).$$

则有

$$\ln x = -\frac{1}{2}\ln(1 - 2u - u^2) + \frac{1}{2}\ln C,$$

即

$$x^2(1 - 2u - u^2) = C.$$

再以 $\dfrac{y}{x}$ 代替 u，可得原方程的通解为

$$x^2 - 2xy - y^2 = C \, (C \text{ 为任意常数}).$$

例 11 求微分方程 $\dfrac{\mathrm{d}y}{\mathrm{d}x} = \dfrac{2xy}{x^2 + y^2}$.

解 原微分方程不能进行变量分离,与例 10 相似,它并不是齐次方程的典型表达,但通过观察,同样可以发现,如果对该方程的右端进行改写,得

$$\frac{\mathrm{d}y}{\mathrm{d}x} = \frac{2\dfrac{y}{x}}{1 + \left(\dfrac{y}{x}\right)^2},$$

从而变形成为了一个齐次方程. 令

$$u = \frac{y}{x}, \text{则} \frac{\mathrm{d}y}{\mathrm{d}x} = x\frac{\mathrm{d}u}{\mathrm{d}x} + u.$$

上述方程可化为

$$x\frac{\mathrm{d}u}{\mathrm{d}x} + u = \frac{2u}{1 + u^2}.$$

化简得

$$x\frac{\mathrm{d}u}{\mathrm{d}x} = \frac{2u}{1 + u^2} - u = \frac{2u - u - u^3}{1 + u^2} = \frac{u - u^3}{1 + u^2}.$$

显然,这是一个可分离变量的微分方程,分离变量后得

$$\frac{\mathrm{d}x}{x} = \frac{1 + u^2}{u - u^3}\mathrm{d}u.$$

两边积分处理后得

$$\int \frac{\mathrm{d}x}{x} = \int \frac{1 + u^2}{u - u^3}\mathrm{d}u = \int\left(\frac{1}{u} + \frac{1}{1 - u} - \frac{1}{1 + u}\right)\mathrm{d}u,$$

则有

$$\ln x = \ln u - \ln(1 - u) - \ln(1 + u) + \ln C,$$

即

$$x = \frac{Cu}{1 - u^2}.$$

再以 $\dfrac{y}{x}$ 代替 u,可得原方程的通解为

$$x^2 - y^2 = Cy\,(C \text{ 为任意常数}).$$

三、一阶线性微分方程

形如

$$y' + P(x)y = Q(x), \tag{5-15}$$

其中,$P(x)$,$Q(x)$ 都是 x 的已知函数,这样的微分方程叫作**一阶线性微分方程**.

若 $Q(x) \equiv 0$,方程(5-15)化为

$$y' + P(x)y = 0. \tag{5-16}$$

此时,称方程(5-16)为一阶线性齐次微分方程. 当 $Q(x) \neq 0$ 时,称方程(5-15)为一阶线性非齐次方程. 先来讨论齐次方程(5-16)的通解. 可以发现,这是一个可分离变量的微分方程. 分离变量,得

$$\frac{\mathrm{d}y}{y} = -P(x)\mathrm{d}x.$$

两边积分,得

$$\ln y = -\int P(x)\mathrm{d}x + \ln C,$$

故得齐次方程(5-16)的通解为

$$y = Ce^{-\int P(x)\mathrm{d}x}. \tag{5-17}$$

为求得非齐次方程的通解,参照齐次方程(5-16)的解法,我们将方程(5-15)化为

$$\frac{\mathrm{d}y}{y} = \frac{Q(x)}{y}\mathrm{d}x - P(x)\mathrm{d}x.$$

两边积分,得

$$\ln|y| = \int \frac{Q(x)}{y}\mathrm{d}x - \int P(x)\mathrm{d}x.$$

于是

$$y = \pm e^{\int \frac{Q(x)}{y}\mathrm{d}x} e^{-\int P(x)\mathrm{d}x}. \tag{5-18}$$

若能计算出上式右端的积分 $\int \frac{Q(x)}{y}\mathrm{d}x$,则可以求得非齐次方程(5-15)的通解. 但实际上,在

$\int \frac{Q(x)}{y}\mathrm{d}x$ 中,由于 y 是 x 的未知函数,这个积分还算不出来,不过我们知道 y 是 x 的函数,所以

$\frac{Q(x)}{y}$ 也是 x 的函数,从而 $\int \frac{Q(x)}{y}\mathrm{d}x$ 也是 x 的函数,所以不妨设:

$$\int \frac{Q(x)}{y}\mathrm{d}x = u(x).$$

可将式(5-18)化为

$$y = \pm e^{u(x)} e^{-\int P(x)\mathrm{d}x}.$$

令 $C(x) = \pm e^{u(x)}$,于是,非齐次方程(5-15)的解可表示为

$$y = C(x)e^{-\int P(x)\mathrm{d}x}, \tag{5-19}$$

式中, $C(x)$ 为 x 的待定函数. 若能确定出 $C(x)$ 的表达式,根据上述过程可知式(5-19)便是非齐次方程(5-15)的解. 至此,我们虽然仍未真正求出方程(5-15)的通解,但却找到了其通解具有的形式.

比较式(5-19)与式(5-17),会发现只需将齐次方程的通解式(5-17)中的任意常数设定为 x 的待定函数,便对应出非齐次方程(5-15)通解的形式(5-19).也就是说,如果能够明确出待定函数 $C(x)$,非齐次方程(5-15)的通解便迎刃而解.

下面确定 $C(x)$. 将 $y = C(x)e^{-\int P(x)\mathrm{d}x}$ 代入非齐次方程(5-15),应有

$$C'(x)e^{-\int P(x)\mathrm{d}x} + C(x)e^{-\int P(x)\mathrm{d}x}[-P(x)] + P(x)C(x)e^{-\int P(x)\mathrm{d}x} = Q(x),$$

即

$$C'(x)e^{-\int P(x)\mathrm{d}x} = Q(x).$$

从而

$$C(x) = \int Q(x)e^{\int P(x)\mathrm{d}x}\mathrm{d}x + C.$$

于是得到非齐次方程(5-15)的通解为

$$y = \left(\int Q(x) e^{\int P(x)dx} dx + C \right) e^{-\int P(x)dx}. \tag{5-20}$$

也可写成

$$y = C e^{-\int P(x)dx} + e^{-\int P(x)dx} \int Q(x) e^{\int P(x)dx} dx. \tag{5-21}$$

需要说明的是,在方程(5-15),即 $y' + P(x)y = Q(x)$ 两端同时乘以积分因子 $e^{\int P(x)dx}$ 后,方程左端必然是 y 和 $e^{\int P(x)dx}$ 乘积的导数,右端是 $Q(x)$ 和 $e^{\int P(x)dx}$ 的乘积,这种求解微分方程的方法被称为**积分因子法**,其中的积分因子 $e^{\int P(x)dx}$ 中的指数部分只需取任意一个原函数即可. 利用积分因子法求解一阶线性非齐次微分方程,可按照以下解题步骤进行:

(1) 将一阶线性非齐次微分方程化为标准形式 $y' + P(x)y = Q(x)$;

(2) 计算积分因子 $e^{\int P(x)dx}$,只需取任意一个原函数即可;

(3) 将原方程化为 $(y e^{\int P(x)dx})' = Q(x) e^{\int P(x)dx}$;

(4) 两边积分.

另外,从式(5-21)中可以看出,非齐次方程(5-15)的通解由两部分组成:第一项是对应齐次方程的通解,第二项是非齐次方程(5-15)的一个特解[在通解(5-21)中令 $C=0$ 便得到这个特解].实际上,一阶线性非齐次方程的通解等于对应的齐次方程的通解与非齐次方程的一个特解之和.

求解一阶线性非齐次方程,可以直接用通解公式(5-20)或(5-21),也可以按照以下步骤进行:

(1) 求出对应于式(5-15)的相应齐次方程(5-16)的通解:

$$y = C e^{-\int P(x)dx};$$

(2) 将上述通解式中的任意常数 C 变易为 x 的待定函数 $C(x)$;

(3) 将 $y = C(x) e^{-\int P(x)dx}$ 代入非齐次方程(5-15),确定出 $C(x)$,写出通解.

这种把相应的齐次方程的通解中的任意常数变易为 x 的待定函数,进而获得非齐次方程的通解的方法称为**常数变易法**.

例 12 求微分方程

$$\frac{dy}{dx} + y\cos x = e^{-\sin x}.$$

解 常数变易法

这是标准的一阶线性非齐次微分方程,根据式(5-17),先求出其对应的齐次线性方程的通解,公式中对应 $P(x) = \cos x$,则有:$y = C_1 e^{-\int \cos x dx} = C_1 e^{-\sin x}$.

然后,用常数变易法令上式中的 $C_1 = C(x)$,得

$$y = C(x) e^{-\sin x}. \tag{1}$$

对式(1)求导,得

$$y' = C'(x) e^{-\sin x} - \cos x C(x) e^{-\sin x}. \tag{2}$$

将式(1)(2)代入原题中所给的非齐次线性方程,得

$$C'(x) e^{-\sin x} = e^{-\sin x}.$$

于是

$$C(x) = x + C. \tag{3}$$

把式(3)代入式(1),得原方程的通解为

$$y = (x + C)e^{-\sin x} \ (C \ 为任意常数).$$

例 13 求微分方程

$$xy' - y = 2x\ln x.$$

解 常数变易法

这不是一个标准的一阶线性非齐次微分方程,变形后可得其标准型,即

$$\frac{\mathrm{d}y}{\mathrm{d}x} - \frac{y}{x} = 2\ln x. \tag{1}$$

根据式(5-17),先求出其对应的齐次线性方程的通解,公式中对应的 $P(x) = -\frac{1}{x}$,则有

$$y = C_1 e^{-\int -\frac{1}{x}\mathrm{d}x} = C_1 e^{\ln x} = C_1 x.$$

然后,令上式中的 $C_1 = C(x)$,得

$$y = C(x)x. \tag{2}$$

对式(2)求导,得

$$y' = C'(x)x + C(x). \tag{3}$$

将式(2)(3)代入式(1),得

$$C'(x)x + C(x) - \frac{C(x)x}{x} = 2\ln x,$$

$$C'(x) = \frac{2\ln x}{x}.$$

于是

$$C(x) = \int C'(x)\mathrm{d}x = \int \frac{2\ln x}{x}\mathrm{d}x = 2\int \ln x \mathrm{d}(\ln x) = (\ln x)^2 + C. \tag{4}$$

把式(4)代入式(2),可得原方程所求通解为

$$y = \left[(\ln x)^2 + C\right]x \ (C \ 为任意常数).$$

例 14 求微分方程

$$\frac{\mathrm{d}y}{\mathrm{d}x} + 2xy = 2xe^{-x^2}$$

的通解.

解 1 积分因子法

这是标准的一阶线性非齐次微分方程,其中 $P(x) = 2x$, $Q(x) = 2xe^{-x^2}$,积分因子为 $e^{\int P(x)\mathrm{d}x} = e^{\int 2x\mathrm{d}x} = e^{x^2}$,只取任意一个原函数.

原方程 $\frac{\mathrm{d}y}{\mathrm{d}x} + 2xy = 2xe^{-x^2}$ 两端同时乘以积分因子 e^{x^2},有

$$\frac{\mathrm{d}y}{\mathrm{d}x}e^{x^2} + 2xye^{x^2} = 2xe^{-x^2}e^{x^2}.$$

化简得 $(ye^{x^2})' = 2x$. 两边积分,得

$$ye^{x^2} = \int 2x\mathrm{d}x = x^2 + C \ (C \ 为任意常数).$$

故原一阶线性非齐次微分方程的通解为:

$$y = (x^2 + C)e^{-x^2}.$$

解 2 通解公式法

由已知，$P(x) = 2x$，$Q(x) = 2xe^{-x^2}$，代入式(5-20)，得

$$y = \left(\int 2xe^{-x^2} e^{\int 2x\mathrm{d}x} \mathrm{d}x + C \right) e^{-\int 2x\mathrm{d}x}$$

$$= \left(\int 2xe^{-x^2} e^{x^2} \mathrm{d}x + C \right) e^{-x^2}$$

$$= \left(\int 2x\mathrm{d}x + C \right) e^{-x^2}$$

$$= (x^2 + C)e^{-x^2}.$$

例 15 求微分方程

$$\frac{\mathrm{d}y}{\mathrm{d}x} - \frac{2y}{x+1} = (x+1)^{\frac{5}{2}}$$

的通解.

解 1 常数变易法

这是标准的一阶线性非齐次微分方程. 先求出对应的齐次线性方程

$$\frac{\mathrm{d}y}{\mathrm{d}x} - \frac{2y}{x+1} = 0$$

的通解.

分离变量，得

$$\frac{\mathrm{d}y}{y} = \frac{2\mathrm{d}x}{x+1}.$$

两边积分，得

$$\int \frac{\mathrm{d}y}{y} = \int \frac{2\mathrm{d}x}{x+1},$$

即

$$\ln y = 2\ln(1+x) + \ln C.$$

齐次线性方程的通解为

$$y = C(x+1)^2. \tag{1}$$

用常数变易法，令式(1)中的 $C = C(x)$，得

$$y = C(x)(x+1)^2. \tag{2}$$

对式(2)求导，得

$$y' = C'(x)(x+1)^2 + 2C(x)(x+1). \tag{3}$$

将式(2)(3)代入原题中所给的非齐次线性方程，得

$$C'(x)(x+1)^2 + 2C(x)(x+1) - \frac{2}{x+1}C(x)(x+1)^2 = (x+1)^{\frac{5}{2}},$$

$$C'(x) = (x+1)^{\frac{1}{2}}.$$

两边积分，得

$$C(x) = \frac{2}{3}(x+1)^{\frac{3}{2}} + C. \tag{4}$$

把式(4)代入式(2)中，即得原方程所求通解为

$$y = (x+1)^2 \left[\frac{2}{3}(x+1)^{\frac{3}{2}} + C \right] \quad (C \text{ 为任意常数}).$$

解2 通解公式法

由已知，$P(x) = -\dfrac{2}{x+1}$，$Q(x) = (1+x)^{\frac{5}{2}}$，代入式(5-20)，得

$$y = e^{\int \frac{2}{1+x} dx} \left(\int (1+x)^{\frac{5}{2}} e^{-\int \frac{2}{1+x} dx} dx + C \right)$$

$$= e^{2\ln(1+x)} \left(\int (1+x)^{\frac{5}{2}} e^{-2\ln(1+x)} dx + C \right)$$

$$= (1+x)^2 \left(\int (1+x)^{\frac{5}{2}} \frac{1}{(1+x)^2} dx + C \right)$$

$$= (1+x)^2 \left(\int (1+x)^{\frac{1}{2}} dx + C \right)$$

$$= (1+x)^2 \left[\frac{2}{3}(1+x)^{\frac{3}{2}} + C \right] \quad (C \text{ 为任意常数}).$$

例 16 已知 $f(x) = e^x + \displaystyle\int_0^x f(t)\,dt$，求函数 $y = f(x)$.

解 在解答含有变上限积分函数的微分方程时，可以先将方程两端同时对 x 求导，将其变为微分方程，同时还可从已知方程中发现初始条件. 具体如下：

对方程两端同时对 x 求导，得

$$f'(x) = e^x + f(x),$$

或写成

$$y' - y = e^x.$$

这是一个一阶线性非齐次微分方程，可利用通解公式法求得其通解

$$y = e^{\int 1 dx} \left(\int e^x e^{-\int 1 dx} + C \right) = e^x \left(\int e^x e^{-x} + C \right) = e^x (x+C).$$

由已知 $x = 0$ 时，$y = 1$，故可得 $C = 1$. 于是所求函数为

$$y = f(x) = e^x (x+1).$$

例 17 设某实验操作之初，容器盛有 100L 盐水，其中含有 10kg 的盐. 现以每分钟 3L 的速率注入每升 0.01kg 的淡盐水，同时以每分钟 2L 的速率抽出混合均匀的盐水，求容器内盐量的变化情况，并试求 1 小时后容器内所含的盐量.

解 设容器内盐量与时间的变化关系为 $Q = Q(t)$. 下面分析由 t 到 $t+dt$ 的一小段时间内的一个等量关系：

$$\text{容器内盐的增量} = \text{注入盐水中所含的盐量} - \text{抽出的盐水中所含的盐量} \tag{1}$$

其中，容器内盐的增量为

$$\Delta Q = dQ. \tag{2}$$

注入盐水中所含的盐量

$$0.01 \times 3 dt. \tag{3}$$

在抽出的盐水中，由于不同的时刻有不同的浓度，不过因为时间很短，所以，设时刻 t 的浓度 $\dfrac{Q(t)}{100+(3-2)t}$ 为 t 到 $t+dt$ 这段时间内每一时刻的浓度.

则抽出的盐水中所含的盐量为

$$\frac{Q(t)}{100 + t} \cdot 2dt. \tag{4}$$

于是,由式(2)、式(3)和式(4)构成用于描述式(1)的微分方程为

$$dQ = 0.03dt - \frac{2Q}{100 + t}dt,$$

即

$$\frac{dQ}{dt} + \frac{2Q}{100 + t} = 0.03.$$

可见,上式是一个一阶线性非齐次微分方程,对比式(5-15)发现,式(5-15)中的 $P(x) = \frac{2}{100 + t}$,

$Q(x) = 0.03$,两者形式较为简单,可采用通解公式法求解,得

$$Q(t) = e^{-\int \frac{2}{100+t} dt} \left(\int 0.03 e^{\int \frac{2}{100+t} dt} dt + C \right)$$

$$= e^{-2\ln(100+t)} \left(\int 0.03 e^{2\ln(100+t)} dt + C \right)$$

$$= \frac{1}{(100 + t)^2} \left(\int 0.03 (100 + t)^2 dt + C \right)$$

$$= \frac{1}{(100 + t)^2} [0.01 (100 + t)^3 + C]$$

$$= 0.01(100 + t) + \frac{C}{(100 + t)^2}.$$

根据初始条件,$t = 0$ 时,$Q = 10\text{kg}$,可得

$$10 = 1 + \frac{C}{10000},$$

则:

$$C = 9 \times 10000 = 90000\text{kg}.$$

因此,容器内盐量与时间的变化关系为

$$Q(t) = 0.01(100 + t) + \frac{90000}{(100 + t)^2}.$$

而1小时后容器内的盐量为

$$Q(t = 60) = 0.01(100 + 60) + \frac{90000}{(100 + 60)^2} \approx 5.1\text{kg}.$$

练习题 5-2

1. 求下列可分离变量微分方程的通解或特解.

(1) $\dfrac{dy}{dx} = xy - 3x$;

(2) $\dfrac{dy}{dx} = e^{x+y}$;

(3) $e^x dx + dx = \sin 2y dy$;

(4) $\cos x \sin y dy = \cos y \sin x dx$, $y \big|_{x=0} = \dfrac{\pi}{4}$.

2. 求下列齐次方程的通解.

(1) $x \dfrac{dy}{dx} = y\ln\dfrac{x}{y}$;

(2) $(x^2 + y^2)dx - xydy = 0$;

(3) $x(\ln x - \ln y)dy - ydx = 0$;

(4) $\dfrac{dy}{dx} = \dfrac{x}{y} + \dfrac{y}{x}$, $y\big|_{x=1} = 2$.

3. 求下列一阶线性微分方程的通解或特解.

(1) $dy + xydx = 0$;

(2) $2y' = e^{\frac{x}{2}} + y$;

(3) $\sin\theta \dfrac{dr}{d\theta} + (\cos\theta)r = \tan\theta,\ 0 < \theta < \dfrac{\pi}{2}$;

(4) $\tan\theta \dfrac{dr}{d\theta} + r = \sin^2\theta,\ 0 < \theta < \dfrac{\pi}{2}$.

第三节　可降阶的高阶微分方程

一、$y^{(n)} = f(x)$ 型微分方程

这一类微分方程可通过逐次积分,逐次降阶的方法进行求解. 如对其进行积分一次,有

$$y^{(n-1)} = \int f(x)\,dx + C_1.$$

再积分一次得

$$y^{(n-2)} = \int\Big[\int f(x)\,dx\Big]dx + C_1 x + C_2.$$

依此类推,如果对原微分方程 $y^{(n)} = f(x)$ 连续积分 n 次能够求得到结果,那么该结果便是原微分方程的解.

例 1　求微分方程 $y'' = x + \sin x + 1$ 的通解.

解　对所给微分方程连续积分两次,可得

$$y' = \frac{x^2}{2} - \cos x + x + C_1,$$

$$y = \frac{x^3}{6} - \sin x + \frac{x^2}{2} + C_1 x + C_2,$$

则上式即为原微分方程的通解.

例 2　求微分方程 $y''' = e^{2x} + 1$ 的通解.

解　对所给微分方程连续积分三次,可得

$$y'' = \frac{1}{2}e^{2x} + x + C_1,$$

$$y' = \frac{1}{4}e^{2x} + \frac{1}{2}x^2 + C_1 x + C_2,$$

$$y = \frac{1}{8}e^{2x} + \frac{1}{6}x^3 + \frac{C_1}{2}x^2 + C_2 x + C_3,$$

则上式即为原微分方程的通解.

例 3 求 $y''=x$ 的经过点 $M(0,1)$,且在此点与直线 $y=\dfrac{x}{2}+1$ 相切的积分曲线.

解 对所给微分方程 $y''=x$ 连续积分两次,可得

$$y'=\frac{x^2}{2}+C_1,$$

$$y=\frac{x^3}{6}+C_1 x+C_2.$$

由已知,该问题的初始条件是

$$y\big|_{x=0}=1,\qquad y'\big|_{x=0}=\frac{1}{2}.$$

于是,可得

$$C_1=\frac{1}{2},\qquad C_2=1.$$

因此,所求的积分曲线为

$$y=\frac{x^3}{6}+\frac{1}{2}x+1.$$

二、$y''=f(x,y')$ 型微分方程

这种微分方程中不显含未知函数 y ,不过考虑到 y' 也是 x 的未知函数,且 $y''=(y')'$,所以可选择 $p(x)=y'$,这样原方程变形为 $p'=f(x,p)$,它是一个以 x 为自变量,以 $p(x)$ 为未知函数的一阶微分方程. 如果能够求得这个一阶微分方程的通解 $p(x)=p(x,C_1)$,则由 $p(x)=y'$ 可得到一个一阶微分方程 $y'=p(x,C_1)$,对此方程两边积分,便得原方程 $y''=f(x,y')$ 的通解. 上述求解方法是一种变量替换法,令 $p(x)=y'$,从而将二阶微分方程转化为一阶微分方程进行求解,这也是一种降阶法. 具体过程可表述如下:

对方程

$$y''=f(x,y'). \tag{5-22}$$

令 $y'=p(x)=p$,则

$$y''=\frac{\mathrm{d}y'}{\mathrm{d}x}=\frac{\mathrm{d}p}{\mathrm{d}x}.$$

于是方程(5-22)化为

$$\frac{\mathrm{d}p}{\mathrm{d}x}=f(x,p).$$

这是一个关于变量 x,p 的一阶微分方程,设其通解为

$$p=\varphi(x,C_1).$$

于是有

$$\frac{\mathrm{d}y}{\mathrm{d}x}=\varphi(x,C_1).$$

对上式两端积分,便得到所求二阶方程(5-22)的通解

$$y=\int\varphi(x,C_1)\,\mathrm{d}x+C_2.$$

例 4 求微分方程 $y'' + \dfrac{2y'}{x} = 0$ 的通解.

解 令 $y' = p(x)$，则 $y'' = p'(x)$，于是原方程化为

$$\frac{\mathrm{d}p}{\mathrm{d}x} + \frac{2p}{x} = 0.$$

分离变量，得

$$\frac{\mathrm{d}p}{p} = \frac{-2}{x}\mathrm{d}x.$$

两端积分，得

$$\ln p = -2\ln x + \ln C_1,$$

$$p = \frac{C_1}{x^2}.$$

两端再积分，得原微分方程的通解为

$$y = -\frac{C_1}{x} + C_2.$$

例 5 求微分方程 $y'' = y' + x$，的通解.

解 令 $y' = p(x)$，则 $y'' = p'(x)$，于是原方程化为

$$\frac{\mathrm{d}p}{\mathrm{d}x} = p + x.$$

这是一个一阶线性非齐次微分方程，根据公式 $y = \left(\int Q(x)\mathrm{e}^{\int P(x)\mathrm{d}x}\mathrm{d}x + C \right)\mathrm{e}^{-\int P(x)\mathrm{d}x}$ 得

$$p = \left(\int x\mathrm{e}^{\int -1\mathrm{d}x}\mathrm{d}x + C_1 \right)\mathrm{e}^{-\int -1\mathrm{d}x}$$

$$= \mathrm{e}^x\left(\int x\mathrm{e}^{-x}\mathrm{d}x + C_1 \right)$$

$$= \mathrm{e}^x\left(-x\mathrm{e}^{-x} - \mathrm{e}^{-x} + C_1 \right)$$

$$= -(x+1) + C_1\mathrm{e}^x.$$

两端再积分，得原微分方程的通解为

$$y = \int \left[-(x+1) + C_1\mathrm{e}^x \right]\mathrm{d}x$$

$$= -\frac{x^2}{2} - x + C_1\mathrm{e}^x + C_2.$$

例 6 求微分方程

$$y'' + y'\tan x = \sin 2x.$$

解 令 $y' = p(x)$，则 $y'' = p'(x)$，于是原方程化为

$$\frac{\mathrm{d}p}{\mathrm{d}x} + p\tan x = \sin 2x.$$

这是一个一阶线性非齐次微分方程，根据公式 $y = \left(\int Q(x)\mathrm{e}^{\int P(x)\mathrm{d}x}\mathrm{d}x + C \right)\mathrm{e}^{-\int P(x)\mathrm{d}x}$ 得

$$p = \left(\int \sin 2x\mathrm{e}^{\int \tan x\mathrm{d}x}\mathrm{d}x + C_1 \right)\mathrm{e}^{-\int \tan x\mathrm{d}x}$$

$$= \mathrm{e}^{\ln\cos x}\left(\int \sin 2x\mathrm{e}^{-\ln\cos x}\mathrm{d}x + C_1 \right)$$

$$= \cos x \left(\int \sin 2x \, \frac{1}{\cos x} \mathrm{d}x + C_1 \right)$$

$$= \cos x \left(\int 2\sin x \mathrm{d}x + C_1 \right)$$

$$= \cos x \left(-2\cos x + C_1 \right).$$

两端积分,得原微分方程的通解:

$$y = \int \left(-2\cos^2 x + C_1 \cos x \right) \mathrm{d}x$$

$$= \int \left(-1 - \cos 2x + C_1 \cos x \right) \mathrm{d}x$$

$$= -x - \frac{1}{2}\sin 2x + C_1 \sin x + C_2.$$

例 7 求微分方程

$$(1 + x^2)y'' = 2xy'$$

满足初始条件 $y|_{x=0} = 1$,$y'|_{x=0} = 3$ 的特解.

解 令 $y' = p(x)$,则 $y'' = p'(x)$,于是原方程化为

$$\frac{\mathrm{d}p}{\mathrm{d}x} = \frac{2xp}{1 + x^2}.$$

分离变量,得

$$\frac{\mathrm{d}p}{p} = \frac{2x}{1 + x^2}\mathrm{d}x.$$

两端积分,得

$$\ln p = \ln(1 + x^2) + \ln C_1.$$

$$p = C_1(1 + x^2).$$

即

$$y' = C_1(1 + x^2).$$

由条件 $y'|_{x=0} = 3$ 得,$C_1 = 3.$

所以

$$y' = 3(1 + x^2).$$

两端再积分,得

$$y = x^3 + 3x + C_2.$$

又由条件 $y|_{x=0} = 1$,得 $C_2 = 1.$

故原微分方程的特解为

$$y = x^3 + 3x + 1.$$

三、$y'' = f(y, y')$ 型微分方程

微分方程

$$y'' = f(y, y') \tag{5-23}$$

中不显含自变量 x,求解方法是做变量替换 $y' = p(y) = p$,把 y 暂时看作自变量,将 y'' 化为对 y 的导数,于是由复合函数求导法则,得

$$y'' = \frac{\mathrm{d}p}{\mathrm{d}x} = \frac{\mathrm{d}p}{\mathrm{d}y} \cdot \frac{\mathrm{d}y}{\mathrm{d}x} = p\frac{\mathrm{d}p}{\mathrm{d}y}.$$

这样方程(5-23)化为

$$p\frac{\mathrm{d}p}{\mathrm{d}y} = f(y,p).$$

这是一个关于变量 y,p 的一阶微分方程,设其通解为

$$p = \varphi(y,C_1).$$

又 $p = y'$,上式可写为

$$y' = \varphi(y,C_1).$$

对上式分离变量并积分,得方程(5-23)的通解为

$$\int \frac{\mathrm{d}y}{\varphi(y,C_1)} = x + C_2.$$

例 8 微分方程 $yy'' - y'^2 = 0$ 的通解.

解 这是不显含自变量 x 的二阶微分方程,令 $y' = p(y)$,则 $y'' = p\frac{\mathrm{d}p}{\mathrm{d}y}$,原方程可化为

$$yp\frac{\mathrm{d}p}{\mathrm{d}y} - p^2 = 0.$$

即

$$p\left(y\frac{\mathrm{d}p}{\mathrm{d}y} - p\right) = 0.$$

当 $y \neq 0, p \neq 0$ 时,约去 p 并对上式分离变量,得

$$\frac{\mathrm{d}p}{p} = \frac{\mathrm{d}y}{y}.$$

两端积分,得

$$\ln p = \ln y + \ln C_1.$$

于是

$$p = C_1 y.$$

即

$$y' = C_1 y.$$

分离变量,得

$$\frac{\mathrm{d}y}{y} = C_1 \mathrm{d}x.$$

两边积分,得

$$\ln y = C_1 x + \ln C_2.$$

则原方程的通解为

$$y = C_2 e^{C_1 x}. \tag{1}$$

例 9 求微分方程

$$y'' = 2yy'$$

的通解.

解 这是不显含自变量 x 的二阶微分方程,令 $y' = p(y)$,则 $y'' = p\frac{\mathrm{d}p}{\mathrm{d}y}$,原方程可化为

$$p\frac{\mathrm{d}p}{\mathrm{d}y}=2yp.$$

当 $p=0$ 时，$y=C$；当 $p\neq0$ 时，上式即为

$$\frac{\mathrm{d}p}{\mathrm{d}y}=2y,$$

$$\mathrm{d}p=2y\mathrm{d}y.$$

两端积分，得

$$p=y^2+C_1.$$

于是

$$y'=y^2+C_1.$$

分离变量，得

$$\frac{\mathrm{d}y}{y^2+C_1}=\mathrm{d}x.$$

两端再积分，根据 C_1 的情况有如下讨论结果：

当 $C_1>0$ 时：

$$\frac{1}{\sqrt{C_1}}\arctan\left(\frac{y}{\sqrt{C_1}}\right)=x+C_2;$$

当 $C_1<0$ 时：

$$\frac{1}{2\sqrt{-C_1}}\ln\left|\frac{y-\sqrt{-C_1}}{y+\sqrt{-C_1}}\right|=x+C_3;$$

当 $C_1=0$ 时：

$$-\frac{1}{y}=x+C_4.$$

例 10 求微分方程的初值问题

$$\begin{cases}y''-\mathrm{e}^{2y}=0,\\ y\big|_{x=0}=0,\quad y'\big|_{x=0}=1.\end{cases}$$

解 令 $y'=p(y)$，则 $y''=p\dfrac{\mathrm{d}p}{\mathrm{d}y}$，则原方程可化为

$$p\frac{\mathrm{d}p}{\mathrm{d}y}=\mathrm{e}^{2y}.$$

分离变量，得

$$p\mathrm{d}p=\mathrm{e}^{2y}\mathrm{d}y.$$

两端积分，得

$$\frac{p^2}{2}=\frac{1}{2}\mathrm{e}^{2y}+C',$$

即

$$p^2=\mathrm{e}^{2y}+C_1，令\ C_1=2C'.$$

于是，利用初始条件 $y\big|_{x=0}=0,y'\big|_{x=0}=1$，可得 $C_1=0$.

因为 $p\big|_{y=0}=y'\big|_{x=0}=1>0$，所以

$$y'=p=\mathrm{e}^y,$$

$$\frac{\mathrm{d}y}{\mathrm{e}^{y}} = \mathrm{d}x.$$

再次积分得

$$-\mathrm{e}^{-y} = x + C_2.$$

而初始条件中 $y|_{x=0}=0$，这样有，$C_2=-1$.

因此所求初值问题的特解为：$1-\mathrm{e}^{-y}=x$.

需要注意的是，求解第二、三两种类型的微分方程时，降阶法所用的代换 $y'=p(x)$ 和 $y'=p(y)$ 是不同的. 前者只是替换未知函数，而不替换自变量，故有 $y''=(y'_x)'_x=p'_x$；可后者不仅换了未知函数，还换了自变量，因此，$y''=\dfrac{\mathrm{d}p}{\mathrm{d}x}=\dfrac{\mathrm{d}p}{\mathrm{d}y}\cdot\dfrac{\mathrm{d}y}{\mathrm{d}x}=\dfrac{\mathrm{d}p}{\mathrm{d}y}\cdot p'$. 我们也可看出，把 p 视为 x 的函数，还是视为 y 的函数，需要根据微分方程的具体类型进行选择，而选择的依据是：使方程降阶之后所得到的方程容易求解.

例 11 设函数 $y=y(x)(x\geqslant0)$ 二阶可导，且 $y'(x)>0$，$y(0)=1$ 过曲线 $y=y(x)$ 上任一点 $p(x,y)$ 作该曲线的切线及 x 轴的垂线（图 5-1），上述两条直线与 x 轴围城的三角形面积记为 S_1，区间 $[0,x]$ 上以 $y(x)$ 为曲边的曲边梯形面积为 S_2，且 $2S_1-S_2\equiv1$，求 $y=y(x)$ 满足的方程.

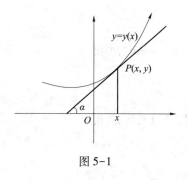

图 5-1

解 因为 $y'(x)>0,y(0)=1$，所以 $y(x)>0$. 设曲线 $y=y(x)$ 在点 $p(x,y)$ 处的切线倾角为 α，于是

$$S_1=\frac{1}{2}y^2\cot\alpha=\frac{y^2}{2y'},$$

$$S_2=\int_0^x y(t)\,\mathrm{d}t.$$

又因为 $2S_1-S_2\equiv1$，于是

$$\frac{y^2}{y'}-\int_0^x y(t)\,\mathrm{d}t\equiv1. \tag{1}$$

对式（1）两端求 x 的导数，可得

$$yy''=(y')^2. \tag{2}$$

这样，我们得到了一个 $y''=f(y,y')$ 型的微分方程式（2）. 同时，对于式（1）而言，当 $x=0$ 时，$y(0)=1$，可得 $y'(0)=1$. 于是我们得到了式（2）的初始条件.

令 $y'=p(y)$，则 $y''=p\dfrac{\mathrm{d}p}{\mathrm{d}y}$，则式（2）可化为

$$yp\frac{\mathrm{d}p}{\mathrm{d}y}=p^2.$$

分离变量，得

$$\frac{\mathrm{d}p}{p}=\frac{\mathrm{d}y}{y}.$$

两端积分，得

$$p=C_1y.$$

两端再次积分，得

$$y=C_2\mathrm{e}^{C_1x}.$$

由初始条件 $y(0)=1,y'(0)=1$,可知　　　$C_1=1,C_2=1$.

因此,所求的曲线方程为

$$y=e^x.$$

例 12 一动点的加速度与其速度的立方成正比而方向相反,比例系数为 a,初始位移为零,初始速度为 v_0,求经过时间 t 的路程 $s(t)$.

解 根据题意可建立微分方程: $s''=-a(s')^3$,并且初始条件为 $s|_{t=0}=0,s'|_{t=0}=v_0$,进而问题就转化为求该微分方程满足上述初始条件的特解. 该微分方程是一个二阶微分方程,它既不显含自变量 t,也不显含未知函数 $s(t)$,故在用降阶法时,即可令 $s'=v(t)$,也可令 $s'=v(s)$. 这里我们令 $s'=v(s)$,所以 $s''=v \cdot v'$,将它们代入原微分方程,可得

$$v \cdot \frac{\mathrm{d}v}{\mathrm{d}s}=-av^3,$$

则有

$$\frac{\mathrm{d}v}{\mathrm{d}s}=-av^2.$$

求解 $\dfrac{\mathrm{d}v}{\mathrm{d}s}=-av^2$,可得

$$\frac{1}{v}=as+C_1. \tag{1}$$

对式(1)变形,可得

$$\frac{1}{\dfrac{\mathrm{d}s}{\mathrm{d}t}}=as+C_1,$$

也即

$$(as+C_1)\mathrm{d}s=\mathrm{d}t. \tag{2}$$

将初始条件 $s|_{t=0}=0$ 和 $s'|_{t=0}=v_0$ 代入式(1),可得

$$\frac{1}{v_0}=a \cdot 0+C_1,$$

则有

$$C_1=\frac{1}{v_0}.$$

将 $C_1=\dfrac{1}{v_0}$ 代入式(2),可得

$$\left(as+\frac{1}{v_0}\right)\mathrm{d}s=\mathrm{d}t.$$

两端积分,可得

$$\frac{a}{2}s^2+\frac{1}{v_0}s=t+C_2.$$

再由初始条件 $s|_{t=0}=0$,可求得 $C_2=0$,于是,所求问题的特解为: $av_0s^2+2s=2v_0t$. 或者给出显函数的形式: $s=\dfrac{1}{av_0}(\sqrt{2av_0^2t+1}-1)$.

在上述案例题目的分析求解过程中,我们发现,它既属于 $y''=f(x,y')$ 型,又属于 $y''=f(y,y')$ 型,那么在求解类似的微分方程问题时,最好先分析一下具体的方程,选取一个适当的变换,使

求解过程尽可能简单.

练习题 5-3

1. 求下列微分方程的解.

（1）$y'''=\mathrm{e}^{2x}-\cos x$；　　　　　（2）$y^{(4)}=x\mathrm{e}^x+2$.

2. 求下列微分方程的解.

（1）$xy''+y'=0$；　　　　　（2）$y''=y'+\mathrm{e}^x$；

（3）$y''+2y'=4x$；　　　　　（4）$y''=1+(y')^2$.

3. 求下列微分方程的通解或特解.

（1）$y''-y'=0$；　　　　　（2）$y^3y''+1=0$；

（3）$y''+a^2y=0$；　　　　　（4）$yy''=2(y'^2-y')$，$y(0)=1$，$y'(0)=2$.

第四节　二阶常系数线性微分方程

一、二阶线性微分方程解的结构

与一阶微分方程相类似,我们可以定义二阶线性微分方程. 形如
$$y''+p(x)y'+q(x)y=f(x) \tag{5-24}$$
的方程称为二阶线性微分方程,其中 $p(x)$,$q(x)$,$f(x)$ 为 x 的已知函数. 若 $f(x)\equiv0$,则式(5-24)变为
$$y''+p(x)y'+q(x)y=0. \tag{5-25}$$
我们称式(5-25)为二阶齐次线性微分方程;否则,称式(5-24)为二阶非齐次线性微分方程.

1. 二阶齐次线性微分方程解的结构

定理1　设 $y_1(x)$ 与 $y_2(x)$ 是二阶齐次线性微分方程(5-25)的两个解,那么
$$y=C_1y_1(x)+C_2y_2(x)$$
也是方程(5-25)的解,其中 C_1,C_2 是任意常数.

证　将 $y=C_1y_1(x)+C_2y_2(x)$ 代入方程(5-25)的左端,注意到 $y_1(x)$ 与 $y_2(x)$ 都是方程(5-25)的解,即有
$$y_1''+p(x)y_1'+q(x)y_1=0$$
及
$$y_2''+p(x)y_2'+q(x)y_2=0.$$
于是有
$$[C_1y_1(x)+C_2y_2(x)]''+p(x)[C_1y_1(x)+C_2y_2(x)]'+q(x)[C_1y_1(x)+C_2y_2(x)]$$
$$=C_1[y_1''(x)+p(x)y_1'(x)+q(x)y_1(x)]+C_2[y_2''(x)+p(x)y_2'(x)+q(x)y_2(x)]$$
$$=C_1\cdot0+C_2\cdot0=0.$$
此式表明 $y=C_1y_1(x)+C_2y_2(x)$ 仍是方程(5-25)的解.

二阶齐次线性微分方程之解的这个性质被称为**叠加原理**,这是齐次方程所特有的,叠加后的解中含有两个任意常数,这个解是否一定就是齐次方程(5-25)的通解呢? 不一定! 例如,设 $y_1(x)$ 是齐次方程(5-25)的一个解,则 $y_2(x)=2y_1(x)$ 也是齐次方程(5-25)的一个解. 但由于

$y=(C_1+2C_2)y_1(x)=Cy_1(x)$（其中 $C=C_1+2C_2$）只含一个任意常数，显然不是齐次方程（5-25）的通解．因此，只有当 C_1 与 C_2 是两个独立任意常数时，y 才是齐次方程（5-25）的通解．为此，我们引入线性无关与线性相关这两个概念．

设函数 $y_1(x)$ 及 $y_2(x)$ 满足 $\dfrac{y_1(x)}{y_2(x)}\neq$ 常数，称函数 $y_1(x)$ 与 $y_2(x)$ **线性无关**，否则，即 $\dfrac{y_1(x)}{y_2(x)}=$ 常数，称它们**线性相关**．例如函数 e^{-2x} 与 e^x 是线性无关的，而 e^x 与 $2e^x$ 则是线性相关的．

定理2 设 $y_1(x)$ 与 $y_2(x)$ 是二阶齐次线性微分方程（5-25）的两个线性无关的解，那么

$$y=C_1y_1(x)+C_2y_2(x)$$

是方程（5-25）的通解，其中 C_1,C_2 是任意常数．

据此定理，如果能找到齐次方程的两个线性无关的特解，那么齐次方程的通解就找到了．

例1 验证 $y_1(x)=e^{-2x}$ 与 $y_2(x)=e^x$ 是二阶齐次线性微分方程 $y''+y'-2y=0$ 的两个特解，并求满足 $y|_{x=0}=1,y'|_{x=0}=2$ 的特解．

解 因为

$$y_1''+y_1'-2y_1=(e^{-2x})''+(e^{-2x})'-2e^{-2x}=4e^{-2x}-2e^{-2x}-2e^{-2x}=0,$$

同时

$$y_2''+y_2'-2y_2=(e^x)''+(e^x)'-2e^x=e^x+e^x-2e^{-2x}=0$$

且 $\dfrac{y_1(x)}{y_2(x)}=\dfrac{e^{-2x}}{e^x}=e^{-3x}\neq$ 常数，即它们是线性无关的，因此该方程的通解为

$$y=C_1e^{-2x}+C_2e^x.$$

将初始条件 $y|_{x=0}=1,y'|_{x=0}=2$ 代入上式，可得 $C_1=-\dfrac{1}{3}$，$C_2=\dfrac{4}{3}$．于是所求的特解为

$$y=-\frac{1}{3}e^{-2x}+\frac{4}{3}e^x.$$

2. 二阶非齐次线性微分方程解的结构 从第二节的式（5-21）中可以看出，非齐次方程（5-15）的通解由两部分构成：第一项是对应齐次方程的通解，第二项是非齐次方程（5-15）的一个特解，也即一阶非齐次线性方程的通解等于对应的齐次方程的通解与该非齐次方程的一个特解之和．下面我们将学习对于二阶齐次线性微分方程的通解，也有类似的结构特点．

定理3 设 $y^*(x)$ 是二阶非齐次线性微分方程（5-24）的特解，$\bar{y}(x)$ 是其对应的二阶齐次线性微分方程（5-25）的通解，则 $y=\bar{y}(x)+y^*(x)$ 是二阶非齐次线性微分方程（5-24）的通解．

证 因为 $y^*(x)$ 是二阶非齐次线性微分方程（5-24）的特解，$\bar{y}(x)$ 是其对应的二阶齐次线性微分方程（5-25）的通解，所以有

$$y^{*}{}''+p(x)y^{*}{}'+q(x)y^*=f(x) \tag{5-26}$$

及

$$\bar{y}''+p(x)\bar{y}'+q(x)\bar{y}=0. \tag{5-27}$$

将 $y=\bar{y}(x)+y^*(x)$ 代入式（5-24）的左端，可得

$$(\bar{y}+y^*)''+p(x)(\bar{y}+y^*)'+q(x)(\bar{y}+y^*)$$
$$=[\bar{y}''+p(x)\bar{y}'+q(x)\bar{y}]+[y^{*}{}''+p(x)y^{*}{}'+q(x)y^*]$$
$$=0+f(x)=f(x).$$

故，$y=\bar{y}(x)+y^*(x)$ 是二阶非齐次线性微分方程（5-24）的解．由于齐次线性微分方程（5-25）的通解中包含两个任意独立的常数，即 $y=\bar{y}(x)+y^*(x)$ 也含有两个任意独立常数，故 $y=$

$\bar{y}(x) + y^*(x)$ 是二阶非齐次线性微分方程(5-24)的通解.

二、二阶常系数齐次线性微分方程

若式(5-24)中的 $p(x)$，$q(x)$ 均为常数，则称方程

$$y'' + py' + qy = f(x) \qquad\qquad (5-28)$$

为二阶常系数线性微分方程(其中 p，q 为常数). 若 $f(x) \equiv 0$，式(5-28)成为

$$y'' + py' + qy = 0, \qquad\qquad (5-29)$$

则称式(5-29)为二阶常系数齐次线性方程. 称式(5-28)为二阶常系数非齐次线性方程.

由定理 2 可知，要找二阶齐次线性方程(5-25)的通解，只要找到它的两个线性无关的特解，然后叠加即可. 可见，求解二阶常系数齐次线性方程(5-29)的关键就是求出它的两个线性无关的特解. 不过，如何求其特解呢？

观察二阶常系数齐次线性方程(5-29)后会发现方程的构成有一个特点：未知函数 y 及其导函数 y' 和 y'' 各自乘以常数之后相加的结果等于零，即 y，y' 和 y'' 之间只相差一个常数因子，根据求导数的经验可知，由于指数函数 $y = e^{\lambda x}$ 及各阶导数彼此之间只相差一个常数因子，故猜想齐次方程(5-29)可能有形如 $y = e^{\lambda x}$ 形式的解. 若能确定具体的 λ 值，则方程(5-29)的特解便找到了.

为此，将 $y = e^{\lambda x}$，$y' = \lambda e^{\lambda x}$，$y'' = \lambda^2 e^{\lambda x}$ 代入方程(5-27)，得

$$(\lambda^2 + p\lambda + q) e^{\lambda x} = 0.$$

由于 $e^{\lambda x} \neq 0$，所以有

$$\lambda^2 + p\lambda + q = 0. \qquad\qquad (5-30)$$

因此，只要 λ 满足代数方程(5-30)，则函数 $e^{\lambda x}$ 就是微分方程(5-29)的解. 我们把代数方程(5-30)叫作微分方程(5-29)的特征方程.

特征方程(5-30)的根称为齐次方程(5-29)的特征根. 由一元二次方程根的知识可知齐次方程(5-29)的特征根有如下三种情形：

(1) 当 $p^2 - 4q > 0$ 时，特征方程有两个不相等的实根 λ_1，λ_2

$$\lambda_1 = \frac{-p + \sqrt{p^2 - 4q}}{2}, \quad \lambda_2 = \frac{-p - \sqrt{p^2 - 4q}}{2}.$$

这时 $y_1 = e^{\lambda_1 x}$ 和 $y_2 = e^{\lambda_2 x}$ 是方程(5-29)的两个特解. 因为 $\frac{y_1}{y_2} = e^{(\lambda_1 - \lambda_2)x} \neq$ 常数，所以 y_1 与 y_2 线性无关，故齐次方程(5-29)的通解为

$$y = C_1 e^{\lambda_1 x} + C_2 e^{\lambda_2 x}.$$

(2) 当 $p^2 - 4q = 0$ 时，特征方程有两个相等的实根 $\lambda_1 = \lambda_2 = \lambda$，此时只能找到齐次方程(5-29)的一个特解 $y_1 = e^{\lambda x}$，为求得它的通解，还需找到它的另一个特解 y_2，且与 y_1 线性无关，即 $\frac{y_1(x)}{y_2(x)} \neq$ 常数.

设 $\frac{y_2}{y_1} = u(x)$，即 $y_2 = e^{\lambda x} u(x)$. 下面求 $u(x)$，由于

$$y_2' = e^{\lambda x}(u' + \lambda u),$$
$$y_2'' = e^{\lambda x}(u'' + 2\lambda u' + \lambda^2 u),$$

将 y_2，y_2' 及代入微分方程(5-29)，得

$$e^{\lambda x}\left[(u'' + 2\lambda u' + \lambda^2 u) + p(u' + \lambda u) + qu\right] = 0.$$

因为 $e^{\lambda x}\neq 0$,于是有

$$u''+(p+2\lambda)u'+(\lambda^2+p\lambda+q)u=0.$$

注意到 $p+2\lambda=0$ 及 $\lambda^2+p\lambda+q=0$,于是有

$$u''=0.$$

因为我们的目的是找一个不为常数的 $u(x)$,所以不妨选取 $u=x$,从而得到微分方程(5-29)的另一个特解:

$$y=xe^{\lambda x}.$$

因此微分方程(5-29)的通解为

$$y=C_1e^{\lambda x}+C_2xe^{\lambda x}$$

或

$$y=(C_1+C_2x)e^{\lambda x}.$$

（3）当 $p^2-4q<0$ 时,特征方程有一对共轭复根 $\lambda_{1,2}=\alpha\pm i\beta(\beta\neq 0)$. 此时 $y_1=e^{(\alpha+i\beta)x}$,$y_2=e^{(\alpha-i\beta)x}$ 是方程(5-29)的的两个复值解,在实际应用中不方便,现把它改写为实值解形式. 利用欧拉公式

$$e^{i\theta}=\cos\theta+i\sin\theta.$$

于是

$$y_1=e^{(\alpha+i\beta)x}=e^{\alpha x}e^{i\beta x}=e^{\alpha x}(\cos\beta x+i\sin\beta x),$$
$$y_2=e^{(\alpha-i\beta)x}=e^{\alpha x}e^{-i\beta x}=e^{\alpha x}(\cos\beta x-i\sin\beta x),$$

根据方程解的叠加原理(**定理1**),下面的两个实值函数:

$$\overline{y}_1=\frac{1}{2}y_1+\frac{1}{2}y_2=e^{\alpha x}\cos\beta x,$$

$$\overline{y}_2=\frac{1}{2i}y_1-\frac{1}{2i}y_2=e^{\alpha x}\sin\beta x$$

仍为齐次方程(5-29)的解,且 $\dfrac{\overline{y}_1}{\overline{y}_2}=\cot\beta x\neq$ 常数,即 $\overline{y}_1$ 与 $\overline{y}_2$ 线性无关,据定理2便得到齐次方程(5-29)的通解为

$$y=e^{\alpha x}(C_1\cos\beta x+C_2\sin\beta x).$$

综上,可归纳出求解二阶常系数线性齐次方程(5-29)通解的一般步骤:

第一步,写出方程(5-29)所对应的特征方程(5-30);

第二步,求特征根;

第三步,根据特征根的情况,依照表(5-1)写出方程的通解.

表5-1 二阶常系数线性齐次方程的特征方程根与微分方程的通解

特征方程 $\lambda^2+p\lambda+q=0$ 的根		微分方程 $y''+py'+qy=0$ 的通解
不相等的实根	λ_1、λ_2	$y=C_1e^{\lambda_1 x}+C_2e^{\lambda_2 x}$
相等的实根	$\lambda_1=\lambda_2=\lambda$	$y=(C_1+C_2x)e^{\lambda x}$
共轭复根	$\lambda_{1,2}=\alpha\pm\beta i(\beta\neq 0)$	$y=e^{\alpha x}(C_1\cos\beta x+C_2\sin\beta x)$

例2 求微分方程 $y''-3y'-4y=0$ 的通解.

解 原微分方程的特征方程为

$$\lambda^2-3\lambda-4=0.$$

特征方程有不相等的实根

$$\lambda_1 = -1, \quad \lambda_2 = 4,$$

故,所求微分方程的通解为

$$y = C_1 e^{-x} + C_2 e^{4x}.$$

例 3 求微分方程

$$y'' + 2y' - 3y = 0$$

的满足初始条件 $y\big|_{x=0} = 0, y'\big|_{x=0} = 8$ 的特解.

解 原微分方程的特征方程为

$$\lambda^2 + 2\lambda - 3 = 0.$$

特征方程有不相等的实根

$$\lambda_1 = 1, \quad \lambda_2 = -3.$$

故,所求微分方程的通解为

$$y = C_1 e^x + C_2 e^{-3x}.$$

将 $y\big|_{x=0} = 0, y'\big|_{x=0} = 8$ 代入上述通解中,得

$$\begin{cases} 0 = C_1 + C_2, \\ 8 = C_1 - 3C_2. \end{cases}$$

解得

$$C_1 = 2, \quad C_2 = -2.$$

故,所求微分方程的特解为

$$y = 2(e^x - e^{-3x}).$$

例 4 求微分方程 $y'' - 2y' + y = 0$ 的通解.

解 原微分方程的特征方程为

$$\lambda^2 - 2\lambda + 1 = 0.$$

特征方程有两个相等的实根

$$\lambda_1 = \lambda_2 = 1.$$

故,所求微分方程的通解为

$$y = (C_1 + C_2 x) e^x.$$

例 5 求微分方程

$$y'' - 2\sqrt{2}\,y' + 2y = 0$$

的通解.

解 原微分方程的特征方程为

$$\lambda^2 - 2\sqrt{2}\,\lambda + 2 = 0.$$

特征方程有两个相等的实根 $\lambda_1 = \lambda_2 = \sqrt{2}$,故所求微分方程的通解为

$$y = (C_1 + C_2 x) e^{\sqrt{2}x}.$$

例 6 求微分方程

$$y'' + 2y' + 2y = 0$$

的通解.

解 原微分方程的特征方程为

$$\lambda^2 + 2\lambda + 2 = 0.$$

特征方程有两个相等的实根 $\lambda_{1,2}=-1\pm i$,故所求微分方程的通解为

$$y=e^{-x}(C_1\cos x+C_2\sin x).$$

例 7 求微分方程 $y''-6y'+13y=0$ 的满足初始条件 $y\big|_{x=0}=1,y'\big|_{x=0}=3$ 的特解.

解 特征方程为

$$\lambda^2-6\lambda+13=0.$$

特征方程有一对共轭复根 $\lambda_{1,2}=3\pm2i$,因此所求微分方程的通解为

$$y=e^{3x}(C_1\cos2x+C_2\sin2x).$$

将 $y\big|_{x=0}=1,y'\big|_{x=0}=3$ 代入上述通解中,得

$$\begin{cases} 1=C_1, \\ 3=3C_1+2C_2. \end{cases}$$

解得

$$C_1=1, \quad C_2=0.$$

故所求特解为

$$y=e^{3x}\cos2x.$$

三、二阶常系数非齐次线性微分方程

下面介绍当 $f(x)$ 为以下三种特殊形式的二阶常系数非齐次微分方程的通解,也就是说:

(1) $f(x)=P_m(x)$,其中,$P_m(x)$ 是 x 的一个 m 次多项式.

(2) $f(x)=P_m(x)e^{\gamma x}$,其中,γ 是实常数,且 $\gamma\neq0$,$P_m(x)$ 是 x 的一个 m 次多项式.

(3) $f(x)=e^{\gamma x}(A\cos wx+B\sin wx)$,其中,$A,B,\gamma,w$ 均为实常数.

下面,我们将针对上述三种类型分别进行分析.

(一) $f(x)=P_m(x)$ 型

此种情况下,二阶常系数非齐次微分方程的形式为

$$y''+py'+qy=P_m(x), \tag{5-31}$$

式中,$P_m(x)$ 是 x 的一个 m 次多项式.

当 $P_m(x)$ 为 m 次多项式时,我们知道,多项式函数的导数依然为多项式函数,并且只有多项式函数的各阶导数的线性组合才可能等于多项式,因此,我们推测方程(5-31)的一个特解可能是一个 n 次多项式函数 $Q(x)$,设 $y^*=Q(x)$,然后我们将 $Q(x)$ 代入方程(5-31),可得

$$Q''(x)+pQ'(x)+qQ(x)=P_m(x). \tag{5-32}$$

根据原方程左端各项系数 p 和 q 均为常数的特点,我们再次分别进行讨论:

(1) 当 $q\neq0$ 时,则可判断 $n=m$,因此,$Q(x)$ 应该是一个 m 次多项式,这样,我们可假设特解为

$$y^*=Q_m(x)=a_0+a_1x+a_2x^2+\cdots+a_{m-1}x^{m-1}+a_mx^m,$$

式中,a_i 为待定系数,$i=0,1,2,\cdots,m$. 再把其代入原方程(5-32),根据待定系数法确定出 a_i 的值,从而得到方程的一个特解.

(2) 当 $q=0$ 而 $p\neq0$ 时,则可判断原方程(5-32)左端 $Q'(x)$ 的最高次数等于 m,因此,$Q'(x)$ 应该是一个 m 次多项式,而 $Q(x)$ 应该是一个 $m+1$ 次多项式,也即:$n=m+1$. 这样,我们可假设特解为

$$y^*=Q_{m+1}(x)=xQ_m(x).$$

然后再运用(1)中的待定系数法,求出$Q_m(x)$的各项系数$a_i,i=0,1,2,\cdots,m$.

(3)当$q=0$且$p=0$时,则可判断原方程(5-32)左端$Q''(x)=P_m(x)$,即$Q''(x)$的最高次数等于m,因此,$Q(x)$应该是一个$m+2$次多项式,也即$n=m+2$. 这样,我们可假设特解为

$$y^* = Q_{m+2}(x) = x^2 Q_m(x).$$

同样,再运用(1)中的待定系数法,求出$Q_m(x)$的各项系数$a_i,i=0,1,2,\cdots,m$.

实际上,当$q=0$且$p=0$时,方程(5-31)就变为$y''=P_m(x)$,对于这种方程,我们前面学过,只需对其连续积分两次,就可求出通解.

综上所述,二阶常系数非齐次线性微分方程(5-31)具有形如

$$y^* = x^k Q_m(x)$$

的特解,其中,$Q_m(x)$是与$P_m(x)$具有相同最高次数(m次)的多项式函数,而k的取值有如下限制:①当$q\neq0$时,$k=0$;②当$q=0$而$p\neq0$时,$k=1$;③当$q=0$且$p=0$时,$k=2$.

例8 求微分方程$y''-y'-2y=2x+3$的通解.

解 原方程为二阶常系数非齐次微分方程,故先求其对应的齐次方程的通解$\bar{y}$,齐次方程对应的特征方程为:$\lambda^2-\lambda-2=0$,特征方程有不相等的实根

$$\lambda_1 = -1, \quad \lambda_2 = 2.$$

故,对应的齐次方程的通解为

$$\bar{y} = C_1 e^{-x} + C_2 e^{2x}.$$

下面需要求出非齐次方程的一个特解,因为$2x+3$为一次多项式函数,且$q=-2\neq0$,所以设其一个特解为$y^*=a_0+a_1x$,把其代入非齐次方程中,可得

$$(a_0+a_1x)'' - (a_0+a_1x)' - 2(a_0+a_1x) = 2x+3,$$

即

$$-2a_1x + (-2a_0-a_1) = 2x+3.$$

运用待定系数法,比较方程两端的同次幂的系数,可得

$$\begin{cases} -2a_0-a_1=3, \\ -2a_1=2. \end{cases}$$

由此得出,$a_0=-1,a_1=-1$. 于是原非齐次微分方程的一个特解为

$$y^* = -1-x.$$

从而所求原非次微分方程的通解为

$$y = \bar{y} + y^* = C_1 e^{-x} + C_2 e^{2x} - 1 - x.$$

例9 求微分方程$y''+y'=2x^2-3$满足初始条件$y|_{x=0}=0,y'|_{x=0}=0$的特解.

解 原方程为二阶常系数非齐次微分方程,故先求其对应的齐次方程的通解$\bar{y}$,齐次方程对应的特征方程为:$\lambda^2+\lambda=0$,特征方程有不相等的实根

$$\lambda_1 = -1, \quad \lambda_2 = 0.$$

故,对应的齐次方程的通解为

$$\bar{y} = C_1 e^{-x} + C_2.$$

下面需要求出非齐次方程的一个特解,因为$2x^2-3$为二次多项式函数,且$q=0,p=1\neq0$,所以取$k=1$,故设其一个特解为

$$y^* = x(a_0+a_1x+a_2x^2) = a_0x+a_1x^2+a_2x^3,$$

把其代入非齐次方程中,可得

$$(a_0x+a_1x^2+a_2x^3)'' + (a_0x+a_1x^2+a_2x^3)' = 2x^2-3,$$

即

$$(a_0+2a_1)+(2a_1+6a_2)x+3a_2x^2=2x^2-3.$$

运用待定系数法,比较方程两端的同次幂的系数,可得

$$\begin{cases} a_0+2a_1=-3, \\ 2a_1+6a_2=0, \\ 3a_2=2. \end{cases}$$

由此得出,$a_0=1, a_1=-2, a_2=\dfrac{2}{3}$. 于是原非齐次微分方程的一个特解为

$$y^*=x-2x^2+\frac{2}{3}x^3.$$

从而所求原非次微分方程的通解为

$$y=\bar{y}+y^*=C_1e^{-x}+C_2x-2x^2+\frac{2}{3}x^3.$$

根据初始条件 $y|_{x=0}=0, y'|_{x=0}=0$,可求出 $C_1=1, C_2=-1$.

因此,原非次微分方程所求的特解为

$$y=-1+x-2x^2+\frac{2}{3}x^3+e^{-x}.$$

(二) $f(x)=P_m(x)e^{\gamma x}$ 型

此种情况下,二阶常系数非齐次微分方程的形式为

$$y''+py'+qy=P_m(x)e^{\gamma x}, \tag{5-33}$$

式中,γ 是常数,且 $\gamma \neq 0$,$P_m(x)$ 是 x 的一个 m 次多项式.

通过观察可发现,方程(5-33)的右端是多项式函数与指数函数之积,而指数函数求导之后形式仍为指数函数,多项式函数的导数也依然为多项式函数,因此,我们可假设方程(5-33)的一个特解为 $y^*=R(x)e^{\gamma x}$,$R(x)$ 是任意一个 m 次多项式函数. 然后我们将 $y^*=R(x)e^{\gamma x}$ 代入方程(5-33),可得

$$R''(x)+(2\gamma+p)R'(x)+(\gamma^2+p\gamma+q)R(x)=P_m(x). \tag{5-34}$$

比较方程(5-34)与方程(5-32),我们可得出如下类似结论:

(1) 如果 γ 不是特征方程 $r^2+pr+q=0$ 的根,即 $\gamma^2+p\gamma+q\neq 0$,因为 $P_m(x)$ 是一个 m 次多项式,若使方程(5-34)两边恒等,可令 $R(x)$ 为一个 m 次多项式 $R_m(x)$:

$$R_m(x)=a_0+a_1x+a_2x^2+\cdots+a_{m-1}x^{m-1}+a_mx^m.$$

代入方程(5-34),比较两端的同次幂的系数,就可以得到以相关系数 $a_i, i=0,1,2,\cdots,m$ 作为未知量的 $m+1$ 个方程构成的方程组,从而确定相关系数的值,最后得到所求的特解 $y^*=R_m(x)e^{\gamma x}$.

(2) 如果 γ 是特征方程 $r^2+pr+q=0$ 的单根,即 $\gamma^2+p\gamma+q=0$,但 $2\gamma+p\neq 0$. 因为 $P_m(x)$ 是一个 m 次多项式,若使方程(5-34)两边恒等,则 $R'(x)$ 一定为一个 m 次多项式,于是可令:$R(x)=xR_m(x)$,并用相同的方法确定系数 $a_i, i=0,1,2,\cdots,m$ 的值,求出 $R_m(x)$.

(3) 如果 γ 是的特征方程 $r^2+pr+q=0$ 的重根,即 $\gamma^2+p\gamma+q=0$,且 $2\gamma+p=0$.

若使方程(5-34)两边恒等,则 $R''(x)$ 一定为一个 m 次多项式,于是可令:$R(x)=x^2R_m(x)$,并用相同的方法确定求出 $R_m(x)$.

综上所述,二阶常系数非齐次线性微分方程(5-33)具有形如

$$y^* = x^k R_m(x) e^{\gamma x}$$

的特解,其中,$R_m(x)$是与$P_m(x)$具有相同最高次数(m次)的多项式函数,而k与γ的取值有如下限制:①若γ不是特征方程的根,$k=0$,则特解的形式为$y^*=R_m(x)e^{\gamma x}$;②若γ是特征方程的单根,$k=1$,则特解的形式为$y^*=xR_m(x)e^{\gamma x}$;③若γ是特征方程的重根,$k=2$,则特解的形式为$y^*=x^2 R_m(x)e^{\gamma x}$.

例 10 求微分方程$y''-2y'-3y=xe^{5x}$的通解.

解 原方程为二阶常系数非齐次微分方程,故其对应的齐次方程的特征方程为

$$\lambda^2-2\lambda-3=0,$$

特征方程有不相等的实根:

$$\lambda_1=-1, \quad \lambda_2=3,$$

而且原方程是$f(x)=P_m(x)e^{\gamma x}$型,其中$P_m(x)=x,\gamma=5$,由上可见,$\gamma=5$不是特征方程的根,且$P_m(x)=x$为一次多项式,故令特解的形式为

$$y^*=(a_0+a_1 x)e^{5x},$$

代入原方程,可得:$12a_0+8a_1+12a_1 x=x.$

运用待定系数法,比较方程两端的同次幂的系数,可得

$$\begin{cases} 12a_0+8a_1=0, \\ 12a_1=1. \end{cases}$$

由此得出,$a_0=-\dfrac{1}{18},a_1=\dfrac{1}{12}.$于是原非齐次微分方程的一个特解为

$$y^*=\left(\frac{1}{12}x-\frac{1}{18}\right)e^{5x}.$$

例 11 求微分方程$y''-5y'+6y=xe^{3x}$的一个特解.

解 原方程为二阶常系数非齐次微分方程,故其对应的齐次方程的特征方程为

$$\lambda^2-5\lambda+6=0,$$

特征方程有不相等的实根:

$$\lambda_1=2, \quad \lambda_2=3.$$

而且原方程是$f(x)=P_m(x)e^{\gamma x}$型,其中的$P_m(x)=x,\gamma=3$,可见,$\gamma=3$是特征方程的单根,且$P_m(x)=x$为一次多项式,故令特解的形式为:

$$y^*=x(a_0+a_1 x)e^{3x}.$$

代入原方程,可得:$a_0+2a_1+2a_1 x=x.$

运用待定系数法,比较方程两端的同次幂的系数,可得

$$\begin{cases} a_0+2a_1=0, \\ 2a_1=1. \end{cases}$$

由此得出,$a_0=-1,a_1=\dfrac{1}{2}.$于是原非齐次微分方程的一个特解为

$$y^*=-\left(\frac{1}{2}x^2+x\right)e^{3x}.$$

例 12 求微分方程$y''-8y'+16y=xe^{4x}$的一个特解.

解 原方程为二阶常系数非齐次微分方程,故其对应的齐次方程的特征方程为:$\lambda^2-8\lambda+16=0$,特征方程有相等的实根:

$$\lambda_1 = \lambda_2 = 4,$$

故齐次方程的通解为:$\bar{y} = (C_1 + C_2 x) \mathrm{e}^{4x}$. 而且原方程是 $f(x) = P_m(x) \mathrm{e}^{\gamma x}$ 型,其中的 $P_m(x) = 2$,$\gamma = 4$,可见,$\gamma = 4$ 是特征方程的重根,且 $P_m(x) = 2$ 为零次多项式,故令特解的形式为

$$y^* = ax^2 \mathrm{e}^{4x}.$$

代入原方程,运用待定系数法,比较方程两端的同次幂的系数,可得:$a = 1$.

由此得出,原非次微分方程的一个特解为

$$y^* = x^2 \mathrm{e}^{4x}.$$

综上,原非齐次微分方程的通解为

$$y = (C_1 + C_2 x) \mathrm{e}^{4x} + x^2 \mathrm{e}^{4x}.$$

(三) $f(x) = \mathrm{e}^{\gamma x}(A\cos wx + B\sin wx)$ 型

其中,A,B,γ,w 均为实常数. 此种情况下,二阶常系数非齐次微分方程的形式为

$$y'' + py' + qy = \mathrm{e}^{\gamma x}(A\cos wx + B\sin wx). \tag{5-35}$$

式中,A,B,γ,w 均为实常数.

通过观察可发现,方程(5-35)的右端是指数函数 $\mathrm{e}^{\gamma x}$ 与正弦、余弦函数的线性组合 $A\cos wx + B\sin wx$ 之积,而指数函数求导之后形式仍为指数函数,正弦、余弦函数的线性组合的导数也依然为正弦、余弦函数的线性组合,因此,我们同样可以假设方程(5-35)的一个特解仍然为指数函数与正弦、余弦函数的线性组合之积. 类似前面的讨论,我们可以给出如下结论.

二阶常系数非齐次线性微分方程:

$$y'' + py' + qy = \mathrm{e}^{\gamma x}(A\cos wx + B\sin wx)$$

具有形如

$$y^* = x^k \mathrm{e}^{\gamma x}(a\cos wx + b\sin wx)$$

的特解,其中 a,b 为待定常系数,而参数 k 则按 γ 和 w 的情况取值,也就是说:

(1) 若 $\gamma \pm iw$ 不是特征方程的根,$k = 0$,则特解的形式为

$$y^* = \mathrm{e}^{\gamma x}(a\cos wx + b\sin wx);$$

(2) 若 $\gamma \pm iw$ 是特征方程的根,$k = 1$,则特解的形式为

$$y^* = x\mathrm{e}^{\gamma x}(a\cos wx + b\sin wx).$$

例 13 求微分方程 $y'' + 4y' = 8\cos 4x$ 的通解.

解 原方程为二阶常系数非齐次微分方程,故其对应齐次方程的特征方程为

$$\lambda^2 + 4\lambda = 0,$$

特征方程有两个不同的根:

$$\lambda_1 = -4, \quad \lambda_2 = 0,$$

故齐次方程的通解为:$\bar{y} = C_1 \mathrm{e}^{-4x} + C_2$. 而且原方程是 $f(x) = \mathrm{e}^{\gamma x}(A\cos wx + B\sin wx)$ 型,其中的 $\gamma = 0$,$w = 4$,而 $\gamma \pm iw = \pm i4$ 不是特征方程的根,故令特解的形式为

$$y^* = \mathrm{e}^{0x}(a\cos 4x + b\sin 4x) = a\cos 4x + b\sin 4x.$$

式中,a,b 为常系数,将上式代入原方程,运用待定系数法,比较方程两端的系数,可得 $(16b - 16a)\cos 4x - (16a + 16b)\sin 4x = 8\cos x$,也即

$$\begin{cases} 16b - 16a = 8, \\ 16a + 16b = 0. \end{cases}$$

由此得出,$a=-\dfrac{1}{4}$,$b=\dfrac{1}{4}$. 则原非次微分方程的一个特解为

$$y^{*}=-\frac{1}{4}\cos4x+\frac{1}{4}\sin4x.$$

综上,原二阶常系数非齐次微分方程的通解为

$$y=\bar{y}+y^{*}=C_{1}\mathrm{e}^{-4x}+C_{2}+\frac{1}{4}\left(\sin4x-\cos4x\right).$$

例 14 求微分方程 $y''+y=4\sin x$ 的通解.

解 原方程为二阶常系数非齐次微分方程,故其对应的齐次方程的特征方程为

$$\lambda^{2}+1=0,$$

特征方程有 1 对共轭复根

$$\lambda_{1,2}=\pm i,$$

故齐次方程的通解为:$\bar{y}=C_{1}\cos x+C_{2}\sin x$. 而且原方程是 $f(x)=\mathrm{e}^{\gamma x}(A\cos wx+B\sin wx)$ 型,其中的 $\gamma=0$,$w=1$,而 $\gamma\pm iw=\pm i$ 是特征方程的根,故令特解的形式为

$$y^{*}=x(a\cos x+b\sin x),$$

其中的 a,b 为常系数,将上式代入原方程,运用待定系数法,比较方程两端的系数,可得 $-2a\sin x+2b\cos x=4\sin x$,也即 $a=-2$,$b=0$.

由此得出,原非次微分方程的一个特解为

$$y^{*}=x\mathrm{e}^{0x}(-2\cos x+0\sin x)=-2x\cos x.$$

综上,原二阶常系数非齐次微分方程的通解为

$$y=\bar{y}+y^{*}=C_{1}\cos x+C_{2}\sin x-2x\cos x.$$

例 15 求微分方程 $y''+y'-2y=\mathrm{e}^{x}(\cos x-7\sin x)$ 的一个特解.

解 原方程为二阶常系数非齐次微分方程,故其对应的齐次方程的特征方程为

$$\lambda^{2}+\lambda-2=0,$$

特征方程的根为

$$\lambda_{1}=1,\quad\lambda_{2}=-2.$$

而且原方程是 $f(x)=\mathrm{e}^{\gamma x}(A\cos wx+B\sin wx)$ 型,其中的 $\gamma=1$,$w=1$,而 $\gamma\pm iw=1\pm i$ 不是特征方程的根,故令其特解的形式为

$$y^{*}=\mathrm{e}^{x}(a\cos x+b\sin x),$$

其中的 a,b 为常系数,将上式及对应的一阶、二阶导数代入原方程,运用待定系数法,比较方程两端的系数,可得

$$(-a+3b)\cos x-(3a+b)\sin x=\cos x-7\sin x,$$

也即

$$\begin{cases}-a+3b=1,\\-3a-b=-7.\end{cases}$$

解得 $a=2$,$b=1$.

由此得出,原二阶常系数非齐次微分方程的一个特解为

$$y^{*}=\mathrm{e}^{x}(2\cos x+\sin x).$$

练习题 5-4

1. 求下列二阶常系数齐次线性微分方程的通解或特解

（1）$y''+4y'+3y=0$；

（2）$y''+y'-2y=0$；

（3）$y''+4y'+4y=0$；

（4）$4y''-4y'+y=0$，$y\big|_{x=0}=1$，$y'\big|_{x=0}=2$；

（5）$y''+4y'+5y=0$；

（6）$y''+6y'+13y=0$.

2. 求下列二阶常系数非齐次线性微分方程的通解或特解

（1）$y''-5y'+6y=x+2$；

（2）$y''-4y'=48x^2+8$；

（3）$y''+y'=2x^2e^x$；

（4）$y''-7y'+10y=xe^{2x}$；

（5）$y''-6y'+9y=xe^{3x}$，$y\big|_{x=0}=1$，$y'\big|_{x=0}=3$；

（6）$y''+2y'+2y=20\sin2x$.

第五节　微分方程的应用

与其他应用数学方法类似，用微分方程解决生物医学领域中的问题，一般也遵循将实际问题简单化、抽象化，并转化为一个或多个数学表达式的过程．本节中微分方程的应用也将围绕常微分方程进行介绍．

例1　肺癌致死的关系模型

假设某地 20 年内由肺癌致死的一个微分方程模型如下：

$$\frac{\mathrm{d}D}{\mathrm{d}t}=\frac{-20.17}{t^{1.06}},\qquad 1\leqslant t\leqslant20,$$

式中，t 代表年份，并取正整数；D 代表每百万人口中的死亡人数．若当 $t=1$ 时，每百万人口中的死亡人数为 336.18，试求该地由肺癌致死的关系模型．

解　对原方程进行变量分离，即

$$\mathrm{d}D=\frac{-20.17}{t^{1.06}}\mathrm{d}t.$$

两边积分，得

$$D=\frac{-20.17}{0.06}\cdot\frac{1}{t^{0.06}}+C\approx-336.17\,\frac{1}{t^{0.06}}+C.$$

由题意，$t=1$ 时，$D=336.18$，故

$$336.18=-336.17\times\frac{1}{1^{0.06}}+C,$$

从而 $C=672.35$．因此，该地由肺癌致死的关系模型为：$D=-336.17\times\dfrac{1}{t^{0.06}}+672.35$.

例2　流行病学的数学模型

流行病学数学模型常通过某种疾病在其传播过程中各因素之间的相互关系（变量关系）来描述．下面给出流行病学中的两种条件下的数学模型．不过，在此之前，我们首先假设在总数是 N 的某一封闭人群中，均匀分布着为数不多的某流行病患者．其次，为使问题简单化，假定这种流行病不存在潜伏期，也即患者就是传染者．最后，为便于问题抽象化的显性描述，我们把该人群分成三类：①易感类，也即未被流行病感染的人群，用 S 代表其人数；②感染类，即已被流行病感染并成为感染源的人群，用 I 代表其人数；③移出类，即因患流行病而死亡、治愈或隔离的人

群,用 R 代表其人数. 当人群封闭时, $N=S+I+R$ 成立. 同时,易感类人数 S 是时间 t 的不增函数,其变化率 $\dfrac{\mathrm{d}S}{\mathrm{d}t}$ 仅与 S 本身及感染类人数 I 有关. 假定人群中个体之间的接触是均匀的,那么可以认为易感类人群的变化率 $\dfrac{\mathrm{d}S}{\mathrm{d}t}$ 与 S 和 I 之积成正比,也即

$$\frac{\mathrm{d}S}{\mathrm{d}t}=-kSI,$$

式中, k 为传染率.

(1) 无移出类流行病学简单模型　首先,考虑在任何时候都满足 $R=0$ 的情况,这种无移出模型是流行病学中的一种最简模型,适用于有高度传染力,但尚未严重到发生死亡或需要隔离的疾病,如某种上呼吸道感染疾病.

由于

$$\frac{\mathrm{d}S}{\mathrm{d}t}=-kSI,$$

又因为 $N=S+I$,所以可以得到

$$\frac{\mathrm{d}S}{\mathrm{d}t}=-kS(N-S).$$

对上式先分离变量再积分,得

$$\frac{1}{N}\ln\frac{S}{N-S}=-kt+C.$$

假定初始时刻存在 S_0 个易感类的人和 I_0 个感染类的人,即 $N=S_0+I_0$,那么我们可以明确出:

$$C=\frac{1}{N}\ln\frac{S_0}{N-S_0}=\frac{1}{N}\ln\frac{S_0}{I_0}.$$

进而

$$\frac{1}{N}\ln\frac{S}{N-S}=-kt+\frac{1}{N}\ln\frac{S_0}{I_0}.$$

则有

$$S=\frac{S_0 N}{I_0+S_0\mathrm{e}^{-Nkt}}.$$

故

$$I=\frac{I_0 N}{I_0+S_0\mathrm{e}^{-Nkt}}.$$

可以发现,若 $t\to\infty$,则 $I\to N$. 因此,在无移出类简单模型中,所有易感者都将转变成感染类. 由 $\dfrac{\mathrm{d}S}{\mathrm{d}t}=-kS(N-S)$ 可以得出,当 $S=\dfrac{N}{2}$ 时,也即当易感类人数减至原有的一半时,发病率达到峰值.

(2) 有移出类流行病学数学模型　现在考虑 $R\neq0$ 的情况. 同样,为使问题简单化,进一步假定已患该流行病的感染类人群在痊愈后可获得终身免疫力,即感染类人群病愈后就成为了永久移出类人群. 由于影响移出类人数 R 变化率 $\dfrac{\mathrm{d}R}{\mathrm{d}t}$ 的因素仅仅是感染类人数 I,所以可以认为有下式成立:

$$\frac{dR}{dt} = -cI,$$

式中, c 为移出率.

又因为我们已经假定

$$\frac{dS}{dt} = -kSI,$$

式中, k 为传染率. 并且有

$$N = S + I + R.$$

由上述三个等式, 可得

$$\frac{dI}{dt} = kSI - cI = (kS - c)I.$$

于是, 我们有

$$\frac{dI}{dS} = \frac{dI}{dt} \bigg/ \frac{dS}{dt} = \frac{(kS-c)I}{-kSI} = \frac{c-kS}{kS}.$$

对于上面这个微分方程, 我们不妨设 $I = I(S)$, 然后进行微分方程的求解. 同时假定初始时刻 $t = 0$ 时, $I(0) = I_0, S(0) = S_0, R(0) = 0$. 最后解得

$$I = \frac{c}{k} \ln \frac{S}{S_0} - S + c.$$

令 $r = \frac{c}{k}$, 并称此值为流行病的阈值. 通过 $\frac{dI}{dt} = kSI - cI = (kS-c)I$ 我们可以发现, 当 $S < r$ 时, $\frac{dI}{dt} < 0$. 即当 $S < r$ 时, I 是 t 的减函数. 也就是说, 随着时间的推移, I 不断变小. 特别地, 当 $S_0 \leqslant r$ 时, 则对一切 S, 都有 $S < r$, 在这种情况下, 流行病不会传播开去, 只有当 $S_0 > r$ 时, 流行病才会得以流行, 而在 S 减至 r 时, 传播达到峰值, 此后, 感染人数才会逐渐减少.

例 3 药物动力学模型

在药物动力学中, 常用简化的"室模型"来研究药物在体内的吸收、分布、代谢和排泄的过程. "室模型"方法是药物动力学中常用的理论分析方法, 即将机体视为一个系统, 按动力学特征把系统分成若干个"室", 药物的吸收、分布、代谢及排泄过程都在室内或室间进行, 并假设药物在室内的分布是均匀的. 最简单的室模型是把机体看作一个同质单元的室模型, 以 $x(t)$ 表示在时刻 t 的室内药量, 则在某一时刻室内药量的变化率 $\frac{dx}{dt}$ 的大小, 取决于药物由室外向室内渗透的速率 $Q_1(t)$, 以及药物由室内向室外排除的速率 $Q_2(t)$, 且有

$$\frac{dx}{dt} = Q_1 - Q_2.$$

一般来说, $Q_1(t)$ 的值与给药方式有关, 并假定 $Q_2(t)$ 满足一级速率过程(变化速率与当时的血药浓度成正比), 即 $Q_2(t) = kx$, 其中 k 为一级消除速率常数. 于是可以得到一室模型如下:

$$\frac{dx}{dt} = Q_1 - kx. \tag{5-36}$$

下面讨论模型(5-36)的几种特殊情况.

(1) 多次快速静脉注射   假设每隔 τ 时间长度, 对患者快速静脉注射一单位剂量的药物 D, 图 5-2 情况下的一室模型, 其中 $x_n(t)$ 表示第 n 次静脉注射结束即开始计时, 在时刻 t 处的室内

药量,k 为一级消除速率常数.

图 5-2

由于快速静脉注射时间短,注射结束后,药物立即进入室内(即血液循环系统),若以注射结束即开始计时的话,则 $Q_1=0$,此时方程(5-36)变为

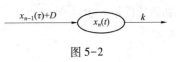

$$\frac{\mathrm{d}x_n}{\mathrm{d}t}=-kx_n \quad (n=1,2,3\cdots).$$

第一次注射时,初始条件是 $Q_1=0$,由此可得

$$x_1(t)=De^{-kt}. \tag{5-37}$$

而当 $n\geqslant 2$ 时,除了静脉注射一个单位的药物外,室内尚有上次注射所留下的残余药物,故初始条件是

$$x_n(0)=x_{n-1}(\tau)+D.$$

由此可得

$$x_n(t)=[D+x_{n-1}(\tau)]e^{-kt} \quad (n=2,3,\cdots).$$

由上式和式(5-36),依次求得

$$x_2(t)=D(1+e^{-k\tau})e^{-kt},$$

$$\cdots\cdots$$

$$\begin{aligned} x_n(t)&=D[1+e^{-k\tau}+e^{-2k\tau}+\cdots+e^{-(n-1)k\tau}]e^{-kt} \\ &=D\left(\frac{1-e^{-nk\tau}}{1-e^{-k\tau}}\right)e^{-kt} \end{aligned} \tag{5-38}$$

由于在机体内的药量 $x_n(t)$ 无法测定,因此常常用相应时间的血药浓度 $c_n(t)$ 来代替,即

$$c_n(t)=\frac{x_n(t)}{V},$$

式中,V 为室的理论容积,称作表观分布容积,则式(5-38)可改写为如下数学模型:

$$c_n(t)=c_0\left(\frac{1-e^{-nk\tau}}{1-e^{-k\tau}}\right)e^{-kt} \quad (n=1,2,\cdots),$$

式中,$c_0=\dfrac{D}{V}$是初始血药浓度,当 $n\to\infty$时,由上式可知

$$c_n(t)\to\frac{c_0e^{-kt}}{1-e^{-k\tau}}=c(t) \quad (0\leqslant t\leqslant\tau).$$

上式中的 $c(t)$ 称为稳态血药浓度,$c(t)$ 在一个给药间隔时间 $[0,\tau]$ 内的平均值为平均稳态血药浓度,其值为

$$\bar{c}=\frac{1}{\tau}\int_0^{\tau}\frac{c_0e^{-kt}}{1-e^{-k\tau}}\mathrm{d}t=\frac{c_0}{k\tau}.$$

上面介绍的多次快速静脉注射属于复杂的微分方程模型,求解过程需较高的知识要求. 下面我们介绍一个简单的快速静脉注射的例子.

(2) 静脉滴注　图 5-3 表示以恒定速率 k_0 用某种药物进行静脉滴注的一室模型,若以 D 表示在注射期间的室内药量,则方程是

图 5-3

$$\frac{\mathrm{d}x}{\mathrm{d}t}=k_0-kx_1, \tag{5-39}$$

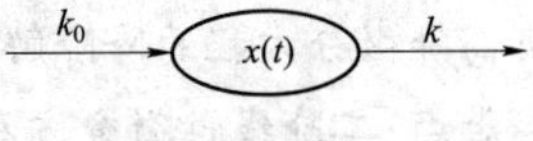

而初始条件是 $x_1(0)=0$. 解得

$$x(t)=\frac{k_0}{k}(1-e^{-kt}).$$

若假设该药物的表观分布容积,即室的理论容积为 V,则血药浓度为

$$c(t)=\frac{x}{V}=\frac{k_0}{Vk}(1-e^{-kt}).$$

如果将剂量为 D 的药物在时间 T 内滴注完毕,则输入药量的速率 k_0 为

$$k_0=\frac{D}{T}.$$

体内血药浓度为

$$c(t)=\frac{D}{VkT}(1-e^{-kt}).$$

其稳态血药浓度为

$$c_\infty=\lim_{t\to\infty}c(t)=\frac{D}{VkT}=\frac{k_0}{Vk}.$$

练习题 5-5

1. 定期抽取某游泳池水样,测得该泳池中大肠杆菌的相对繁殖速率为

$$\frac{1}{x}\cdot\frac{\mathrm{d}x}{\mathrm{d}t}=r-kx,$$

式中,$k>0$,$r>0$,均为常系数. 设初次抽样时间 $t=0$ 时,$x=x_0$. 判断该泳池中大肠杆菌的繁殖规律(细菌繁殖模型).

2. 对患者进行静脉注射某种药物,其血药浓度下降是一级速率过程,第一次注射后,经过一小时血药浓度降至初始浓度的 $\frac{\sqrt{2}}{2}$,试问要使血药浓度不低于初始浓度的一半,应该何时进行第二次注射?

本 章 小 结

本章介绍了微分方程的相关概念,主要围绕着一阶微分方程和二阶微分方程的多种不同类型进行分析,对它们的求解方法进行了较为详细的讨论,并对微分方程在医药学中的应用给予了简单的介绍.

重点:微分方程的概念、微分方程的两种类型、微分方程的阶、微分方程的通解和特解、微分方程的初值条件;可分离变量的微分方程、齐次方程、一阶线性微分方程的概念、一般形式和多种求解方法;三类可降阶的高阶微分方程的解法,也即 $y^{(n)}=f(x)$,$y''=f(x,y')$ 和 $y''=f(y,y')$ 这三类高阶微分方程的降阶解法;二阶常系数齐次线性微分方程的解法.

难点:二阶线性微分方程解的结构定理;二阶常系数非齐次线性微分方程的解法;几个医药学领域中微分方程的简单运用.

总练习题五

一、选择题

1. 下列函数中,是微分方程 $\mathrm{d}y-2x\mathrm{d}x=0$ 的解是( ).

   A. $y=2x$;　　　　B. $y=x^2$;　　　　C. $y=-2x$;　　　　D. $y=-x^2$.

2. 微分方程 $\dfrac{\mathrm{d}y}{\mathrm{d}x}-y=2$ 的通解是 $y=($).

   A. Ce^x;　　　　B. Ce^x+2;　　　　C. Ce^x-2;　　　　D. e^x.

3. 微分方程 $y\ln x\mathrm{d}x=x\ln y\mathrm{d}y$ 满足初始条件 $y\big|_{x=1}=1$ 的特解是( ).

   A. $\ln^2 x=\ln^2 y$;　　　　　　　　B. $\ln^2 x=\ln^2 y+1$;

   C. $\ln^2 x+\ln^2 y=0$;　　　　　　　D. $\ln^2 x+\ln^2 y=1$.

4. 通解为 $e^x(C_1\sin x+C_2\cos x)$ 的微分方程为( ).

   A. $y''+2y'+2y=0$;　　　　　　　　B. $y''+2y'-2y=0$;

   C. $y''-2y'-2y=0$;　　　　　　　　D. $y''-2y'+2y=0$.

5. 微分方程 $y\mathrm{d}x+(x-1)\mathrm{d}y=0$ 是( ).

   A. 可分离变量方程;　B. 一阶线性方程;　C. 齐次方程;　　　　D. 二阶线性方程.

二、填空题

1. 微分方程 $\dfrac{\mathrm{d}y}{\mathrm{d}x}=\sin\left(\dfrac{y}{x}\right)+\dfrac{x}{y}$ 的类型是_____.

2. 微分方程 $x\dfrac{\mathrm{d}y}{\mathrm{d}x}=x^3\cos x-y$ 的类型是_____.

3. 微分方程 $xy'-y\ln y=0$ 的通解是_____.

4. 微分方程 $y''+25y=0$ 的通解是_____.

5. 微分方程 $y''-3y'+2y=0$ 的通解是_____.

三、计算题

1. 求微分方程 $2x\sin y\mathrm{d}x+(x^2+1)\cos y\mathrm{d}y=0$ 满足初始条件 $y\big|_{x=1}=\dfrac{\pi}{6}$ 的特解.

2. 求齐次方程 $y^2+x^2\dfrac{\mathrm{d}y}{\mathrm{d}x}=xy\dfrac{\mathrm{d}y}{\mathrm{d}x}$ 的通解.

3. 求微分方程 $x\dfrac{\mathrm{d}y}{\mathrm{d}x}+y=xe^x$ 的通解.

4. 求微分方程 $\dfrac{\mathrm{d}y}{\mathrm{d}x}\cos x+y\sin x=1$ 的通解.

5. 求微分方程 $y''-7y'+6y=0$ 的通解.

（申笑颜）

第六章　空间解析几何

学习导引

知识要求：

1. 掌握　空间两点间的距离，向量的线性运算，向量的数量积、向量积，空间平面与直线方程、空间曲线与曲面方程的建立方法.

2. 熟悉　空间直角坐标系和空间点的直角坐标，向量的坐标表达式，常用二次曲面的方程及其图形.

3. 了解　向量的混合积及其几何意义，旋转曲面、柱面方程；空间曲线及其方程.

能力要求：

1. 熟练掌握向量加法的三角形法则和平行四边形法则；数乘向量含义及运算律；向量的数量积和向量积；向量的模和两向量的夹角；平面的点法式方程和一般式方程；点到平面的距离公式；平面与平面的夹角公式；空间直线的对称式方程和参数方程；两直线的夹角及直线与平面夹角的计算.

2. 学会应用数量积判断两向量是否垂直、应用向量积判断两向量是否平行；能根据直线的方程和平面的方程判断两者之间的关系.

第一节　空间直角坐标系与向量代数

一、空间直角坐标系

在空间任选一点 O，作相互垂直且相交的三条数轴 Ox,Oy,Oz，这三条数轴的长度单位相同. 它们的交点 O 称为坐标原点，Ox,Oy,Oz 分别称为 x 轴，y 轴和 z 轴. 通常，取从后向前，从左向右，从下向上的方向作为 x 轴(横轴)，y 轴(纵轴)，z 轴(竖轴)的正方向(图 6-1). 这样就构成了空间直角坐标系. Ox,Oy,Oz 统称为坐标轴. 每两个坐标轴所确定的平面，称为坐标平面，简称坐标面. 分别为 xOy,yOz,zOx 坐标面. 这三个坐标面可以把空间分成八个部分，每个部分称为一个卦限. 其中 xOy 坐标面之上，yOz 坐标面之前，xOz 坐标面之右的卦限称为第一卦限. 按逆时针方向依次标记 xOy 坐标面上的其他三个卦限为第二、第三、第四卦限. 在 xOy 坐标面下面的四个卦限中，位于第一卦限下面的卦限称为第五卦限，按逆时针方向依次确定其他三个卦限为第六、第七、第八卦限(图 6-2).

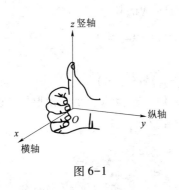

图 6-1

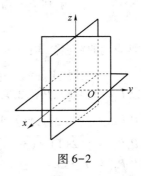

图 6-2

仿平面直角坐标系中点与坐标的关系,可建立空间直角坐标系中空间点与有序数组之间的一一对应关系. 设 M 为空间一点. 过点 M 作三个平面分别垂直于 x 轴,y 轴和 z 轴,它们与 x 轴、y 轴、z 轴的交点分别为 P,Q,R(图 6-3),这三点在 x 轴、y 轴、z 轴上的坐标分别为 x,y,z. 于是空间的一点 M 就唯一确定了一个有序数组 x,y,z. 这组数 x,y,z 就叫作点 M 的坐标,并依次称 x,y,z 为点 M 的横坐标、纵坐标和竖坐标. 坐标为 x,y,z 的点 M 通常记为 $M(x,y,z)$(图 6-3).

坐标面和坐标轴上的点的坐标各有特征. 如 x 轴上任一点 P 的坐标为 $(x,0,0)$,y 轴上任一点的 Q 坐标为 $(0,y,0)$,z 轴上任一点 R 的坐标为 $(0,0,z)$,坐标原点 O 的坐标为 $(0,0,0)$,xOy 坐标面上任一点 A 的坐标为 $(x,y,0)$,yOz 坐标面上任一点 B 的坐标为 $(0,y,z)$,xOz 坐标面上任一点 C 的坐标为 $(x,0,z)$(图 6-4). 显然空间任一确定的点,都有唯一确定的三个实数的有序数组与之对应,反之,任给有序数组 (x,y,z) 也有唯一确定的以其为坐标的点与之对应. 这样建立了空间点与坐标的一一对应关系,就可以用代数方法研究空间图形.

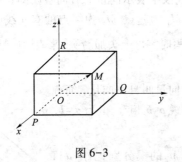

图 6-3

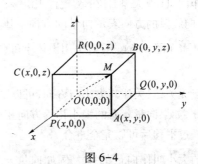

图 6-4

二、空间两点间的距离

设 $M_1(x_1,y_1,z_1)$、$M_2(x_2,y_2,z_2)$ 为空间两点,过点 M_1、M_2 各作三个分别垂直于三条坐标轴的平面,这六个平面围成一个以 M_1M_2 为对角线的长方体(图 6-5). 由立体几何知,长方体的对角线的长度的平方等于它的三条棱的长度的平方和,即

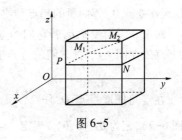

图 6-5

$$|M_1M_2|^2 = |M_1P|^2 + |PN|^2 + |NM_2|^2$$
$$= (x_2-x_1)^2 + (y_2-y_1)^2 + (z_2-z_1)^2.$$

由此得空间任意两点间的距离公式：

$$|M_1M_2| = \sqrt{(x_2-x_1)^2 + (y_2-y_1)^2 + (z_2-z_1)^2}.$$

例 1 求证以 $P_1(-1,4,8)$，$P_1(-2,7,3)$，$P_3(2,3,13)$ 三点为顶点的三角形是等腰三角形．

证 因为 $|P_1P_2| = \sqrt{(-2+1)^2 + (7-4)^2 + (3-8)^2} = \sqrt{35}$，

$$|P_1P_3| = \sqrt{(2+1)^2 + (3-4)^2 + (13-8)^2} = \sqrt{35},$$
$$|P_1P_2| = |P_1P_3|.$$

所以该三角形为等腰三角形．

例 2 设 P 在 x 轴上，它到 $P_1(0,\sqrt{2},3)$ 的距离为到点 $P_2(0,1,-1)$ 的距离的两倍，求点 P 的坐标．

解 因为 P 在 x 轴上，设点 P 的坐标为 $(x,0,0)$，则

$$|PP_1| = \sqrt{(0-x)^2 + (\sqrt{2}-0)^2 + (3-0)^2} = \sqrt{x^2+11},$$
$$|PP_2| = \sqrt{(0-x)^2 + (1-0)^2 + (-1-0)^2} = \sqrt{x^2+2},$$
$$|PP_1| = 2|PP_2|, \quad \sqrt{x^2+11} = 2\sqrt{x^2+2}.$$

解之得 $x = \pm 1$，故点 P 的坐标为 $(1,0,0)$ 或 $(-1,0,0)$．

三、向量代数

(一) 向量概念

在力学、物理学等学科中，常会遇到既有大小，又有方向的量，如力、位移、速度、加速度等，这一类量叫作向量(或矢量)．在数学上，用一条有向线段来表示向量．有向线段的长度表示向量的大小，有向线段的方向表示向量的方向．比如以 M_1 为起点、M_2 为终点的有向线段所表示的向量记作 $\overrightarrow{M_1M_2}$(图 6-6)．有时也用黑体字母(在书写时字母上头加箭头)来表示向量，例如，$\boldsymbol{a},\boldsymbol{b}$ 或 $\vec{a},\vec{b}$．

与始点无关，只关注其大小与方向，可以平移的向量叫自由向量，简称向量．因此，如果向量 $\boldsymbol{a},\boldsymbol{b}$ 的大小相等方向相同，则说 $\boldsymbol{a},\boldsymbol{b}$ 相等，记为 $\boldsymbol{a}=\boldsymbol{b}$．相等向量经过平移后可以完全重合．

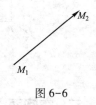

图 6-6

向量的大小叫作向量的模．例如向量 $\boldsymbol{a},\vec{a},\overrightarrow{M_1M_2}$ 的模分别记作 $|\boldsymbol{a}|$，$|\vec{a}|$，$|\overrightarrow{M_1M_2}|$．模等于 1 的向量叫作单位向量．模等于 0 的向量叫作零向量，记作 $\boldsymbol{0}$ 或 $\vec{0}$．零向量的起点与终点重合，它的方向可以看作是任意的．

对于非零向量 $\boldsymbol{a},\boldsymbol{b}$，若它们的方向相同或相反，称 $\boldsymbol{a},\boldsymbol{b}$ 相互平行，记作 $\boldsymbol{a}\,/\!/\,\boldsymbol{b}$．当两平行向量的起点放在同一点时，它们的终点和公共的起点在一条直线上．因此，两向量平行又称两向量共线．

在空间任取一点 O，作 $\overrightarrow{OA}=\vec{a}$，$\overrightarrow{OB}=\vec{b}$，称不超过 π 的角 $\theta=\angle AOB$ 为向量 $\boldsymbol{a}$ 和 $\boldsymbol{b}$ 的夹角(图 6-7)，记为 $\theta=(\widehat{\boldsymbol{a},\boldsymbol{b}})$．规定 $0\leqslant\theta\leqslant\pi$；零向量与另一向量的夹角可以取 0 和 π 间任何值．两

向量平行,夹角为 0 或 π,两向量垂直,夹角为 $\dfrac{\pi}{2}$. 因此,可以认为零向量与任一向量平行,也与任一向量垂直.

注意:对于 k 个向量$(k \geqslant 3)$,若经过平移,其起点位于同一点,k 个向量的终点与起点在一个平面上,称这 k 个向量共面.

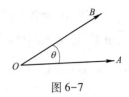

图 6-7

(二) 向量的线性运算

1. 向量的加减法 设有两个向量 a, b,平移向量使 b 的起点与 a 的终点重合,此时从 a 的起点到 b 的终点的向量 c 称为向量 a, b 的和.记作 $a+b$,即 $c=a+b$.这样作出两向量之和的方法叫作向量加法的三角形法则(图 6-8).当向量 a, b 不平行时,平移向量使 a, b 的起点重合,以 a, b 为邻边作一平行四边形,从公共起点到对角顶点的向量等于向量 a, b 的和 $a+b$,即 $c=a+b$.这样作出两向量之和的方法叫作向量加法的平行四边形法则(图 6-9).向量的加法运算满足:

交换律 $a+b=b+a$;

结合律 $(a+b)+c=a+(b+c)$.

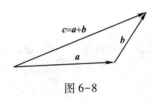

图 6-8

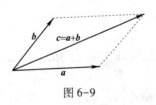

图 6-9

因为向量的加法符合交换律与结合律,所以 n 个向量$(n \geqslant 3)$ $a_1, a_2, \cdots, a_n$ 相加可写成 $a_1+a_2+\cdots+a_n$,依照向量加法的三角形法则,用如下方法可得 n 个向量的和:将前一向量的终点作为次一向量的起点,相继作向量 $a_1, a_2, \cdots, a_n$,再以第一向量的起点为起点,最后一向量的终点为终点作一向量,这个向量就是所求 n 个向量的和.如图 6-10 所示,向量 t 就是 $a_1, a_2, \cdots, a_n$ 的和,即 $t=a_1+a_2+\cdots+a_n$.

把与向量 a 大小相等,方向相反的向量叫作向量 a 的负向量,用 $-a$ 表示,且规定 $b-a=b+(-a)$.如此,向量 b 与 a 的差,便等于向量 b 与向量 a 的负向量之和.由图 6-11 可见,若把向量 a 与 b 移到同一起点 O,则从 $\vec{a}$ 的终点向 $\vec{b}$ 的终点所引向量即向量 b 与 a 的差.即 $b-a$.

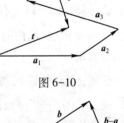

图 6-10

图 6-11

依据三角形两边之和大于第三边,有:

$$|a+b| \leqslant |a|+|b|,$$
$$|b-a| \leqslant |a|+|b|,$$

上式中等号在 a, b 同向或反向时成立.

2. 数乘向量 设有实数 λ 和向量 a,规定它们的乘积 λa 是一向量.当 $\lambda > 0$ 时,λa 的方向与 a 相同,$\lambda < 0$ 时,λa 的方向与 a 相反.λa 的模为 $|\lambda||a|$.当 $\lambda = 0$ 时,λa 为零向量.数乘向量满足:

结合律 $\lambda(\mu a)=\mu(\lambda a)=(\lambda \mu)a$;

分配律 $(\lambda+\mu)\boldsymbol{a}=\lambda\boldsymbol{a}+\mu\boldsymbol{a}$；$\lambda(\boldsymbol{a}+\boldsymbol{b})=\lambda\boldsymbol{a}+\lambda\boldsymbol{b}$.

向量的加法和数乘向量统称为向量的线性运算.

例 3 设 M 为线段 $\overrightarrow{AB}$ 的中点（图 6-12），O 为空间任意一点，证明：

$$\overrightarrow{OM}=\frac{1}{2}(\overrightarrow{OA}+\overrightarrow{OB}).$$

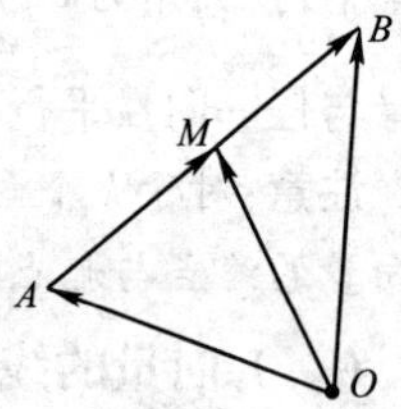

证 $\overrightarrow{OM}=\overrightarrow{OA}+\overrightarrow{AM}=\overrightarrow{OA}+\frac{1}{2}\overrightarrow{AB}=\overrightarrow{OA}+\frac{1}{2}(\overrightarrow{OB}-\overrightarrow{OA})$

$$=\frac{1}{2}(\overrightarrow{OA}+\overrightarrow{OB}).$$

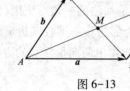

图 6-12

例 4 如图 6-13 所示，在平行四边形 $ABCD$ 中，设 $\overrightarrow{AB}=\boldsymbol{a}$，$\overrightarrow{AD}=\boldsymbol{b}$. 试用 $\boldsymbol{a},\boldsymbol{b}$ 表示向量 $\overrightarrow{MA},\overrightarrow{MB},\overrightarrow{MC},\overrightarrow{MD}$，其中 M 是平行四边形对角线的交点.

图 6-13

解 由于平行四边形的对角线互相平分，所以

$$\boldsymbol{a}+\boldsymbol{b}=\overrightarrow{AC}=2\,\overrightarrow{AM},\ 即-(\boldsymbol{a}+\boldsymbol{b})=2\,\overrightarrow{MA},$$

于是 $\overrightarrow{MA}=-\frac{1}{2}(\boldsymbol{a}+\boldsymbol{b})$.

因为 $\overrightarrow{MC}=-\overrightarrow{MA}$，所以 $\overrightarrow{MC}=\frac{1}{2}(\boldsymbol{a}+\boldsymbol{b})$. 又 $-\boldsymbol{a}+\boldsymbol{b}=\overrightarrow{BD}=2\,\overrightarrow{MD}$，所以 $\overrightarrow{MD}=\frac{1}{2}(\boldsymbol{b}-\boldsymbol{a})$. 由于 $\overrightarrow{MB}=-\overrightarrow{MD}$，故 $\overrightarrow{MB}=\frac{1}{2}(\boldsymbol{a}-\boldsymbol{b})$.

定理 1 向量 $\boldsymbol{b}$ 平行于非零向量 $\boldsymbol{a}$ 的充要条件是存在唯一实数 λ，使 $\boldsymbol{b}=\lambda\boldsymbol{a}$.

（三）向量的坐标表示及用坐标进行向量的线性运算

在空间直角坐标系中，任给向量 $\boldsymbol{r}$，对应有点 M，使 $\boldsymbol{r}=\overrightarrow{OM}$. 以 OM 为对角线、三条坐标轴为棱作长方体（图 6-14），有 $\boldsymbol{r}=\overrightarrow{OM}=\overrightarrow{OP}+\overrightarrow{PN}+\overrightarrow{NM}=\overrightarrow{OP}+\overrightarrow{OQ}+\overrightarrow{OR}$，设 $\overrightarrow{OP}=x\boldsymbol{i}$，$\overrightarrow{OQ}=y\boldsymbol{j}$，$\overrightarrow{OR}=z\boldsymbol{k}$（$\boldsymbol{i},\boldsymbol{j},\boldsymbol{k}$ 分别表示与 x,y,z 轴同向的单位向量），则 $\boldsymbol{r}=\overrightarrow{OM}=x\boldsymbol{i}+y\boldsymbol{j}+z\boldsymbol{k}$. $x\boldsymbol{i},y\boldsymbol{j},z\boldsymbol{k}$ 称为向量 $\boldsymbol{r}$ 沿三个坐标轴方向的分向量.

显然，给定向量 $\boldsymbol{r}$，就确定了点 M 及 $\overrightarrow{OP}=x\boldsymbol{i}$，$\overrightarrow{OQ}=y\boldsymbol{j}$，$\overrightarrow{OR}=z\boldsymbol{k}$ 三个分向量，进而确定了 x,y,z 三个有序数；反之，给定三个有序数 x,y,z 也就确定了向量 $\boldsymbol{r}$ 与点 M. 于是点 M、向量 $\boldsymbol{r}$ 与三个有序数 x,y,z 之间有一一对应的关系.

$$M\leftrightarrow\boldsymbol{r}=\overrightarrow{OM}=x\boldsymbol{i}+y\boldsymbol{j}+z\boldsymbol{k}\leftrightarrow(x,y,z).$$

据此定义：有序数 x,y,z 称为向量 $\boldsymbol{r}$ 在坐标系 $Oxyz$ 中的坐标，记作 $\boldsymbol{r}=(x,y,z)$；有序数 x,y,z 也称为点 M（在坐标系 $Oxyz$）的坐标，记为 $M(x,y,z)$.

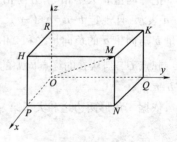

图 6-14

向量 $\boldsymbol{r}=\overrightarrow{OM}$ 称为点 M 关于原点 O 的向径. 上述定义表明，一个点与该点的向径有相同的坐标. 记号 (x,y,z) 既表示点 M，又表示向量 $\overrightarrow{OM}$.

设有向量 $\boldsymbol{m}=(m_x,m_y,m_z)$，$\boldsymbol{n}=(n_x,n_y,n_z)$，即 $\boldsymbol{m}=m_x\boldsymbol{i}+m_y\boldsymbol{j}+m_z\boldsymbol{k}$，$\boldsymbol{n}=n_x\boldsymbol{i}+n_y\boldsymbol{j}+n_z\boldsymbol{k}$. 因向量加法满足交换律和结合律，数乘向量满足结合律与分配律，有

$$\boldsymbol{m}+\boldsymbol{n}=(m_x+n_x)\boldsymbol{i}+(m_y+n_y)\boldsymbol{j}+(m_z+n_z)\boldsymbol{k}=(m_x+n_x,m_y+n_y,m_z+n_z),$$
$$\boldsymbol{m}-\boldsymbol{n}=(m_x-n_x)\boldsymbol{i}+(m_y-n_y)\boldsymbol{j}+(m_z-n_z)\boldsymbol{k}=(m_x-n_x,m_y-n_y,m_z-n_z),$$
$$\lambda\boldsymbol{m}=\lambda m_x\boldsymbol{i}+\lambda m_y\boldsymbol{j}+\lambda m_z\boldsymbol{k}=(\lambda m_x,\lambda m_y,\lambda m_z).$$

故对向量进行线性运算,只需对向量各个坐标作相应的运算就可以了.比如,按定理1,对于非零向量 $\boldsymbol{m}$,向量 $\boldsymbol{n}\parallel\boldsymbol{m}$ 应有 $\boldsymbol{n}=\lambda\boldsymbol{m}$,即 $(n_x,n_y,n_z)=(\lambda m_x,\lambda m_y,\lambda m_z)$,并可用比例式表示为

$$\frac{n_x}{m_x}=\frac{n_y}{m_y}=\frac{n_z}{m_z}.$$

对于该式,若 m_x,m_y,m_z 中有一个为0,例如 $m_x=0$,则要理解为

$$\begin{cases}n_x=0,\\[4pt]\dfrac{n_y}{m_y}=\dfrac{n_z}{m_z}.\end{cases}$$

例5 设 $\boldsymbol{a}=(1,5,-1)$,$\boldsymbol{b}=(-2,3,5)$,$(k\boldsymbol{a}+\boldsymbol{b})\parallel(\boldsymbol{a}-3\boldsymbol{b})$,求 k;

解 $k\boldsymbol{a}+\boldsymbol{b}=(k-2,5k+3,-k+5)$,

$\boldsymbol{a}-3\boldsymbol{b}=(1+3\times2,5-3\times3,-1-3\times5)=(7,-4,-16).$

因为 $(k\boldsymbol{a}+\boldsymbol{b})\parallel(\boldsymbol{a}-3\boldsymbol{b})$,所以 $\dfrac{k-2}{7}=\dfrac{5k+3}{-4}=\dfrac{-k+5}{-16}$,解得 $k=-\dfrac{1}{3}$.

例6 设 $\boldsymbol{a}=(1,2,3)$,$\boldsymbol{b}=(4,\mu,\lambda)$,$\boldsymbol{b}\parallel\boldsymbol{a}$,求 λ,μ.

解 因为 $\boldsymbol{b}\parallel\boldsymbol{a}$,故 $\dfrac{4}{1}=\dfrac{\mu}{2}=\dfrac{\lambda}{3}$,所以 $\mu=8,\lambda=12$.

例7 O 为坐标原点,A,B,C 三点的坐标分别是 $A(2,-1,2)$,$B(4,5,-1)$,$C(-2,2,3)$,求点 P 的坐标,使:① $\overrightarrow{OP}=\dfrac{1}{2}(\overrightarrow{AB}-\overrightarrow{AC})$;② $\overrightarrow{AP}=\dfrac{1}{2}(\overrightarrow{AB}-\overrightarrow{AC})$.

解 $\overrightarrow{AB}=(2,6,-3)$,$\overrightarrow{AC}=(-4,3,1)$.

(1) $\overrightarrow{OP}=\dfrac{1}{2}(\overrightarrow{AB}-\overrightarrow{AC})=\dfrac{1}{2}(6,3,-4)=\left(3,\dfrac{3}{2},-2\right)$,则点 P 的坐标为 $\left(3,\dfrac{3}{2},-2\right)$.

(2) 设 P 的坐标为 (x,y,z),则 $\overrightarrow{AP}=(x-2,y+1,z-2)$.

因为 $\dfrac{1}{2}(\overrightarrow{AB}-\overrightarrow{AC})=\left(3,\dfrac{3}{2},-2\right)$,$\overrightarrow{AP}=\dfrac{1}{2}(\overrightarrow{AB}-\overrightarrow{AC})$,$(x-2,y+1,z-2)=\left(3,\dfrac{3}{2},-2\right)$,所以 $x=5$,$y=\dfrac{1}{2}$,$z=0$.

点 P 坐标为 $\left(5,\dfrac{1}{2},0\right)$.

(四) 向量的模、方向余弦的坐标表示式、向量在某一方向上的投影

在图6-14中,设向量 $\boldsymbol{r}=(x,y,z)$,作 $\overrightarrow{OM}=\boldsymbol{r}$,则 $\boldsymbol{r}=\overrightarrow{OM}=\overrightarrow{OP}+\overrightarrow{OQ}+\overrightarrow{OR}$,得

$$|\boldsymbol{r}|=|OM|=\sqrt{|OP|^2+|OQ|^2+|OR|^2}.$$

设 $\overrightarrow{OP}=x\boldsymbol{i}$,$\overrightarrow{OQ}=y\boldsymbol{j}$,$\overrightarrow{OR}=z\boldsymbol{k}$,有 $|OP|=|x|$,$|OQ|=|y|$,$|OR|=|z|$.于是得到向量模的坐标表示式:

$$|\boldsymbol{r}|=\sqrt{x^2+y^2+z^2}.$$

现在我们通过向量的加法运算来推导空间两点间的距离公式.在图6-15中,设 $M_1(x_1,y_1,$

z_1),$M_2(x_2,y_2,z_2)$. 则 $\overrightarrow{OM_1}=(x_1,y_1,z_1)$,$\overrightarrow{OM_2}=(x_2,y_2,z_2)$. 而

$\overrightarrow{M_1M_2}=\overrightarrow{OM_2}-\overrightarrow{OM_1}=(x_2-x_1,y_2-y_1,z_2-z_1)$,即 $|M_1M_2|=$

$\sqrt{(x_2-x_1)^2+(y_2-y_1)^2+(z_2-z_1)^2}$.

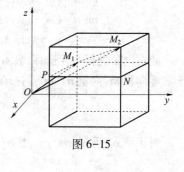

图 6-15

设有向量 a,b,其夹角为 $\theta=(\hat{a,b})$,则 $|a|\cos\theta$ 为向量 a 在向量 b 方向的投影,记作 $a_b=|a|\cos\theta$. 同样向量 b 在向量 a 方向的投影为 $b_a=|b|\cos\theta$. 向量的投影是一个标量. 按此定义,向量 r 在三条坐标轴上的投影就是向量 r 的坐标 x,y,z.

在空间解析几何中,通常利用向量的方向与点的位置来确定平面或直线的位置,那么用什么量来描述向量的方向呢? 这就是下面讨论的方向角和方向余弦. 设 r 为空间任意向量,其坐标分解式:$r=xi+yj+zk.\ r=\overrightarrow{OM}=(x,y,z)$ 与三条坐标轴的正向的夹角分别 α,β,γ 称为向量 r 的方向角(图 6-16). r 的坐标 x,y,z 就是 r 在三条坐标轴上的投影. 因此

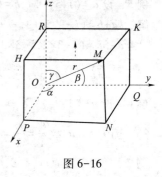

图 6-16

$$x=|r|\cos\alpha,\quad y=|r|\cos\beta,\quad z=|r|\cos\gamma,$$

$$\cos\alpha=\frac{x}{|r|},\quad \cos\beta=\frac{y}{|r|},\quad \cos\gamma=\frac{z}{|r|}.$$

上述 $\cos\alpha,\cos\beta,\cos\gamma$ 称为向量 r 的方向余弦.

因为 $|r|=\sqrt{x^2+y^2+z^2}$,所以 $\cos^2\alpha+\cos^2\beta+\cos^2\gamma=1$.

$(\cos\alpha,\cos\beta,\cos\gamma)=\left(\dfrac{x}{|r|},\dfrac{y}{|r|},\dfrac{z}{|r|}\right)=e_r$. 此式说明,以 r 的方向余弦为坐标的向量是与 r 同方向的单位向量 e_r.

例8 设 $m=i+j,n=-2j+k$,求以向量 m,n 为邻边的平行四边形(图 6-17)的对角线长度.

解 两条对角线长分别为 $|m+n|$,$|m-n|$.

$m+n=(1,-1,1),m-n=(1,3,-1),|m+n|=\sqrt{3}$,$|m-n|=\sqrt{11}$,该平行四边形的对角线的长度各为 $\sqrt{3}$,$\sqrt{11}$.

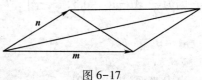

图 6-17

例9 已知点 $A(1,-2,11),B(4,2,3),C(6,-1,4)$,证明 ΔABC 的形状是直角三角形.

解 $\overrightarrow{AB}=(3,4,-8),\overrightarrow{AC}=(5,1,-7),\overrightarrow{BC}=(2,-3,1)$,所以 $|\overrightarrow{AB}|=\sqrt{3^2+4^2+8^2}=\sqrt{89}$,$|\overrightarrow{AC}|=\sqrt{5^2+1^2+7^2}=\sqrt{75}$,$|\overrightarrow{BC}|=\sqrt{2^2+3^2+1^2}=\sqrt{14}$,$|\overrightarrow{AC}|^2+|\overrightarrow{BC}|^2=75+14=89=|\overrightarrow{AB}|^2$.

所以 ΔABC 为直角三角形.

例10 已知向量 $a=(0,-1,1),b=(4,1,0)$. $|\lambda a+b|=\sqrt{29}$,且 $\lambda>0$,求 λ.

解 $a=(0,-1,1),b=(4,1,0)$,所以 $\lambda a+b=(4,1-\lambda,\lambda)$. 因为 $|\lambda a+b|=\sqrt{29}$,所以 $16+(1-\lambda)^2+\lambda^2=29$,即 $\lambda^2-\lambda-6=0$,所以 $\lambda=3$ 或 $\lambda=-2$. 又因为 $\lambda>0$,所以 $\lambda=3$.

例 11 设向量 $\boldsymbol{a}$ 的两个方向角为 $\alpha=\dfrac{\pi}{3},\beta=\dfrac{\pi}{6}$,求 γ.

解 $\cos^2\gamma=1-\cos^2\alpha-\cos^2\beta=1-\dfrac{1}{4}-\dfrac{3}{4}=0,\gamma=\dfrac{\pi}{2}$. 向量 $\boldsymbol{a}$ 与 z 轴垂直.

例 12 已知两点 $A=(4,0,5),B=(7,1,3)$,求与向量 $\overrightarrow{AB}$ 平行的单位向量.

解 $\overrightarrow{AB}=(3,1,-2)$,$|\overrightarrow{AB}|=\sqrt{14}$,所求向量有两个,一个与 $\overrightarrow{AB}$ 同向,另一个与 $\overrightarrow{AB}$ 反向,故所求向量为

$$e=\pm\frac{\overrightarrow{AB}}{|\overrightarrow{AB}|}=\pm\frac{1}{\sqrt{14}}(3,1,-2).$$

例 13 已知两个点 $M_1(2,2,\sqrt{2})$ 和 $M_2(1,3,0)$. 计算向量 $\overrightarrow{M_1M_2}$ 的模、方向余弦和方向角.

解 $\overrightarrow{M_1M_2}=(-1,1,-\sqrt{2})$,$|\overrightarrow{M_1M_2}|=\sqrt{(-1)^2+1^2+\left(\sqrt{2}\right)^2}=2$.

$$\cos\alpha=-\frac{1}{2},\cos\beta=\frac{1}{2},\cos\gamma=-\frac{\sqrt{2}}{2},\text{故}\ \alpha=\frac{2\pi}{3},\beta=\frac{\pi}{3},\gamma=\frac{3\pi}{4}.$$

例 14 设 $|\boldsymbol{a}|=8,|\overrightarrow{b}|=4,\theta=(\overset{\wedge}{\boldsymbol{a},\boldsymbol{b}})=\dfrac{\pi}{3}$,求 $\boldsymbol{a}_b,\boldsymbol{b}_a$.

解 $\boldsymbol{a}_b=|\boldsymbol{a}|\cos\theta=8\cdot\cos\dfrac{\pi}{3}=4,\boldsymbol{b}_a=|\boldsymbol{b}|\cos\theta=4\cdot\cos\dfrac{\pi}{3}=2.$

（五）空间向量数量积、向量积与混合积

1. 空间向量数量积 由物理学知,一物体在恒力 $\boldsymbol{F}$ 作用下沿直线从点 A 移动到点 B,以 $\boldsymbol{s}$ 表示位移 $\overrightarrow{AB}$,力 $\boldsymbol{F}$ 所作的功为 $W=|\boldsymbol{F}||\boldsymbol{s}|\cos\theta$. 其中 θ 为 $\boldsymbol{F}$ 与 $\boldsymbol{s}$ 的夹角为 θ(图 6-18). 功 W 为力、位移的模以及它们夹角余弦的乘积. 对于向量 $\boldsymbol{a},\boldsymbol{b}$,它们的模 $|\boldsymbol{a}|,|\boldsymbol{b}|$ 及它们的夹角 θ 的余弦的乘积称为向量 $\boldsymbol{a},\boldsymbol{b}$ 的数量积,记作 $\boldsymbol{a}\cdot\boldsymbol{b}$. 即 $\boldsymbol{a}\cdot\boldsymbol{b}=|\boldsymbol{a}||\boldsymbol{b}|\cos\theta$.

因为 $|\boldsymbol{b}|\cos\theta$ 是向量 $\boldsymbol{b}$ 在向量 $\boldsymbol{a}$ 上的投影,所以 $\boldsymbol{a},\boldsymbol{b}$ 的数量积 $\boldsymbol{a}\cdot\boldsymbol{b}$ 等于向量 $\boldsymbol{a}$ 的模乘以向量 $\boldsymbol{b}$ 在向量 $\boldsymbol{a}$ 上的投影. 又 $|\boldsymbol{a}|\cos\theta$ 为向量 $\boldsymbol{a}$ 在向量 $\boldsymbol{b}$ 的投影,所以数量积 $\boldsymbol{a}\cdot\boldsymbol{b}$ 也等于向量 $\boldsymbol{b}$ 的模乘以向量 $\boldsymbol{a}$ 在向量 $\boldsymbol{b}$ 上的投影. 按照数量积的定义,有:

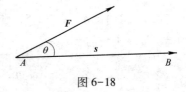

图 6-18

(1) $\boldsymbol{a}\cdot\boldsymbol{a}=|\boldsymbol{a}|^2$.

(2) 对于两非零向量 $\boldsymbol{a},\boldsymbol{b}$,若 $\boldsymbol{a}\cdot\boldsymbol{b}=0$,则 $\boldsymbol{a}$、$\boldsymbol{b}$ 相互垂直,反之若 $\boldsymbol{a}\perp\boldsymbol{b}$,则 $\boldsymbol{a}\cdot\boldsymbol{b}=0$. 这是因为若 $\boldsymbol{a},\boldsymbol{b}$ 相互垂直,则 $\boldsymbol{a},\boldsymbol{b}$ 的夹角为 $\dfrac{\pi}{2}$,夹角的余弦为 0. 显然,两非零向量 $\boldsymbol{a}\perp\boldsymbol{b}$ 的充要条件是 $\boldsymbol{a}\cdot\boldsymbol{b}=0$.

向量数量积运算满足如下规律:

(1) 交换律 $\boldsymbol{a}\cdot\boldsymbol{b}=\boldsymbol{b}\cdot\boldsymbol{a}$.

(2) 分配律 $(\boldsymbol{a}+\boldsymbol{b})\cdot\boldsymbol{c}=\boldsymbol{a}\cdot\boldsymbol{c}+\boldsymbol{b}\cdot\boldsymbol{c}$.

(3) $(\lambda\boldsymbol{a})\cdot\boldsymbol{b}=\boldsymbol{a}(\lambda\boldsymbol{b})=\lambda(\boldsymbol{a}\cdot\boldsymbol{b})$.

数量积的坐标表示式:设 $\boldsymbol{a}=(a_x,a_y,a_z),\boldsymbol{b}=(b_x,b_y,b_z)$,则

$$\boldsymbol{a}\cdot\boldsymbol{b}=a_xb_x+a_yb_y+a_zb_z.$$

这是因为按数量积的运算规律可得

$$\begin{aligned} \boldsymbol{a} \cdot \boldsymbol{b} &= (a_x\boldsymbol{i}+a_y\boldsymbol{j}+a_z\boldsymbol{k}) \cdot (b_x\boldsymbol{i}+b_y\boldsymbol{j}+b_z\boldsymbol{k}) \\ &= a_x\boldsymbol{i} \cdot (b_x\boldsymbol{i}+b_y\boldsymbol{j}+b_z\boldsymbol{k})+a_y\boldsymbol{j} \cdot (b_x\boldsymbol{i}+b_y\boldsymbol{j}+b_z\boldsymbol{k})+a_z\boldsymbol{k} \cdot (b_x\boldsymbol{i}+b_y\boldsymbol{j}+b_z\boldsymbol{k}) \\ &= a_xb_x\boldsymbol{i} \cdot \boldsymbol{i}+a_xb_y\boldsymbol{i} \cdot \boldsymbol{j}+a_xb_z\boldsymbol{i} \cdot \boldsymbol{k} \\ &\quad +a_yb_x\boldsymbol{j} \cdot \boldsymbol{i}+a_yb_y\boldsymbol{j} \cdot \boldsymbol{j}+a_yb_z\boldsymbol{j} \cdot \boldsymbol{k} \\ &\quad +a_zb_x\boldsymbol{k} \cdot \boldsymbol{i}+a_zb_y\boldsymbol{k} \cdot \boldsymbol{j}+a_zb_z\boldsymbol{k} \cdot \boldsymbol{k}. \end{aligned}$$

因为 $\boldsymbol{i},\boldsymbol{j},\boldsymbol{k}$ 相互垂直,且模都等于 1,有 $\boldsymbol{i} \cdot \boldsymbol{j}=\boldsymbol{j} \cdot \boldsymbol{k}=\boldsymbol{k} \cdot \boldsymbol{i}=0$, $\boldsymbol{j} \cdot \boldsymbol{i}=\boldsymbol{k} \cdot \boldsymbol{j}=\boldsymbol{i} \cdot \boldsymbol{k}=0$, $\boldsymbol{i} \cdot \boldsymbol{i}=\boldsymbol{j} \cdot \boldsymbol{j}=\boldsymbol{k} \cdot \boldsymbol{k}=1$,所以

$$\boldsymbol{a} \cdot \boldsymbol{b}=a_xb_x+a_yb_y+a_zb_z.$$

当 $\boldsymbol{a},\boldsymbol{b}$ 都是非零向量时,因为 $\boldsymbol{a} \cdot \boldsymbol{b}=|\boldsymbol{a}||\boldsymbol{b}|\cos\theta$,故

$$\cos\theta=\frac{\boldsymbol{a} \cdot \boldsymbol{b}}{|\boldsymbol{a}||\boldsymbol{b}|}.$$

把向量数量积的坐标表示式及向量模的坐标表示式代入上式,有向量 $\boldsymbol{a},\boldsymbol{b}$ 夹角余弦的坐标表示式:

$$\cos\theta=\frac{a_xb_x+a_yb_y+a_zb_z}{\sqrt{a_x^2+a_y^2+a_z^2}\sqrt{b_x^2+b_y^2+b_z^2}}.$$

例 15 一质点在力 $\boldsymbol{F}=(4,2,2)$ 的作用下,从点 $A(2,1,0)$ 移动到点 $B(5,-2,6)$,求 $\boldsymbol{F}$ 所作的功 W 及 $\boldsymbol{F}$ 与 $\overrightarrow{AB}$ 间的夹角.

解 因为 $\boldsymbol{s}=\overrightarrow{AB}=(3,-3,6)$,$\boldsymbol{F}=(4,2,2)$,$W=\boldsymbol{F} \cdot \boldsymbol{S}=3\times4+(-3)\times2+6\times2=18$.

$$\cos\theta=\frac{\boldsymbol{F} \cdot \boldsymbol{s}}{|\boldsymbol{F}||\boldsymbol{s}|}=\frac{18}{\sqrt{4^2+2^2+2^2}\sqrt{3^2+(-3)^2+6^2}}=\frac{1}{2},$$

所以 $\theta=\dfrac{\pi}{3}$,$\boldsymbol{F}$ 与 $\overrightarrow{AB}$ 间的夹角为 $\dfrac{\pi}{3}$.

例 16 求向量 $\boldsymbol{a}=(5,-2,5)$ 在向量 $\boldsymbol{b}=(2,1,2)$ 上的投影及它们夹角的余弦.

解 $\boldsymbol{a},\boldsymbol{b}$ 夹角的余弦为

$$\cos\theta=\frac{5\times2+(-2)\times1+5\times2}{\sqrt{5^2+(-2)^2+5^2}\sqrt{2^2+1^2+2^2}}=\frac{\sqrt{6}}{3}.$$

向量 $\boldsymbol{a}$ 在 $\boldsymbol{b}$ 上的投影为:

$$|\boldsymbol{a}|\cos\theta=\sqrt{5^2+(-2)^2+5^2}\times\frac{\sqrt{6}}{3}=6.$$

例 17 设 $\boldsymbol{a}=(1,2,3)$,$\boldsymbol{b}=(2,4,2)$,求 $\boldsymbol{a} \cdot \boldsymbol{b}$ 及 $(\boldsymbol{a}+\boldsymbol{b}) \cdot (\boldsymbol{a}-\boldsymbol{b})$.

解 $\boldsymbol{a} \cdot \boldsymbol{b}=1\times2+2\times4+3\times2=16$.

$(\boldsymbol{a}+\boldsymbol{b}) \cdot (\boldsymbol{a}-\boldsymbol{b})=(3\boldsymbol{i}+6\boldsymbol{j}+5\boldsymbol{k}) \cdot (-\boldsymbol{i}-2\boldsymbol{j}+\boldsymbol{k})=-10$.

例 18 设 $\boldsymbol{a}=(1,3,1)$,$\boldsymbol{b}=(2,-1,1)$,试证 $\boldsymbol{a}\perp\boldsymbol{b}$.

证 因为 $\boldsymbol{a} \cdot \boldsymbol{b}=1\times2+3\times(-1)+1\times1=0$,所以 $\boldsymbol{a}\perp\boldsymbol{b}$.

例 19 试用向量证明三角形的余弦定理.

证 设在 ΔABC 中,$\angle BCA=\theta$(图 6-19),$|BC|=a$,$|CA|=b$,$|AB|=c$.

三角形的余弦定理为

$$c^2 = a^2 + b^2 - 2ab\cos\theta.$$

记 $\overrightarrow{CB} = \boldsymbol{a}, \overrightarrow{CA} = \boldsymbol{b}, \overrightarrow{AB} = \boldsymbol{c}$,则有 $\boldsymbol{c} = \boldsymbol{a} - \boldsymbol{b}$,而

$$\begin{aligned}
|\boldsymbol{c}|^2 &= \boldsymbol{c} \cdot \boldsymbol{c} \\
&= (\boldsymbol{a} - \boldsymbol{b}) \cdot (\boldsymbol{a} - \boldsymbol{b}) = \boldsymbol{a} \cdot \boldsymbol{a} + \boldsymbol{b} \cdot \boldsymbol{b} - 2\boldsymbol{a} \cdot \boldsymbol{b} \\
&= |\boldsymbol{a}|^2 + |\boldsymbol{b}|^2 - 2|\boldsymbol{a}||\boldsymbol{b}|\cos\theta = a^2 + b^2 - 2ab\cos\theta,
\end{aligned}$$

得证.

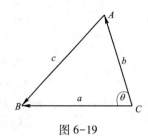

图 6-19

2. 空间向量的向量积　设向量 $\boldsymbol{c}, \boldsymbol{a}, \boldsymbol{b}$ 满足:$\boldsymbol{c}$ 的模 $|\boldsymbol{c}| = |\boldsymbol{a}||$ $\boldsymbol{b}|\sin\theta$,其中 θ 为 $\boldsymbol{a}, \boldsymbol{b}$ 间的夹角;$\boldsymbol{c}$ 的方向垂直于 $\boldsymbol{a}, \boldsymbol{b}$ 所决定的平面,$\boldsymbol{c}$ 的指向按右手规则从 $\boldsymbol{a}$ 转向 $\boldsymbol{b}$ 来确定(图 6-20),则称向量 $\boldsymbol{c}$ 是 $\boldsymbol{a}, \boldsymbol{b}$ 的向量积,记作 $\boldsymbol{a} \times \boldsymbol{b}$. 即

$$\boldsymbol{c} = \boldsymbol{a} \times \boldsymbol{b}.$$

例如力矩就是一个向量积. 设 O 为一根杠杆 L 的支点. 有一个力 $\boldsymbol{F}$ 作用于这杠杆上 P 点处(图 6-21).$\boldsymbol{F}$ 与 $\overrightarrow{OP}$ 的夹角为 θ.

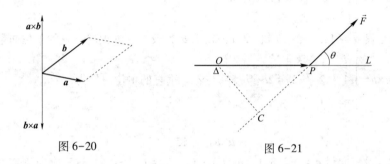

图 6-20　　　　　　　　　　图 6-21

由力学规定,力 $\boldsymbol{F}$ 对支点 O 的力矩为向量 $\boldsymbol{M}$,它的模

$$|\boldsymbol{M}| = |\overrightarrow{OP}||\boldsymbol{F}|\sin\theta.$$

而 $\boldsymbol{M}$ 的方向垂直于 $\overrightarrow{OP}$ 与 $\boldsymbol{F}$ 所决定的平面,$\boldsymbol{M}$ 的指向按右手法则规定从 $\overrightarrow{OP}$ 以不超过 π 的角转向 $\boldsymbol{F}$ 来确定的. 所以 $\boldsymbol{M} = \overrightarrow{OP} \times \boldsymbol{F}$.

按向量积定义有:

(1) $\boldsymbol{a} \times \boldsymbol{a} = 0$.

(2) 两非零向量 $\boldsymbol{a}, \boldsymbol{b}$ 平行的充要条件是 $\boldsymbol{a} \times \boldsymbol{b} = 0$.

向量的向量积满足下列运算规律:

(1) $\boldsymbol{b} \times \boldsymbol{a} = -\boldsymbol{a} \times \boldsymbol{b}$.

(2) $\boldsymbol{a} \times (\boldsymbol{b} + \boldsymbol{c}) = \boldsymbol{a} \times \boldsymbol{b} + \boldsymbol{a} \times \boldsymbol{c}$.

(3) $(\lambda\boldsymbol{a}) \times \boldsymbol{b} = \boldsymbol{a} \times (\lambda\boldsymbol{b}) = \lambda(\boldsymbol{a} \times \boldsymbol{b})$.

向量的向量积不满足交换律. 另外,$\boldsymbol{a} \times \boldsymbol{b}$ 的几何意义是 $|\boldsymbol{a} \times \boldsymbol{b}|$ 等于以 $\boldsymbol{a}, \boldsymbol{b}$ 为邻边的平行四边形的面积(图 6-22). 图 6-22 所示平行四边形的面积为 $|\boldsymbol{a}||\boldsymbol{b}|\sin\theta = |\boldsymbol{a} \times \boldsymbol{b}|$. 下面推导向量积的坐标表示式:

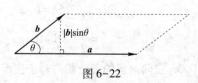

图 6-22

设 $\boldsymbol{a} = (a_x, a_y, a_z), \boldsymbol{b} = (b_x, b_y, b_z)$,则

$$a \times b = (a_x i + a_y j + a_z k)(b_x i + b_y j + b_z k)$$
$$= a_x i(b_x i + b_y j + b_z k) + a_y j(b_x i + b_y j + b_z k) + a_z k(b_x i + b_y j + b_z k)$$
$$= a_x b_x i \times i + a_x b_y\ i \times j + a_x b_z i \times k$$
$$+ a_y b_x\ j \times i + a_y b_y\ j \times j + a_y b_z\ j \times k$$
$$+ a_z b_x k \times i + a_z b_y\ k \times j + a_z b_z k \times k.$$

因为 $i \times i = j \times j = k \times k = 0$，$i \times j = k$，$j \times k = i$，$k \times i = j$，$j \times i = -k$，$k \times j = -i$，$i \times k = -j$，所以

$$a \times b = (a_y b_z - a_z b_y)i + (a_z b_x - a_x b_z)j + (a_x b_y - a_y b_x)k.$$

为便于记忆，上述向量积的坐标表示式可以写成三阶行列式：

$$a \times b = \begin{vmatrix} i & j & k \\ a_x & a_y & a_z \\ b_x & b_y & b_z \end{vmatrix}.$$

例 20 设 $a = (1,2,3)$，$b = (1,-3,5)$，求 $a \times b$.

解 $a \times b = \begin{vmatrix} i & j & k \\ 1 & 2 & 3 \\ 1 & -3 & 5 \end{vmatrix} = 19i - 2j - 5k.$

例 21 设 $a = (1,2,-2)$，$b = (-2,1,0)$，求 $a \times b$ 及与 a，b 同时垂直的单位向量.

解 $a \times b = \begin{vmatrix} i & j & k \\ 1 & 2 & -2 \\ -2 & 1 & 0 \end{vmatrix} = 2i - 4j + 5k$，与 a，b 垂直的单位向量为

$$\frac{a \times b}{\pm |a \times b|} = \pm \frac{\sqrt{5}}{15}(2, -4, 5).$$

例 22 设三向量 $a = (-2,3,1)$，$b = (0,-1,1)$，$c = (1,-1,4)$，这三个向量是否共面.

解 因为 $a \times b$ 与 a，b 同时垂直的单位向量，如果 a，b，c 共面，则 $a \times b$ 亦垂直于 c.

$a \times b = \begin{vmatrix} i & j & k \\ -2 & 3 & 1 \\ 0 & -1 & 1 \end{vmatrix} = 4i + 2j + 2k = (4,2,2)$，令 $n = (4, 2, 2)$，$n \cdot c = 4 \times 1 + 2 \times (-1) + 2 \times 2 = 10 \ne$

0，所以 n 与 c 不垂直，a，b，c 不共面.

例 23 已知三角形的顶点为 $A(3,4,-2)$，$B(2,0,3)$，$C(-3,5,4)$，求 $\triangle ABC$ 的面积（图 6-23）.

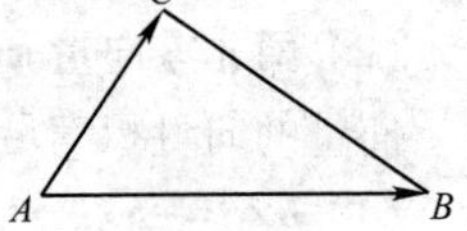

解 $\overrightarrow{AB} = (-1,-4,5)$，$\overrightarrow{AC} = (-6,1,6)$，

图 6-23

$$\overrightarrow{AB} \times \overrightarrow{AC} = \begin{vmatrix} i & j & k \\ -1 & -4 & 5 \\ -6 & 1 & 6 \end{vmatrix} = \begin{vmatrix} -4 & 5 \\ 1 & 6 \end{vmatrix} i - \begin{vmatrix} -1 & 5 \\ -6 & 6 \end{vmatrix} j + \begin{vmatrix} -1 & -4 \\ -6 & 1 \end{vmatrix} k$$

$$= -29i - 24j - 25k = (-29, -24, -25),$$

$$S = \frac{1}{2} |\overrightarrow{AB} \times \overrightarrow{AC}| = \frac{1}{2}\sqrt{(-29)^2 + (-24)^2 + (-25)^2} = \frac{1}{2}\sqrt{2042}.$$

3. 空间向量的混合积 对于三个向量 a，b，c，先作向量 a，b 的向量积 $a \times b$，再把所得向量 $a \times b$ 与向量 c 作数量积 $(a \times b) \cdot c$. 这样得到的数量叫作三个向量 a，b，c 的混合积，记作 $[abc]$.

向量的混合积的坐标表示式为

$$[\boldsymbol{abc}] = \begin{vmatrix} a_x & a_y & a_z \\ b_x & b_y & b_z \\ c_x & c_y & c_z \end{vmatrix}.$$

向量的混合积有下述几何意义.

向量的混合积 $[\boldsymbol{abc}]$ 是这样一个数,它的绝对值表示以向量 $\boldsymbol{a},\boldsymbol{b},\boldsymbol{c}$ 为棱的平行六面体的体积(图 6-24). 如果向量 $\boldsymbol{a},\boldsymbol{b},\boldsymbol{c}$ 组成右手系,此时 $\boldsymbol{a}\times\boldsymbol{b}$ 与向量 $\boldsymbol{c}$ 同向,混合积 $[\boldsymbol{abc}]$ 的符号为正;如果向量 $\boldsymbol{a},\boldsymbol{b},\boldsymbol{c}$ 组成左手系,此时 $\boldsymbol{a}\times\boldsymbol{b}$ 与向量 $\boldsymbol{c}$ 方向相反,混合积的符号是负.因为向量 $\boldsymbol{n}=\boldsymbol{a}\times\boldsymbol{b}$ 的模等于平行四边形 $OADB$ 的面积,其方向垂直于平行四边形 $OADB$ 所在的平面,当向量 $\boldsymbol{a},\boldsymbol{b},\boldsymbol{c}$ 组成右手系时,向量 $\boldsymbol{n}$ 与向量 $\boldsymbol{c}$ 朝着该平面的同一侧,此时 $|\boldsymbol{c}|\cos\alpha$ 为以向量

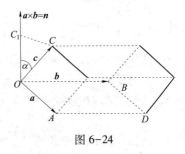

图 6-24

$\boldsymbol{a},\boldsymbol{b},\boldsymbol{c}$ 为棱的平行六面体的高,该六面体的底面积为 $\boldsymbol{n}=\boldsymbol{a}\times\boldsymbol{b}$ 的模 $|\boldsymbol{a}\times\boldsymbol{b}|$,则 $V=|\boldsymbol{a}\times\boldsymbol{b}||\boldsymbol{c}|\cos\alpha=[\boldsymbol{abc}]$,并为正.当向量 $\boldsymbol{a},\boldsymbol{b},\boldsymbol{c}$ 组成左手系时,向量 $\boldsymbol{n}$ 与向量 $\boldsymbol{c}$ 朝着该平面的异侧,此时 $-V=|\boldsymbol{a}\times\boldsymbol{b}||\boldsymbol{c}|\cos\alpha=[\boldsymbol{abc}]$. 所以,平行六面体的体积

$$V=|\boldsymbol{a}\times\boldsymbol{b}||\boldsymbol{c}||\cos\alpha|=|[\boldsymbol{abc}]|.$$

向量 $\boldsymbol{a},\boldsymbol{b},\boldsymbol{c}$ 若共面,则以向量 $\boldsymbol{a},\boldsymbol{b},\boldsymbol{c}$ 为棱不能构成平行六面体,从而 $V=|\boldsymbol{abc}|=0$. 因此向量 $\boldsymbol{a},\boldsymbol{b},\boldsymbol{c}$ 共面的充要条件是 $[\boldsymbol{abc}]=0$. 即

$$[\boldsymbol{abc}] = \begin{vmatrix} a_x & a_y & a_z \\ b_x & b_y & b_z \\ c_x & c_y & c_z \end{vmatrix} = 0.$$

例 24 已知三个不共面的向量 $\boldsymbol{a}=(1,0,1),\boldsymbol{b}=(2,-1,3),\boldsymbol{c}=(4,3,0)$,求它们所形成的四面体的体积.

解 由立体几何知识,四面体的体积应为平行六面体体积的 $\dfrac{1}{6}$,所以四面体体积为

$$\frac{1}{6}\begin{vmatrix} 1 & 0 & 1 \\ 2 & -1 & 3 \\ 4 & 3 & 0 \end{vmatrix} = \frac{1}{6}.$$

例 25 $\boldsymbol{a}=(-1,3,2),\boldsymbol{b}=(2,-3,-4),\boldsymbol{c}=(-3,12,6)$,求证向量 $\boldsymbol{a},\boldsymbol{b},\boldsymbol{c}$ 共面.

证 因为 $[\boldsymbol{abc}]=\begin{vmatrix} a_x & a_y & a_z \\ b_x & b_y & b_z \\ c_x & c_y & c_z \end{vmatrix}=\begin{vmatrix} -1 & 3 & 2 \\ 2 & -3 & -4 \\ -3 & 12 & 6 \end{vmatrix}=0$,所以向量 $\boldsymbol{a},\boldsymbol{b},\boldsymbol{c}$ 共面.

练习题 6-1

1. 设 M 为三角形 ABC 的重心,O 为空间中任意一点,证明:$\overrightarrow{OM}=\dfrac{1}{3}(\overrightarrow{OA}+\overrightarrow{OB}+\overrightarrow{OC})$.

2. 设平行四边形 $ABCD$ 的对角线交点为 M,O 为空间中任意一点,证明:$\overrightarrow{OM}=\dfrac{1}{4}(\overrightarrow{OA}+\overrightarrow{OB}+$

$\overrightarrow{OC}+\overrightarrow{OD})$.

3. 利用向量证明三角形两边中点的连线平行于第三边且等于第三边的一半.

4. 已知 $\boldsymbol{\alpha}=(3,5,4)$，$\boldsymbol{\beta}=(-6,1,2)$，$\boldsymbol{\gamma}=(0,-3,-4)$. 求 $2\boldsymbol{\alpha}+3\boldsymbol{\beta}+4\boldsymbol{\gamma}$.

5. 下列向量中哪些是共线的：

$\boldsymbol{\alpha}_1=(1,2,3)$，$\boldsymbol{\alpha}_2=(1,-2,3)$，$\boldsymbol{\alpha}_3=(1,0,2)$，$\boldsymbol{\alpha}_4=(-3,6,-9)$，$\boldsymbol{\alpha}_5=(2,0,4)$，$\boldsymbol{\alpha}_6=(-1,-2,-3)$，$\boldsymbol{\alpha}_7=\left(\dfrac{1}{4},\dfrac{2}{4},\dfrac{3}{4}\right)$，$\boldsymbol{\alpha}_8=\left(\dfrac{1}{2},-1,-\dfrac{3}{2}\right)$.

6. 已知点 $A(3,5,7)$ 和 $B(0,1,-1)$，求向量 $\overrightarrow{AB}$ 并求 A 关于 B 的对称点 C 的坐标.

7. 求向量 $\boldsymbol{a}=(1,3,-2)$ 的方向余弦.

8. 已知线段 AB 被点 $C(2,0,2)$ 和 $D(5,-2,0)$ 三等分，试求这个线段两端点 A 与 B 的坐标.

9. 已知向量 $\boldsymbol{a},\boldsymbol{b}$ 互相垂直，向量 $\boldsymbol{c}$ 与 $\boldsymbol{a},\boldsymbol{b}$ 的夹角都是 $60°$，且 $|\boldsymbol{a}|=1$，$|\boldsymbol{b}|=2$，$|\boldsymbol{c}|=3$. 计算：

(1) $(\boldsymbol{a}+\boldsymbol{b})^2$；　　　　　(2) $(\boldsymbol{a}+\boldsymbol{b})(\boldsymbol{a}-\boldsymbol{b})$；

(3) $(3\boldsymbol{a}-2\boldsymbol{b})(\boldsymbol{b}-3\boldsymbol{c})$；　　(4) $(\boldsymbol{a}+2\boldsymbol{b}-\boldsymbol{c})^2$.

10. 已知平行四边形以 $\boldsymbol{a}=(1,2,-1)$，$\boldsymbol{b}=(1,-2,1)$ 为两边.

(1) 求它的边长和内角；

(2) 求它的两对角线的长和夹角.

11. 已知 $\overrightarrow{OA}=\vec{i}+3\vec{k}$，$\overrightarrow{OB}=\vec{j}+3\vec{k}$，求 ΔOAB 的面积.

12. 已知 $\boldsymbol{\alpha}=(2,-3,1)$，$\boldsymbol{\beta}=(1,-2,3)$，求与 $\boldsymbol{\alpha},\boldsymbol{\beta}$ 都垂直的单位向量.

13. 已知直角坐标系内向量 $\boldsymbol{a},\boldsymbol{b},\boldsymbol{c}$ 的分量，判别这些向量是否共面？如果不共面，求以它们为三邻边的平行六面体体积.

(1) $\boldsymbol{a}=(3,4,5)$，$\boldsymbol{b}=(1,2,2)$，$\boldsymbol{c}=(9,14,16)$；

(2) $\boldsymbol{a}=(3,0,-1)$，$\boldsymbol{b}=(2,-4,3)$，$\boldsymbol{c}=(-1,-2,2)$.

第二节　空间曲面与曲线

一、空间曲面及其方程

（一）曲面方程的概念

如同在平面解析几何中建立平面曲线与二元方程 $F(x,y)=0$ 的对应关系一样，在空间直角坐标系中可以建立空间曲面与三元方程 $F(x,y,z)=0$ 之间的对应关系. 在空间解析几何中，任何曲面都可看作是空间点的几何轨迹. 因此，曲面上的所有点都具有共同的性质，这些点的坐标必须满足一定的条件. 也就说，当曲面 S 与三元方程 $F(x,y,z)=0$ 存在以下关系：

(1) 曲面 S 上任一点的坐标都满足方程 $F(x,y,z)=0$.

(2) 不在曲面 S 上的点的坐标都不满足方程 $F(x,y,z)=0$.

把 $F(x,y,z)=0$ 称为曲面 S 的方程，同时曲面 S 就称为方程 $F(x,y,z)=0$ 的图形（图 6-25）. 图 6-25 中，点 $M(x,y,z)$ 满足方程 $F(x,y,z)=0$，点 M 是曲面 S 上一点.

在研究曲面时有两个基本问题：

（1）已知一曲面作为点的几何轨迹时,建立这曲面的方程;

（2）已知坐标 x,y,z 间的一个方程时,研究这方程所表示的曲面的形状.

例1 求球心在点 $M_0(x_0,y_0,z_0)$,半径为 R 的球面方程.

解 设 $M(x,y,z)$ 是球面上任一点（图6-26）,则有 $|M_0M|=R$,由两点间距离公式得

$$\sqrt{(x-x_0)^2+(y-y_0)^2+(z-z_0)^2}=R.$$

两边平方,得

$$(x-x_0)^2+(y-y_0)^2+(z-z_0)^2=R^2.$$

这就是球面上的点的坐标所满足的方程.若球心在原点,那么 $x_0=y_0=z_0=0$,此时球面方程为 $x^2+y^2+z^2=R^2$.

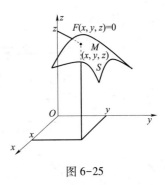

图 6-25

例2 设有点 $A(1,0,-1)$,$B(1,4,2)$,求线段 AB 的垂直平分面的方程.

解 因为线段 AB 的垂直平分面上任一点 $M(x,y,z)$ 与点 A,B 的距离相等,故

$$|AM|=|BM|,$$

$$\sqrt{(x-1)^2+y^2+(z+1)^2}=\sqrt{(x-1)^2+(y-4)^2+(z-2)^2}.$$

等式两边平方,并化简得所求垂直平分面方程

$$8y+6z-19=0.$$

例3 确定方程 $x^2+y^2+z^2+2x-4y+2z=0$ 表示什么曲面.

解 通过配方,$x^2+y^2+z^2+2x-4y+2z=0$ 可以改写为

$$(x+1)^2+(y-2)^2+(z+1)^2=6.$$

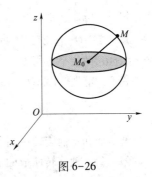

图 6-26

所以原方程表示球心在点 $M_0(-1,2,-1)$,半径为 $\sqrt{6}$ 的球面.

（二）旋转曲面

在空间,一条曲线 C 绕着定直线 l 旋转一周所生成的曲面 S 称为旋转曲面.曲线 C 称为旋转曲面的母线,定直线 l 称为旋转曲面的旋转轴.

例如图 6-27 中所示曲面即为平面 yOz 上曲线 C 绕 z 轴一周所成.下面求曲线 C 绕 z 轴一周所成曲面方程.

给定平面 yOz 上曲线 $C:f(y,z)=0$,若点 $M_1(0,y_1,z_1)\in C$,则有 $f(y_1,z_1)=0$,当 C 绕 z 轴旋转时,M_1 转到 $M(x,y,z)$,这时,$z=z_1$ 保持不变,且 $M(x,y,z)$ 到 z 轴的距离

$$d=\sqrt{x^2+y^2}=|y_1|.$$

将 $z_1=z$,$y_1=\pm\sqrt{x^2+y^2}$ 代入 $f(y_1,z_1)=0$ 中,得到所求曲面方程为

$$f(\pm\sqrt{x^2+y^2},z)=0.$$

同理可得,若曲线 C 绕 y 轴所成曲面方程为

$$f(y,\pm\sqrt{x^2+z^2})=0.$$

图 6-28 所示为平面 yOz 上一条曲线绕 y 轴所成曲面.

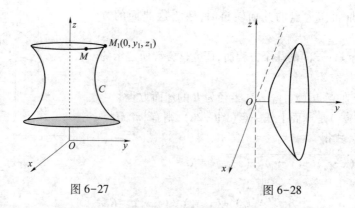

图 6-27   图 6-28

例 4　试建立顶点在原点，旋转轴为 z 轴，半顶角为 α 的圆锥面(图 6-29)方程.

解　在 yOz 上，直线 L 的方程为 $z=y\cot\alpha$，绕 z 轴旋转时，圆锥面的方程为 $z=\pm\sqrt{x^2+y^2}\cot\alpha$.
令 $a=\cot\alpha$，两边平方得 $z^2=a^2(x^2+y^2)$.

例 5　求坐标面 xOz 上的双曲线

$$\frac{x^2}{a^2}-\frac{z^2}{c^2}=1,$$

分别绕 z 轴和 x 轴旋转一周所生成的旋转曲面的方程.

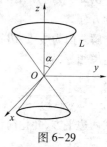

解　绕 z 轴旋转所成曲面叫作旋转单叶双曲面(图 6-30)，方程为

$\dfrac{x^2+y^2}{a^2}-\dfrac{z^2}{c^2}=1$. 绕 x 轴旋转所成曲面叫作旋转双叶双曲面，方程为 $\dfrac{x^2}{a^2}-$

$\dfrac{y^2+z^2}{c^2}=1$. 例如坐标面 xOz 上的双曲线 $\dfrac{x^2}{\left(\frac{5}{4}\right)^2}-\dfrac{z^2}{\left(\frac{5}{3}\right)^2}=1$ 绕 x 轴旋转所成的旋转双叶双曲面

图 6-29

(图 6-31)的方程为 $\dfrac{x^2}{\left(\frac{5}{4}\right)^2}-\dfrac{y^2+z^2}{\left(\frac{5}{3}\right)^2}=1$.

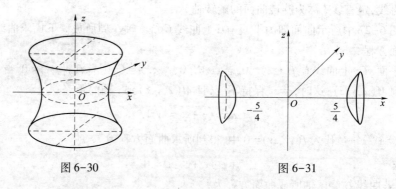

图 6-30   图 6-31

例 6　求坐标面 xOy 上的抛物线 $y=x^2$ 绕 y 轴旋转一周所生成的旋转曲面的方程以及 yOz 平面上的抛物线 $y^2=2pz$ 绕 z 轴旋转一周所生成的旋转曲面的方程.

解　$y=x^2$ 绕 y 轴旋转所成曲面方程为 $y=x^2+z^2$. $y^2=2pz$ 绕 z 轴旋转一周所生成的旋转曲面的方程为 $x^2+y^2=2pz$.

（三）柱面

我们把平行于定直线并沿定曲线 C 移动的直线 l 所形成的曲面称为柱面. 曲线 C 叫作柱面的准线,动直线 l 叫作柱面的母线.

注意: 柱面方程与坐标面上的曲线方程容易混淆,在不同的坐标系中应该注意. 一般在 xOy 面上的曲线,在空间直角坐标系中应该表示为 $\begin{cases} F(x,y)=0, \\ z=0, \end{cases}$ 而 $F(x,y)=0$ 在空间坐标系中表示柱面.

例如抛物柱面 $z=1-x^2$ 在 xOz 平面上的准线为 $\begin{cases} z=1-x^2, \\ y=0. \end{cases}$ （图 6-32）. 曲线 L 即准线 $\begin{cases} z=1-x^2, \\ y=0. \end{cases}$ 再比如,方程 $x-y=0$ 表示母线平行于 z 轴的柱面,其准线为 xOy 面上的直线 $x-y=0$,所以这个柱面 $x-y=0$ 也可以看作过 z 轴的平面（图 6-33）.

而 $y^2=2px$ 则表示母线平行于 z 轴的抛物柱面（图 6-34）,其准线为 xOy 面上的抛物线 $y^2=2px$.

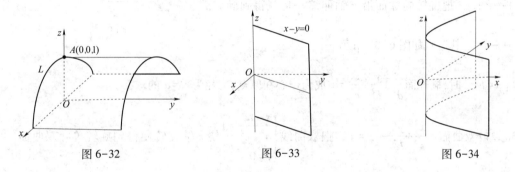

图 6-32　　　　　　图 6-33　　　　　　图 6-34

关于柱面有如下规律：形如 $F(x,y)=0$ 的方程表示母线平行于 z 轴,准线为 xOy 面上的曲线 $\begin{cases} F(x,y)=0 \\ z=0 \end{cases}$ 的柱面;形如 $F(x,z)=0$ 的方程表示母线平行于 y 轴,准线为 xOz 面上的曲线 $\begin{cases} F(x,z)=0 \\ y=0 \end{cases}$ 的柱面;形如 $F(y,z)=0$ 的方程表示母线平行于 x 轴,准线为 yOz 面上的曲线 $\begin{cases} F(y,z)=0 \\ x=0 \end{cases}$ 的柱面.

（四）二次曲面

三元二次方程 $F(x,y,z)=0$ 所表示的曲面称为二次曲面,如球面、圆锥面等. 平面称为一次曲面. 二次曲面一共有九种,分别是椭圆锥面、椭球面、单叶双曲面、双叶双曲面、椭圆抛物面、双曲抛物面、椭圆柱面、双曲柱面、抛物柱面. 柱面在前面已经讨论过,在此我们只介绍前六种.

1. 椭圆锥面 $\dfrac{x^2}{a^2}+\dfrac{y^2}{b^2}=z^2$　研究二次曲面特性的常用方法有截痕法和伸缩变形法. 用坐标面和平行于坐标面的平面与曲面相截,考察其交线（即截痕）的形状,然后加以综合,从而了解曲面的全貌,这样的方法称为截痕法. 伸缩变形法是把空间图形沿某一坐标轴方向伸缩变形来得出空间曲面的形状.

当用 xOy 坐标面去截 $\dfrac{x^2}{a^2}+\dfrac{y^2}{b^2}=z^2$ 时得到一点 $(0,0,0)$，当用平行于 xOy

坐标面的平面 $z=k\,(k\neq 0)$ 截 $\dfrac{x^2}{a^2}+\dfrac{y^2}{b^2}=z^2$ 时得到一族长短轴比例不变的椭圆.

综合可得椭圆锥面 $\dfrac{x^2}{a^2}+\dfrac{y^2}{b^2}=z^2$ 的形状如图 6-35 所示.

将圆锥面 $\dfrac{x^2+y^2}{a^2}=z^2$（图 6-29）沿 y 轴伸缩 $\dfrac{b}{a}$ 倍就得到椭圆锥面 $\dfrac{x^2}{a^2}+\dfrac{y^2}{b^2}=z^2$（图 6-35）.

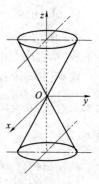

图 6-35

2. 椭球面 $\quad\dfrac{x^2}{a^2}+\dfrac{y^2}{b^2}+\dfrac{z^2}{c^2}=1$ 我们知道 $\begin{cases}\dfrac{x^2}{a^2}+\dfrac{z^2}{c^2}=1\\ y=0\end{cases}$ 表示 xOz

坐标面上一椭圆,将这一椭圆绕 z 轴旋转便得到旋转椭球面

$\dfrac{x^2+y^2}{a^2}+\dfrac{z^2}{c^2}=1$. 再把旋转椭球面沿 y 轴伸缩 $\dfrac{b}{a}$ 倍就得到椭球面

$\dfrac{x^2}{a^2}+\dfrac{y^2}{b^2}+\dfrac{z^2}{c^2}=1$. 其形状如图 6-36 所示.

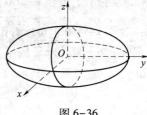

图 6-36

当 $a=b=c$ 时,椭球面 $\dfrac{x^2}{a^2}+\dfrac{y^2}{b^2}+\dfrac{z^2}{c^2}=1$ 成为球心在原点、半径为 $R=a$ 的球面.

3. 单叶双曲面 $\quad\dfrac{x^2}{a^2}+\dfrac{y^2}{b^2}-\dfrac{z^2}{c^2}=1$ 把双曲线 $\begin{cases}\dfrac{x^2}{a^2}-\dfrac{z^2}{c^2}=1\\ y=0\end{cases}$ 绕 z 轴旋转便得到旋转单叶双曲面

$\dfrac{x^2+y^2}{a^2}-\dfrac{z^2}{c^2}=1$（图 6-30）,然后把此旋转单叶双曲面沿 y 轴伸缩 $\dfrac{b}{a}$ 倍就得到单叶双曲面 $\dfrac{x^2}{a^2}+\dfrac{y^2}{b^2}-\dfrac{z^2}{c^2}=1$.

4. 双叶双曲面 $\quad\dfrac{x^2}{a^2}-\dfrac{y^2}{b^2}-\dfrac{z^2}{c^2}=1$ 把双曲线 $\begin{cases}\dfrac{x^2}{a^2}-\dfrac{z^2}{c^2}=1\\ y=0\end{cases}$ 绕 x 轴旋转便得到旋转双叶双曲面 $\dfrac{x^2}{a^2}-$

$\dfrac{y^2+z^2}{b^2}=1$（图 6-31）,再将该旋转双叶双曲面沿 y 轴伸缩 $\dfrac{b}{a}$ 倍就得到双叶双曲面 $\dfrac{x^2}{a^2}-\dfrac{y^2}{b^2}-\dfrac{z^2}{c^2}=1$.

5. 椭圆抛物面 $\quad\dfrac{x^2}{a^2}+\dfrac{y^2}{b^2}=z$ 把抛物线 $\begin{cases}\dfrac{x^2}{a^2}=z\\ y=0\end{cases}$ 绕 z 轴旋转便得到旋转

抛物面 $\dfrac{x^2+y^2}{a^2}=z$（图 6-37）.再将该旋转抛物面沿 y 轴伸缩 $\dfrac{b}{a}$ 倍就得到椭圆抛物面 $\dfrac{x^2}{a^2}+\dfrac{y^2}{b^2}=z$.

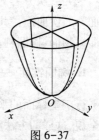

图 6-37

6. 双曲抛物面 $\dfrac{x^2}{a^2}-\dfrac{y^2}{b^2}=z$　双曲抛物面,也叫马鞍面.双曲抛物面关于 z 轴,yOz 平面,xOz

平面对称,双曲抛物面无对称中心,与三坐标轴均交于原点,就是
它的顶点.用平行于 xOz 坐标面的平面去截双曲抛物面,得到的
截痕为抛物线;用平行于 yOz 坐标面的平面去截双曲抛物面,得到
的截痕也为抛物线;用平行于 xOy 坐标面的平面去截双曲抛物面,
得到的截痕为双曲线,xOy 坐标面与双曲抛物面 $\dfrac{x^2}{a^2}-\dfrac{y^2}{b^2}=z$ 相截,得

交于原点的两条直线.可以认为双曲抛物面是由一抛物线沿另一
定抛物线移动而形成的轨迹,在移动过程中,动抛物线的顶点始终
在定抛物线上,开口方向与定抛物线开口方向相反,且它们所在平
面始终保持垂直(图 6-38).

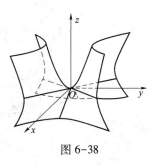

图 6-38

二、空间曲线及其方程

(一)空间曲线的一般方程

设有空间两曲面 $F(x,y,z)=0$ 和 $G(x,y,z)=0$,它们的交线为一空间曲线 C(图 6-39),因为
曲线 C 既在曲面 $F(x,y,z)=0$ 上,也在曲面 $G(x,y,z)=0$ 上,所以 C 上点的坐标必满足方程组
$$\begin{cases}F(x,y,z)=0,\\G(x,y,z)=0.\end{cases}$$
该方程组即空间曲线 C 的一般方程.

例 7　方程组 $\begin{cases}x^2+y^2=R^2\\z=a\end{cases}$ 表示什么曲线?

解　显然 $x^2+y^2=R^2$ 表示母线平行于 z 轴的圆柱面,$z=a$ 为垂直于 z 轴的平面,因而它们的
交线是圆.这个圆在平面 $z=a$ 上.如图 6-40 所示.

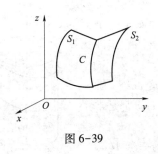

图 6-39

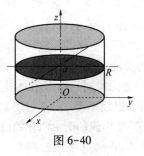

图 6-40

例 8　方程组 $\begin{cases}x^2+y^2=1\\2x+3y+3z=6\end{cases}$ 表示怎样的曲线?

解　$x^2+y^2=1$ 表示母线平行于 z 轴的圆柱面,$2x+3y+3=6$ 为一平面,其交线为椭圆(图 6-41).

例 9　方程组 $\begin{cases}x^2+y^2+z^2=2R^2\\x^2+y^2=R^2\end{cases}$ 表示怎样的曲线?

解　方程 $x^2+y^2+z^2=2R^2$,表示中心在原点、半径为 $\sqrt{2}R$ 的球面,而方程 $x^2+y^2=R^2$ 表示母线
平行于 z 轴、半径为 R 的圆柱面,它们的交线是两个圆[在平面 $z=\pm R$ 圆心分别为 $(0,0,R)$ 和 $(0,$

0,−R),半径为 R](图 6-42).

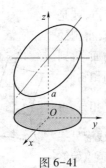

图 6-41

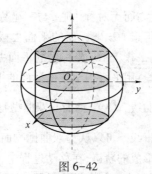

图 6-42

例 10　方程组 $\begin{cases} z=\sqrt{a^2-x^2-y^2} \\ \left(x-\dfrac{a}{2}\right)^2+y^2=\left(\dfrac{a}{2}\right)^2 \end{cases}$ 表示怎样的曲线?

解　方程 $z=\sqrt{a^2-x^2-y^2}$ 表示球心在原点 O、半径为 a 的上半

球面. 方程 $\left(x-\dfrac{a}{2}\right)^2+y^2=\left(\dfrac{a}{2}\right)^2$ 表示母线平行于 z 轴的圆柱面,它

的准线是 xOy 面上的圆, 圆心在点 $\left(\dfrac{a}{2},0,0\right)$, 半径为 $\dfrac{a}{2}$. 所以方

程组表示上述半球面与圆柱面的交线(图 6-43).

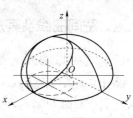

图 6-43

(二) 空间曲线的参数方程

将空间曲线 C 上动点的坐标 x,y,z 都表示成一个参数 t 的函数,得到方程组

$$\begin{cases} x=x(t), \\ y=y(t), \\ z=z(t). \end{cases}$$

当 t 取一给定值时,x,y,z 随之确定,就确定了空间曲线 C 上一个点. 随着 t 的不断变化,可以得到曲线 C 上所有点. 因此上述方程组即空间曲线的参数方程.

例 11　如果空间一点 M 在圆柱面 $x^2+y^2=a^2$ 上以角速度 ω 绕 z 轴旋转, 同时又以线速度 v 沿平行于 z 轴的正方向上升(其中 ω,v 都是常数),那么点 M 构成的图形叫作螺旋线,试建立其参数方程.

解　取时间 t 为参数,设当 $t=0$ 时,动点位于 x 轴上的一点 $A(a,$ 0,0)处,经过时间 t, 由 $A(a,0,0)$ 运动到 $M(x,y,z)$(图 6-44),M 在 xOy 面上的投影为 $M'(x,y,z)$.

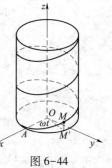

图 6-44

(1) 动点在圆柱面上以角速度 ω 绕 z 轴旋转, 所以经过时间 t, $\angle AOM'=\omega t$. 从而

$$x=|OM'|\cos\angle AOM'=a\cos\omega t,$$

$$y=|OM'|\sin\angle AOM'=a\sin\omega t.$$

(2) 动点同时以线速度 v 沿 z 轴向上升. 因而 $z=MM'=vt$

得螺旋线的参数方程

$$\begin{cases} x = a\cos\omega t, \\ y = a\sin\omega t, \\ z = vt. \end{cases}$$

在螺旋线的参数方程中,取 $\theta = \omega t$,并令 $b = \dfrac{v}{\omega}$,则上述方程可转化为以 θ 为参数的方程

$$\begin{cases} x = a\cos\theta, \\ y = a\sin\theta, \\ z = b\theta. \end{cases}$$

当 θ 从 θ_0 变到 $\theta_0 + \alpha$ 时,z 由 $b\theta_0$ 变到 $b\theta_0 + b\alpha$,即 M 点上升的高度与 OM' 转过的角度成正比. 特别地,当 $\alpha = 2\pi$ 时,M 点上升高度为 $h = 2\pi b$,$h = 2\pi b$ 在工程上称为螺距.

(三) 空间曲线在坐标面上的投影

设将空间曲线 C 的一般方程

$$\begin{cases} F(x,y,z) = 0, \\ G(x,y,z) = 0. \end{cases}$$

消去 z 后得方程 $H(x,y) = 0$. 我们知道该方程表示母线平行于 z 轴的柱面,且曲线 C 一定在此柱面上. 以曲线 C 为准线,母线平行于 z 轴的柱面叫作曲线 C 关于 xOy 面的投影柱面,投影柱面与 xOy 面的交线叫作空间曲线在 xOy 面上的投影曲线,或简称投影.

因此空间曲线 C 在 xOy 面上的投影可表示为

$$\begin{cases} H(x,y) = 0, \\ z = 0. \end{cases}$$

同理,在空间曲线 C 的一般方程中消去 x 后,得到 C 在 yOz 面上的投影:

$$\begin{cases} Q(y,z) = 0, \\ x = 0. \end{cases}$$

在空间曲线 C 的一般方程中消去 y 后,得到 C 在 xOz 面上的投影:

$$\begin{cases} L(x,z) = 0, \\ y = 0. \end{cases}$$

例 12 求曲线

$$\begin{cases} x^2 + y^2 + z^2 = 1, \\ z = \dfrac{1}{2}. \end{cases}$$

在各个坐标面上的投影.

解 此曲线表示与 xOy 坐标面平行的平面 $z = \dfrac{1}{2}$ 上一个圆.

(1) 在曲线的方程中消去 z,此曲线在 xOy 坐标面上的投影:

$$\begin{cases} x^2 + y^2 = \dfrac{3}{4}, \\ z = 0. \end{cases}$$

显然该投影是 xOy 坐标面上以原点为圆心、半径 $R = \dfrac{\sqrt{3}}{2}$ 的圆.

（2）因为曲线在平面 $z=\dfrac{1}{2}$ 上，所以在 xOz 面上的投影为线段

$$\begin{cases} |x| \le \dfrac{\sqrt{3}}{2}, \\ z = \dfrac{1}{2}, \\ y = 0. \end{cases}$$

（3）同理在 yOz 面上的投影也为线段.

$$\begin{cases} |y| \le \dfrac{\sqrt{3}}{2}, \\ z = \dfrac{1}{2}, \\ x = 0. \end{cases}$$

例 13 求抛物面 $y^2+z^2=x$ 与平面 $x+2y-z=0$ 的截线在三个坐标面上的投影曲线方程.

解 截线方程为

$$\begin{cases} y^2+z^2=x, \\ x+2y-z=0. \end{cases}$$

（1）消去 z 得 xOy 坐标面上投影

$$\begin{cases} x^2+5y^2+4xy-x=0, \\ z=0. \end{cases}$$

（2）消去 y 得 xOz 坐标面上的投影

$$\begin{cases} x^2+5z^2-2xz-4x=0, \\ y=0. \end{cases}$$

（3）消去 x 得 yOz 坐标面上的投影

$$\begin{cases} y^2+z^2+2y-z=0, \\ x=0. \end{cases}$$

例 14 设一个立体由上半球面 $z=\sqrt{4-x^2-y^2}$ 和锥面 $z=\sqrt{3(x^2+y^2)}$ 所围成，求它在 xOy 坐标面上的投影.

解 半球面与锥面的交线为

$$C: \begin{cases} z=\sqrt{4-x^2-y^2}, \\ z=\sqrt{3(x^2+y^2)}. \end{cases}$$

由方程消去 z 得 $x^2+y^2=1$. 这是一个母线平行于 z 轴的圆柱面. 于是交线 C 在 xOy 面上的投影曲线为

$$\begin{cases} x^2+y^2=1, \\ z=0. \end{cases}$$

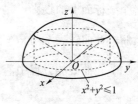

图 6-45

这是 xOy 面上的一个圆. 所以，所求立体在 xOy 面上的投影为：
$x^2+y^2 \le 1$（图 6-45）.

练习题 6-2

1. 求以点 $(1,3,-2)$ 为球心,且通过坐标原点的球面方程.

2. 填空

(1) 将 xOy 坐标面上的 $y^2=2x$ 绕 x 轴旋转一周,生成的曲面方程为_____,曲面名称为_____;

(2) 将 xOy 坐标面上的 $x^2+y^2=2x$ 绕 x 轴旋转一周,生成的曲面方程_____,曲面名称为_____;

(3) 将 xOy 坐标面上的 $4x^2-9y^2=36$ 绕 x 轴旋转一周,生成的曲面方程为_____,曲面名称为_____;绕 y 轴旋转一周,生成的曲面方程为_____,曲面名称为_____;

(4) 在平面解析几何中 $y=x^2$ 表示的图形是_____;在空间解析几何中 $y=x^2$ 表示的图形_____.

3. 方程组 $\begin{cases} \dfrac{x^2}{4}+\dfrac{y^2}{9}=1 \\ y=3 \end{cases}$ 在平面解析几何中表示什么图形,在空间解析几何中表示什么图形?

4. 将下列曲线方程化为参数方程:

(1) $\begin{cases} x^2+y^2=1, \\ 2x+3z=6; \end{cases}$ (2) $\begin{cases} z=\sqrt{a^2-x^2-y^2}, \\ x^2+y^2-ax=0. \end{cases}$

5. 求球面 $x^2+y^2+z^2=9$ 与平面 $x+z=1$ 的交线在 xOy 面上的投影方程.

6. 求曲面 $z=x^2+y^2$ 与 $z=4-x^2+y^2$ 所包围的立体在三个坐标面上的投影.

7. 求上半球 $0\leqslant z\leqslant \sqrt{a^2-x^2-y^2}$ 与圆柱体 $x^2+y^2\leqslant ax(a>0)$ 的公共部分在 xOy 面及 xOz 面上的投影.

8. 求椭圆抛物面 $2y^2+x^2=z$ 与抛物柱面 $2-x^2=z$ 的交线关于 xOy 面的投影柱面和在 xOy 面上的投影曲线方程.

9. 下列方程或方程组表示什么图形?

(1) $x^2+y^2=2z$; (2) $x^2+y^2+2z^2-4x=0$;

(3) $\begin{cases} x^2+y^2=3, \\ y=x+1; \end{cases}$ (4) $\begin{cases} x^2+y^2+z^2=2, \\ z=\sqrt{x^2+y^2}. \end{cases}$

10. 求单叶双曲面 $\dfrac{x^2}{16}+\dfrac{y^2}{4}-\dfrac{z^2}{5}=1$ 与平面 $x-2z+3=0$ 的交线关于 xOy 面的投影柱面方程和在 xOy 面上的投影方程.

第三节 空间平面与直线

一、平面及其方程

(一) 平面的点法式方程

与平面垂直的非零向量称为平面的法向量,记作 $\boldsymbol{n}$,其坐标表达式常写为:$\boldsymbol{n}=(A,B,C)$. 根据法向量的定义,若 **n** 是平面的法向量,则 $\lambda n(\lambda \neq 0)$ 也是平面的法向量. 经过空间一定点 M_0 (x_0, y_0, z_0),且垂直于已知直线的平面是唯一确定的,从而过点 M_0 (x_0, y_0, z_0) 垂直于已知向量 **n** 的平面也就是唯一确定的. 通常用 Π 来表示平面.

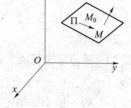

图 6-46

设有一平面 Π,$M_0(x_0, y_0, z_0)$ 是 Π 上的一个已知点,$n = (A, B, C)$ 是 Π 的法线向量. 在平面 Π 上任意取一点 $M(x, y, z)$(图 6-46),得向量

$$\overrightarrow{M_0M} = (x-x_0, y-y_0, z-z_0),$$

且 $\overrightarrow{M_0M} \perp n$. 我们知道若两向量垂直,则它们的数量积为 0. 即 $\overrightarrow{M_0M} \cdot n = 0$,或

$$A(x-x_0) + B(y-y_0) + C(z-z_0) = 0.$$

这个方程叫作平面 Π 的点法式方程.

例1 一平面过点 $M_0(3, -2, 1)$,且与 M_0 到平面外一点 $M_1(-2, 1, 4)$ 的连线垂直,试写出此平面的方程.

解 由已知条件得,向量 $\overrightarrow{M_0M} = (-5, 3, 3)$ 与平面垂直,故 $n = \overrightarrow{M_0M} = (-5, 3, 3)$,所求平面方程为

$$-5(x-3) + 3(y+2) + 3(z-1) = 0,$$
$$-5x + 3y + 3z + 18 = 0.$$

例2 求过三点 $M_1(2, -3, -1)$,$M_2(4, 1, 3)$,$M_3(1, 0, 2)$ 的平面方程.

解 $\overrightarrow{M_1M_2} = (2, 4, 4)$,$\overrightarrow{M_1M_3} = (-1, 3, 3)$ 是平面上两个不共线向量(对应分量不成比例). 所以与该两向量同时垂直的向量就是平面的法线向量. $\overrightarrow{M_1M_2} = (2, 4, 4)$,$\overrightarrow{M_1M_3} = (-1, 3, 3)$ 的向量积为一与 $\overrightarrow{M_1M_2}$、$\overrightarrow{M_1M_3}$ 同时垂直的向量. 所以,可以取:

$$n = \overrightarrow{M_1M_2} \times \overrightarrow{M_1M_3} = \begin{vmatrix} i & j & k \\ 2 & 4 & 4 \\ -1 & 3 & 3 \end{vmatrix} = -10j + 10k = (0, -10, 10).$$

取 $M_0 = M_1(2, -3, -1)$,$n = (0, -10, 10)$,则平面方程为

$$0(x-2) - 10(y+3) + 10(z+1) = 0.$$

可化简为 $y - z + 2 = 0$.

(二)平面的一般方程

平面的点法式方程 $A(x-x_0) + B(y-y_0) + C(z-z_0) = 0$ 可变形为

$$Ax + By + Cz - (Ax_0 + By_0 + Cz_0) = 0.$$

记 $D = -(Ax_0 + By_0 + Cz_0)$,则点法式方程可化为

$$Ax + By + Cz + D = 0.$$

此即平面的一般方程. 其中 x, y, z 的系数就是该平面的一个法线向量 **n** 的坐标,即 $n = (A, B, C)$. 例如方程 $x + 2y + 3z + 4 = 0$ 表示一个平面,其法线向量 $n = (1, 2, 3)$.

在平面的一般方程中,若 $D = 0$,则 $Ax + By + Cz = 0$ 表示过原点的平面. 若 $A = 0$,则平面 $By + Cz + D = 0$ 的法线向量 $n = (0, B, C)$,$n = (0, B, C)$ 垂直于 x 轴,此时,平面 $By + Cz + D = 0$ 与 x 轴平行. 同理,若 $B = 0$,则平面 $Ax + Cz + D = 0$ 与 y 轴平行. 若 $C = 0$,则平面 $Ax + By + D = 0$ 表示与 z 轴平行.

当 $A=B=0$ 时,平面的一般方程就变成了 $z=-\dfrac{D}{C}$,是一个与 xOy 坐标面平行的平面;$A=C=0$ 时,

平面为 $y=-\dfrac{D}{B}$,是一个与 xOz 坐标面平行的平面;$B=C=0$ 时,平面为 $x=-\dfrac{D}{A}$,是一个与 yOz 坐标面平行的平面.

例 3 求通过 z 轴及过点 $M(3,1,-2)$ 的平面方程.

解 平面通过 z 轴,点 $O(0,0,0)$ 及点 $A(0,0,1)$ 都在平面上,可见向量 $\overrightarrow{OA},\overrightarrow{OM}$ 在平面上.
$\overrightarrow{OA}=(0,0,1)$,$\overrightarrow{OM}=(3,1,-2)$. 所以

$$n=\overrightarrow{OA}\times\overrightarrow{OM}=\begin{vmatrix} i & j & k \\ 0 & 0 & 1 \\ 3 & 1 & -2 \end{vmatrix}=i-3j=(1,-3,0).$$

以 $n=(1,-3,0)$ 为法线向量,$M_0=O(0,0,0)$ 为点得平面方程为 $x-3y=0$.

例 4 求过点 $P(1,0,3)$,$Q(3,1,-1)$,且平行于 y 轴的平面方程.

解 $\overrightarrow{PQ}=(2,1-4)$,平行于 y 轴的单位向量 $j=(0,1,0)$. $n=\overrightarrow{PQ}\times j=\begin{vmatrix} i & j & k \\ 2 & 1 & -4 \\ 0 & 1 & 0 \end{vmatrix}=4i+2k=$

$(4,0,2)$. 以 $n=(4,0,2)$ 为法线向量,$M_0=P(1,0,3)$ 为点得平面方程为 $2x+z-5=0$.

例 5 设一平面与 x,y,z 轴的交点依次为 $P(a,0,0)$,$Q(0,b,0)$, $R(0,0,c)$ 三点(图 6-47),求这平面的方程(其中 a,b,c 都不为零).

解 $\overrightarrow{PQ}=(-a,b,0)$,$\overrightarrow{PR}=(-a,0,c)$,

$$n=\begin{vmatrix} i & j & k \\ -a & b & 0 \\ -a & 0 & c \end{vmatrix}=bci+acj+abk=(bc,ac,ab).$$

再取 M_0 为 $P(a,0,0)$,得平面方程为

$$bc(x-a)+acy+abz=0.$$

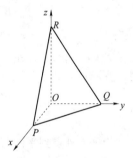

图 6-47

可化简为 $\dfrac{x}{a}+\dfrac{y}{b}+\dfrac{z}{c}=1$,该式叫作平面的截距式方程,而 a,b,c 依次叫作平面在 x,y,z 轴上的截距.

(三) 两平面的夹角

两平面的法线向量的夹角(图 6-48)(通常指锐角)称两平面的夹角.规定两平面的夹角在 0 到 $\dfrac{\pi}{2}$ 之间.设平面 Π_1 和 Π_2 的法线向量依次为 $n_1=(A_1,B_1,C_1)$ 和 $n_2=(A_2,B_2,C_2)$,那么平面 Π_1 和 Π_2 的夹角 θ 可由

$$\cos\theta=|\cos(n_1,n_2)|=\frac{|A_1A_2+B_1B_2+C_1C_2|}{\sqrt{A_1^2+B_1^2+C_1^2}\sqrt{A_2^2+B_2^2+C_2^2}}$$

来确定.

从两向量垂直、平行的充分必要条件立即推得下列结论:
Π_1 和 Π_2 互相垂直相当于 $A_1A_2+B_1B_2+C_1C_2=0$;Π_1 和 Π_2 互相

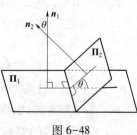

图 6-48

平行或重合相当于 $\dfrac{A_1}{A_2} = \dfrac{B_1}{B_2} = \dfrac{C_1}{C_2}$.

例 6 求平面 $4x+2y+2z+9=0$ 与平面 $3x-3y+6z-5=0$ 的夹角.

解 $\cos\theta = \dfrac{|4\times3+2\times(-3)+2\times6|}{\sqrt{4^2+2^2+2^2}\,\sqrt{3^2+(-3)^2+6^2}} = \dfrac{1}{2}$,因此夹角 $\theta = \dfrac{\pi}{3}$.

例 7 求过两点 $P(1,0,3)$,$Q(3,1,-1)$,且垂直于平面 $x-y+z=0$ 的平面方程.

解 $\overrightarrow{PQ} = (2,1-4)$,且设所求平面的法线向量 $\boldsymbol{n}=(A,B,C)$. 平面 $x-y+z=0$ 的法线向量 $\boldsymbol{n}_1 = (1,-1,1)$. $\boldsymbol{n}\cdot\boldsymbol{n}_1 = A-B+C=0$,$\boldsymbol{n}\cdot\overrightarrow{PQ} = 2A+B-4C=0$. 可得 $A=C$,$B=2C$. 于是 $\boldsymbol{n}=(C,2C,C)$ $(C\neq0)$,所求平面的点法式方程为

$$C(x-1)+2Cy+C(z-3)=0.$$

上式消去 C 得 $x+2y+z-4=0$ 为所求.

例 8 求点 $P_0(x_0,y_0,z_0)$ 到平面 $Ax+By+Cz+D=0$ 的距离 d.

解 设 $P_1(x_1,y_1,z_1)$ 是平面上的任意一点(图 6-49),则

$$d = |\overrightarrow{P_1P_0}||\cos\theta| = \frac{|\overrightarrow{P_1P_0}\cdot\boldsymbol{n}|}{|\boldsymbol{n}|}$$

$$= \frac{|A(x_0-x_1)+B(y_0-y_1)+C(z_0-z_1)|}{\sqrt{A^2+B^2+C^2}}$$

$$= \frac{|Ax_0+By_0+Cz_0-Ax_1-By_1-Cz_1|}{\sqrt{A^2+B^2+C^2}}.$$

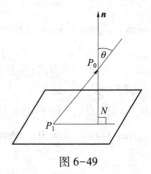

图 6-49

因为 $P_1(x_1,y_1,z_1)$ 在平面 $Ax+By+Cz+D=0$ 上,所以 $-Ax_1-By_1-Cz_1=D$. 故

$$d = \frac{|Ax_0+By_0+Cz_0+D|}{\sqrt{A^2+B^2+C^2}}.$$

上式为平面外点到平面的距离. 例如,求点 $P_0(1,2,3)$ 到平面 $x-8y+3z-1=0$ 的距离. 则

$$d = \frac{|Ax_0+By_0+Cz_0+D|}{\sqrt{A^2+B^2+C^2}} = \frac{|1\times1+2\times(-8)+3\times3-1|}{\sqrt{1^2+(-8)^2+3^2}} = \frac{7}{\sqrt{74}}.$$

二、空间直线及其方程

(一) 空间直线的一般方程

空间直线 L 可以看作是两个平面 Π_1 和 Π_2 的交线(图 6-50),设平面 Π_1 和 Π_2 的方程分别为 $A_1x+B_1y+C_1z+D_1=0$,$A_2x+B_2y+C_2z+D_2=0$. 则方程组

$$\begin{cases} A_1x+B_1y+C_1z+D_1=0, \\ A_2x+B_2y+C_2z+D_2=0 \end{cases}$$

就是空间直线 L 的方程,也称为空间直线的一般方程.

(二) 空间直线的对称式方程和参数方程

在空间给定了一点 $M_0(x_0,y_0,z_0)$ 与一个非零向量 $\boldsymbol{s}=(m,n,p)$,

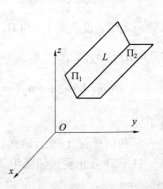

图 6-50

则过点 $M_0(x_0,y_0,z_0)$ 且平行于向量 s 的直线 L 就唯一地被确定. 向量 s 叫直线 L 的方向向量.显然,任一与直线 L 平行的非零向量均可作为直线 L 的方向向量.

下面建立直线 L 的方程. 如图 6-51 点 $M(x,y,z)$ 是直线 L 任一点. 向量 $\overrightarrow{M_0M}=(x-x_0,y-y_0,z-z_0)$ 与方向向量 $s=(m,n,p)$ 平行 $(m,n,p$ 不全为零). $\overrightarrow{M_0M}$ 与 s 的对应分量成比例,则直线 L 的方程为

$$\frac{x-x_0}{m}=\frac{y-y_0}{n}=\frac{z-z_0}{p}$$

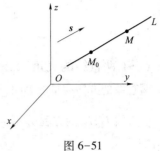

图 6-51

上式叫作直线 L 的对称式方程或者点向式方程(说明:某些分母为零时,其分子也理解为零).

直线的任一方向向量 $s=(m,n,p)$ 的坐标 m,n,p 叫作该直线的一组方向数,而它的方向余弦叫作该直线的方向余弦. 若令

$$\frac{x-x_0}{m}=\frac{y-y_0}{n}=\frac{z-z_0}{p}=t$$

则

$$\begin{cases} x=x_0+mt \\ y=y_0+nt \\ z=z_0+pt \end{cases}$$

上式为空间直线的参数方程.

例 9 设直线 L 通过空间两点 $M_1(x_1,y_1,z_1)$ 和 $M_2(x_2,y_2,z_2)$,则取 M_1 为定点,$\overrightarrow{M_1M_2}$ 为方位向量,就得到直线的两点式方程为

$$\frac{x-x_1}{x_2-x_1}=\frac{y-y_1}{y_2-y_1}=\frac{z-z_1}{z_2-z_1}$$

例 10 一直线过点 $A(2,-3,4)$,且和 y 轴垂直相交,求其方程.

解 因为直线和 y 轴垂直相交,所以交点为 $B(0,-3,0)$. 取 $s=\overrightarrow{BA}=(2,0,4)$,所求直线方程为

$$\frac{x-2}{2}=\frac{y+3}{0}=\frac{z-4}{4}.$$

例 11 将直线的一般方程

$$\begin{cases} 3x+y+z+3=0 \\ 2x-y+3z+4=0 \end{cases}$$

化为对称式和参数方程.

解 取 $x=1$,代入方程组得

$$\begin{cases} y+z+6=0 \\ -y+3z+6=0 \end{cases},$$

解之,得 $y=z=-3$,所以点 $A(1,-3,-3)$ 是这直线上一点. 两平面的交线与两平面的法线向量都垂直,令 $n_1=(3,1,1)$,$n_2=(2,-1,3)$,可取直线得方向向量

$$s=n_1\times n_2=\begin{vmatrix} i & j & k \\ 3 & 1 & 1 \\ 2 & -1 & 3 \end{vmatrix}=(4,-7,-5)$$

直线的对称式方程

$$\frac{x-1}{4}=\frac{y+3}{-7}=\frac{z+3}{-5},$$

参数方程为

$$\begin{cases} x=1+4t, \\ y=-3-7t, \\ z=-3-5t. \end{cases}$$

（三）两直线的夹角

两直线的方向向量的夹角（通常指锐角）叫作两直线的夹角．

设直线 L_1,L_2 的方程分别为 $\frac{x-x_1}{m_1}=\frac{y-y_1}{n_1}=\frac{z-z_1}{p_1}$，$\frac{x-x_2}{m_2}=\frac{y-y_2}{n_2}=\frac{z-z_2}{p_2}$．直线 L_1,L_2 的夹角设为 θ，则

$$\cos\theta=\frac{|m_1m_2+n_1n_2+p_1p_2|}{\sqrt{m_1{}^2+n_1{}^2+p_1{}^2}\sqrt{m_2{}^2+n_2{}^2+p_2{}^2}}.$$

上式即为两直线的夹角的余弦．

若 $L_1 \perp L_2$，则 $m_1m_2+n_1n_2+p_1p_2=0$；若 $L_1 /\!/ L_2$，则 $\frac{m_1}{m_2}=\frac{n_1}{n_2}=\frac{p_1}{p_2}$．反之亦然．

例 12 求两条直线 L_1,L_2 的夹角．$L_1:x+2y-z+1=0,x-y+z-1=0$；$L_2:2x-y+z=0,x-y+z=0$．

解 直线 L_1,L_2 的方向向量分别为

$$s_1=\begin{vmatrix} i & j & k \\ 1 & 2 & -1 \\ 1 & -1 & 1 \end{vmatrix}=i-2j-3k=(1,-2,-3);\ s_2=\begin{vmatrix} i & j & k \\ 2 & -1 & 1 \\ 1 & -1 & 1 \end{vmatrix}=-j-k=(0,-1,-1).$$

$$\cos\theta=\frac{|1\times0+(-2)\times(-1)+(-3)\times(-1)|}{\sqrt{1^2+(-2)^2+(-3)^2}\sqrt{0^2+(-1)^2+(-1)^2}}=\frac{5}{2\sqrt7},\ 故\ \varphi=\cos^{-1}\frac{5}{2\sqrt7}.$$

例 13 求直线 $L_1:\frac{x-1}{2}=\frac{y}{-2}=\frac{z+3}{-1}$ 和 $L_2:\frac{x}{1}=\frac{y+2}{-4}=\frac{z}{1}$ 的夹角．

解 两直线的方向向量分别为 $s_1=(2,-2,-1)$，$s_2=(1,-4,1)$．$\cos\theta=$

$\frac{|2\times1+(-2)\times(-4)+(-1)\times1|}{\sqrt{2^2+(-2)^2+(-1)^2}\sqrt{1^2+(-4)^2+1^2}}=\frac{\sqrt2}{2}$，所以直线 L_1,L_2 的夹角为 $\frac{\pi}{4}$．

（四）直线与平面的夹角

当直线与平面不垂直时，直线和它在平面上的投影直线的夹角 θ 称为直线与平面的夹角（图 6-52），当直线与平面垂直时，规定直线与平面的夹角为 $\theta=\frac{\pi}{2}$．

设直线的方向向量 $s=(m,n,p)$，平面的法线向量为 $n=(A,B,C)$，直线与平面的夹角为 θ，那么 $\theta=\left|\frac{\pi}{2}-(s,n)\right|$，因此 $\sin\theta=|\cos(s,n)|$．按两向量夹角余弦的坐标表示式，有

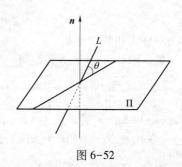

图 6-52

$$\sin\theta = \frac{|Am+Bn+Cp|}{\sqrt{A^2+B^2+C^2}\sqrt{m^2+n^2+p^2}}.$$

直线与平面垂直相当于直线的方向向量与平面的法线向量平行,故直线与平面垂直相当于 $\frac{A}{m}=\frac{B}{n}=\frac{C}{p}$;因为直线与平面平行或直线在平面上相当于直线的方向向量与平面的法线向量垂直,所以,直线与平面平行或直线在平面上相当于 $Am+Bn+Cp=0$.

例14 求过点 $(2,0,-3)$,且与平面 $4x-5y+6z+7=0$ 垂直的直线的方程.

解 平面的法线向量为 $n=(4,-5,6)$,按直线的对称式方程所求为 $\frac{x-2}{4}=\frac{y}{-5}=\frac{z+3}{6}$.

例15 求过点 $(2,0,-3)$,且与直线 $L\begin{cases}2x-3y+z-5=0\\3x+y-2z-2=0\end{cases}$ 垂直的平面方程.

解 直线 L 的方向向量

$$s=\begin{vmatrix} i & j & k \\ 2 & -3 & 1 \\ 3 & 1 & -2 \end{vmatrix}=5i+7j+11k=(5,7,11),$$ 此向量亦为平面的法线向量,所求平面方程为

$5(x-2)+7y+11(z+3)=0$.

(五) 实例

例16 求与两平面 $x+2z+7=0$ 和 $2x-y-2z=0$ 的交线平行且过点 $(3,0,-1)$ 的直线的方程.

解 所求直线与两平面平行,则直线的方向向量与两平面的法线向量垂直. 直线的方向向量

$$s=\begin{vmatrix} i & j & k \\ 1 & 0 & 2 \\ 2 & -1 & -2 \end{vmatrix}=2i+6j-k.$$

直线的方程为 $\frac{x-3}{2}=\frac{y}{6}=\frac{z+1}{-1}$.

例17 求直线 $\frac{x-1}{1}=\frac{y}{2}=\frac{z-4}{1}$ 与平面 $2x-y-2z=0$ 的交点.

解 给定直线的参数方程为

$$\begin{cases}x=1+t,\\y=2t,\\z=4+t.\end{cases}$$

代入平面方程,得 $2(1+t)-2t-2(4+t)=0$,解之,得 $t=-3$. 把 $t=-3$ 代入直线的参数方程求得交点为 $(-2,-6,1)$.

例18 求过点 $(2,1,3)$ 且与直线 $\frac{x+1}{3}=\frac{y-1}{2}=\frac{z}{-1}$ 垂直相交的直线的方程.

解 过点 $(2,1,3)$ 与直线 $\frac{x+1}{3}=\frac{y-1}{2}=\frac{z}{-1}$ 垂直的平面为 $3(x-2)+2(y-1)-(z-3)=0$,即 $3x+2y-z=0$. 直线 $\frac{x+1}{3}=\frac{y-1}{2}=\frac{z}{-1}$ 与平面 $3x+2y-z=0$ 的交点坐标为 $\left(\frac{2}{7},\frac{13}{7},-\frac{3}{7}\right)$. 以点 $(2,1,3)$ 为起点,以点 $\left(\frac{2}{7},\frac{13}{7},-\frac{3}{7}\right)$ 为终点的向量为 $\left(\frac{2}{7}-2,\frac{13}{7}-1,-\frac{3}{7}-3\right)=-\frac{6}{7}(2,-1,4)$,该向量是所

求直线的一个方向向量,故所求直线的方程为 $\dfrac{x-2}{2}=\dfrac{y-1}{-1}=\dfrac{z-3}{4}$.

例 19 求过直线 $L_1\begin{cases}x-2y+z-1=0,\\2x+y-z-2=0,\end{cases}$ 且与直线 $L_2:\dfrac{x}{1}=\dfrac{y}{-1}=\dfrac{z}{2}$ 平行的平面.

解 设过直线 L_1 的平面束方程为 $x-2y+z-1+\lambda(2x+y-z-2)=0$.

因所求平面与直线 $L_2:\dfrac{x}{1}=\dfrac{y}{-1}=\dfrac{z}{2}$ 平行,故所求平面的法线向量 $\boldsymbol{n}=(1+2\lambda,\lambda-2,1-\lambda)$ 与直线 L_2 的方向向量 $\boldsymbol{s}_2=(1,-1,2)$ 垂直,从而 $(1+2\lambda)-(\lambda-2)+2(1-\lambda)=0\Rightarrow\lambda=5$,因此所求平面方程为 $11x+3y-4z-11=0$.

例 20 求点 $A(3,-1,2)$ 到直线 $\begin{cases}x+y-z+1=0\\2x-y+z-4=0\end{cases}$ 的距离.

解 直线的方向向量为 $\boldsymbol{s}=(1,1,-1)\times(2,-1,1)=(0,-3,-3)$,求直线上的一点(可令 $y=0$) $\begin{cases}x-z+1=0\\2x+z-4=0\end{cases}\Rightarrow\begin{cases}x=1,\\z=2,\end{cases}$ 所以直线过点 $B(1,0,2)$,点 A,B 之间的距离为 $\sqrt{5}$,向量 $\overrightarrow{AB}$ 与向量 $\boldsymbol{s}$ 的夹角 θ 的余弦为 $\cos\theta=\dfrac{1}{\sqrt{10}}$,可得到正弦为 $\sin\theta=\dfrac{3}{\sqrt{10}}$. 所以点 $A(3,-1,2)$ 到直线的距离为 $d=\sqrt{5}\sin\theta=\dfrac{3\sqrt{2}}{2}$.

练习题 6-3

1. 求过点 $(3,0,-1)$ 且与平面 $3x-7y+5z-12=0$ 平行的平面方程.

2. 求过点 $(1,1,-1)$,且平行于向量 $\boldsymbol{a}=(2,1,1)$,$\boldsymbol{b}=(1,-1,0)$ 的平面方程.

3. 求平行于 xOz 面且过点 $(2,-5,3)$ 的平面方程.

4. 求平行于 x 轴且过两点 $A(4,0,-2)$ 和 $B(5,1,7)$ 的平面方程.

5. 求过点 $A(4,0,0)$,$B(0,7,0)$,$C(0,0,5)$ 的平面方程.

6. 求平面 $x-y+2z-6=0$ 与平面 $2x+y+z-5=0$ 的夹角.

7. 设平面过原点及点 $(1,1,1)$,且与平面 $x-y+z=8$ 垂直,求此平面方程.

8. 求与平面 $6x+3y+2z+12=0$ 平行,而使点 $(0,2,-1)$ 与这两平面的距离相等的平面方程.

9. 求下列各直线的方程

(1)通过点 $A(-3,0,1)$ 和点 $B(2,-5,1)$ 的直线;

(2) 过点 $(1,1,1)$ 且与直线 $\dfrac{x-1}{2}=\dfrac{y-2}{3}=\dfrac{z-3}{4}$ 平行的直线;

(3) 通过点 $M(-1,5,3)$ 且与 x,y,z 三轴分别成 $60°,45°,120°$ 的直线;

(4) 一直线过点 $A(3,5,1)$,且和 x 轴垂直相交,求其方程;

(5) 通过点 $M(1,0,-2)$ 且与两直线 $\dfrac{x-1}{1}=\dfrac{y}{1}=\dfrac{z+1}{-1}$ 和 $\dfrac{x}{1}=\dfrac{y-1}{-1}=\dfrac{z+1}{0}$ 垂直的直线.

10. 求直线 $\begin{cases}x+y+z=-1\\2x-y+3z=-4\end{cases}$ 的点向式方程与参数方程.

11. 判别下列直线的相互位置,如果是相交的或平行的直线求出它们所在的平面,如果相交时请求出夹角的余弦.

$$\begin{cases}x-2y+2z=0\\3x+2y-6=0\end{cases} 与 \begin{cases}x+2y-z-11=0,\\2x+z-14=0.\end{cases}$$

12. 求直线 $\begin{cases} x=t \\ y=-2t+9 \\ z=9t-4 \end{cases}$ 与平面 $3x-4y+7z-10=0$ 的夹角的正弦.

┌─ 本 章 小 结 ─┐

本章主要包括向量代数、空间曲面与曲线、空间平面与直线等内容.

重点：向量的线性运算，向量的坐标表示及用坐标进行向量的线性运算、向量的模、方向余弦的坐标表示式、向量在某一方向上的投影、向量的数量积、向量积与混合积；曲面方程的概念、旋转曲面、柱面、二次曲面、空间曲线的一般方程、空间曲线的参数方程、空间曲线在坐标面上的投影；平面的点法式方程、平面的一般方程、两平面的夹角、空间直线的一般方程、空间直线的对称式方程和参数方程、两直线的夹角、直线与平面的夹角等.

难点：向量的数量积、向量积与混合积；两平面的夹角.

总练习题六

一、填空题

1. 点 (a,b,c) 关于 xOy 坐标面、x 轴、原点的对称点的坐标分别为____、____、____.

2. 点 $A(1,2,3)$，$B(2,0,1)$ 的距离为____.

3. $\boldsymbol{a}=(3,1,4)$，$\boldsymbol{b}=(1,0,2)$，以 $\boldsymbol{a}$，$\boldsymbol{b}$ 为邻边的平行四边形两对角线长分别为____、____.

4. 若 $|\boldsymbol{a}||\boldsymbol{b}|=\sqrt{2}$，$(\hat{\boldsymbol{a},\boldsymbol{b}})=\dfrac{\pi}{2}$，则 $|\boldsymbol{a}\times\boldsymbol{b}|=$ ____，$\boldsymbol{a}\cdot\boldsymbol{b}=$ ____.

5. 将 yOz 坐标面上的抛物线 $y^2=2z$ 绕 z 旋转一周，所生成的旋转曲面的方程_____，曲面名称为_____.

6. 将 zOx 坐标面上的双曲线 $\dfrac{x^2}{a^2}-\dfrac{z^2}{c^2}=1$ 分别绕 x 轴和 z 轴旋转一周，所生成的旋转曲面的方程分别为_____、_____.

7. 曲线 $\begin{cases} z=2x^2+y^2 \\ z=1 \end{cases}$ 在 xOy 平面上的投影曲线方程为_____.

8. 过三点 $A(1,0,0)$，$B(0,1,0)$，$C(0,0,1)$ 的平面方程为_____.

9. 与平面 $x-y+2z-6=0$ 垂直的单位向量为_____.

10. 过原点且垂直于平面 $2y-z+2=0$ 的直线为_____.

二、选择题

1. 设 $\boldsymbol{a}$，$\boldsymbol{b}$ 为非零向量，且 $\boldsymbol{a}\perp\boldsymbol{b}$，则必有（   ）.
   A. $|\boldsymbol{a}+\boldsymbol{b}|=|\boldsymbol{a}|+|\boldsymbol{b}|$；
   B. $|\boldsymbol{a}+\boldsymbol{b}|=|\boldsymbol{a}-\boldsymbol{b}|$；
   C. $|\boldsymbol{a}-\boldsymbol{b}|=|\boldsymbol{a}|-|\boldsymbol{b}|$；
   D. $\boldsymbol{a}+\boldsymbol{b}=\boldsymbol{a}-\boldsymbol{b}$.

2. $|\boldsymbol{a}+\boldsymbol{b}|>|\boldsymbol{a}-\boldsymbol{b}|$ 成立的是（   ）.
   A. $(\hat{\boldsymbol{a},\boldsymbol{b}})<\dfrac{\pi}{2}$；
   B. $(\hat{\boldsymbol{a},\boldsymbol{b}})>\dfrac{\pi}{2}$；

C. $(a\hat{,}b)=\dfrac{\pi}{2}$;　　　　　　　　　　D. $(a\hat{,}b)<\dfrac{\pi}{2}$任意.

3. 下列说法正确的是(　　).

　　A. $2i>j$;　　　　　　　　　　　　　B. $|a+b|=|a-b|$;

　　C. $i+j+k$ 不是单位向量;　　　　　　D. $-i$ 不是单位向量.

4. 设三向量 a,b,c 满足关系:$a+b+c=0$,则 $a\times b=$(　　).

　　A. $c\times b$;　　　　B. $|b|^2+b\times c$;　　　C. 0;　　　　D. $b\times c$.

5. 已知有向直线 L 与向量 $a=(2,2,-1)$ 平行,则下列各组数中不能作为 L 的方向数的是
(　　).

　　A. $\{-2,2,1\}$;　　　　　　　　　　B. $\{1,1,-2\}$;

　　C. $\left\{\dfrac{2}{3},\dfrac{2}{3},-\dfrac{1}{3}\right\}$;　　　　　　D. $\left\{-\dfrac{2\pi}{3},-\dfrac{2\pi}{3},\dfrac{\pi}{3}\right\}$.

6. 设有直线 $L:\begin{cases}x+3y+2z+1=0\\2x-y-10z+3=0\end{cases}$ 及平面 $\pi:4x-2y+z-2=0$,则直线 L(　　).

　　A. 平行于 π;　　　　　　　　　　B. 在 π 上;

　　C. 垂直于 π;　　　　　　　　　　D. 与 π 斜交.

7. 已知直线 L 方程为 $\begin{cases}A_1x+B_1y+C_1z+D_1=0\\A_2x+B_2y+C_2z+D_2=0\end{cases}$,其中所有系数均不为零,如果 $\dfrac{A_1}{D_1}=\dfrac{A_2}{D_2}$,则直线 L
(　　).

　　A. 平行于 x 轴;　　　　　　　　　B. 与 x 轴相交;

　　C. 通过原点;　　　　　　　　　　D. 与 x 轴重合.

8. 给定四点 $M_1(1,1,1)$,$M_2(2,3,4)$,$M_3(3,6,10)$,$M_4(4,10,20)$,则四面体 $M_1M_2M_3M_4$ 的体
积为(　　).

　　A. 1;　　　　　B. $\dfrac{1}{3}$;　　　　　C. $\dfrac{1}{2}$;　　　　　D. $\dfrac{1}{6}$.

三、判断题

1. 若 $a\cdot b=b\cdot c$ 且 $b\neq 0$,则 $a=c$;　　　　　　　　　　　　　　　　　(　　)

2. 若 $a\times b=b\times c$ 且 $b\neq 0$,则 $a=c$;　　　　　　　　　　　　　　　　(　　)

3. 若 $a\cdot c=0$,则 $a=0$ 或 $c=0$;　　　　　　　　　　　　　　　　　　　(　　)

4. $a\times b=-b\times a$.　　　　　　　　　　　　　　　　　　　　　　　　　(　　)

四、证明题

用向量法证明三角形的重心分原三角形成等面积的三个三角形.

五、计算题

1. 设一平面经过原点及 $(6,-3,2)$,且与平面 $4x-y+2z=8$ 垂直,求此平面方程.

2. 一直线通过点 $A(1,2,1)$,且垂直于直线 $L:\dfrac{x-1}{3}=\dfrac{y}{2}=\dfrac{z+1}{1}$,又和直线 $x=y=z$ 相交,求该直
线方程.

（郭东星）

第七章 多元函数微分法

学习导引

知识要求:

1. **掌握** 二元(复合)函数偏导数、全微分、极值的求解方法.

2. **熟悉** 二元函数的极限以及间断点的判定方法.

3. **了解** 二元函数的概念以及几何意义、二元函数连续性的概念、有界闭区域上的连续函数的性质.

能力要求:

1. 熟练掌握多元函数微分学的运算规律及求解技巧.

2. 学会应用多元函数微分学相关知识解决医药学中的一些简单问题.

前面讨论的函数只含有一个自变量,这种函数称为一元函数.然而,医学、药学、生物学、卫生学、管理学等自然科学、社会科学和工程技术中的许多问题,往往与多种因素有关,反映到高等数学上,就是一个变量要依赖于多个变量的关系,这就是多元函数.在一元函数中为了研究函数的变化速率等问题,人们引进了导数和微分等概念.在多元函数中,同样需要研究函数的变化率、变化量等问题,为此,我们将引进一些类似的概念.本章将在一元函数及其微分学的基础上介绍多元函数的微分学.

第一节 多元函数的基本概念

一、平面点集及区域

在介绍二元函数的相关概念之前,先来介绍一下平面点集以及平面区域的有关知识.

(一) 平面点集

1. 邻域 平面内以点 $P_0(x_0, y_0)$ 为圆心,以 $\delta > 0$ 为半径作圆,该圆内点的全体,即 $\{(x, y) \mid (x-x_0)^2 + (y-y_0)^2 < \delta^2\}$,称为 P_0 点的 δ 邻域,记做 $U(P_0, \delta)$,简记为 $U(P_0)$.

不包含点 P_0 的邻域称为 P_0 的去心邻域.

邻域的几何意义:$U(P_0, \delta)$ 表示 xOy 平面上以点 $P_0(x_0, y_0)$ 为中心,$\delta > 0$ 为半径的圆的内部的点的全体.

若不需要特别强调邻域的半径,则用 $U(P_0)$ 表示点 P_0 的某个邻域,点 P_0 的去心邻域记作 $\overset{\circ}{U}(P_0)$.

2. 平面上的点

(1) 内点　若存在点 P_0 的某个邻域 $U(P_0)$,使得 $U(P_0) \subset E$,则称 P_0 为点集 E 的内点.

(2) 外点　若存在点 P_0 的某个邻域 $U(P_0)$,使得 $U(P_0) \cap E \neq \varnothing$,则称 P_0 为点集 E 的外点.

(3) 边界点　在平面上,若在某个点 P_0 的任何邻域内既含有属于 E 的点,又含有不属于 E 的点,则称点 P_0 为点集 E 的边界点.

①点集 E 的内点必定属于点集 E;点集 E 的外点必定不属于点集 E;点集 E 的边界点可能属于点集,也可能不属于点集 E.

②点集 E 中孤立在外的点,称为孤立点,孤立点为边界点.

(4) 聚点　若点 P_0 的任何去心邻域 $\overset{\circ}{U}(P_0)$ 内总有点集 E 的点,则称点 P_0 为点集 E 的聚点.

注意:点集 E 的内点必定是点集 E 的聚点;点集 E 的外点必定不是点集 E 的聚点;聚点有可能属于点集 E,也有可能不属于点集 E.

3. 平面上的点集

(1) 开集　平面点集 E 内的所有点都是内点,则称点集 E 为开集.

(2) 闭集　平面点集 E 内的所有聚点都属于点集 E,则称点集 E 为闭集.

(3) 连通集　如果点集 E 内的任意两点都能用有限条全属于 E 的折线连接起来,则称 E 为连通集.

(4) 有界集　平面点集 E,若对任意的点 $(x_0, y_0) \in E$,均有 $x_0^2 + y_0^2 < d^2$(其中 d 为有限值),则称 E 为有界集,否则称其为无界集.

通俗的讲,对于平面点集 E,如果能包含在以原点为圆心的某个圆内,则称其为有界集,否则称其为无界集.

例如点集 $D = \{(x, y) \mid 2 \leq x^2 + y^2 < 4\}$,满足 $2 < x^2 + y^2 < 4$ 的一切点是其内点;满足 $x^2 + y^2 = 2$ 的点是其边界点,属于 D;满足 $x^2 + y^2 = 4$ 的点也是其边界点,但不属于 D;D 连同它的外圆边界上的点都是其聚点.

集合 $\{(x, y) \mid 2 < x^2 + y^2 < 4\}$ 是开集,集合 $\{(x, y) \mid 2 \leq x^2 + y^2 \leq 4\}$ 是闭集,而集合 $\{(x, y) \mid 2 \leq x^2 + y^2 < 4\}$ 既非开集,也不是闭集.

集合 $\{(x, y) \mid 1 < x^2 + y^2 \leq 3\}$ 与 $\{(x, y) \mid x^2 + y^2 \leq 1\}$ 是有界集,而集合 $\{(x, y) \mid y > x + 1\}$ 与 $\{(x, y) \mid x^2 + y^2 > 2\}$ 是无界集.

(二) 平面区域

1. 区域(开区域)　连通的开集称为开区域,简称区域.

2. 闭区域　区域连同它的边界称为闭区域.

注意:约定全平面 R^2 和空集 $\varnothing$ 即是开集又是闭集.

集合 $\{(x, y) \mid 2 < x^2 + y^2 < 4\}$ 是开区域,集合 $\{(x, y) \mid 2 \leq x^2 + y^2 \leq 4\}$ 是闭区域.

集合 $\{(x, y) \mid 2 \leq x^2 + y^2 \leq 4\}$ 是有界闭区域,集合 $\{(x, y) \mid x^2 + y^2 > 5\}$ 是无界开区域,集合 $\{(x, y) \mid x^2 + y^2 \geq 5\}$ 是无界闭区域.

二、二元函数

在药学等自然现象与科学实验中,经常会遇到几个变量相互依赖的情形.

例1 圆柱体的体积 V. 其底面半径为 $r>0$,高为 $h>0$:

$$V=\pi r^2 h.$$

例2 电流通过电阻时所产生的热量 Q. 其电阻为 R,电流强度为 i,时间为 t:

$$Q=0.24i^2Rt.$$

例3 摩尔理想气体体积 V. 其压强为 P,绝对温度为 T:

$$V=\frac{kT}{P}\ (k\ \text{是比例常数}).$$

上面这些关系都是在实际问题中广泛存在的三个或三个以上的变量之间的依赖关系,我们抽去这些问题的具体意义,归纳出共同的性质建立如下多元函数的定义,并以二元函数为例来探讨多元函数的基本概念.

(一) 二元函数的定义

定义1 设有三个变量 x,y,z,如果当变量 x,y 在一定范围 D 内任取一组数值时,变量 z 按照一定的规律,总有确定的数值与之对应,那么称变量 z 是 x,y 的二元函数,记为

$$z=f(x,y),$$

其中 x,y 称为自变量,z 称为因变量.

类似地,可定义三元函数 $u=f(x,y,z)$ 以及 n 元函数 $u=f(x_1,x_1,\cdots,x_n)$.

二元及二元以上的函数统称为多元函数(multivariate function).本章以二元函数为例讨论多元函数相关概念及其应用.

二元函数自变量的取值范围称为二元函数的定义域.二元函数的定义域在几何上表示为平面区域,它或者是 xOy 平面或者是 xOy 平面上由一条或几条曲线围成的平面区域.与一元函数类似,讨论用解析式表示的二元函数时,其定义域 D 是指使得该函数有意义的一切点 (x,y) 的集合.

例4 求函数 $z=\frac{1}{\sqrt{x}}\ln(-x-y)$ 的定义域.

解 要使函数有意义,必须满足

$$\begin{cases} x>0, \\ -x-y>0, \end{cases}$$

于是 $D=\{(x,y)\,|\,x>0\ \text{且}\ y<-x\}$.

如图 7-1 所示,是无界开区域.

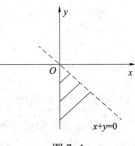

图 7-1

例5 求函数 $z=\sqrt{1-x^2-y^2}$ 的定义域.

解 要使函数有意义,必须满足

$$1-x^2-y^2\geqslant 0,$$

于是 $D=\{(x,y)\,|\,x^2+y^2\leqslant 1\}$.

如图 7-2 所示,是有界闭区域.

例6 求函数 $z=\arcsin y+\sqrt{y-x^2}$ 的定义域.

解 要使函数有意义,必须满足

$$\begin{cases} |y|\leqslant 1, \\ y-x^2\geqslant 0, \end{cases}\ \text{即}\ x^2\leqslant y\leqslant 1,$$

于是 $D=\{(x,y)\,|\,x^2\leqslant y\leqslant 1\}$.

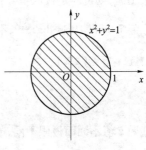

图 7-2

如图 7-3 所示,是有界闭区域.

(二) 二元函数的图形

一元函数 $y=f(x)$ 通常表示 xOy 平面上的一条曲线. 二元函数 $z=f(x,y)$ 的定义域 D 是 xOy 平面上的一个区域,任取 D 中一点 $P(x,y)$,对应的函数值为 $z=f(x,y)$,这样,以 x 为横坐标,y 为纵坐标,z 为竖坐标,在空间就确定了一点 $M(x,y,f(x,y))$,当取遍 D 上的一切点时,得到一个空间点集 $\{(x,y,z)\,|\,z=f(x,y),(x,y)\in D\}$,这个点集称为二元函数 $z=f(x,y)$ 的图形,该图形通常是一个空间曲面(图 7-4).

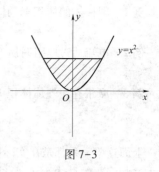

图 7-3

注意:三元及三元以上函数没有直观的几何意义.

(三) 二元函数的极限

二元函数的极限概念本质上和一元函数相同,都是研究当自变量变化时,对应函数值的变化趋势. 下面我们主要研究当点 $M(x,y)$ 趋近于点 $M_0(x_0,y_0)$ 时函数的极限.

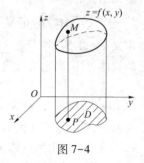

图 7-4

定义 2 设函数 $z=f(x,y)$ 在点 $M_0(x_0,y_0)$ 的某邻域内有定义(在点 $M_0(x_0,y_0)$ 处可以无定义),$M(x,y)$ 是 M_0 附近的任一点,如果当点 $M(x,y)$ 以任何方式趋近于 $M_0(x_0,y_0)$ 时,函数的对应值 $f(x,y)$ 都无限趋近于一个确定的常数 A,则称 A 为函数 $z=f(x,y)$ 当 $M(x,y)$ 趋于点 $M_0(x_0,y_0)$ 时的极限,记为

$$\lim_{M(x,y)\to M_0(x_0,y_0)} f(x,y)=A.$$

定义中所指点 $M(x,y)$ 无限趋近于 $M_0(x_0,y_0)$,就是指这两点的距离趋近于零,即

$$\rho=|MM_0|=\sqrt{(x-x_0)^2+(y-y_0)^2}\to0.$$

它等价于 $|x-x_0|\to0$,且 $|y-y_0|\to0$(即 $x\to x_0$ 且 $y\to y_0$). 因此极限 $\lim\limits_{M(x,y)\to M_0(x_0,y_0)} f(x,y)=A$ 也可以写成

$$\lim_{\substack{x\to x_0\\y\to y_0}}f(x,y)=A \text{ 或 } f(x,y)\to A \quad (\rho\to0).$$

在一元函数的极限中,$\lim\limits_{x\to x_0}f(x)=A$ 等价于 $\lim\limits_{x\to x_0^+}f(x)=A$ 且 $\lim\limits_{x\to x_0^-}f(x)=A$. 而在二元函数的极限中,$f(x,y)$ 以 A 为极限必须满足 $M(x,y)$ 以任何方式趋近于 $M_0(x_0,y_0)$,如果沿特定方向有极限,还不能断定极限存在,因为任何方式是不可能穷举的. 因此,二元函数的极限问题要比一元函数的极限复杂得多,在此我们不作深入探讨. 但是沿特定方向极限不存在,或者沿不同方向而极限不同,则可断定极限不存在.

例 7 证明极限 $\lim\limits_{\substack{x\to0\\y\to0}}\dfrac{xy}{x^2+y^2}$ 不存在.

证 当点 (x,y) 沿着直线 $y=kx$ 趋于点 $(0,0)$ 时,

$$\lim_{\substack{x\to0\\y\to0}}\frac{xy}{x^2+y^2}=\lim_{\substack{x\to0\\y\to kx}}\frac{x\cdot kx}{x^2+(kx)^2}=\lim_{x\to0}\frac{kx^2}{x^2+k^2x^2}=\frac{k}{1+k^2},$$

上式随 k 值不同而极限不同,故 $\lim\limits_{\substack{x\to0\\y\to0}}\dfrac{xy}{x^2+y^2}$ 不存在.

例 8　求极限 $\lim\limits_{\substack{x\to 0\\ y\to 0}}(x+y)\sin\dfrac{1}{x^3+y^2}$.

解　因为 $\lim\limits_{\substack{x\to 0\\ y\to 0}}(x+y)=0$,而且 $\left|\sin\dfrac{1}{x^3+y^2}\right|\le 1$,利用有界函数与无穷小的乘积仍然是无穷小的

性质,即知

$$\lim_{\substack{x\to 0\\ y\to 0}}(x+y)\sin\frac{1}{x^3+y^2}=0.$$

(四) 二元函数的连续性

1. 二元函数连续性的定义　与一元函数中连续和间断类似,可以给出二元函数连续的
定义.

定义 3　设函数 $z=f(x,y)$ 在点 $M_0(x_0,y_0)$ 的某邻域内有定义,如果

$$\lim_{\substack{x\to x_0\\ y\to y_0}}f(x,y)=f(x_0,y_0),$$

则称函数 $z=f(x,y)$ 在点 $M_0(x_0,y_0)$ 处连续. 否则称点 $M_0(x_0,y_0)$ 是函数 $z=f(x,y)$ 的间
断点.

注意:如果函数 $z=f(x,y)$ 在区域 D 内每一点都连续,则称函数在 D 内连续,或者称函数是
区域 D 内的连续函数. 二元连续函数的图形是一个既无孔隙又无裂缝的曲面. 而二元函数的
间断点,可以是一些孤立的点,也可以是一条曲线.

2. 二元初等函数的定义

定义 4　以 x,y 为自变量的基本初等函数与常数经过有限次的四则运算和有限次的复合运
算构成能用一个解析式表示的函数称为二元初等函数.

例如　$z=x^2+y\sin x,z=\arctan\dfrac{y}{x},z=\dfrac{2x+\ln y}{\sqrt{\sin x}},z=\sin(x+y)$ 皆为二元初等函数.

类似于一元函数,下面给出二元函数连续性的性质.

性质 1(最大值和最小值性质)　若函数 $z=f(x,y)$ 在有界闭区域 D 上连续,则函数 f 在 D 上
有界,并且能取得最大值与最小值.

性质 2(介值定理)　在有界闭区域 D 上的二元连续函数,如果取得两个不同的函数值,则
它在该区域上可取得介于这两个值之间的任何值. 即二元函数 $z=f(x,y)$ 在有界闭区域 D 上连
续,且在 D 上取得两个不同的函数值,如果常数 C 介于两个函数值之间,则至少存在一点 $(\zeta,\eta)\in$
D,使得 $f(\zeta,\eta)=C$.

性质 3　有限个连续函数的和、差、积、商(分母不能为零)仍是连续函数.

性质 4　连续函数经过有限次复合而成的复合函数仍是连续函数.

性质 5　一切二元初等函数在其定义区域内连续.

由上面的性质 5 知,计算二元初等函数在其定义区域内某一点处的极限值,则只需求二元

初等函数在该点处的函数值. 如 $\lim\limits_{\substack{x\to 0\\ y\to 1}}\dfrac{xy+\ln(x+y)+\mathrm{e}^{xy}}{x^2+2y}=\dfrac{0+\ln 1+\mathrm{e}^0}{2\times 1}=\dfrac{1}{2}$;

$$\lim_{\substack{x\to 0\\ y\to\frac{1}{2}}}\arcsin\sqrt{x^2+y^2}=\arcsin\sqrt{\frac{1}{4}}=\frac{\pi}{6}.$$

例 9　求下列二元函数的间断点:

$$z_1 = \frac{xy}{x-y}, \quad z_2 = \sqrt{1-x^2-y^2}, \quad z_3 = \frac{1}{x^2+y^2}.$$

解 函数 z_1 的间断点是 xOy 平面上的直线 $x-y=0$;

函数 z_2 的间断点是 xOy 平面上单位圆 $x^2+y^2=1$ 外部区域,即满足 $x^2+y^2>1$ 的所有点;

函数 z_3 的间断点是 xOy 平面上的一个弧立的点 $(0,0)$.

练习题 7-1

1. 确定下列函数的定义域

(1) $z = \frac{1}{\sqrt{1-x}} + \ln(1-y^2)$;   (2) $z = \sqrt{1-x^2} + \sqrt{1-y}$;   (3) $z = \sqrt{1 - \frac{x^2}{a^2} - \frac{y^2}{a^2} - \frac{z^2}{a^2}}$.

2. 求下列各极限

(1) $\lim\limits_{\substack{x \to 1 \\ y \to 0}} \frac{1-y}{x^2+y^2}$;   (2) $\lim\limits_{\substack{x \to 0 \\ y \to 1}} \frac{\ln(x+e^y)}{\sqrt{x^2+y^2}}$;   (3) $\lim\limits_{\substack{x \to 1 \\ y \to \frac{\pi}{6}}} \frac{\sin xy}{x}$.

3. 判断下列函数的间断点

(1) $z = \frac{y^2+2x}{y-3x}$;   (2) $z = \ln|x-2y|$.

第二节 偏 导 数

在一元函数中,我们已经体会到变化率(导数)的重要性,对于二元函数,同样需要研究它的变化率,但是二元函数有两个自变量,因此函数与自变量的关系,要比一元函数复杂. 需要分别研究函数相对于每一个自变量的变化率,这就是偏导数(partial derivative).

一、二元偏导数

(一)偏导数的定义

定义 1 设函数 $z=f(x,y)$ 在点 (x_0,y_0) 的某一邻域内有定义,当 x 从 x_0 变到 $x_0+\Delta x$ ($\Delta x \neq 0$),而 $y=y_0$ 保持不变时,相应地得到函数改变量(称为对自变量 x 的偏增量):

$$\Delta_x z = f(x_0+\Delta x, y_0) - f(x_0, y_0).$$

如果当 $\Delta x \to 0$ 时,极限

$$\lim_{\Delta x \to 0} \frac{f(x_0+\Delta x, y_0) - f(x_0, y_0)}{\Delta x}$$

存在,则称此极限值为函数 $f(x,y)$ 在点 (x_0,y_0) 处对 x 的偏导数,记为

$$f'_x(x_0,y_0) \text{ 或 } \frac{\partial f(x_0,y_0)}{\partial x} \text{ 或 } \frac{\partial z}{\partial x}\bigg|_{\substack{x=x_0 \\ y=y_0}} \text{ 或 } z'_x\bigg|_{\substack{x=x_0 \\ y=y_0}}.$$

同理,如果极限

$$\lim_{\Delta y \to 0} \frac{f(x_0, y_0+\Delta y) - f(x_0, y_0)}{\Delta y}$$

存在,则称此极限值为函数 $f(x,y)$ 在点 (x_0,y_0) 处对 y 的偏导数,记为

$$f'_y(x_0,y_0) \text{ 或} \frac{\partial f(x_0,y_0)}{\partial y} \text{ 或} \frac{\partial z}{\partial y}\bigg|_{\substack{x=x_0\\y=y_0}} \text{ 或} z'_y\bigg|_{\substack{x=x_0\\y=y_0}}.$$

如果函数 $z=f(x,y)$ 在区域 D 内每一点 (x,y) 处对 $x($ 或 $y)$ 的偏导数都存在,则称函数 $f(x,y)$ 在 D 内有对 $x($ 或 $y)$ 的偏导函数,简称偏导数,记为

$$f'_x(x,y),\frac{\partial f(x,y)}{\partial x},\frac{\partial z}{\partial x} \text{ 或} z'_x;$$

$$f'_y(x,y),\frac{\partial f(x,y)}{\partial y},\frac{\partial z}{\partial y} \text{ 或} z'_y.$$

由偏导数的定义可知,求多元函数对一个自变量的偏导数时,只需将其他自变量看成常数,用一元函数求导法则即可求得.

例 1 求 $\theta=\arctan\dfrac{y}{x}$ 的偏导数.

解 $\theta'_x=\dfrac{1}{1+\left(\dfrac{y}{x}\right)^2}\cdot\dfrac{\partial}{\partial x}\left(\dfrac{y}{x}\right)=\dfrac{1}{1+\left(\dfrac{y}{x}\right)^2}\left(-\dfrac{y}{x^2}\right)=-\dfrac{y}{x^2+y^2},$

$\theta'_y=\dfrac{1}{1+\left(\dfrac{y}{x}\right)^2}\cdot\dfrac{\partial}{\partial y}\left(\dfrac{y}{x}\right)=\dfrac{1}{1+\left(\dfrac{y}{x}\right)^2}\left(\dfrac{1}{x}\right)=\dfrac{x}{x^2+y^2}.$

由偏导数的定义可知, $f(x,y)$ 在点 (x_0,y_0) 处对 x 的偏导数 $f'_x(x_0,y_0)$ 就是偏导函数 $f'_x(x,y)$ 在 (x_0,y_0) 处的函数值, $f(x,y)$ 在点 (x_0,y_0) 处对 y 的偏导数 $f'_y(x_0,y_0)$ 就是偏导函数 $f'_y(x,y)$ 在 (x_0,y_0) 处的函数值.

求 $z=f(x,y)$ 在 $P_0(x_0,y_0)$ 的偏导数方法.

方法 1:首先求出 $z=f(x,y)$ 偏导函数 $f'_x(x,y),f'_y(x,y)$,再代入 P_0 点的坐标值 (x_0,y_0) .

方法 2:求 $f'_x(x_0,y_0)$ 时. 通常我们先代入 $y=y_0$,得到 $f(x,y_0)$,再对 x 求导数得 $f'_x(x,y_0)$,再代入 $x=x_0$;求 $f'_y(x_0,y_0)$ 时. 通常我们先代入 $x=x_0$,得到 $f(x_0,y)$,再对 y 求导数得 $f'_y(x_0,y)$,再代入 $y=y_0$.

例 2 求 $z=x^2+3xy-y^3+x-2y$ 在点 $(1,1)$ 处的偏导数.

解 1 $\dfrac{\partial z}{\partial x}\bigg|_{\substack{x=1\\y=1}}=[2x+3y+1]\bigg|_{\substack{x=1\\y=1}}=6,$

$\dfrac{\partial z}{\partial y}\bigg|_{\substack{x=1\\y=1}}=[3x-3y^2-2]\bigg|_{\substack{x=1\\y=1}}=-2.$

解 2 $\dfrac{\partial z}{\partial x}\bigg|_{\substack{x=1\\y=1}}=\dfrac{\partial}{\partial x}[x^2+4x-3]\bigg|_{x=1}=[2x+4]\bigg|_{x=1}=6,$

$\dfrac{\partial z}{\partial y}\bigg|_{\substack{x=1\\y=1}}=\dfrac{\partial}{\partial y}[-y^3+y+2]\bigg|_{y=1}=[-3y^2+1]\bigg|_{y=1}=-2.$

例 3 求 $z=x^3+3xy^2-y^3+x$ 在点 $(1,0)$ 处的偏导数.

解 1 $z'_x\bigg|_{\substack{x=1\\y=0}}=3x^2+3y^2+1\bigg|_{\substack{x=1\\y=0}}=4,$

$z'_y\bigg|_{\substack{x=1\\y=0}}=6xy-3y^2\bigg|_{\substack{x=1\\y=0}}=0.$

解 2 $z'_{(x,0)}\bigg|_{x=1}=3x^2+1\bigg|_{x=1}=4,$

$$z'_{(1,y)}\big|_{y=0} = 6y - 3y^2\big|_{y=0} = 0.$$

例 4 已知函数 $r = \sqrt{x^2+y^2+z^2}$,求其偏导数.

解　$\dfrac{\partial r}{\partial x} = \dfrac{x}{\sqrt{x^2+y^2+z^2}} = \dfrac{x}{r}$,

$\dfrac{\partial r}{\partial y} = \dfrac{y}{\sqrt{x^2+y^2+z^2}} = \dfrac{y}{r}$,

$\dfrac{\partial r}{\partial z} = \dfrac{z}{\sqrt{x^2+y^2+z^2}} = \dfrac{z}{r}$.

注意:上例中 $\left(\dfrac{\partial r}{\partial x}\right)^2 + \left(\dfrac{\partial r}{\partial y}\right)^2 + \left(\dfrac{\partial r}{\partial z}\right)^2 = \dfrac{x^2+y^2+z^2}{r^2} = 1$,此函数表达式中任意两个自变量调整后,仍表示原来的函数,即函数关于这两个自变量对称,这种函数称为具有轮换对称性的函数.

方程 $u = \dfrac{1}{\sqrt{x^2+y^2+z^2}}$ 中,函数 u 对 x,y,z 具有对称性,是具有轮换对称性的函数,具有 $\dfrac{\partial^2 u}{\partial x^2} + \dfrac{\partial^2 u}{\partial y^2} + \dfrac{\partial^2 u}{\partial z^2} = 0$ 特点. 该方程由法国著名数学家拉普拉斯首先提出,故称为拉普拉斯方程,是数理方程中的一个重要方程.

(二)偏导数的几何意义

与一元函数微分学一样,推动多元函数理论发展的也有两大方面:一是物理学方面,如解析力学、流体力学、电磁学等等向我们提出许多问题;二是几何学方面,如怎样求曲线的切平面和法线,怎样求一般立体的体积等等. 我们就二元函数来讨论偏导数的几何意义.

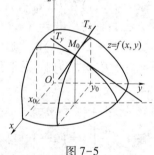

二元函数 $z = f(x,y)$ 在几何上表示空间的一个曲面,设点 (x_0, y_0) 对应于曲面 $z = f(x,y)$ 上的点 $M_0(x_0, y_0, z_0)$,一元函数 $z = f(x, y_0)$ 表示曲面 $z = f(x,y)$ 与平面 $y = y_0$ 的交线,偏导数 $f'_x(x_0, y_0)$ 就是函数 $z = f(x, y_0)$ 在 $x = x_0$ 处的导数,由一元函数导数的几何意义知,$f'_x(x_0, y_0)$ 就是切线 $M_0 T_x$ 对 x 轴的斜率(图7-5),即

图 7-5

$$f'_x(x_0, y_0) = \dfrac{\mathrm{d}f(x,y_0)}{\mathrm{d}x}\bigg|_{x=x_0}.$$

同理,$f'_y(x_0, y_0)$ 是曲面 $z = f(x,y)$ 与平面 $x = x_0$ 的交线在点 M_0 处的切线 $M_0 T_y$ 对 y 轴的斜率,即 $f'_y(x_0, y_0) = \dfrac{\mathrm{d}f(x_0,y)}{\mathrm{d}y}\bigg|_{y=y_0}$.

(三)偏导数存在和函数连续的关系

在一元函数微积分中,我们知道函数 $y = f(x)$ 在 x_0 处导数存在,则在 x_0 处必然连续,但是在 x_0 处连续,在 x_0 处的导数未必存在. 然而,对于二元函数来说,函数在 (x_0, y_0) 处导数存在,则在 (x_0, y_0) 处未必连续,反之,但是在 (x_0, y_0) 处连续,在 (x_0, y_0) 处的导数亦未必存在.

例 5 $f(x,y)=\begin{cases}\dfrac{xy}{x^2+y^2}, & x^2+y^2\neq0\\[2mm] 0, & x^2+y^2=0\end{cases}$ 在 $(0,0)$ 处的偏导数存在,但不连续.

解 (1) $f'_x(0,0)=\lim\limits_{\Delta x\to0}\dfrac{f(\Delta x,0)-f(0,0)}{\Delta x}=\lim\limits_{\Delta x\to0}\dfrac{0-0}{\Delta x}=0,$

$\qquad f'_y(0,0)=\lim\limits_{\Delta y\to0}\dfrac{f(0,\Delta y)-f(0,0)}{\Delta y}=\lim\limits_{\Delta y\to0}\dfrac{0-0}{\Delta y}=0,$

所以,函数在 $(0,0)$ 处的偏导数存在.

(2) 当点 (x,y) 沿着直线 $y=kx$ 趋于点 $(0,0)$ 时,

$$\lim\limits_{\substack{x\to0\\y\to0}}\dfrac{xy}{x^2+y^2}=\lim\limits_{\substack{x\to0\\y\to kx}}\dfrac{x\cdot kx}{x^2+(kx)^2}=\lim\limits_{x\to0}\dfrac{kx^2}{x^2+k^2x^2}=\dfrac{k}{1+k^2},$$

函数极限随 k 值不同而不同,故 $\lim\limits_{\substack{x\to0\\y\to0}}\dfrac{xy}{x^2+y^2}$ 不存在,所以函数不连续.

例 6 $f(x,y)=|x|+|y|$,在 $(0,0)$ 处连续,但是偏导数不存在.

解 (1) $\lim\limits_{\substack{x\to0\\y\to0}}f(x,y)=\lim\limits_{\substack{x\to0\\y\to0}}(|x|+|y|)=0=f(0,0)$,所以函数在 $(0,0)$ 处连续.

(2) $f'_x(0,0)=\lim\limits_{\Delta x\to0}\dfrac{f(\Delta x,0)-f(0,0)}{\Delta x}=\lim\limits_{\Delta x\to0}\dfrac{|\Delta x|}{\Delta x}$ 不存在;同理,$f'_y(0,0)$ 不存在,则函数偏导数不存在.

二、高阶偏导数

一般说来,函数 $z=f(x,y)$ 的偏导数 $f'_x(x,y)$,$f'_y(x,y)$ 还是关于自变量 x,y 的二元函数,如果这两个函数对自变量 x 和 y 的偏导数也存在,则称这些偏导数是函数 $z=f(x,y)$ 的二阶偏导数.二元函数的二阶偏导数共有四个,分别记为:

$$\dfrac{\partial}{\partial x}\left(\dfrac{\partial z}{\partial x}\right)=\dfrac{\partial^2 z}{\partial x^2}=f''_{xx}(x,y)=z''_{xx},$$

$$\dfrac{\partial}{\partial y}\left(\dfrac{\partial z}{\partial y}\right)=\dfrac{\partial^2 z}{\partial y^2}=f''_{yy}(x,y)=z''_{yy},$$

$$\dfrac{\partial}{\partial y}\left(\dfrac{\partial z}{\partial x}\right)=\dfrac{\partial^2 z}{\partial x\partial y}=f''_{xy}(x,y)=z''_{xy},$$

$$\dfrac{\partial}{\partial x}\left(\dfrac{\partial z}{\partial y}\right)=\dfrac{\partial^2 z}{\partial y\partial x}=f''_{yx}(x,y)=z''_{yx}.$$

其中,后两个偏导数称为二阶混合偏导数.

类似地,可以定义更高阶的偏导数.二阶及二阶以上的偏导数统称为高阶偏导数(higher partial derivative).

例 7 求 $z=x^3+y^2-3x^2y$ 的二阶偏导数.

解 因为 $\dfrac{\partial z}{\partial x}=3x^2-6xy$,$\dfrac{\partial z}{\partial y}=2y-3x^2$.

所以 $\dfrac{\partial^2 z}{\partial x^2}=6x-6y$,$\dfrac{\partial^2 z}{\partial x\partial y}=-6x$,$\dfrac{\partial^2 z}{\partial y^2}=2$,$\dfrac{\partial^2 z}{\partial y\partial x}=-6x.$

例 8 求 $z=x^2\mathrm{e}^y$ 在点 $(3,1)$ 处的二阶偏导数.

解 因为 $\dfrac{\partial z}{\partial x}=2xe^y,\dfrac{\partial z}{\partial y}=x^2e^y$.

所以 $\dfrac{\partial^2 z}{\partial x^2}=2e^y,\dfrac{\partial^2 z}{\partial x\partial y}=2xe^y,\dfrac{\partial^2 z}{\partial y^2}=x^2e^y,\dfrac{\partial^2 z}{\partial y\partial x}=2xe^y$.

所以 $\dfrac{\partial^2 z}{\partial x^2}\Big|_{(3,1)}=2e,\dfrac{\partial^2 z}{\partial x\partial y}\Big|_{(3,1)}=6e$,

$\dfrac{\partial^2 z}{\partial y^2}\Big|_{(3,1)}=9e,\dfrac{\partial^2 z}{\partial x\partial y}\Big|_{(3,1)}=6e$.

例 9 设 $u=e^{xyz}$,求 $\dfrac{\partial^3 u}{\partial x\partial y\partial z}$.

解 因为 $\dfrac{\partial u}{\partial x}=yze^{xyz}$,而

$$\dfrac{\partial^2 u}{\partial x\partial y}=\dfrac{\partial}{\partial y}(yze^{xyz})=ze^{xyz}+yze^{xyz}\cdot xz=z(1+xyz)e^{xyz}.$$

所以 $\dfrac{\partial^3 u}{\partial x\partial y\partial z}=\dfrac{\partial}{\partial z}\left(\dfrac{\partial^2 u}{\partial x\partial y}\right)=\dfrac{\partial}{\partial z}\left[z(1+xyz)e^{xyz}\right]$

$=(1+xyz)e^{xyz}+z\cdot xye^{xyz}+z(1+xyz)e^{xyz}\cdot xy$

$=(1+3xyz+x^2y^2z^2)e^{xyz}.$

注意:在例 7、例 8 中有 $\dfrac{\partial^2 z}{\partial x\partial y}=\dfrac{\partial^2 z}{\partial y\partial x}$,但这个等式并非对所有函数都成立.一般地,在二阶混合偏导数连续的条件下等式才成立.

练习题 7-2

1. 求下列函数的偏导数

(1) $z=\dfrac{x^2+y^2}{xy}$;   (2) $z=\sin(xy)+\cos^2(xy)$;

(3) $z=e^{xy}\sin(x+y)$;   (4) $u=y^x$.

2. 设 $f(x,y)=x+y\arctan\sqrt{x}$,求 $f'_x(1,1)$.

3. 求下列函数的 $\dfrac{\partial^2 z}{\partial x^2},\dfrac{\partial^2 z}{\partial y^2}$ 和 $\dfrac{\partial^2 z}{\partial x\partial y}$

(1) $z=x^4+y^4-4x^2y^2$;   (2) $z=e^{xy}$;

(3) $z=\arctan\dfrac{y}{x}$;   (4) 设 $f(x,y,z)=xy^2+yz^2+zx^2$,求 $f_{xx}(0,1,0)$.

第三节　全 微 分

在一元函数 $y=f(x)$ 中,当自变量的改变量 Δx 很小时,函数的改变量 Δy 可以用其微分 dy 近似代替,在二元函数中,也有类似的结论.

一、全微分的概念与可微的条件

(一) 全微分的定义

定义 1　设函数 $z=f(x,y)$ 在点 $M_0(x_0,y_0)$ 的某一邻域内有定义,若自变量 x 和 y 在点 M_0 (x_0,y_0) 处分别有增量 $\Delta x,\Delta y$ 时,相应的函数增量

$$\Delta z=f(x_0+\Delta x,y_0+\Delta y)-f(x_0,y_0)$$

称作函数 $z=f(x,y)$ 在点 $M_0(x_0,y_0)$ 的全增量(total increment).

定义 2　设 $z=f(x,y)$ 在点 $M_0(x_0,y_0)$ 的某一邻域内有定义,当自变量 x 和 y 在点 $M_0(x_0,y_0)$ 处分别有增量 $\Delta x,\Delta y$ 时,相应的函数增量

$$\Delta z=f(x_0+\Delta x,y_0+\Delta y)-f(x_0,y_0)$$

可以表示为

$$\Delta z=A\Delta x+B\Delta y+o(\rho),$$

其中 A,B 不依赖于 $\Delta x,\Delta y$,而仅与 x 和 y 有关. $\rho=\sqrt{(\Delta x)^2+(\Delta y)^2}$,$o(\rho)$ 是 ρ 的高阶无穷小量. 则称函数 $z=f(x,y)$ 在点 $M_0(x_0,y_0)$ 处是可微的,并称 $A\Delta x+B\Delta y$ 为函数 $z=f(x,y)$ 在点 $M_0(x_0,y_0)$ 处的全微分(total differential),记作 $\mathrm{d}z$,即

$$\mathrm{d}z=A\Delta x+B\Delta y.$$

若函数 $z=f(x,y)$ 在区域内处处可微,则称函数 $z=f(x,y)$ 在区域内可微.

由全微分的定义可知,判断函数 $z=f(x,y)$ 在 $M_0(x_0,y_0)$ 处是否可微的方法:若 $\lim\limits_{\substack{\Delta z\to 0\\\Delta y\to 0}}\dfrac{\Delta z-z'_x\Delta x-z'_y\Delta y}{\sqrt{\Delta x^2+\Delta y^2}}=0$,则 $z=f(x,y)$ 在 $M_0(x_0,y_0)$ 处可微分,否则不可微.

例 1　判断 $f(x,y)=\begin{cases}\dfrac{xy}{x^2+y^2}, & x^2+y^2\neq 0\\ 0, & x^2+y^2=0\end{cases}$ 在 $(0,0)$ 处是否可微分.

解　易求 $f'_x(x,y)=f'_y(x,y)=0$.

则 $\Delta z-f'_x(0,0)\Delta x-f'_y(0,0)\Delta y=\dfrac{\Delta x\Delta y}{\Delta x^2+\Delta y^2}$.

$\lim\limits_{\substack{\Delta x\to 0\\\Delta y\to 0}}\dfrac{\Delta z-z'_x\Delta x-z'_y\Delta y}{\sqrt{\Delta x^2+\Delta y^2}}=\lim\limits_{\substack{\Delta x\to 0\\\Delta y\to 0}}\dfrac{\Delta x\Delta y}{(\Delta x^2+\Delta y^2)^{\frac{3}{2}}}=\infty$,该极限不存在.

则 $z=f(x,y)$ 在 $(0,0)$ 处不可微.

(二) 可微的条件

在一元函数微积分中,一元函数的可导与可微是等价的. 然而,二元函数可微与偏导数存在并不等价.

定理 1(可微的必要条件)　如果函数 $z=f(x,y)$ 在点 $M_0(x_0,y_0)$ 处可微,即 $\mathrm{d}z=A\Delta x+B\Delta y$,则函数在该点连续,且偏导数 $f'_x(x_0,y_0)$,$f'_y(x_0,y_0)$ 存在,$A=f'_x(x_0,y_0)$,$B=f'_y(x_0,y_0)$.

证　(1) 因为 $z=f(x,y)$ 在 $M_0(x_0,y_0)$ 处可微分,则 $\Delta z=A\Delta x+B\Delta y+o(\rho)$.

且 $\lim\limits_{\substack{\Delta x\to 0\\\Delta y\to 0}}\Delta z=\lim\limits_{\substack{\Delta x\to 0\\\Delta y\to 0}}(A\Delta x+B\Delta y+o(\rho))=A\cdot 0+B\cdot 0+0=0.$

所以 $z=f(x,y)$ 在 $M_0(x_0,y_0)$ 处连续.

（2）因为 $z=f(x,y)$ 在 $M_0(x_0,y_0)$ 处可微分，则

$$\Delta z=f(x_0+\Delta x,y_0+\Delta y)-f(x_0,y_0)=A\Delta x+B\Delta Y+o(\rho),$$

对任意点 $(x+\Delta x,y+\Delta y)\in U(P)$，因为 A,B 与 $\Delta x,\Delta y$ 无关，所以令 $\Delta y=0$，上式依然成立．即 $\Delta z=f(x+\Delta x,y)-f(x,y)=A\Delta x+0+o(|\Delta x|)$.

所以 $\lim\limits_{\Delta x\to 0}\dfrac{\Delta z}{\Delta x}=\lim\limits_{\Delta x\to 0}\left(A+\dfrac{o|\Delta x|}{\Delta x}\right)=A+0=A=\dfrac{\partial z}{\partial x}$.

同理，令 $\Delta x=0$，得到 $B=\dfrac{\partial z}{\partial y}$.

所以　　$dz=\dfrac{\partial z}{\partial x}dx+\dfrac{\partial z}{\partial y}dy$.

此定理表明，若函数 $z=f(x,y)$ 不连续，则一定不可微；若函数 $z=f(x,y)$ 的一个偏导数不存在，则函数不可微．如例 1 中 $f(x,y)$ 在 $(0,0)$ 点不连续，所以肯定不可微．

偏导数 $f'_x(x_0,y_0)$，$f'_y(x_0,y_0)$ 存在是函数可微的必要条件，且若函数 $z=f(x,y)$ 在点 $M_0(x_0,y_0)$ 可微，其全微分为

$$dz=f'_x(x_0,y_0)\Delta x+f'_y(x_0,y_0)\Delta y \quad 或 \quad dz=f'_x(x_0,y_0)dx+f'_y(x_0,y_0)dy.$$

若函数 $z=f(x,y)$ 在区域 D 内各点都可微，则称函数 $z=f(x,y)$ 在区域 D 内是可微的，且函数在区域 D 内任一点处的微分可表示为

$$dz=f'_x(x_0,y_0)\Delta x+f'_y(x_0,y_0)\Delta y.$$

注意：偏导数存在不一定能保证函数 $z=f(x,y)$ 可微，就是说，偏导数存在不是函数可微的充分条件．

如

$$f(x,y)=\begin{cases}\dfrac{xy}{x^2+y^2}, & (x,y)\neq(0,0),\\ 0, & (x,y)=(0,0),\end{cases} \quad f(x,y) 在 (0,0) 点偏导数存在，并且 f'_x(0,0)=f'_y(0,0)=$$

0，但是 $f(x,y)$ 在 $(0,0)$ 点不可微．

定理 2（可微的充分条件）　如果函数 $z=f(x,y)$ 在点 $M_0(x_0,y_0)$ 的某个邻域内有连续的偏导数 $f'_x(x,y)$，$f'_y(x,y)$，则函数 $z=f(x,y)$ 在点 $M_0(x_0,y_0)$ 处可微，并且全微分为 $dz=f'_x(x_0,y_0)dx+f'_y(x_0,y_0)dy$.

证　$\Delta z=f(x+\Delta x,y+\Delta y)-f(x,y)$
　　　　　$=f(x+\Delta x,y+\Delta y)-f(x,y+\Delta y)+f(x,y+\Delta y)-f(x,y)$.

由拉格朗日中值定理：

$$f(x+\Delta x,y+\Delta y)-f(x,y+\Delta y)=f'_x(x+\theta_1\Delta x,y+\Delta y)\Delta x,$$
$$f(x,y+\Delta y)-f(x,y)=f'_y(x,y+\theta_2\Delta y)\Delta y，其中 0<\theta_1,\theta_2<1.$$

因为　偏导数连续

所以　$\lim\limits_{\substack{\Delta x\to 0\\ \Delta y\to 0}}f'_x(x+\theta_1\Delta x,y+\Delta y)=f'_x(x,y)$,

　　　$\lim\limits_{\substack{\Delta x\to 0\\ \Delta y\to 0}}f'_x(x,y+\theta_2\Delta y)=f'_y(x,y)$,

　　　$f'_x(x+\theta_1\Delta x,y+\Delta y)=f'_x(x,y)+\alpha_1$,

　　　$f'_y(x,y+\theta_2\Delta y)=f'_y(x,y)+\alpha_2$.

其中，$\lim\limits_{\substack{\Delta x\to 0\\ \Delta y\to 0}}\alpha_1=0$，$\lim\limits_{\substack{\Delta x\to 0\\ \Delta y\to 0}}\alpha_2=0$.

代入　$\Delta z = f_x(x,y)\Delta x + f_y(x,y)\Delta y + \alpha_1\Delta x + \alpha_2\Delta y.$

由于　$\lim\limits_{\substack{\Delta x\to 0\\ \Delta y\to 0}}\dfrac{\alpha_1\Delta x+\alpha_2\Delta y}{\sqrt{\Delta x^2+\Delta y^2}}=0.$

所以　$\Delta z = f_x(x,y)\Delta x + f_y(x,y)\Delta y + o(\rho).$

所以　函数可微.

由于常见的二元函数一般都满足定理 2 的条件,因而容易判断它们的可微性并根据公式求出其全微分.

例 2　求函数 $z = y^x$ 在点 $(1,2)$ 处的全微分.

解　因为　$\dfrac{\partial z}{\partial x}=y^x\ln y,\dfrac{\partial z}{\partial y}=xy^{x-1},$

所以　$\dfrac{\partial z}{\partial x}\Big|_{\substack{x=1\\y=2}}=2^1\cdot\ln 2=2\ln 2,\dfrac{\partial z}{\partial y}\Big|_{\substack{x=1\\y=2}}=1\times 2^0=1,$

因此　函数 $z = y^x$ 在点 $(1,2)$ 处的全微分为　$\mathrm{d}z = 2\ln 2\mathrm{d}x+\mathrm{d}y.$

例 3　求函数 $u = x^3+\sin\dfrac{y}{3}+\arctan\dfrac{z}{y}$ 的全微分.

解　因为　$\dfrac{\partial u}{\partial x}=3x^2,\dfrac{\partial u}{\partial y}=\dfrac{1}{3}\cos\dfrac{y}{3}-\dfrac{z}{y^2+z^2},\dfrac{\partial u}{\partial z}=\dfrac{y}{y^2+z^2},$

所以　$\mathrm{d}u=3x^2\mathrm{d}x+\left(\dfrac{1}{3}\cos\dfrac{y}{3}-\dfrac{z}{y^2+z^2}\right)\mathrm{d}y+\dfrac{y}{y^2+z^2}\mathrm{d}z.$

例 4　设 $z = \mathrm{e}^{\sqrt{x^2+y^2}}$,求 $\mathrm{d}z$ 及 $\mathrm{d}z|_{(1,2)}$.

解　$z'_x=\mathrm{e}^{\sqrt{x^2+y^2}}\cdot\dfrac{1}{2}(x^2+y^2)^{-\frac{1}{2}}\cdot 2x,$

$z'_y=\mathrm{e}^{\sqrt{x^2+y^2}}\cdot\dfrac{1}{2}(x^2+y^2)^{-\frac{1}{2}}\cdot 2y.$

则　$\mathrm{d}z=\mathrm{e}^{\sqrt{x^2+y^2}}(x^2+y^2)^{-\frac{1}{2}}(x\mathrm{d}x+y\mathrm{d}y),$

则　$\mathrm{d}z|_{(1,2)}=\dfrac{1}{\sqrt{5}}\mathrm{e}^{\sqrt{5}}(2\mathrm{d}x+\mathrm{d}y).$

例 5　进行某药物动物实验时,测得动物体内药量 X 是 30mg,药物浓度 c 是 5mg/L,求当药量、药物浓度改变量 $\Delta X = 0.1$mg,$\Delta c = 0.05$mg/L 时的表观分布容积 $V_\mathrm{d}=\dfrac{X}{c}$ 的全微分.

解　由题意知 $V_\mathrm{d}=V_\mathrm{d}(X,c)=\dfrac{X}{c}.$

则全微分是　$\mathrm{d}V_\mathrm{d}=\dfrac{\partial V_\mathrm{d}}{\partial X}\mathrm{d}X+\dfrac{\partial V_\mathrm{d}}{\partial c}\mathrm{d}c=\dfrac{1}{c}\mathrm{d}X-\dfrac{X}{c^2}\mathrm{d}c.$

当 $\Delta X = 0.1$mg,$\Delta c = 0.05$ 时,$\mathrm{d}V_\mathrm{d}=-0.04$L.

所以,药物浓度改变量 $\Delta X = 0.1$mg,$\Delta c = 0.05$mg/L 时的表观分布容积 $V_\mathrm{d}=\dfrac{X}{c}$ 的全微分是 -0.04L.

例 6　求 $u = xyz$ 的全微分.

解　$\dfrac{\partial u}{\partial x}=yz,\dfrac{\partial u}{\partial y}=xz,\dfrac{\partial u}{\partial z}=xy.$ 显然这三个函数在空间中任意一点 (x,y,z) 处均连续,则 $u = xyz$

在每一点均可微,其全微分为
$$dz = yzdx + xzdy + xydz.$$

注意:偏导数连续只是函数可微分的充分条件,不是必要条件.

例7 $f(x,y) = \begin{cases} (x^2+y^2)\sin\dfrac{1}{x^2+y^2}, & x^2+y^2 \neq 0, \\ 0, & x^2+y^2 = 0 \end{cases}$ 在$(0,0)$点可微,偏导数存在,但是偏导数

不连续.

解 ① $f'_x(0,0) = \lim\limits_{\Delta x \to 0} \dfrac{f(\Delta x,0) - f(0,0)}{\Delta x} = \lim\limits_{\Delta x \to 0} (\Delta x)^2 \sin\dfrac{1}{(\Delta x)^2} = 0,$

$f'_y(0,0) = \lim\limits_{\Delta y \to 0} \dfrac{f(0,\Delta y) - f(0,0)}{\Delta y} = \lim\limits_{\Delta y \to 0} (\Delta y)^2 \sin\dfrac{1}{(\Delta y)^2} = 0.$

② $\lim\limits_{\substack{\Delta x \to 0 \\ \Delta y \to 0}} \dfrac{f(\Delta x,\Delta y) - f(0,0) - f'_x(0,0)\Delta x - f'_y(0,0)\Delta y}{\sqrt{(\Delta x)^2 + (\Delta y)^2}}$

$= \lim\limits_{\substack{\Delta x \to 0 \\ \Delta y \to 0}} \dfrac{f(\Delta x,\Delta y)}{\sqrt{(\Delta x)^2 + (\Delta y)^2}}$

$= \lim\limits_{\substack{\Delta x \to 0 \\ \Delta y \to 0}} \dfrac{(\Delta x)^2 + (\Delta y)^2)\sin\dfrac{1}{(\Delta x)^2 + (\Delta y)^2}}{\sqrt{(\Delta x)^2 + (\Delta y)^2}}$

$= \lim\limits_{\substack{\Delta x \to 0 \\ \Delta y \to 0}} \sqrt{(\Delta x)^2 + (\Delta y)^2}\sin\dfrac{1}{(\Delta x)^2 + (\Delta y)^2}$

$= 0.$

所以,函数在$(0,0)$处可微分.

③ $f'_x(x,y) = 2x\sin\dfrac{1}{x^2+y^2} - \dfrac{2x}{x^2+y^2}\cos\dfrac{1}{x^2+y^2},$

$\lim\limits_{y \to 0} f_x(0,y) = 0,$

$\lim\limits_{x \to 0} f'_x(x,0) = \lim\limits_{x \to 0}\left(2x\sin\dfrac{1}{x^2} - \dfrac{2}{x}\cos\dfrac{1}{x^2}\right) = \lim\limits_{x \to 0}\dfrac{2}{x}\cos\dfrac{1}{x^2}$ 不存在.

所以,$f'_x(x,y)$不连续.

同理,$f'_y(x,y)$不连续.

二、全微分在近似计算中的应用

如果函数 $z = f(x,y)$ 在点 $M_0(x_0,y_0)$ 处可微,则全增量
$$\Delta z = f(x_0+\Delta x, y_0+\Delta y) - f(x_0,y_0) = f'_x(x_0,y_0)\Delta x + f'_y(x_0,y_0)\Delta y + o(\rho),$$
其中 $\rho = \sqrt{(\Delta x)^2 + (\Delta y)^2}$,当 $\Delta x, \Delta y$ 很小时,有近似公式
$$\Delta z \approx dz = f'_x(x_0,y_0)\Delta x + f'_y(x_0,y_0)\Delta y,$$
或 $f(x_0+\Delta x, y_0+\Delta y) \approx f(x_0,y_0) + f'_x(x_0,y_0)\Delta x + f'_y(x_0,y_0)\Delta y.$

公式 $\Delta z \approx dz = f'_x(x_0,y_0)\Delta x + f'_y(x_0,y_0)\Delta y$ 可用来计算函数的改变量,公式 $f(x_0+\Delta x, y_0+\Delta y) \approx f(x_0,y_0) + f'_x(x_0,y_0)\Delta x + f'_y(x_0,y_0)\Delta y$ 可用来计算函数的近似值.

例8 有一无底无盖的圆柱,内径为 2m,高为 4m,若其内径、高度均增加 0.01m,则其体积变化多少立方米?

解 圆柱体的体积 $V=\pi r^2 h$,则有

$$\Delta V \approx \mathrm{d} V = 2\pi r h \Delta r + \pi r^2 \Delta h,$$

由题意知 $r=2$, $h=4$, $\Delta r = \Delta h = 0.01$,有

$$\Delta V \approx 2\pi \times 2 \times 4 \times 0.01 + \pi \times 2^2 \times 0.01 = 0.2\pi.$$

故体积增加约为 $0.2\pi \mathrm{m}^3$.

例 9 计算 $(1.05)^{2.03}$ 的近似值.

解 设函数 $z=f(x,y)=x^y$,由公式得

$$(x+\Delta x)^{y+\Delta y} \approx x^y + yx^{y-1}\Delta x + x^y \ln x \Delta y,$$

取 $x=1$, $y=2$, $\Delta x=0.05$, $\Delta y=0.03$,故

$$(1.05)^{2.03} \approx 1 + 2 \times 0.05 + 0 \times 0.03 = 1.10.$$

例 10 假定细胞是圆柱型的,测得细胞直径 $D=100\text{Å}$,长 $L=500\text{Å}$,如果 D 和 L 的测量误差均为 10%,那么由此得到的细胞体积的最大相对误差是多少?($\text{Å}=0.1\text{nm}$)

解 由圆柱体积公式 $V=\dfrac{1}{4}\pi D^2 L$ 微分得

$$\mathrm{d} V = \frac{1}{4}\pi (2DL\mathrm{d} D + D^2 \mathrm{d} L),$$

$$\frac{\mathrm{d} V}{V} = \frac{2DL\mathrm{d} D + D^2 \mathrm{d} L}{D^2 L} = 2\frac{\mathrm{d} D}{D} + \frac{\mathrm{d} L}{L}.$$

于是,细胞体积的最大相对误差为

$$\left| \frac{\Delta V}{V} \right| \approx \left| \frac{\mathrm{d} V}{V} \right| = 2\left| \frac{\mathrm{d} D}{D} \right| + \left| \frac{\mathrm{d} L}{L} \right|$$

$$= 2 \times 10\% + 10\%$$

$$= 30\%.$$

练习题 7-3

1. 求下列函数的全微分

(1) $z=\sqrt{x^2+y^2}$;

(2) $u=\mathrm{e}^{x(x^2+y^2+z^2)}$;

(3) $w=x^y$;

(4) $f(x,y,z)=\dfrac{x}{y}+\dfrac{y}{z}+\dfrac{z}{x}$.

2. 设函数 $z=\ln(1+x+y)$,求当 $x=1$, $y=2$ 时的全微分.

3. 设函数 $u=\left(\dfrac{x}{y}\right)^z$,求当 $x=1$, $y=2$, $z=1$ 时的全微分.

4. 求函数 $z=\dfrac{x}{y}$ 当 $x=2$, $y=1$, $\Delta x=0.01$, $\Delta y=-0.02$ 时的全微分.

5. 利用全微分计算 $\sqrt{(1.01)^3+(1.98)^3}$ 的近似值.

第四节　多元复合函数和隐函数的求导

一、多元复合函数的求导

对于一元函数的复合函数 $y=f[\phi(x)]$，我们有一元复合函数的微分法. 下面我们将这一微分法推广到多元复合函数的情形，建立多元复合函数的微分法. 下面以二元复合函数为例，讨论多元复合函数的求导法则.

定义 1　设函数 $z=f(u,v)$，其中 $u=\varphi(x,y)$，$v=\psi(x,y)$，则称函数 $z=f[\varphi(x,y),\psi(x,y)]$ 是 x,y 的复合函数.

(一) 二元复合函数的求导法则

定理 1　若函数 $u=\varphi(x,y)$，$v=\psi(x,y)$ 在点 (x,y) 处存在偏导数，而函数 $z=f(u,v)$ 在对应点 (u,v) 处可微，则复合函数 $z=f[\varphi(x,y),\psi(x,y)]$ 在点 (x,y) 处的两个偏导数 $\dfrac{\partial z}{\partial x},\dfrac{\partial z}{\partial y}$ 存在，且

$$\frac{\partial z}{\partial x}=\frac{\partial z}{\partial u}\cdot\frac{\partial u}{\partial x}+\frac{\partial z}{\partial v}\cdot\frac{\partial v}{\partial x},$$

$$\frac{\partial z}{\partial y}=\frac{\partial z}{\partial u}\cdot\frac{\partial u}{\partial y}+\frac{\partial z}{\partial v}\cdot\frac{\partial v}{\partial y}.$$

二元复合函数的求导法则可以推广到多个自变量及中间变量的情况. 如若函数 $u=\varphi(x,y,t)$，$v=\psi(x,y,t)$ 在点 (x,y,t) 处存在偏导数，而函数 $z=f(u,v)$ 在对应点 (u,v) 处可微，则复合函数 $z=f[\varphi(x,y,t),\psi(x,y,t)]$ 在点 (x,y,t) 处的三个偏导数 $\dfrac{\partial z}{\partial x},\dfrac{\partial z}{\partial y},\dfrac{\partial z}{\partial t}$ 存在，且

$$\frac{\partial z}{\partial x}=\frac{\partial z}{\partial u}\cdot\frac{\partial u}{\partial x}+\frac{\partial z}{\partial v}\cdot\frac{\partial v}{\partial x},$$

$$\frac{\partial z}{\partial y}=\frac{\partial z}{\partial u}\cdot\frac{\partial u}{\partial y}+\frac{\partial z}{\partial v}\cdot\frac{\partial v}{\partial y},$$

$$\frac{\partial z}{\partial t}=\frac{\partial z}{\partial u}\cdot\frac{\partial u}{\partial t}+\frac{\partial z}{\partial v}\cdot\frac{\partial v}{\partial t}.$$

对多元复合函数微分法，关键是分清变量之间的层次关系，这可以通过函数关系图来确定. 例如，由函数 $y=f(u,v)$，其中 $u=\varphi(x,y)$，$v=\psi(x,y)$ 复合而成的复合函数 $z=f(\varphi(x,y),\psi(x,y))$，可以画出如下关系图.

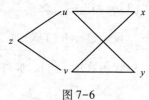

图 7-6

根据图 7-6 示，欲求 z 对 x 的偏导数，就在图中找出 z 到 x 的路线，沿每条路线像对一元函数那样求复合函数的导数，然后相加，即得多元复合函数对 x 的偏导数；同理，亦可得多元复合函数对 y 的偏导数.

例 1　设 $z=\mathrm{e}^{xy}\sin(x+y)$，求 $\dfrac{\partial z}{\partial x},\dfrac{\partial z}{\partial y}$.

解　令 $u=xy$，$v=x+y$，$z=\mathrm{e}^{u}\sin v$，函数关系图如图 7-7 所示.

由复合函数微分法则得

$$\frac{\partial z}{\partial x}=\frac{\partial z}{\partial u}\cdot\frac{\partial u}{\partial x}+\frac{\partial z}{\partial v}\cdot\frac{\partial v}{\partial x}$$

$$=e^u\sin vy+e^u\cos v\cdot 1$$

$$=e^{xy}[y\sin(x+y)+\cos(x+y)],$$

$$\frac{\partial z}{\partial y}=\frac{\partial z}{\partial u}\cdot\frac{\partial u}{\partial y}+\frac{\partial z}{\partial v}\cdot\frac{\partial v}{\partial y}$$

图 7-7

$$=e^u\sin vx+e^u\cos v\cdot 1=e^{xy}[x\sin(x+y)+\cos(x+y)].$$

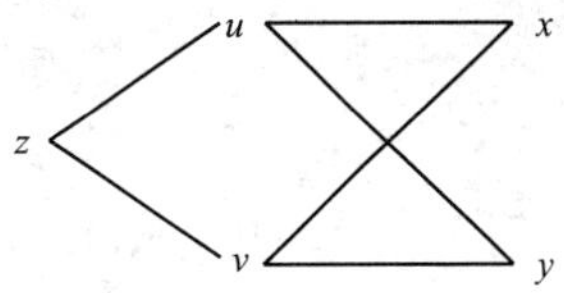

定理 2(全微分形式不变性) 设函数 $z=f(x,y)$ 可微,当 x,y 是自变量时,有全微分公式 $\mathrm{d}z=\frac{\partial z}{\partial x}\mathrm{d}x+\frac{\partial z}{\partial y}\mathrm{d}y$,当 $x=x(s,t)$,$y=y(s,t)$ 是可微函数,对复合函数 $z=f(x(s,t),y(s,t))$ 仍有全微分 $\mathrm{d}z=\frac{\partial z}{\partial x}\mathrm{d}x+\frac{\partial z}{\partial y}\mathrm{d}y$.

证 由求导法则可知

$$\frac{\partial z}{\partial s}=\frac{\partial z}{\partial x}\cdot\frac{\partial x}{\partial s}+\frac{\partial z}{\partial y}\cdot\frac{\partial y}{\partial s},$$

$$\frac{\partial z}{\partial t}=\frac{\partial z}{\partial x}\cdot\frac{\partial x}{\partial t}+\frac{\partial z}{\partial y}\cdot\frac{\partial y}{\partial t}.$$

则由全微分定义 $\mathrm{d}z=\frac{\partial z}{\partial s}\mathrm{d}s+\frac{\partial z}{\partial t}\mathrm{d}t$

$$=\left(\frac{\partial z}{\partial x}\cdot\frac{\partial x}{\partial s}+\frac{\partial z}{\partial y}\cdot\frac{\partial y}{\partial s}\right)\mathrm{d}s+\left(\frac{\partial z}{\partial x}\cdot\frac{\partial x}{\partial t}+\frac{\partial z}{\partial y}\cdot\frac{\partial y}{\partial t}\right)\mathrm{d}t$$

$$=\frac{\partial z}{\partial x}\left(\frac{\partial x}{\partial s}\mathrm{d}s+\frac{\partial x}{\partial t}\mathrm{d}t\right)+\frac{\partial z}{\partial y}\left(\frac{\partial y}{\partial s}\mathrm{d}s+\frac{\partial y}{\partial t}\mathrm{d}t\right)$$

$$=\frac{\partial z}{\partial x}\mathrm{d}x+\frac{\partial z}{\partial y}\mathrm{d}y.$$

全微分的形式不变性说明,对于函数 $z=f(x,y)$,无论 x,y 是中间变量还是自变量,其全微分公式 $\mathrm{d}z=\frac{\partial z}{\partial x}\mathrm{d}x+\frac{\partial z}{\partial y}\mathrm{d}y$ 永远成立.

例 2 利用全微分形式不变性求 $z=e^u\sin v$,$u=xy$,$v=x+y$ 的全微分.

解 $\mathrm{d}z=\mathrm{d}(e^u\sin v)=e^u\sin v\mathrm{d}u+e^u\cos v\mathrm{d}v$

$$=e^{xy}\sin(x+y)\mathrm{d}(xy)+e^u\cos(x+y)\mathrm{d}(x+y)$$

$$=e^{xy}\sin(x+y)(y\mathrm{d}x+x\mathrm{d}y)+e^{xy}\cos(x+y)(\mathrm{d}x+\mathrm{d}y)$$

$$=e^{xy}[y\sin(x+y)+\cos(x+y)]\mathrm{d}x+e^{xy}[x\sin(x+y)+\cos(x+y)]\mathrm{d}y.$$

(二)一些特殊情形复合函数的求导

按照多元复合函数不同的复合情形,我们分两种情形讨论.

1. 复合函数的中间变量中含有自变量的情形 这种情形即复合函数的中间变量也是多元函数. 例如若函数 $u=\varphi(x,y)$,$v=\psi(x,y)$ 在点 (x,y) 处具有连续的导数,$z=f(u,v,x)$ 在点 (u,v,x) 处偏导连续,则复合函数 $z=f[\varphi(x,y),\psi(x,y),x]$ 在点 (x,y) 处的偏导数为

$$\frac{\partial z}{\partial x}=\frac{\partial z}{\partial u}\cdot\frac{\partial u}{\partial x}+\frac{\partial z}{\partial v}\cdot\frac{\partial v}{\partial x}+\frac{\partial z}{\partial x}\cdot 1,$$

$$\frac{\partial z}{\partial y}=\frac{\partial z}{\partial u}\cdot\frac{\partial u}{\partial y}+\frac{\partial z}{\partial v}\cdot\frac{\partial v}{\partial y}.$$

例 3 设 $u=f(x,y,z)=\mathrm{e}^{x^2+y^2+z^2}$, $z=x^2\sin y$, 求 $\frac{\partial u}{\partial x}$, $\frac{\partial u}{\partial y}$.

解 函数关系图如图 7-8 所示.

图 7-8

由复合函数微分法则得

$$\begin{aligned}\frac{\partial u}{\partial x}&=\frac{\partial f}{\partial x}+\frac{\partial f}{\partial z}\cdot\frac{\partial z}{\partial x}\\&=2x\mathrm{e}^{x^2+y^2+z^2}+2z\mathrm{e}^{x^2+y^2+z^2}\cdot 2x\sin y\\&=2x(1+2x^2\sin^2 y)\mathrm{e}^{x^2+y^2+x^4\sin^2 y},\end{aligned}$$

$$\begin{aligned}\frac{\partial u}{\partial y}&=\frac{\partial f}{\partial y}+\frac{\partial f}{\partial z}\cdot\frac{\partial z}{\partial y}\\&=2y\mathrm{e}^{x^2+y^2+z^2}+2z\mathrm{e}^{x^2+y^2+z^2}\cdot x^2\cos y\\&=2(y+x^4\sin y\cos y)\mathrm{e}^{x^2+y^2+z^4\sin^2 y}.\end{aligned}$$

例 4 设 $u=f(x,xy,xyz)$, 求 $\frac{\partial u}{\partial x}$, $\frac{\partial u}{\partial y}$, $\frac{\partial u}{\partial z}$.

解 令 $P=xy$, $Q=xyz$, 则 $u=f(x,P,Q)$. 函数关系如图 7-9 所示.

图 7-9

由复合函数微分法则得

$$\frac{\partial u}{\partial x}=\frac{\partial f}{\partial x}+\frac{\partial f}{\partial P}\cdot\frac{\partial P}{\partial x}+\frac{\partial f}{\partial Q}\cdot\frac{\partial Q}{\partial x}=\frac{\partial f}{\partial x}+\frac{\partial f}{\partial P}+yz\frac{\partial f}{\partial Q},$$

$$\frac{\partial u}{\partial y}=\frac{\partial f}{\partial P}\cdot\frac{\partial P}{\partial y}+\frac{\partial f}{\partial Q}\cdot\frac{\partial Q}{\partial y}=x\frac{\partial f}{\partial P}+xz\frac{\partial f}{\partial Q},$$

$$\frac{\partial u}{\partial z}=\frac{\partial f}{\partial Q}\cdot\frac{\partial Q}{\partial z}=xy\frac{\partial f}{\partial Q}.$$

注意: 上例中 $\frac{\partial u}{\partial x}$ 与 $\frac{\partial f}{\partial x}$ 含义不同, 前者 x 为自变量, 后者 x 为中间变量.

2. 复合函数的中间变量全部为一元函数的情形 这种情形即复合函数的中间变量有多个, 但自变量只有一个的情形. 例如若函数 $u=\varphi(t)$, $v=\psi(t)$ 在点 t 处具有连续的导数, $z=f(u,v)$ 在点 (u,v) 处偏导连续, 则复合函数 $z=f[\varphi(t),\psi(t)]$ 在点 t 处的导数为

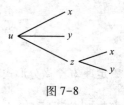

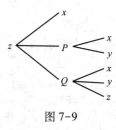

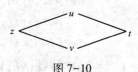

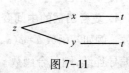

$$\frac{\mathrm{d}z}{\mathrm{d}t}=\frac{\partial z}{\partial u}\cdot\frac{\mathrm{d}u}{\mathrm{d}t}+\frac{\partial z}{\partial v}\cdot\frac{\mathrm{d}v}{\mathrm{d}t}.$$

由于复合函数 $z=f[\varphi(t),\psi(t)]$ 只有一个自变量, 所以把 $\frac{\mathrm{d}z}{\mathrm{d}t}$ 称为 z 对 t 的全导数(total derivative). 关系图如图 7-10 所示.

图 7-10

例 5 设 $z=\mathrm{e}^{x-2y}$, $x=\sin t$, $y=t^3$, 求全导数 $\frac{\mathrm{d}z}{\mathrm{d}t}$.

解 函数关系图如图 7-11 所示.

图 7-11

由复合函数微分法则得

$$\begin{aligned}\frac{\mathrm{d}z}{\mathrm{d}t}&=\frac{\partial z}{\partial x}\cdot\frac{\mathrm{d}x}{\mathrm{d}t}+\frac{\partial z}{\partial y}\cdot\frac{\mathrm{d}y}{\mathrm{d}t}\\&=\mathrm{e}^{x-2y}(\sin t)'-z\mathrm{e}^{x-2y}(t^3)'\end{aligned}$$

$$= e^{x-2y}(\cos t - 6t^2)$$
$$= e^{\sin t - 2t^3}(\cos t - 6t^2).$$

例 6 设 $z = xy + \sin t$, $x = e^t$, $y = \cos t$, 求全导数 $\dfrac{\mathrm{d}z}{\mathrm{d}t}$.

解 函数关系图如图 7-12 所示.
由复合函数微分法则得

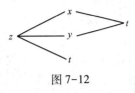

图 7-12

$$\frac{\mathrm{d}z}{\mathrm{d}t} = \frac{\partial z}{\partial x} \cdot \frac{\mathrm{d}x}{\mathrm{d}t} + \frac{\partial z}{\partial y} \cdot \frac{\mathrm{d}y}{\mathrm{d}t} + \frac{\partial z}{\partial t}$$

$$= ye^t - x\sin t + \cos t$$

$$= e^t(\cos t - \sin t) + \cos t.$$

例 7 若圆锥的高以每秒 10cm 的速度减少, 底面半径以每秒 5cm 的速度递增, 求当高为 100cm、底半径为 50cm 那一瞬时, 圆锥体积的变化速率.

解 设在 t 时刻, 圆锥的底面半径为 x cm, 高为 y cm, 则圆锥在 $V = \dfrac{1}{3}\pi x^2 y$ 时刻的体积为

$$V = \frac{1}{3}\pi x^2 y.$$

圆锥体积的变化率为 V 对 t 的全导数, 即

$$\frac{\mathrm{d}V}{\mathrm{d}t} = \frac{\partial V}{\partial x} \cdot \frac{\mathrm{d}x}{\mathrm{d}t} + \frac{\partial V}{\partial y} \cdot \frac{\mathrm{d}y}{\mathrm{d}t} = \frac{2}{3}\pi xy + \frac{1}{3}\pi x^2 \cdot \frac{\mathrm{d}y}{\mathrm{d}t},$$

而

$$\frac{\mathrm{d}x}{\mathrm{d}t} = 5, \qquad \frac{\mathrm{d}y}{\mathrm{d}t} = -10, \qquad x = 50, \qquad y = 100,$$

所以

$$\frac{\mathrm{d}V}{\mathrm{d}t} = \frac{2}{3}\pi \times 50 \times 100 \times 5 + \frac{1}{3}\pi \times (50)^2 \times (-10)$$

$$= \frac{25000}{3}\pi$$

$$\approx 26180 \, (\mathrm{cm^3/s}).$$

即当 $x = 50$ cm, $y = 100$ cm 时, 此圆锥体积以 26180cm^3/s 增加.

二、多元隐函数的微分法

在一元函数微分学中, 我们已经给出了隐函数的概念, 并且指出不经过显化, 可直接由方程
$$F(x, y) = 0,$$
求它所确定的隐函数的导数. 类似地, 可以给出多元隐函数 $F(x, y, z) = 0$ 的求导方法. 例如, 设多元隐函数 $z = f(x, y)$ 是由方程 $F(x, y, z) = 0$ 确定的, 要求偏导数 $\dfrac{\partial z}{\partial x}, \dfrac{\partial z}{\partial y}$.

将 $z = f(x, y)$ 代入方程 $F(x, y, z) = 0$, 于是有 $F(x, y, f(x, y)) = 0$. 把它看成 x, y 的复合函数, 由前面复合函数微分法可得

$$\frac{\partial F}{\partial x} + \frac{\partial F}{\partial z} \cdot \frac{\partial z}{\partial x} = 0, \qquad \frac{\partial F}{\partial y} + \frac{\partial F}{\partial z} \cdot \frac{\partial z}{\partial y} = 0.$$

当 $F'_z \neq 0$ 时, 得

$$\frac{\partial z}{\partial x} = -\frac{F'_x}{F'_z}, \quad \frac{\partial z}{\partial y} = -\frac{F'_y}{F'_z}.$$

例 8 求由方程 $\frac{x^2}{a^2} + \frac{y^2}{b^2} + \frac{z^2}{c^2} = 1$ 所确定的函数 z 的偏导数 $\frac{\partial z}{\partial x}, \frac{\partial z}{\partial y}$.

解 设 $F(x, y, z) = \frac{x^2}{a^2} + \frac{y^2}{b^2} + \frac{z^2}{c^2} - 1$, 则

$$F'_x = \frac{2x}{a^2}, F'_y = \frac{2y}{b^2}, F'_z = \frac{2z}{c^2},$$

所以

$$\frac{\partial z}{\partial x} = -\frac{c^2 x}{a^2 z}, \frac{\partial z}{\partial y} = -\frac{c^2 y}{b^2 z}.$$

另外, 欲求由方程 $F(x, y, z) = 0$ 所确定的关于 x, y 的隐函数的偏导数 $\frac{\partial z}{\partial x}$ 及 $\frac{\partial z}{\partial y}$, 也可以:

(1) 求偏导数 $\frac{\partial z}{\partial x}$, 把 z 看成是 x, y 的函数, 把 y 看成常量, 方程两边对 x 求偏导, 再由方程解出 $\frac{\partial z}{\partial x}$;

(2) 求偏导数 $\frac{\partial z}{\partial y}$, 把 z 看成是 x, y 的函数, 把 x 看成常量, 方程两边对 y 求导, 再由方程解出 $\frac{\partial z}{\partial y}$.

例 9 求由方程 $x^2 + y^2 + z^2 - 4z = 0$ 所确定的隐函数 $z = f(x, y)$ 的偏导数 $\frac{\partial z}{\partial x}, \frac{\partial z}{\partial y}$.

解 把 z 看成是 x, y 的函数, 并注意把 y 看成常量, 方程两边分别对 x 求导, 有

$$2x + 2z\frac{\partial z}{\partial x} - 4\frac{\partial z}{\partial x} = 0,$$

解得

$$\frac{\partial z}{\partial x} = \frac{x}{2 - z};$$

把 z 看成是 x, y 的函数, 并注意把 x 看成常量, 方程两边分别对 y 求导, 有

$$2y + 2z\frac{\partial z}{\partial y} - 4\frac{\partial z}{\partial y} = 0,$$

解得

$$\frac{\partial z}{\partial y} = \frac{y}{2 - z}.$$

练习题 7-4

1. 设 $z = y^2 \ln x$, 而 $x = \frac{v}{u}, y = u - v$, 求 $\frac{\partial z}{\partial u}$ 和 $\frac{\partial z}{\partial v}$.

2. 设 $z = u^2 + v^2$, 而 $u = x - y, v = x + 2y$, 求 $\frac{\partial z}{\partial x}$ 和 $\frac{\partial z}{\partial y}$.

3. 求下列全导数

（1）设 $z=\arcsin(x+y)$，而 $x=t,y=4t^2$，求 $\dfrac{\mathrm{d}z}{\mathrm{d}t}$.

（2）设 $z=\mathrm{e}^{x+2y}$，而 $x=\cos t,y=t^4$，求 $\dfrac{\mathrm{d}z}{\mathrm{d}t}$.

（3）设 $z=x^2-y^2+t$，而 $x=\sin t,y=\cos t$，求 $\dfrac{\mathrm{d}z}{\mathrm{d}t}$.

4. 求下列隐函数的导数

（1）已知 $x+y+z=\mathrm{e}^x$，求 $\dfrac{\partial z}{\partial x}$ 和 $\dfrac{\partial z}{\partial y}$.

（2）已知 $\mathrm{e}^{xy}+2z+\mathrm{e}^z=0$，求 $\dfrac{\partial z}{\partial x}$ 和 $\dfrac{\partial z}{\partial y}$.

（3）已知 $\sin x+z\mathrm{e}^y-xy^2=0$，求 $\dfrac{\partial z}{\partial x}$ 和 $\dfrac{\partial z}{\partial y}$.

第五节　多元函数的极值及其求法

前面曾用导数解决了一元函数求极值与最值的问题，现在我们用偏导数来研究二元函数的极值求法，对于三元及三元以上的函数可以类推.

一、二元函数的极值

（一）二元函数极值的定义

定义　设函数 $z=f(x,y)$ 在点 (x_0,y_0) 的某邻域内有定义，对于该邻域内异于 (x_0,y_0) 的点 (x,y)，总有

$$f(x,y)<f(x_0,y_0)\ \text{或}\ f(x,y)>f(x_0,y_0)$$

成立，则称函数在点 (x_0,y_0) 处取得极大值（或极小值）$f(x_0,y_0)$. 极大值、极小值统称为极值，使函数取得极值的点称为极值点.

例如函数 $z=2x^2+3y^2$ 在点 $(0,0)$ 处 $z=0$，而在其他点处 $z>0$，所以在原点处函数取得极小值零；函数 $z=\sqrt{4-x^2-y^2}$ 在点 $(0,0)$ 处 $z=2$，而在其他点处 $z<2$，所以在原点处函数取得极大值 2；函数 $z=x^2-y^2$ 在点 $(0,0)$ 处 $z=0$，但是在点 $(0,0)$ 充分小的邻域内，总有使函数值为正的点，也有使函数值为负的点. 所以在原点处函数不取得极值.

（二）二元函数取得极值的条件

定理（极值存在的必要条件）　设函数 $z=f(x,y)$ 在点 (x_0,y_0) 处存在一阶偏导数，且在该点取得极值，则有

$$f'_x(x_0,y_0)=0,\quad f'_y(x_0,y_0)=0.$$

证　因为　$z=f(x,y)$ 在点 (x_0,y_0) 取得极值，故一元函数 $z=f(x,y_0)$ 在 $x=x_0$ 取得极值，根据一元函数极值的必要条件可知 $f'_x(x_0,y_0)=0$，同理有 $f'_y(x_0,y_0)=0$，定理结论成立.

使得 $f'_x(x,y)=0$ 与 $f'_x(x,y)=0$ 同时成立的点 (x_0,y_0) 称为函数 $z=f(x,y)$ 的驻点.

极值存在的必要条件提供了寻找极值点的途径. 对于偏导数存在的函数来说，如果它有极值点的话，则极值点一定是驻点. 反之，驻点不一定是极值点. 例如，在 $(0,0)$ 处，函数 $z=y^2-x^2$

的两个偏导数等于零,但该函数在点$(0,0)$处没有极值.

怎样判定一个驻点是不是极值点呢? 下面给出的定理回答了这个问题.

定理2(极值存在的充分条件) 若函数$z=f(x,y)$在点(x_0,y_0)的某邻域内具有二阶连续偏导数,且

$$f'_x(x_0,y_0)=0, \quad f'_y(x_0,y_0)=0.$$

令$A=f''_{xx}(x_0,y_0)$,$B=f''_{xy}(x_0,y_0)$,$C=f''_{yy}(x_0,y_0)$,则

(1) 当$\Delta=B^2-AC<0$,且$A<0$时,$f(x_0,y_0)$为函数$f(x,y)$的极大值;

当$\Delta=B^2-AC<0$,且$A>0$时,$f(x_0,y_0)$为函数$f(x,y)$的极小值;

(2) 当$\Delta=B^2-AC>0$时,$f(x_0,y_0)$不是极值;

(3) 当$\Delta=B^2-AC=0$时,$f(x_0,y_0)$可能是极值,也可能不是极值,需另行讨论.

根据定理2可以把求具有二阶连续偏导数的函数$z=f(x,y)$极值的步骤归纳如下:

(1) 解方程组$\begin{cases} f'_x(x,y)=0, \\ f'_y(x,y)=0, \end{cases}$得到所有驻点;

(2) 求出二阶偏导数$f''_{xx}(x,y)$,$f''_{xy}(x,y)$及$f''_{yy}(x,y)$,并对每一个驻点,求出二阶偏导数的值A,B及C;

(3) 对每一个驻点,确定$\Delta=B^2-AC$的符号,按定理2的结论判断驻点是否为极值点,是极大值点还是极小值点.

(4) 求极值点处的函数值,即得所求的极值.

例1 求函数$f(x,y)=x^3+8y^3-6xy+5$的极值.

解 解方程组

$$\begin{cases} f'_x(x,y)=3x^2-6y=0, \\ f'_y(x,y)=24y^2-6x=0, \end{cases}$$

求得驻点$M_1(0,0)$及$M_2\left(1,\dfrac{1}{2}\right)$.

求函数$f(x,y)$的二阶偏导数

$$f''_{xx}(x,y)=6x, \quad f''_{xy}(x,y)=-6, \quad f''_{yy}(x,y)=48y.$$

在$M_1(0,0)$点处,$A=0$,$B=-6$,$C=0$,$\Delta=B^2-AC=36>0$,根据定理2知,$f(0,0)=5$不是函数的极值;

在$M_2\left(1,\dfrac{1}{2}\right)$点处,$A=6$,$B=-6$,$C=24$,$\Delta=B^2-AC=-108<0$,$A=6>0$,根据定理2知,

$f\left(1,\dfrac{1}{2}\right)=4$为函数的极小值.

例2 求函数$z=(6x-x^2)(4y-y^2)$的极值.

解 解方程组

$$\begin{cases} z'_x=(6-2x)(4y-y^2)=0, \\ z'_y=(6x-x^2)(4-2y)=0, \end{cases}$$

求得驻点$(3,2)$、$(0,0)$、$(6,0)$、$(0,4)$、$(6,4)$.

求函数$f(x,y)$的二阶偏导数

$$z''_{xx}(x,y)=-2(4y-y^2), \quad z''_{xy}(x,y)=(6-2x)(4-2y), \quad z''_{yy}(x,y)=-2(6x-x^2).$$

在 $(3,2)$ 点处,$A=-8,B=0,C=-18,\Delta=B^2-AC=-144<0$,根据定理 2 知,$z(3,2)=36$ 是函数的极大值;

在 $(0,0)$ 点处,$A=0,B=24,C=0,\Delta=B^2-AC=24^2=576>0$,根据定理 2 知,$z(0,0)=0$ 不是函数的极值;

在 $(6,0)$ 点处,$A=0,B=-24,C=0,\Delta=B^2-AC=576>0$,根据定理 2 知,$z(6,0)=0$ 不是函数的极值;

在 $(0,4)$ 点处,$A=0,B=-24,C=0,\Delta=B^2-AC=576>0$,根据定理 2 知,$z(0,4)=0$ 不是函数的极值;

在 $(6,4)$ 点处,$A=0,B=24,C=0,\Delta=B^2-AC=576>0$,根据定理 2 知,$z(6,4)=0$ 不是函数的极值;

综上所述,$(3,2)$ 点是函数的极大值点,极大值是 $z(3,2)=36$.

二、最大值与最小值

与一元函数极值的情况相仿,二元函数极值反映的是函数的局部性质,最值反映的是函数的整体性质.极小值不一定是最小值,极大值不一定是最大值.下面看一下确定函数的最大值和最小值的方法.

由前面内容知道:若函数 $z=f(x)$ 在有界闭区域 D 上连续,则在闭区域 D 上一定取得最大值和最小值.因此,一个可微函数,若函数的最大值和最小值在区域 D 的内部,则最大值和最小值点必在驻点中取得,所以求出驻点的函数值以及边界上的最大最小值,其中最大的就是闭区域 D 上的最大值,最小的就是闭区域 D 上的最小值.

另外,在实际应用中,如果从具体问题中可以知道函数的最大值和最小值是存在的,且在其定义域的内部取得,又知道闭区域 D 内只有唯一的驻点,那么可以肯定该驻点处的函数值就是函数的最大值和最小值.

函数求解最值的步骤:

(1)求出区域内部的所有可能极值点(驻点及所有偏导数不存在的点)并计算函数值.

(2)计算函数在边界上的函数值.

(3)比较这些函数值的大小,最大的为最大值,最小的为最小值.

例 3 求函数 $z=x^2y(4-x-y)$ 在区域 D 上的最大值和最小值,其中区域 D 是由 x 轴、y 轴、$x+y=6$ 所围成.

解 (1)在 D 的内部
$$\begin{cases} \dfrac{\partial z}{\partial x}=2xy(4-x-y)-x^2y=0 \\ \dfrac{\partial z}{\partial y}=x^2(4-x-y)-x^2y=0 \end{cases} \Rightarrow \begin{cases} x=2 \\ y=1, \end{cases} \text{则 } z(2,1)=4.$$

(2)在 x 轴、y 轴上,有 $y=0$ 或 $x=0$,所以 $z=0$.

(3)在线段 $x+y=6$ 上,$y=6-x$,且 $0<x<6$,代入 z,则 $z=2x^3-12x^2$.

所以 $z'_x=6x^2-24x=0 \Rightarrow x=0$(舍)或 $x=4$,则 $y=2$ 则 $z(4,2)=-64$.

综上所述,最大值是 4,最小值是 -64.

在实际问题中,若根据问题的性质及实际意义,知道问题存在最大值(或最小值),且该问题的函数 $z=f(x,y)$ 在定义域内只有一个驻点,那么就可以判定 $z=f(x,y)$ 该驻点处的函数值就是函数的最大值或最小值.

例4 一个三角形中,各顶角取多少时三顶角的正弦值乘积取得最大?

解 设三角形三顶角为 x, y, z,有 $z = \pi - x - y$,则有 $f(x, y) = \sin x \sin y \sin(\pi - x - y) = \sin x \sin y \sin(x+y)$.

求一阶偏导数得 $\quad f'_x = \sin y [\cos x \sin(x+y) + \cos(x+y) \sin x]$

$$= \sin y \sin(2x+y),$$

$$f'_y = \sin x \sin(x+2y).$$

解方程组 $\begin{cases} f'_x = \sin y \sin(2x+y) = 0 \\ f'_y = \sin x \sin(x+2y) = 0 \end{cases}$ 得 $\begin{cases} 2x+y = \pi, \\ x+2y = \pi. \end{cases}$

解得 $\quad x = \dfrac{\pi}{3}, y = \dfrac{\pi}{3}, z = \dfrac{\pi}{3}$.

因为只有唯一驻点,所以当 $x = \dfrac{\pi}{3}, y = \dfrac{\pi}{3}, z = \dfrac{\pi}{3}$ 时,三角的正弦乘积最大 $\dfrac{3\sqrt{3}}{8}$.

例5 分别取甲、乙、丙三种药液配制成 aL 药液. 由于度量误差,混合药液出现了 δL 的误差. 求三种药液的度量误差各为多少时,才能使它们的平方和最小?

解 设甲、乙和丙三种药液的度量误差分别为 x、y 和 z,丙种药液的度量误差可表示为 $z = \delta - x - y$,于是问题就化为求函数

$$u = x^2 + y^2 + (\delta - x - y)^2$$

$$= 2x^2 + 2y^2 + 2xy - 2x\delta - 2y\delta + \delta^2$$

的最小值. 因为

$$\frac{\partial u}{\partial x} = 4x + 2y - 2\delta, \qquad \frac{\partial u}{\partial y} = 4y + 2x - 2\delta.$$

令 $\dfrac{\partial u}{\partial x} = 0, \dfrac{\partial u}{\partial y} = 0$,得

$$\begin{cases} 2x + y - \delta = 0, \\ x + 2y - \delta = 0, \end{cases}$$

解得 $x = y = \dfrac{\delta}{3}$. 因此,仅有一个驻点 $\left(\dfrac{\delta}{3}, \dfrac{\delta}{3}\right)$,又

$$z = \delta - x - y = \delta - \frac{\delta}{3} - \frac{\delta}{3} = \frac{\delta}{3},$$

所以,三种药液的度量误差均为 $\dfrac{\delta}{3}$ 时,其平方和最小.

我们不难用取极值的充分条件判定 $\left(\dfrac{\delta}{3}, \dfrac{\delta}{3}\right)$ 是函数 u 的极小值点.

例6 机体对某种药物的效应函数 E(以适当的单位度量)与给药量 x(单位)、给药后经过的时间 t(小时)有如下关系:

$$E(x, t) = x^2 (a-x)^2 t^2 e^{-t}.$$

试求取得最大效应的药量与时间(其中 a 为常数,代表可允许给予的最大药量).

解 函数 $E(x, t)$ 的定义域为 $0 < x < a, t > 0$. 求函数 E 对 x 和 t 的偏导数,并令它们等于 0,即

$$\begin{cases} \dfrac{\partial E}{\partial x} = (2ax - 3x^2)t^2 e^{-t} = 0, \\[3mm] \dfrac{\partial E}{\partial t} = x^2(a-x)(2t - t^2)e^{-t} = 0, \end{cases}$$

在定义域内解得唯一驻点 $\left(\dfrac{2}{3}a, 2\right)$. 又知机体一定会产生最大反应,故函数 $E(x, t)$ 在点 $\left(\dfrac{2}{3}a, 2\right)$ 处取得最大值. 因此,当时间 $t = 2$(时间单位)时,机体反应最大,此时药量为 $x = \dfrac{2}{3}a$(单位).

三、条件极值

前面讨论的函数极值问题中,函数的自变量除了限制在定义域以外再没有其他限制,这种极值问题称为无条件极值. 但在实际问题中,有时遇到的函数的自变量受到某些条件的约束,这种对自变量有约束条件的极值问题称为条件极值. 下面介绍一种直接求条件极值的方法——**拉格朗日乘数法**.

设二元函数 $z = f(x, y)$ 和 $\phi(x, y) = 0$ 在所考虑的区域内有连续的一阶偏导数,且 $\phi'_x(x, y)$, $\phi'_y(x, y)$ 不同时为零,求函数 $z = f(x, y)$ 在约束条件 $\phi(x, y) = 0$ 下的极值. 求解步骤如下.

(1)可以先构造辅助函数(拉格朗日函数)
$$F(x, y) = f(x, y) + \lambda \phi(x, y), \lambda \text{ 为某一常数(称为拉格朗日乘数)}.$$

(2)求其对 x 与 y 的一阶偏导数,并使之为零,然后与附加条件联立形成方程组
$$\begin{cases} f'_x(x, y) + \lambda \phi'_x(x, y) = 0, \\ f'_y(x, y) + \lambda \phi'_y(x, y) = 0, \\ \phi(x, y) = 0. \end{cases}$$

(3)由此解出 x, y 及 λ,则其中 (x, y) 就是函数 $f(x, y)$ 在附加条件下 $\phi(x, y) = 0$ 的可能极值点的坐标.

拉格朗日乘数法还可以推广到自变量多于两个且附加条件多于一个的情形. 例如要求函数
$$u = f(x, y, z, t)$$
在附加条件
$$\phi(x, y, z, t) = 0, \quad \psi(x, y, z, t) = 0$$
下的极值,可以先构造辅助函数
$$F(x, y, z, t) = f(x, y, z, t) + \lambda_1 \phi(x, y, z, t) + \lambda_2 \psi(x, y, z, t), \lambda_1, \lambda_2 \text{ 均为常数.}$$

然后,求其一阶偏导数,并使之为零,然后与附加条件中的两个方程联立起求解,这样得出的 x, y, z, t 就是函数 $f(x, y, z, t)$ 在附加条件下的可能极值点的坐标.

例 7 假设生产某种药品,产量 z 与两个生产要素投入量 x, y 满足关系 $z = Cx^\alpha y^\beta$(其中 C, α, β 为正常数,且 $\alpha + \beta = 1$)[库柏-道格拉斯(Cobb-Douglas)模型],现设 $z = 2x^{\frac{1}{3}}y^{\frac{2}{3}}$,两要素的价格分别为 P_1, P_2,问当生产量为 12 时,两要素各投入多少可以使得投入总费用最少?

解 设总费用为 $f(x, y) = P_1 x + P_2 y$,由题意知 $z = 2x^{\frac{1}{3}}y^{\frac{2}{3}} = 12$,则问题转化为求在条件 $z = 2x^{\frac{1}{3}}y^{\frac{2}{3}} = 12$ 下 $f(x, y) = P_1 x + P_2 y$ 的最小值. 构造拉格朗日函数

$$F(x,y,\lambda)=P_1x+P_2y+\lambda(x^{\frac{1}{3}}y^{\frac{2}{3}}-6).$$

求偏导数得

$$\begin{cases} F'_x=P_1+\dfrac{1}{3}\lambda x^{-\frac{2}{3}}y^{\frac{2}{3}}=0,\\[2mm] F'_y=P_2+\dfrac{2}{3}\lambda x^{\frac{1}{3}}y^{-\frac{1}{3}}=0\\[2mm] F'_\lambda=x^{\frac{1}{3}}y^{\frac{2}{3}}-6=0 \end{cases}\Rightarrow\begin{cases} 2xy^{-1}=\dfrac{P_2}{P_1}\\[2mm] x^{\frac{1}{3}}y^{\frac{2}{3}}=6 \end{cases}\Rightarrow\begin{cases} x=6\left(\dfrac{P_2}{2P_1}\right)^{\frac{1}{3}},\\[3mm] y=6\left(\dfrac{P_1}{2P_2}\right)^{\frac{1}{3}}. \end{cases}$$

这是函数 $f(x,y)$ 在条件下唯一的驻点,由问题本身可知最小值一定存在,所以最小值就在这个可能的极值点处取得,最小值为 $\dfrac{18}{\sqrt[3]{4}}P_1^{\frac{1}{3}}P_2^{\frac{2}{3}}$.

例8 求表面积为 a^2 而体积为最大的长方体的体积.

解 设长方体的三棱长为 x,y,z,则问题就是在条件

$$\psi(x,y,z,t)=2xy+2yz+2xz-a^2=0 \tag{1}$$

下,求函数

$$V=xyz \quad (x>0,y>0,z>0)$$

的最大值. 构造辅助函数

$$F(x,y,z)=xyz+\lambda(2xy+2yz+2xz-a^2).$$

求其对 x,y,z 的偏导数,并使之为零,得到

$$\begin{cases} yz+2(y+z)=0,\\ xz+2(x+z)=0,\\ xy+2(y+z)=0. \end{cases}$$

再与式(1)联立求解.

因 x,y,z 都不等于零,所以可得

$$\frac{x}{y}=\frac{x+z}{y+z},\quad \frac{y}{z}=\frac{x+y}{x+z}.$$

由以上两式解得 $x=y=z$,将此代入式(1),便得 $x=y=z=\dfrac{\sqrt{6}}{6}a$. 这是唯一可能的极值点. 因为由问题本身可知最大值一定存在,所以最大值就在这个可能的极值点处取得. 也就是说,表面积为 a^2 的长方体中,以棱长为 $\dfrac{\sqrt{6}}{6}a$ 的正方体的体积为最大,最大体积 $V=\dfrac{\sqrt{6}}{36}a^3$.

例9 在椭圆 $x^2+4y^2=4$ 上求一点,使其到直线 $2x+3y-6=0$ 的距离最短.

解 设 $P(x,y)$ 为椭圆上一点,则:$d(x,y)=\dfrac{|2x+3y-6|}{\sqrt{2^2+3^2}}=\dfrac{1}{\sqrt{13}}|2x+3y-6|$.

问题转化为求距离 d 在条件 $x^2+4y^2=4$ 下的最小值,即问题等价于求距离 $d=(2x+3y-6)^2$ 在 $x^2+4y^2-4=0$ 下的最小值点.

构造函数 $\quad F(x,y)=(2x+3y-6)^2+\lambda(x^2+4y^2-4)$,

求偏导数得

$$\begin{cases} F'_x=2(2x+3y-6)\cdot2+2\lambda x=0,\\ F'_y=(2x+3y-6)\cdot6+8\lambda y=0,\\ F'_\lambda=x^2+4y^2-4=0. \end{cases}$$

解得 $(x_1,y_1)=\left(\dfrac{8}{5},\dfrac{3}{5}\right),(x_2,y_2)=\left(-\dfrac{8}{5},-\dfrac{3}{5}\right)$. 代入 $d=\dfrac{1}{\sqrt{13}}\,|\,2x+3y-6\,|$，得 $d_1=\dfrac{1}{\sqrt{13}},d_2=\dfrac{11}{\sqrt{13}}$.

则最小值点为 $(x_1,y_1)=\left(\dfrac{8}{5},\dfrac{3}{5}\right)$，最小值 $\dfrac{1}{\sqrt{13}}$.

练习题 7-5

1. 求函数 $f(x,y)=2xy-3x^2-2y^2+10$ 的极值.

2. 求函数 $f(x,y)=x^3-y^3+3x^2+3y^2-9x$ 的极值.

3. 求函数 $f(x,y)=e^{2x}(x^2+y^2+2y)$ 的极值.

4. 求函数 $f(x,y)=4x-4y-x^2-y^2$ 的极值及极值点.

5. 求函数 $f(x,y)=x^3+y^3-3xy$ 的极值及极值点.

6. 求函数 $f(x,y)=6x^2+6y^2-12x$ 的极值及极值点.

7. 在平面 xOy 上求一点，使之到 $x=0,y=0$ 及 $x+2y-16=0$ 三条直线的距离的平方和最小.

8. 要制造一个无盖的长方体水槽，已知底部造价为 18 元$/\mathrm{m}^3$，侧面造价为 6 元$/\mathrm{m}^3$，设计的总造价为 216 元，问如何选择尺寸，才能使水槽容积最大？

┌本 章 小 结┐

本章主要包括多元函数的基本概念、二元函数的极限、二元函数的连续性、偏导数的概念、偏导数的运算、高阶偏导数的概念、高阶偏导数的运算、全微分的概念、全微分的运算、全微分在近似计算中的应用、多元复合函数的求导法则、多元隐函数的求导法则、多元函数的极(最)值的判定等内容.

重点：二元函数偏导数和全微分的求解、二元复合函数偏导数和全微分的求解、二元隐函数偏导数和全微分的求解、二元函数极(最)值的判定.

难点：二元函数极(最)值的判定.

总练习题七

1. 确定下列函数的定义域

（1）$z=\dfrac{1}{\sqrt{x}}+\dfrac{1}{\sqrt{x-y}}$；

（2）$z=\sqrt{1-x^2}+\ln(1-y^2)$；

（3）$z=\arcsin(x^2+y^2)+\sqrt{x^2+y^2-\dfrac{1}{4}}$；

（4）$z=\ln(x-y^2)$.

2. 求下列各极限

（1）$\lim\limits_{\substack{x\to 0\\ y\to 1}}\dfrac{\arctan y}{e^{xy}+x^2}$；

（2）$\lim\limits_{\substack{x\to 0\\ y\to 0}}\dfrac{2-\sqrt{xy+4}}{xy}$.

3. 写出下列函数的间断点

(1) $z = \dfrac{1}{1-x^2-y^2}$;

(2) $z = \sin \dfrac{1}{xy}$.

4. 求下列函数的偏导数

(1) $z = x^3 y - xy^3$;

(2) $s = \dfrac{u^2+v^2}{uv}$;

(3) $z = \ln \tan \dfrac{x}{y}$;

(4) $z = \sqrt{\ln(xy)}$.

5. 求下列函数的全微分

(1) $z = xy + \dfrac{x}{y}$;

(2) $z = e^{\frac{y}{x}}$;

(3) $z = \dfrac{y}{\sqrt{x^2+y^2}}$.

6. 利用全微分计算 $\sqrt{(1.02)^3 + (1.97)^3}$ 的近似值.

7. 设 $z = u^2 + v^2$, 而 $u = 2x+y, v = x-2y$, 求 $\dfrac{\partial z}{\partial x}$ 和 $\dfrac{\partial z}{\partial y}$.

8. 设 $z = x^2 \ln y$, 而 $x = \dfrac{u}{v}, u = 3u-2v$, 求 $\dfrac{\partial z}{\partial u}$ 和 $\dfrac{\partial z}{\partial v}$.

9. 求下列全导数

(1) 设 $z = \arcsin(x-y)$, 而 $x = 3t, y = 4t^3$, 求 $\dfrac{\mathrm{d}z}{\mathrm{d}t}$.

(2) 设 $z = e^{x-2y}$, 而 $x = \sin t, y = t^3$, 求 $\dfrac{\mathrm{d}z}{\mathrm{d}t}$.

10. 已知隐函数 $x+y+z = e^z$, 求 $\dfrac{\partial z}{\partial x}$ 和 $\dfrac{\partial z}{\partial y}$.

11. 求函数 $f(x,y) = x^3 + y^3 - 3xy$ 的极值.

12. 求函数 $w = xy + yz + xz$ 在条件 $xyz = 2$ 下的极值.

（安洪庆）

第八章　多元函数积分法

知识要求：

1. **掌握**　二重积分的定义和性质、二重积分化为累次积分的方法和累次积分的积分次序的交换公式、格林公式以及曲线积分与路线无关的条件、三重积分的定义和性质、化三重积分为累次积分、用柱面坐标变换和球面坐标变换计算三重积分的方法．

2. **熟悉**　用重积分计算曲面的面积、物体的重心、转动惯量与引力．

3. **了解**　二重积分的一般的变量变换公式，二重积分的极坐标变换．

能力要求：

1. 熟练掌握二重积分、三重积分、曲线积分和格林公式的计算方法．

2. 学会应用重积分对曲面面积、曲顶柱体体积、非均匀密度物体质量、物体重心、转动惯量等问题的求解方法．

第一节　二重积分

一、二重积分的概念

例1　计算曲顶柱体的体积．曲顶柱体是以 xOy 坐标面的闭区域 D 为底，以 D 的边界曲线为准线而母线平行于 z 轴的柱面为侧面，以曲面 $z=f(x,y)(z\geqslant 0)$ 为顶的立体，如图8-1所示．

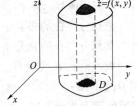

图8-1　曲顶柱体体积

解　类似于定积分，"分割、近似、求和、取极限"，可以计算曲顶柱体体积．

（1）分割　把闭区域 D 任意分为 n 个小的区域，即

$$\Delta\sigma_1,\Delta\sigma_2,\cdots,\Delta\sigma_n.$$

以各小区域边界为准线作母线平行于 z 轴的柱面，把曲顶柱体分为 n 个小曲顶柱体，即

$$\Delta V_1,\Delta V_2,\cdots,\Delta V_n.$$

（2）近似　在小区域 $\Delta\sigma_i$（$\Delta\sigma_i$ 既表示第 i 个小区域，也表示这小闭区域的面积）任取一点 (x_i,y_i)，视小曲顶柱体为 $\Delta\sigma_i$ 为底 $f(x_i,y_i)$ 为高的平顶柱体，计算其体积得到

$$\Delta V_i\approx f(x_i,y_i)\Delta\sigma_i.$$

（3）求和　把整个曲顶柱体用 n 个平顶柱体之和替代，即

$$V \approx \sum_{i=1}^{n} f(x_i, y_i) \Delta\sigma_i.$$

（4）取极限　把闭区域 $\Delta\sigma_i$ 上任意两点间距离的最大值称为该闭区域的直径，记为 λ_i，取

$$\lambda = \max\{\lambda_1, \lambda_2, \cdots, \lambda_n\}.$$

若 $\lambda \to 0$ 时 n 个小柱体体积之和的极限存在，则规定曲顶柱体体积为

$$V = \lim_{\lambda \to 0} \sum_{i=1}^{n} f(x_i, y_i) \Delta\sigma_i.$$

例 2　设平面薄片占有 xOy 坐标面的闭区域 D，在点 (x, y) 处的面密度为 $\rho = f(x, y)(\rho \geq 0)$.计算平面薄片质量.

解　类似例 1，"分割、近似、求和、取极限"，可以计算平面薄片的质量.

（1）分割　把闭区域 D 任意分为 n 个如图 8-2 所示的小区域 $\Delta\sigma_i$.

（2）近似　视小区域面密度为常数 $f(x_i, y_i)$，则小区域质量为

$$\Delta m_i \approx f(x_i, y_i) \Delta\sigma_i$$

（3）求和　整个平面薄片的质量用 n 个小区域的质量之和计算，即

$$m \approx \sum_{i=1}^{n} f(x_i, y_i) \Delta\sigma_i.$$

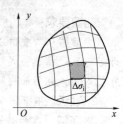

图 8-2　平面薄片质量

（4）取极限　若所有小区域中最大直径 $\lambda \to 0$ 时，小区域质量之和的极限存在，则规定整个平面薄片的质量为

$$m = \lim_{\lambda \to 0} \sum_{i=1}^{n} f(x_i, y_i) \Delta\sigma_i.$$

定义 1　设函数 $f(x, y)$ 在闭区域 D 上有界，把 D 任意分为 n 个小区域 $\Delta\sigma_1, \Delta\sigma_2, \cdots, \Delta\sigma_n$，在小区域 $\Delta\sigma_i$ 上任取一点 (x_i, y_i)，若无论 D 的分法和 (x_i, y_i) 的取法如何，小区域最大直径 $\lambda \to 0$ 时，极限

$$\lim_{\lambda \to 0} \sum_{i=1}^{n} f(x_i, y_i) \Delta\sigma_i$$

存在，则称函数 $f(x, y)$ 在区域 D 上可积，称极限值为 $f(x, y)$ 在区域 D 上的二重积分，记为

$$\iint\limits_{D} f(x, y) \mathrm{d}\sigma = \lim_{\lambda \to 0} \sum_{i=1}^{n} f(x_i, y_i) \Delta\sigma_i.$$

$f(x, y)$ 称被积函数，x, y 称积分变量，D 称积分区域，$\mathrm{d}\sigma$ 称面积元素.

二重积分存在的必要条件是：若 $f(x, y)$ 在区域 D 上可积，则 $f(x, y)$ 在区域 D 上有界.

二重积分存在的充分条件是：若 $f(x, y)$ 闭区域 D 上连续，则 $f(x, y)$ 在区域 D 上可积.

函数 $f(x, y)$ 在区域 D 上可积时，可用平行于坐标轴的两组直线分割 D，如图 8-3 所示.这时，小矩形区域 $\Delta\sigma_i$ 的边长分别为 Δx_i，Δy_i，面积元素 $\mathrm{d}\sigma = \mathrm{d}x\mathrm{d}y$，故二重积分可以表示为

$$\iint\limits_{D} f(x, y) \mathrm{d}\sigma = \iint\limits_{D} f(x, y) \mathrm{d}x\mathrm{d}y.$$

二重积分的几何意义，当 $f(x, y) \geq 0$ 时，$\iint\limits_{D} f(x, y) \mathrm{d}\sigma$ 表示以区域 D 为底、以 $f(x, y)$ 为顶的曲顶柱体的体积，即

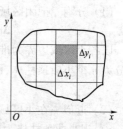

图 8-3　矩形分割

$$V = \iint\limits_{D} f(x,y)\,\mathrm{d}x\mathrm{d}y.$$

当 $f(x,y) \leqslant 0$ 时，$\iint\limits_{D} f(x,y)\,\mathrm{d}\sigma$ 表示以区域 D 为底、以 $f(x,y)$ 为顶的曲顶柱体的体积的相反数.

二重积分的物理意义是以 $\rho = f(x,y)$ 为面密度的平面薄片质量，即

$$m = \iint\limits_{D} f(x,y)\,\mathrm{d}x\mathrm{d}y.$$

二、二重积分的性质

性质 1　常数因子 k 可由积分号内提出来，即

$$\iint\limits_{D} kf(x,y)\,\mathrm{d}\sigma = k\iint\limits_{D} f(x,y)\,\mathrm{d}\sigma.$$

性质 2　代数和的积分等于积分的代数和，即

$$\iint\limits_{D} [f(x,y) \pm g(x,y)]\,\mathrm{d}\sigma = \iint\limits_{D} f(x,y)\,\mathrm{d}\sigma \pm \iint\limits_{D} g(x,y)\,\mathrm{d}\sigma.$$

性质 3　若 D 被连续曲线分为 D_1, D_2 两区域，则 D 上积分等于 D_1, D_2 上积分的和，即

$$\iint\limits_{D} f(x,y)\,\mathrm{d}\sigma = \iint\limits_{D_1} f(x,y)\,\mathrm{d}\sigma + \iint\limits_{D_2} f(x,y)\,\mathrm{d}\sigma.$$

性质 4　若在区域 D 上 $f(x,y) \equiv 1$，则 D 上的积分等于 D 的面积，即 $\sigma = \iint\limits_{D} \mathrm{d}\sigma$.

三、二重积分的计算

定理 1　若函数 $f(x,y)$ 在 x 型区域 $D(a \leqslant x \leqslant b, g(x) \leqslant y \leqslant h(x))$ 上连续，则函数 $f(x,y)$ 在 D 上二重积分可以化为先对 y 后对 x 的两次定积分，即

$$\iint\limits_{D} f(x,y)\,\mathrm{d}\sigma = \int_a^b \mathrm{d}x \int_{g(x)}^{h(x)} f(x,y)\,\mathrm{d}y.$$

证　设曲顶柱体的顶为函数 $z=f(x,y)(z \geqslant 0)$，底为 x 型区域：$a \leqslant x \leqslant b, g(x) \leqslant y \leqslant h(x)$.

取微元 $[x, x+\mathrm{d}x] \subset [a,b]$，作 yOz 坐标面的平行平面，得到曲顶柱体位于 x 与 $x+\mathrm{d}x$ 之间的薄片，如图 8-4 所示. x 处截面是以区间 $[g(x), h(x)]$ 为底、$z=f(x,y)$ 为曲边的曲边梯形，其面积可用定积分表示为

$$A(x) = \int_{g(x)}^{h(x)} f(x,y)\,\mathrm{d}y.$$

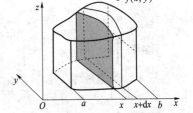

图 8-4　x 型区域上曲顶柱体

位于 x 与 $x+\mathrm{d}x$ 之间的薄片，视为以 x 处截面为底、$\mathrm{d}x$ 为高的柱体，体积微元 $\mathrm{d}V = A(x)\mathrm{d}x$，曲顶柱体的体积为

$$V = \int_a^b A(x)\,\mathrm{d}x = \int_a^b \left[\int_{g(x)}^{h(x)} f(x,y)\,\mathrm{d}y \right]\mathrm{d}x.$$

由二重积分的几何意义，$f(x,y)$ 在区域 D 上的二重积分等于曲顶柱体体积，故

$$\iint\limits_{D} f(x,y)\,\mathrm{d}x\mathrm{d}y = \int_a^b \left[\int_{g(x)}^{h(x)} f(x,y)\,\mathrm{d}y \right]\mathrm{d}x.$$

定理 1 表示，$f(x,y)$ 在 x 型区域 D 上的二重积分，可以先把 $f(x,y)$ 中的 x 视为常数，在区间 $[g(x), h(x)]$ 上对 y 积分. 积分的结果是 x 的函数，再在区间 $[a,b]$ 上对 x 积分. 这样依次进行

的两次定积分,称为二次积分或累次积分,并可省去括号简写为

$$\int_a^b \left[\int_{g(x)}^{h(x)} f(x,y)\,\mathrm{d}y \right] \mathrm{d}x = \int_a^b \mathrm{d}x \int_{g(x)}^{h(x)} f(x,y)\,\mathrm{d}y.$$

类似地,可以计算 y 型区域上的二重积分.

定理 2 若 $f(x,y)$ 在 y-型区域 $D(c \leqslant y \leqslant d, i(y) \leqslant x \leqslant j(y))$ 上连续,则 $f(x,y)$ 在 D 上二重积分可以化为先对 x 后对 y 的累次积分,即

$$\iint\limits_D f(x,y)\,\mathrm{d}\sigma = \int_c^d \mathrm{d}y \int_{i(y)}^{j(y)} f(x,y)\,\mathrm{d}x.$$

例 3 以 $A(1,0)$,$B(0,1)$,$C(0,-1)$ 为顶点的三角形薄片的面密度 $\rho(x,y) = x+y$,求其质量.

解 AB,AC 所在直线的方程分别为 $x+y=1$,$x-y=1$,平面薄片所占的区域 D 如图 8-5 所示,这是 x 型区域,即 $0 \leqslant x \leqslant 1$,$x-1 \leqslant y \leqslant 1-x$,故平面薄片的质量为

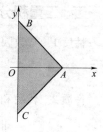

$$m = \iint\limits_D (x+y)\,\mathrm{d}x\mathrm{d}y = \int_0^1 \mathrm{d}x \int_{x-1}^{1-x} (x+y)\,\mathrm{d}y = \int_0^1 \left[xy + 0.5y^2 \right]_{x-1}^{1-x} \mathrm{d}x$$

$$= \int_0^1 (2x - 2x^2)\,\mathrm{d}x = \left[x^2 - \frac{2}{3}x^3 \right]_0^1 = \frac{1}{3}.$$

图 8-5 三角形平面薄片

例 4 求椭圆抛物面 $z = 1 - 4x^2 - y^2$ 与 xOy 坐标面围成立体的体积.

解 围成立体如图 8-6 所示,椭圆抛物面在 xOy 面截痕为 $\begin{cases} 4x^2 + y^2 = 1, \\ z = 0. \end{cases}$

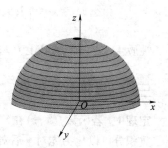

由对称性,只需计算一象限区域 D 上的二重积分,D 可视为 x 型区域,即

$$0 \leqslant x \leqslant 1/2, \quad 0 \leqslant y \leqslant \sqrt{1-4x^2},$$

图 8-6 立体的体积

故围成立体的体积为

$$V = 4\iint\limits_D (1-4x^2-y^2)\,\mathrm{d}x\mathrm{d}y = 4\int_0^{1/2} \mathrm{d}x \int_0^{\sqrt{1-4x^2}} (1-4x^2-y^2)\,\mathrm{d}y$$

$$= 4\int_0^{1/2} \left[y - 4x^2 y - \frac{1}{3}y^3 \right]_0^{\sqrt{1-4x^2}} \mathrm{d}x = \frac{8}{3}\int_0^{1/2} (1-4x^2)^{3/2}\,\mathrm{d}x \xrightarrow{x=\frac{1}{2}\sin t} \frac{4}{3}\int_0^{\frac{\pi}{4}} \cos^4 t\,\mathrm{d}t$$

$$= \frac{4}{3}\int_0^{\pi/2} \left(\frac{3}{8} + \frac{\cos 2t}{2} + \frac{\cos 4t}{8} \right) \mathrm{d}t = \frac{4}{3}\left[\frac{3}{8}t + \frac{\sin 2t}{4} + \frac{\sin 4t}{32} \right]_0^{\pi/2} = \frac{\pi}{4}.$$

例 5 计算 $\iint\limits_D \dfrac{\sin y}{y}\mathrm{d}x\mathrm{d}y$,$D$ 是 $x=y$ 与 $x=y^2$ 围成的区域.

解 区域 D 如图 8-7 所示,既是 x 型又是 y 型区域.

若按 x 型区域 $0 \leqslant x \leqslant 1$,$x \leqslant y \leqslant \sqrt{x}$,则可化为二次积分,即

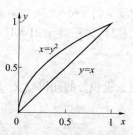

$$\iint\limits_D \frac{\sin y}{y}\mathrm{d}x\mathrm{d}y = \int_0^1 \mathrm{d}x \int_x^{\sqrt{x}} \frac{\sin y}{y}\mathrm{d}y,$$

在初等函数范围内不可积.

若按 y 型区域 $0 \leqslant y \leqslant 1$,$y^2 \leqslant x \leqslant y$ 计算,则可计算得到

图 8-7 选择区域类型

$$\iint\limits_{D}\frac{\sin y}{y}\mathrm{d}x\mathrm{d}y = \int_0^1\mathrm{d}y\int_{y^2}^{y}\frac{\sin y}{y}\mathrm{d}x = \int_0^1\left[\frac{\sin y}{y}x\right]_{y^2}^{y}\mathrm{d}y = \int_0^1(\sin y - y\sin y)\mathrm{d}y$$

$$= \left[-\cos y\right]_0^1 + \int_0^1 y\mathrm{d}y(\cos y) = 1 - \cos 1 + \left[y\cos y - \sin y\right]_0^1 = 1 - \sin 1.$$

四、累次积分调换次序

区域 $D:a\le x\le b,c\le y\le d$，称为矩形区域，它既是 x 型又是 y 型区域，计算得到

$$\iint\limits_{D}f(x,y)\mathrm{d}x\mathrm{d}y = \int_a^b\mathrm{d}x\int_c^d f(x,y)\mathrm{d}y = \int_c^d\mathrm{d}y\int_a^b f(x,y)\mathrm{d}x.$$

这说明，在 D 为矩形区域时，累次积分可以任意交换顺序．

若 D 为矩形区域，且 $f(x,y)=g(x)h(y)$，则先对 y 积分时，$g(x)$ 视为常量提出积分号，再对 x 积分时，$h(y)$ 对 y 的积分视为常量提出积分号，从而有

$$\iint\limits_{D}g(x)h(y)\mathrm{d}x\mathrm{d}y = \int_c^d\left[g(x)\int_a^b h(y)\mathrm{d}y\right]\mathrm{d}x = \int_c^d h(y)\mathrm{d}y\int_a^b g(x)\mathrm{d}x.$$

这说明，$g(x),h(y)$ 在矩形区域上的二重积分可以化为两个定积分的乘积．

在 D 为任意区域时，需要把 D 分为若干个 x 型或 y 型区域，根据积分区域的可加性，把 D 上的二重积分分别化为各小区域上二重积分的和．

在需要把累次积分的一种顺序变为另一种顺序时，先利用积分区域的可加性，把第一种类型的各部分区域合到一起，画出整个积分区域 D 的图形，然后按另一种类型划分区域，利用积分区域的可加性写为各部分上的二重积分之和．

例6 计算 $\iint\limits_{D}\dfrac{xy^2}{3}\mathrm{d}\sigma$，$D$ 为矩形区域 $0\le x\le 1,0\le y\le 2$．

解 矩形区域上的二重积分可以化为两个定积分的乘积，得到

$$\iint\limits_{D}\frac{xy^2}{3}\mathrm{d}\sigma = \frac{1}{3}\int_0^1 x\mathrm{d}x\int_0^2 y^2\mathrm{d}y = \frac{1}{3}\left[\frac{1}{2}x^2\right]_0^1\left[\frac{1}{3}y^3\right]_0^2 = \frac{4}{9}.$$

例7 改变下面累次积分的顺序．

$$\int_0^{\sqrt{3}}\mathrm{d}y\int_0^1 f(x,y)\mathrm{d}x + \int_{\sqrt{3}}^2\mathrm{d}y\int_0^{\sqrt{4-y^2}}f(x,y)\mathrm{d}x.$$

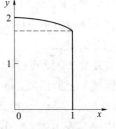

解 D 由两个 y 型区域构成，即

$$D_1:0\le y\le\sqrt{3},0\le x\le 1,\quad D_2:\sqrt{3}\le y\le 2,0\le x\le\sqrt{4-y^2}.$$

由图 8-8 可知，D 为 x 型区域，即 $0\le x\le 1,0\le y\le\sqrt{4-x^2}$，

$$\int_0^{\sqrt{3}}\mathrm{d}y\int_0^1 f(x,y)\mathrm{d}x + \int_{\sqrt{3}}^2\mathrm{d}y\int_0^{\sqrt{4-y^2}}f(x,y)\mathrm{d}x = \int_0^1\mathrm{d}x\int_0^{\sqrt{4-x^2}}f(x,y)\mathrm{d}y.$$

图 8-8 改变累次积分顺序

练习题 8-1

1. 化下列二重积分 $\iint\limits_{D}f(x,y)\mathrm{d}x\mathrm{d}y$ 为累次积分

（1）D 为 $x=a,x=2a,y=-b,y=b/2(a,b>0)$ 围成的区域；

（2）D 为 $y=2x,y=x^2$ 围成的区域；

（3）D 为 $y=x,y=2x,x=1,x=2$ 围成的区域；

（4）D 为正方形域 $|x|+|y| \leqslant 1$.

2. 计算下列二重积分

（1）$\iint\limits_{D} x^2 \sin y \, dx dy$，$D$ 是矩形区域：$1 \leqslant x \leqslant 2, 0 \leqslant y \leqslant \dfrac{\pi}{2}$；

（2）$\iint\limits_{D} (x^2 + 2y) \, dx dy$，$D$ 是 $y = x^2$ 与 $y = x^3$ 围成的区域；

（3）$\iint\limits_{D} (x^2 + y^2) \, dx dy$，$D$ 是 $y = x, y = x + a, y = a$ 与 $y = 3a(a>0)$ 围成的区域；

（4）$\iint\limits_{D} \dfrac{x^2}{y^2} \, dx dy$，$D$ 是 $y = x, x = 2$ 与 $xy = 1$ 围成的区域；

（5）$\iint\limits_{D} (x^2 - y^2) \, dx dy$，$D$ 是 $x = 0, y = 0, x = \pi$ 与 $y = \sin x$ 围成的区域；

（6）$\iint\limits_{D} \cos(x + y) \, dx dy$，$D$ 是 $x = 0, y = \pi$ 与 $y = x$ 围成的区域.

3. 改变下列累次积分的顺序

（1）$\displaystyle\int_0^1 dx \int_{x^2}^{\sqrt{x}} f(x,y) \, dy$；

（2）$\displaystyle\int_0^1 dy \int_{-\sqrt{1-y^2}}^{\sqrt{1-y^2}} f(x,y) \, dx$；

（3）$\displaystyle\int_{-1}^1 dx \int_{-\sqrt{1-x^2}}^{1-x^2} f(x,y) \, dy$；

（4）$\displaystyle\int_0^4 dy \int_{-\sqrt{4-y}}^{(y-4)/2} f(x,y) \, dx$；

（5）$\displaystyle\int_0^\pi dx \int_{-\sin(x/2)}^{\sin x} f(x,y) \, dy$；

（6）$\displaystyle\int_0^1 dx \int_0^x f(x,y) \, dy + \int_1^2 dx \int_0^{2-x} f(x,y) \, dy$.

第二节　三重积分

一、三重积分的概念

背景：求非均匀密度的曲顶柱体的质量时，通过"分割、近似、求和、取极限"的步骤，利用求柱体的质量方法来得到结果．一类大量的"非均匀"问题都采用类似的方法，从而归结出下面一类积分的定义．

定义 1　设 $f(x,y,z)$ 是定义在三维空间可求体积的有界闭区域 V 上的函数，将 V 任意分成 n 个小闭区域

$$\Delta v_1, \Delta v_2, \cdots, \Delta v_n,$$

其中，Δv_i 表示第 i 个小闭区域，也表示它的体积．在每个 Δv_i 上任取一点 (ξ_i, η_i, ζ_i)，作乘积 $f(\xi_i, \eta_i, \zeta_i) \Delta v_i (i = 1, 2, \cdots, n)$，

并作和 $\displaystyle\sum_{i=1}^n f(\xi_i, \eta_i, \zeta_i) \Delta v_i$. 如果当各小闭区域直径中的最大值 λ 趋于零时这个和的极限总存在，则称此极限为函数 $f(x, y, z)$ 在闭区域 V 上的多个重积分（图 8-9），记作

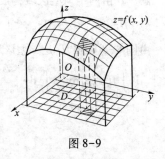

图 8-9

$$\iiint\limits_{V} f(x,y,z) \, dv = \lim_{\lambda \to 0} \sum_{i=1}^n f(\xi_i, \eta_i, \zeta_i) \Delta v_i,$$

其中 $f(x,y,z)$ 称为三重积分的被积函数，x, y, z 称为积分变量，V 称为积分区域．

注意：可积函数类①有界闭区域 V 上的连续函数必可积；②有界闭区域 V 上的有界函数 f

(x,y,z) 的间断点集中在有限多个零体积的曲面上,则 $f(x,y,z)$ 必在 V 上可积.

二、三重积分的计算

(一) 长方体区域上的三重积分

定理 1 若函数 $f(x,y,z)$ 在长方体 $V=[a,b]\times[c,d]\times[e,f]$ 上的三重积分存在,且对任何 $x\in[a,b]$,二重积分 $I(x)=\iint\limits_{D}f(x,y,z)\mathrm{d}y\mathrm{d}z$ 存在,其中 $D=[c,d]\times[e,f]$,则积分 $\int_a^b\mathrm{d}x\iint\limits_{D}f(x,y,z)\mathrm{d}y\mathrm{d}z$ 也存在,且 $\iiint\limits_{V}f(x,y,z)\mathrm{d}x\mathrm{d}y\mathrm{d}z=\int_a^b\mathrm{d}x\iint\limits_{D}f(x,y,z)\mathrm{d}y\mathrm{d}z.$ (1)

式(1)右端中的二重积分 $\iint\limits_{D}f(x,y,z)\mathrm{d}y\mathrm{d}z$ 可化为累次积分计算,于是我们就能把式(1)左边的三重积分化为三次积分来计算. 如化为先对 z,然后对 y,最后对 x 来求积分,则为

$$\iiint\limits_{V}f(x,y,z)\mathrm{d}x\mathrm{d}y\mathrm{d}z=\int_a^b\mathrm{d}x\int_c^d\mathrm{d}y\int_e^f f(x,y,z)\mathrm{d}z.$$

为了方便有时也可采用其他的计算顺序.

(二) 简单区域 V 上的三重积分

若简单区域 V 由集合

$$V=\{(x,y,z)\mid z_1(x,y)\leqslant z\leqslant z_2(x,y),y_1(x)\leqslant y\leqslant y_2(x),a\leqslant x\leqslant b\}$$

所确定,V 在 xOy 平面上的投影区域为

$$D=\{(x,y)\mid y_1(x)\leqslant y\leqslant y_2(x),a\leqslant x\leqslant b\},$$

是一个 x 型区域,设 $f(x,y,z)$ 在 V 上连续,$z_1(x,y),z_2(x,y)$ 在 D 上连续,$y_1(x),y_2(x)$ 上 $[a,b]$ 连续,则

$$\iiint\limits_{V}f(x,y,z)\mathrm{d}x\mathrm{d}y\mathrm{d}z=\iint\limits_{D}\mathrm{d}x\mathrm{d}y\int_{z_1(x,y)}^{z_2(x,y)}f(x,y,z)\mathrm{d}z=\int_a^b\mathrm{d}x\int_{y_1(x)}^{y_2(x)}\mathrm{d}y\int_{z_1(x,y)}^{z_2(x,y)}f(x,y,z)\mathrm{d}z.$$

其他简单区域类似.

(三) 一般区域 V 上的三重积分

一般区域 V 上的三重积分,常将区域分解为有限个简单区域上的积分的和来计算.

例 1 计算 $\iiint\limits_{V}\dfrac{1}{x^2+y^2}\mathrm{d}x\mathrm{d}y\mathrm{d}z$,其中 V 为由平面 $x=1,x=2,z=0,y=x$ 与 $z=y$ 所围的区域.

解 $\displaystyle\iiint\limits_{V}\frac{1}{x^2+y^2}\mathrm{d}x\mathrm{d}y\mathrm{d}z=\int_1^2\mathrm{d}x\int_0^x\mathrm{d}y\int_0^y\frac{1}{x^2+y^2}\mathrm{d}z=\int_1^2\mathrm{d}x\int_0^x\frac{y}{x^2+y^2}\mathrm{d}y$

$$=\int_1^2\frac{1}{2}\ln2\mathrm{d}x=\frac{1}{2}\ln2.$$

例 2 求 $\displaystyle\iiint\limits_{V}\left(\frac{x^2}{a^2}+\frac{y^2}{b^2}+\frac{z^2}{c^2}\right)\mathrm{d}x\mathrm{d}y\mathrm{d}z$,其中 V 为 $\dfrac{x^2}{a^2}+\dfrac{y^2}{b^2}+\dfrac{z^2}{c^2}\leqslant1$.

解 $\displaystyle I=\iiint\limits_{V}\frac{x^2}{a^2}\mathrm{d}x\mathrm{d}y\mathrm{d}z+\iiint\limits_{V}\frac{y^2}{b^2}\mathrm{d}x\mathrm{d}y\mathrm{d}z+\iiint\limits_{V}\frac{z^2}{c^2}\mathrm{d}x\mathrm{d}y\mathrm{d}z.$

而 $\displaystyle\iiint\limits_{V}\frac{x^2}{a^2}\mathrm{d}x\mathrm{d}y\mathrm{d}z=\int_{-a}^a\frac{x^2}{a^2}\mathrm{d}x\iint\limits_{R_x}\mathrm{d}y\mathrm{d}z$,而 R_x 为区域 $\dfrac{y^2}{b^2}+\dfrac{z^2}{c^2}\leqslant1-\dfrac{x^2}{a^2}$,即 $\dfrac{y^2}{b^2\left(1-\dfrac{x^2}{a^2}\right)}+\dfrac{z^2}{c^2\left(1-\dfrac{x^2}{a^2}\right)}\leqslant1,$

其面积为 $\pi bc\left(1-\dfrac{x^2}{a^2}\right)$,故

$$\iiint_V \frac{x^2}{a^2}\mathrm{d}x\mathrm{d}y\mathrm{d}z = \int_{-a}^{a} \frac{x^2}{a^2}\pi bc\left(1-\frac{x^2}{a^2}\right)\mathrm{d}x = \frac{4}{15}\pi abc.$$

同样可得 $\displaystyle\iiint_V \frac{y^2}{b^2}\mathrm{d}x\mathrm{d}y\mathrm{d}z = \iiint_V \frac{z^2}{c^2}\mathrm{d}x\mathrm{d}y\mathrm{d}z = \frac{4}{15}\pi abc$,所以 $I = 3\times\dfrac{4}{15}\pi abc = \dfrac{4}{5}\pi abc$.

练习题 8-2

计算下列三重积分

(1) $\displaystyle\iiint_V xy\mathrm{d}x\mathrm{d}y\mathrm{d}z$, $V = [1,2]\times[-2,1]\times\left[0,\dfrac{1}{2}\right]$;

(2) $\displaystyle\iiint_V y\cos(z+x)\mathrm{d}x\mathrm{d}y\mathrm{d}z$, V 由抛物柱面 $y=\sqrt{x}$ 及平面 $y=0,z=0,x+z=\dfrac{\pi}{2}$ 围成;

(3) $\displaystyle\iiint_V xyz\mathrm{d}x\mathrm{d}y\mathrm{d}z$, V 由曲面 $x^2+y^2+z^2=1,x=0,y=0,z=0$ 围成;

(4) $\displaystyle\iiint_V z^2\mathrm{d}x\mathrm{d}y\mathrm{d}z$, V 由曲面 $x^2+y^2=2z$ 及平面 $z=2$ 围成.

第三节　二重积分的应用

一、二重积分的几何应用

积分区域是圆、扇形、环形域,或被积函数形如 $f(x^2+y^2)$ 时,常用极坐标简化二重积分的计算. 在极坐标系中,若积分区域 D 如图 8-10 所示,可表示为

$$\alpha \leqslant \theta \leqslant \beta, \quad r_1(\theta)\leqslant r\leqslant r_2(\theta).$$

则称此区域为 θ 型区域.

定理 1　若函数 $f(x,y)$ 在闭区域 D 上连续, D 为 θ 区域型 $\alpha\leqslant\theta\leqslant\beta,r_1(\theta)\leqslant r\leqslant r_2(\theta)$,则 $f(x,y)$ 在 D 上的二重积分可以化为先对 r 后对 θ 的累次积分,即

$$\iint_D f(x,y)\mathrm{d}\sigma = \int_\alpha^\beta \mathrm{d}\theta \int_{r_1(\theta)}^{r_2(\theta)} f(r\cos\theta,r\sin\theta)r\mathrm{d}r.$$

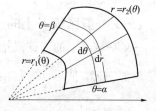

图 8-10　θ 型区域

证　$f(x,y)$ 在闭区域 D 上连续,则 $f(x,y)$ 在 D 上二重积分存在,直角坐标系下的二重积分化极坐标系下的二重积分,不仅需要用 $x=r\cos\theta,y=r\sin\theta$ 对被积函数 $f(x,y)$ 进行转换,而且需要对面积元素 $\mathrm{d}\sigma$ 、积分区域 D 进行转换.

极角取微元 $[\theta,\theta+\mathrm{d}\theta]\subset[\alpha,\beta]$,极径取微元 $[r,r+\mathrm{d}r]\subset[r_1(\theta),r_2(\theta)]$,微元面积视为扇形面积之差,即

$$\Delta\sigma = \frac{\mathrm{d}\theta}{2\pi}[\pi(r+\mathrm{d}r)^2 - \pi r^2] = r\mathrm{d}r\mathrm{d}\theta + \frac{1}{2}(\mathrm{d}r)^2\mathrm{d}\theta.$$

抛弃第二项,得到面积元素 $\mathrm{d}\sigma = r\mathrm{d}r\mathrm{d}\theta$,从而有

$$\iint\limits_D f(x,y)\,\mathrm{d}\sigma = \int_\alpha^\beta \mathrm{d}\theta \int_{r_1(\theta)}^{r_2(\theta)} f(r\cos\theta, r\sin\theta)\,r\mathrm{d}r.$$

若积分区域 D 可表示为 $\theta_1(r)\leqslant\theta\leqslant\theta_2(r)$，$a\leqslant r\leqslant b$，则称此区域为 r 型区域，二重积分可以化为先对 θ 后对 r 的累次积分，即

$$\iint\limits_D f(x,y)\,\mathrm{d}\sigma = \int_a^b \mathrm{d}r \int_{\theta_1(r)}^{\theta_2(r)} f(r\cos\theta, r\sin\theta)\,\mathrm{d}\theta.$$

若积分区域 D 可表示为 $\alpha\leqslant\theta\leqslant\beta$，$a\leqslant r\leqslant b$，则称此区域为极坐标系的矩型区域．矩型区域 D 上的二重积分，可以任意交换累次积分的顺序．$g(\theta)h(r)$ 在矩型区域 D 上的二重积分，可以化为两个定积分的乘积．

例 1　计算 $\iint\limits_D x^2\mathrm{d}x\mathrm{d}y$，区域 D 为 $x\geqslant 0$，$y\geqslant 0$，$1\leqslant x^2+y^2\leqslant 4$．

解　把 $x=r\cos\theta$，$y=r\sin\theta$ 坐标变换式代入边界方程 $1\leqslant x^2+y^2\leqslant 4$，可知区域 D 为如图 8-11 所示的极坐标系矩型区域，即 $0\leqslant\theta\leqslant\pi/2$，$1\leqslant r\leqslant 2$．

$$\iint\limits_D x^2\mathrm{d}x\mathrm{d}y = \int_0^{\pi/2}\cos^2\theta\mathrm{d}\theta\int_1^2 r^3\mathrm{d}r = \int_0^{\pi/2}\frac{1+\cos 2\theta}{2}\mathrm{d}\theta\left[\frac{r^4}{4}\right]_1^2$$

$$= \left[\frac{1}{2}\theta+\frac{1}{4}\sin 2\theta\right]_0^{\pi/2}\cdot\frac{15}{4}=\frac{15\pi}{16}.$$

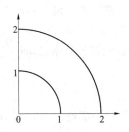

图 8-11　极坐标矩型区域

例 2　利用二重积分计算曲线 $(x^2+y^2)^2=2a^2(x^2-y^2)$ 围成的面积．

解　把坐标变换式 $x=r\cos\theta$，$y=r\sin\theta$ 代入区域 D 的边界方程 $(x^2+y^2)^2=2a^2(x^2-y^2)$，化为 $r^2=2a^2\cos 2\theta$．

由 $\cos 2\theta>0$，有 $-\dfrac{\pi}{4}<\theta<\dfrac{\pi}{4}$．由于原方程 x,y 以平方项出现，曲线关于 x,y 轴对称，曲线是如图 8-12 所示的双纽线．只需考虑曲线在一象限部分围成区域 D，即

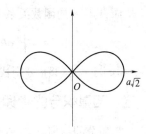

图 8-12　双纽线

$$0<\theta<\frac{\pi}{4}, \quad 0<r<a\sqrt{2\cos 2\theta}.$$

曲线围成的面积为

$$A = 4\iint\limits_D \mathrm{d}x\mathrm{d}y = 4\int_0^{\pi/4}\mathrm{d}\theta\int_0^{a\sqrt{2\cos 2\theta}} r\mathrm{d}r = 2\int_0^{\pi/4}\left[r^2\right]_0^{a\sqrt{2\cos 2\theta}}\mathrm{d}\theta$$

$$= 4a^2\int_0^{\pi/4}\cos 2\theta\mathrm{d}\theta = 2a^2\left[\sin 2\theta\right]_0^{\pi/4} = 2a^2.$$

二重积分的几何意义，是顶为 $z=f(x,y)$ 的曲顶柱体的体积．

例 3　计算圆柱面 $x^2+y^2=Rx$ 被球体 $x^2+y^2+z^2\leqslant R^2$ 围住部分的体积．

解　由对称性，只需考虑如图 8-13 所示的一卦限部分，这是以球面 $z=\sqrt{R^2-x^2-y^2}$ 为顶、柱面为侧面、半圆区域 D 为底的立体．

把坐标变换式 $x=r\cos\theta$，$y=r\sin\theta$ 代入区域 D 的边界方程 $x^2+y^2=Rx$，化为 $r=R\cos\theta$，由此可知 D 为 θ 型区域，即 $0\leqslant\theta\leqslant\dfrac{\pi}{2}$，$0\leqslant$

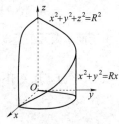

图 8-13　圆柱面被球面围住

$r \leqslant R\cos\theta$.

从而,围成立体的体积为

$$V = 4\iint_D \sqrt{R^2 - x^2 - y^2}\,\mathrm{d}x\mathrm{d}y = 4\int_0^{\pi/2}\mathrm{d}\theta\int_0^{R\cos\theta} r\sqrt{R^2 - r^2}\,\mathrm{d}r$$

$$= -\frac{4}{3}\int_0^{\pi/2}\left[(R^2 - r^2)^{3/2}\right]_0^{R\cos\theta}\mathrm{d}\theta = \frac{4R^3}{3}\int_0^{\pi/2}(1 - \sin^3\theta)\,\mathrm{d}\theta$$

$$= \frac{4R^3}{3}\left[\theta - \cos\theta + \frac{1}{3}\cos^3\theta\right]_0^{\pi/2} = \frac{4R^3}{3}\left(\frac{\pi}{2} - \frac{2}{3}\right).$$

例 4 在一个形如旋转抛物面 $z = x^2 + y^2$ 容器内,盛有 $8\pi(\mathrm{cm}^3)$ 溶液,再倒进 $128\pi(\mathrm{cm}^3)$ 溶液时,液面会升高多少?

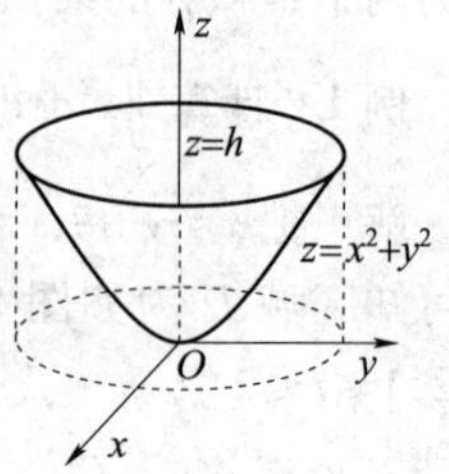

解 首先确定容器内溶液体积 V 与液面高度 h 的函数关系,由图 8-14 可知,溶液体积 V 为圆柱与曲顶柱体体积之差,由对称性,考虑一卦限部分的体积,即

$$V = 4\iint_D (h - x^2 - y^2)\,\mathrm{d}\sigma.$$

图 8-14 溶液体积

D 为圆域 $x^2 + y^2 \leqslant h$ 在一象限部分,化为极坐标,得到 $0 \leqslant \theta \leqslant \dfrac{\pi}{2}$,

$0 \leqslant r \leqslant \sqrt{h}$.

从而,V 与 h 的函数关系

$$V = 4\int_0^{\frac{\pi}{2}}\mathrm{d}\theta\int_0^{\sqrt{h}}(h - r^2)\,r\mathrm{d}r = 2\pi\left[\frac{1}{2}hr^2 - \frac{1}{4}r^4\right]_0^{\sqrt{h}} = \frac{1}{2}\pi h^2.$$

把 $V_1 = 8\pi$ 与 $V_2 = 128\pi$ 分别代入,得到 $h_1 = 4$ 与 $h_2 = 16$,故液面升高为 $h_2 - h_1 = 12(\mathrm{cm})$.

二、二重积分的物理应用

二重积分的物理意义,是面密度为 ρ 的平面薄片的质量. 使用微元法,还可以计算面密度为 ρ 的平面薄片的转动力矩、转动惯量、重心等.

取面积微元 $\mathrm{d}x\mathrm{d}y \subset D$,面积微元关于 x 轴转动力矩的大小为

$$\mathrm{d}M_x = y \cdot \rho\mathrm{d}x\mathrm{d}y.$$

从而,平面薄片关于 x 轴转动力矩的大小为

$$M_x = \iint_D \rho y\mathrm{d}x\mathrm{d}y.$$

同理,平面薄片关于 y 轴、原点 O 转动力矩的大小分别为

$$M_y = \iint_D \rho x\mathrm{d}x\mathrm{d}y, \quad M_0 = \iint_D \rho\sqrt{x^2 + y^2}\,\mathrm{d}x\mathrm{d}y.$$

由于面积微元关于 x 轴的转动惯量为

$$\mathrm{d}I_x = y^2 \cdot \rho\mathrm{d}x\mathrm{d}y.$$

从而,平面薄片关于 x 轴的转动惯量为

$$I_x = \iint_D \rho y^2\mathrm{d}x\mathrm{d}y.$$

同理,平面薄片关于 y 轴、原点 O 的转动惯量分别为

$$I_y = \iint_D \rho x^2\mathrm{d}x\mathrm{d}y, \quad I_O = \iint_D \rho(x^2 + y^2)\mathrm{d}x\mathrm{d}y.$$

设平面薄片的重心坐标为$(\bar{x},\bar{y})$,视平面薄片的质量集中在重心,平面薄片关于 x 轴转动力矩的大小由重心表示为

$$M_x = \bar{y}\iint_D \rho \mathrm{d}x\mathrm{d}y.$$

从而,得到重心纵坐标的计算公式为

$$\bar{y} = \iint_D \rho y\mathrm{d}x\mathrm{d}y \bigg/ \iint_D \rho \mathrm{d}x\mathrm{d}y.$$

同理,重心横坐标的计算公式为 $\bar{x} = \iint_D \rho x\mathrm{d}x\mathrm{d}y \bigg/ \iint_D \rho \mathrm{d}x\mathrm{d}y.$

例5 一匀质上半椭圆平面薄片,长、短半轴分别为 a,b,求其重心.

解 设椭圆薄片面密度为 ρ,长、短半轴分别位于 x,y 轴,如图 8-15 所示,积分区域 D 为 x 型区域,即 $a\leqslant x\leqslant b, 0\leqslant y\leqslant b\sqrt{1-x^2}/a$.

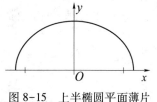

图 8-15 上半椭圆平面薄片

由对称性,重心横坐标应为 0,纵坐标为

$$\bar{y} = \frac{\iint_D \rho y\mathrm{d}x\mathrm{d}y}{\iint_D \rho \mathrm{d}x\mathrm{d}y} = \frac{\int_{-a}^{a}\mathrm{d}x\int_0^{b\sqrt{a^2-x^2}/a} y\mathrm{d}y}{\pi ab/2}$$

$$= \frac{\int_{-a}^{a}\dfrac{b^2}{2a^2}(a^2-x^2)\mathrm{d}x}{\pi ab/2} = \frac{2b}{\pi a^3}\left[a^2 x - \frac{1}{3}x^3\right]_0^a = \frac{4b}{3\pi}.$$

练习题 8-3

1. 利用极坐标计算下列二重积分

(1) $\iint_D \sqrt{x^2+y^2}\,\mathrm{d}x\mathrm{d}y$, $D: x^2+y^2\leqslant 9$;

(2) $\iint_D \ln(1+x^2+y^2)\mathrm{d}x\mathrm{d}y$, $D: x^2+y^2\leqslant 1, y\geqslant 0, x\geqslant 0$;

(3) $\iint_D |xy|\,\mathrm{d}x\mathrm{d}y$, $D: x^2+y^2\leqslant a^2$;

(4) $\iint_D \mathrm{e}^{x^2+y^2}\mathrm{d}x\mathrm{d}y$, $D: x^2+y^2\leqslant 1$;

(5) $\iint_D \sqrt{1-x^2-y^2}\,\mathrm{d}x\mathrm{d}y$, $D: x^2+y^2\leqslant x$;

(6) $\iint_D \sin\sqrt{x^2+y^2}\,\mathrm{d}x\mathrm{d}y$, $D: \pi^2\leqslant x^2+y^2\leqslant 4\pi^2$.

2. 利用二重积分计算下列曲线围成的平面图形的面积

(1) $y^2=x, y^2=4x, x=4$;

(2) $xy=a^2, xy=2a^2, y=x, y=2x, x>0, y>0$;

（3）$y = \sin x, y = \cos x, -\dfrac{3\pi}{4} \leqslant x \leqslant \dfrac{\pi}{4}$；

（4）$r \leqslant 3\cos\theta, r \geqslant \dfrac{3}{2}$.

3. 利用二重积分计算下列曲面围成的立体的体积

（1）平面 $z = 5$ 与抛物面 $z = 1 + x^2 + y^2$；

（2）圆柱面 $x^2 + y^2 = R^2$ 与圆柱面 $x^2 + z^2 = R^2$；

（3）锥面 $z = \sqrt{x^2 + y^2}$ 与上半球面 $z = \sqrt{2a^2 - x^2 - y^2}$；

（4）柱面 $az = y^2, x^2 + y^2 = r^2$ 与平面 $z = 0$.

4. 求位于两圆 $x^2 + (y-2)^2 \leqslant 4$ 与 $x^2 + (y-1)^2 \leqslant 1$ 之间的均匀薄片的重心.

第四节　曲线积分

一、对弧长的曲线积分

（一）对弧长的曲线积分的定义

求一个不均匀物体的质量，如果物体为一根直线段，也就是质量分布在一根直线段 AB 上，由定积分的概念可知，只要计算一个定积分就行了，那如果质量分布在一条可求长的曲线上呢？现在要计算这物体的质量.

曲线型物体的质量　假定物体所处的位置在 xOy 平面内的一段曲线弧 L 上，它的线密度为 $f(x,y)$，由于物体上各点处的线密度为变量，我们利用下面四个步骤，求物体质量.

（1）分割　在 L 上任意插入一点列 $M_1, M_2, \cdots, M_{n-1}$ 把 L 分成 n 个小段，设第 i 个小段的长度为 Δs_i.

（2）近似　在第 i 个小段上任意取定的一点 (ξ_i, η_i) $(i = 1, 2, \cdots, n)$，作乘积 $f(\xi_i, \eta_i)\Delta s_i$. 在线密度连续的前提下，只要这一小段很短，就可以用这一小段上任一点处的密度代替这小段上的线密度，这一段的质量 $m_i \approx f(\xi_i, \eta_i)\Delta s_i$.

（3）求和　求和 $\sum\limits_{i=1}^{n} f(\xi_i, \eta_i)\Delta s_i$. 当分点越多，$\Delta s_i$ 越小，和越接近物体的质量

$$m = \sum_{i=1}^{n} m_i \approx \sum_{i=1}^{n} f(\xi_i, \eta_i)\Delta s_i.$$

（4）取极限　记 $\lambda = \max\limits_{1 \leqslant i \leqslant n}\{\Delta s_i\}$，当 $\lambda \to 0$ 时，这和的极限总存在，从而得到

$$m = \lim_{\lambda \to 0} \sum_{i=1}^{n} f(\xi_i, \eta_i)\Delta s_i.$$

这种和的极限在研究其他问题时也会遇到，现在给出下面定义.

定义 1　设 L 为 xOy 平面内的一条光滑曲线弧，函数 $f(x,y)$ 在 L 上有界. 在 L 上任意插入一点列 $M_1, M_2, \cdots, M_{n-1}$ 把 L 分成 n 个小段. 设第 i 个小段的长度为 Δs_i. 又 (ξ_i, η_i) 为第 i 个小段上任意取定的一点，作乘积 $f(\xi_i, \eta_i)\Delta s_i (i = 1, 2, \cdots, n)$，并作和 $\sum\limits_{i=1}^{n} f(\xi_i, \eta_i)\Delta s_i$，如果当各小弧段的长度的最大值 $\lambda \to 0$ 时，这和的极限总存在，则称此极限为函数 $f(x,y)$ 在曲线弧 L 上对弧长的曲线积分或第一类曲线积分，记作 $\displaystyle\int_L f(x,y)\mathrm{d}s$，即

$$\int_L f(x,y)\,\mathrm{d}s = \lim_{\lambda \to 0} \sum_{i=1}^{n} f(\xi_i, \eta_i)\,\Delta s_i.$$

其中 $f(x,y)$ 叫作被积函数，L 叫作积分弧段，$\mathrm{d}s$ 为弧长的微分.

注意：①当 $f(x,y)$ 在光滑曲线弧 L 上连续时，对弧长的曲线积分 $\int_L f(x,y)\,\mathrm{d}s$ 是存在的. 以后我们总假定 $f(x,y)$ 在 L 上连续；②如果 L 是分段光滑的，我们规定函数在 L 上的曲线积分等于在光滑的各段上的曲线积分之和；③如果 L 是闭曲线，那么 $f(x,y)$ 在闭曲线 L 上对弧长的曲线积分记为 $\oint_L f(x,y)\,\mathrm{d}s$.

由对弧长的曲线积分的定义可知，它有以下性质.

性质 1 设 α,β 为常数，则

$$\int_L [\alpha f(x,y) + \beta g(x,y)]\,\mathrm{d}s = \alpha \int_L f(x,y)\,\mathrm{d}s + \beta \int_L g(x,y)\,\mathrm{d}s.$$

性质 2 若 L 可分成两段光滑曲线弧 L_1 和 L_2，则

$$\int_L f(x,y)\,\mathrm{d}s = \int_{L_1} f(x,y)\,\mathrm{d}s + \int_{L_2} f(x,y)\,\mathrm{d}s.$$

性质 3 设在 L 上 $f(x,y) \leqslant g(x,y)$，则

$$\int_L f(x,y)\,\mathrm{d}s \leqslant \int_L g(x,y)\,\mathrm{d}s.$$

特别地，有

$$\left| \int_L f(x,y)\,\mathrm{d}s \right| \leqslant \int_L |f(x,y)|\,\mathrm{d}s.$$

(二)对弧长的曲线积分的计算

定理 1 设 $f(x,y)$ 在曲线弧 L 上有定义且连续，L 的参数方程为

$$\begin{cases} x = \varphi(t) \\ y = \psi(t) \end{cases} \quad (\alpha \leqslant t \leqslant \beta),$$

其中 $\varphi(t),\psi(t)$ 在上具有一阶连续导数，且 $\varphi'^2(t) + \psi'^2(t) \neq 0$，则曲线积分 $\int_L f(x,y)\,\mathrm{d}s$ 存在，且

$$\int_L f(x,y)\,\mathrm{d}s = \int_\alpha^\beta f[\varphi(t),\psi(t)]\sqrt{[\varphi'(t)]^2 + [\psi'(t)]^2}\,\mathrm{d}t \quad (\alpha < \beta).$$

在使用上述定理求弧长的曲线积分时，需注意以下问题：

(1) 计算弧长的曲线积分 $\int_L f(x,y)\,\mathrm{d}s$ 时，只要把 $x,y,\mathrm{d}s$ 依次换为 $\varphi(t),\psi(t)$，$\sqrt{[\varphi'(t)]^2 + [\psi'(t)]^2}\,\mathrm{d}t$，然后从 α 到 β 积分就行了，但必须注意，定积分的下限 α 一定要小于上限 β.

(2) 如果曲线 L 由方程 $y = \psi(x)$ $(x_0 \leqslant x \leqslant X)$ 给出，那么可以把这种情形看作是特殊的参数方程 $x = t, y = \psi(t)$ $(x_0 \leqslant t \leqslant X)$ 的情形，从而得出

$$\int_L f(x,y)\,\mathrm{d}s = \int_{x_0}^{X} f[x,\psi(x)]\sqrt{1 + [\psi'(x)]^2}\,\mathrm{d}x \quad (x_0 < X).$$

即 x 保持不变，把 $y,\mathrm{d}s$ 依次换 $\psi(x)$，$\sqrt{1 + [\psi'(x)]^2}\,\mathrm{d}x$.

(3) 如果曲线 L 由方程 $x = \varphi(y)$ $(y_0 \leqslant y \leqslant Y)$ 给出，则有

$$\int_L f(x,y)\,\mathrm{d}s = \int_{y_0}^{Y} f[\varphi(y),y]\sqrt{1 + [\varphi'(y)]^2}\,\mathrm{d}y \quad (y_0 < Y).$$

即把 x 换为 $\varphi(y)$、y 保持不变、$\mathrm{d}s$ 换为 $\sqrt{1 + [\psi'(y)]^2}\,\mathrm{d}y$.

（4）公式可推广到空间曲线 L 由参数方程

$$x = \varphi(t), \quad y = \psi(t), \quad z = w(t)$$

给出的情形，有

$$\int_L f(x, y, z)\, ds = \int_\alpha^\beta f[\varphi(t), \psi(t), w(t)] \sqrt{[\varphi'(t)]^2 + [\psi'(t)]^2 + [w'(t)]^2}\, dt \quad (\alpha < \beta).$$

（三）对弧长的曲线积分的应用

计算弧长的曲线积分 $\int_L f(x, y)\, ds$，实质是把 L 的方程代入被积表达式 $f(x, y)$ 转化为定积分，其过程可分为以下三个步骤.

（1）求弧微分　$ds = \sqrt{(dx)^2 + (dy)^2}$；

（2）代入　将 L 的方程代入被积式；

（3）定限　定限原则——上限 > 下限.

例1　计算 $\int_L x\, ds$，其中 L 为曲线 $y = x^2$ 上由 $(0, 0)$ 到 $(1, 1)$ 的一段弧.

解　$ds = \sqrt{(dx)^2 + (dy)^2} = \sqrt{(dx)^2 + (2x\, dx)^2} = \sqrt{1 + 4x^2}\, dx,$

$$x\, ds = x\sqrt{1 + 4x^2}\, dx.$$

所以　原式 $= \int_0^1 x\sqrt{1 + 4x^2}\, dx = \dfrac{1}{8} \int_0^1 (1 + 4x^2)^{\frac{1}{2}} d(1 + 4x^2).$

例2　计算 $\int_L (x + y)\, ds$，其中 L 为连接三点 $O(0, 0), A(1, 0), B(1, 1)$ 的直线段.

解　$\int_L (x + y)\, ds = \int_{\overline{OA}} (x + y)\, ds + \int_{\overline{AB}} (x + y)\, ds + \int_{\overline{BO}} (x + y)\, ds.$

在直线段 $\overline{OA}$ 上，$ds = dx, (x + y)\, ds = x\, dx, \displaystyle\int_{\overline{OA}} (x + y)\, ds = \int_0^1 x\, dx = \dfrac{1}{2}.$

在直线段 $\overline{AB}$ 上，$ds = dy, (x + y)\, ds = (1 + y)\, dy, \displaystyle\int_{\overline{AB}} (x + y)\, ds = \int_0^1 (1 + y)\, dy = \dfrac{3}{2}.$

在直线段 $\overline{BO}$ 上，$ds = \sqrt{2}\, dx, (x + y)\, ds = 2x\sqrt{2}\, dx, \displaystyle\int_{\overline{BO}} (x + y)\, ds = \int_0^1 2x\sqrt{2}\, dx = \sqrt{2}$，所以 $\displaystyle\int_L (x + y)\, ds = 2 + \sqrt{2}.$

例3　求曲线 $L: x^2 + y^2 = ax$ 的质量，其线密度 $\rho(x, y) = \sqrt{x^2 + y^2}$.

解　由对弧长的曲线积分的含义可知

$$m = \int_L \rho(x, y)\, ds = \int_L \sqrt{x^2 + y^2}\, ds.$$

把 L 的方程化为极坐标方程. 将 $\begin{cases} x = \gamma\cos\theta \\ y = \gamma\sin\theta \end{cases}$ 代入 $x^2 + y^2 = ax$ 得 $\gamma = a\cos\theta, -\dfrac{\pi}{2} \leqslant \theta \leqslant \dfrac{\pi}{2}$，则

$$ds = \sqrt{\gamma^2 + [\gamma'(\theta)]^2}\, d\theta = a\, d\theta,$$

$$\sqrt{x^2 + y^2}\, ds = \gamma a\, d\theta = a^2 \cos\theta\, d\theta.$$

所以 $m = \displaystyle\int_{-\frac{\pi}{2}}^{\frac{\pi}{2}} a^2 \cos\theta\, d\theta = 2a^2.$

二、对坐标曲线积分

（一）对坐标曲线积分的定义

若曲线 L 连续且自身不相交，则称 L 为简单曲线．若简单曲线 L 有连续变动的切线，则称 L 为光滑曲线．

例 4 设质点 M 在变力 $F(x,y)=P(x,y)i+Q(x,y)j$ 作用下，沿平面光滑曲线 L 从 A 运动到 B 点，如图 8-16 所示．求变力沿曲线作的功．

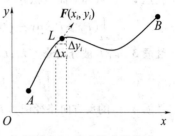

图 8-16 变力沿曲线作功

解 类似于定积分，"分割、近似、求和、取极限"，可计算变力 F 对质点 M 作的功．

（1）分割 把曲线 L 任意分为 n 条小的曲线段，即
$$\Delta L_1, \Delta L_2, \cdots, \Delta L_n.$$

小曲线段中的最大长度记为 λ，各小段首尾端点形成的向量记为

$$\overrightarrow{\Delta L_i} = \Delta x_i i + \Delta y_i j.$$

（2）近似 在小曲线段 ΔL_i 上任取一点 (x_i, y_i)，质点视为沿向量 $\overrightarrow{\Delta L_i}$ 运动，外力视为常力 $F(x_i, y_i)$，则沿小曲线段作功为

$$\Delta W_i \approx F(x_i, y_i) \overrightarrow{\Delta L_i} = P(x_i, y_i) \Delta x_i + Q(x_i, y_i) \Delta y_i.$$

（3）求和 沿整条曲线 L 作功用小曲线段作功之和计算，即

$$W \approx \sum_{i=1}^{n} [P(x_i, y_i) \Delta x_i + Q(x_i, y_i) \Delta y_i].$$

（4）取极限 若 $\lambda \to 0$ 时 W 的极限存在，则规定沿整条曲线 L 作功为

$$W = \lim_{\lambda \to 0} \sum_{i=1}^{n} [P(x_i, y_i) \Delta x_i + Q(x_i, y_i) \Delta y_i].$$

定义 2 设 L 为从点 A 到 B 的平面分段有向光滑曲线，$P(x,y)+Q(x,y)$ 在 L 上有定义，把 L 任意分为 n 条小曲线段，在小曲线段 ΔL_i 上任取一点 (x_i, y_i)，若极限

$$\lim_{\lambda \to 0} \sum_{i=1}^{n} [P(x_i, y_i) \Delta x_i + Q(x_i, y_i) \Delta y_i]$$

为某个定值（λ 为小曲线段中的最大长度），且与 L 的分法及点 (x_i, y_i) 的取法无关，则称此极限值为函数 $P(x,y)+Q(x,y)$ 沿曲线 L 从 A 到 B 对坐标的曲线积分或第二型曲线积分，记为

$$\int_L P dx + Q dy \quad 或 \int_L P dx + \int_L Q dy.$$

$P(x,y)$，$Q(x,y)$ 称被积函数，L 称积分路径或路．

对坐标曲线积分的物理意义，是变力 $F(x,y)=P(x,y)i+Q(x,y)j$ 沿曲线 L 从点 A 到 B 作功，即

$$W = \int_L P dx + Q dy.$$

类似地，空间光滑曲线 Γ 上定义的函数 $P(x,y,z)$，$Q(x,y,z)$，$R(x,y,z)$，对坐标的曲线积分为

$$\int_\Gamma P dx + Q dy + R dz.$$

（二）对坐标曲线积分的性质

由对坐标曲线积分的定义,可以证明以下的常用性质.

性质1 常数因子 k 可由曲线积分号内提出来,即

$$\int_L kP\mathrm{d}x + kQ\mathrm{d}y = k\int_L P\mathrm{d}x + Q\mathrm{d}y.$$

性质2 代数和的曲线积分等于曲线积分的代数和,即

$$\int_L (P_1 \pm P_2)\mathrm{d}x + (Q_1 \pm Q_2)\mathrm{d}y = \int_L P_1\mathrm{d}x + Q_1\mathrm{d}y \pm \int_L P_2\mathrm{d}x + Q_2\mathrm{d}y.$$

性质3 若 L 被分点分为 L_1,L_2 两段,则 L 上曲线积分等于 L_1,L_2 上曲线积分的和,即

$$\int_L P\mathrm{d}x + Q\mathrm{d}y = \int_{L_1} P\mathrm{d}x + Q\mathrm{d}y + \int_{L_2} P\mathrm{d}x + Q\mathrm{d}y.$$

性质4 L 的反方向路径记为 L^-,则 L^- 上曲线积分与 L 上曲线积分反号,即

$$\int_{L^-} P\mathrm{d}x + Q\mathrm{d}y = -\int_L P\mathrm{d}x + Q\mathrm{d}y.$$

（三）对坐标曲线积分的计算

定理2 设函数 $P(x,y),Q(x,y)$ 在平面光滑曲线 L 上连续,L 由参数方程 $x(t),y(t)$ 给出,$x(t),y(t)$ 在 $[\alpha,\beta]$ 上有连续的一阶导数,t 单调地从 α 变到 β 时,L 上的点从 A 变到 B,则曲线积分可化为定积分,即

$$\int_L P\mathrm{d}x + Q\mathrm{d}y = \int_\alpha^\beta \{P[x(t),y(t)]'x(t) + Q[x(t),y(t)]y'(t)\}\mathrm{d}t.$$

证 设 L 上分点为 $A=M_0,M_1,\cdots,M_n=B$,不妨设对应参数为 $\alpha=t_0<t_1<\cdots<t_n=\beta$,在 ΔL_i 上任取一点 (x_i,y_i),对应参数为 τ_i,由微分中值定理得

$$\Delta x_i = x_i - x_{i-1} = x(t_i) - x(t_{i-1}) = x'(c)\Delta t_i, \quad \Delta t_i = t_i - t_{i-1}, t_{i-1}<t<t_i.$$

$x(t)$ 在 $[\alpha,\beta]$ 上有连续的一阶导数,由 $x'(t)$ 的一致连续性,得到

$$\int_L P\mathrm{d}x = \lim_{\lambda\to 0}\sum_{i=1}^n P(x_i,y_i)\Delta x_i = \lim_{\lambda\to 0}\sum_{i=1}^n P[x(\tau_i),y(\tau_i)]x'(c)\Delta t_i$$

$$= \int_\alpha^\beta P[x(t),y(t)]x'(t)\mathrm{d}t.$$

同理可证 $\int_L Q\mathrm{d}y = \int_\alpha^\beta Q[x(t),y(t)]y'(t)\mathrm{d}t$.

定理的结论也可以写为

$$\int_L P\mathrm{d}x + Q\mathrm{d}y = \int_\alpha^\beta P[x(t),y(t)]\mathrm{d}[x(t)] + \int_\alpha^\beta Q[x(t),y(t)]\mathrm{d}[y(t)].$$

由定理2可以看出,计算对坐标的曲线积分时,只需把 $x,y,\mathrm{d}x,\mathrm{d}y$ 顺次换为 $x(t),y(t)$,$\mathrm{d}[x(t)],\mathrm{d}[y(t)]$,然后以曲线起点对应参数为下限、终点对应参数为上限,即可化为定积分计算.曲线积分转换为定积分时,积分上限不一定大于下限,而是与曲线的定向有关.

类似地,若函数 $P(x,y,z),Q(x,y,z),R(x,y,z)$ 在空间光滑曲线 Γ 上连续,曲线 Γ 由参数方程 $x(t),y(t),z=(t)$ 给出,$x(t),y(t),z=(t)$ 在 $[\alpha,\beta]$ 上有连续的一阶导数,t 单调地从 α 变到 β 时,Γ 上的点从 A 变到 B,则曲线积分可化为定积分,即

$$\int_\Gamma P\mathrm{d}x + Q\mathrm{d}y + R\mathrm{d}z = \int_\alpha^\beta P[x(t),y(t),z(t)]\mathrm{d}[x(t)]$$

$$+ \int_\alpha^\beta Q[x(t),y(t),z(t)]\mathrm{d}[y(t)] + \int_\alpha^\beta R[x(t),y(t),z(t)]\mathrm{d}[z(t)].$$

例 5 计算 $\int_L y^2 \mathrm{d}x + x^2 \mathrm{d}y$, L 为上半椭圆从 $(-a,0)$ 到 $(a,0)$ 的路,如图 8-17 所示.

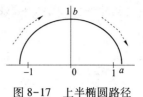

解 椭圆参数方程为 $x=a\cos t, y=b\sin t$, L 起点对应参数 $t=\pi$, 终点对应参数 $t=0$,则

图 8-17 上半椭圆路径

$$\int_L y^2 \mathrm{d}x + x^2 \mathrm{d}y = \int_\pi^0 b^2 \sin^2 t \, \mathrm{d}(a\cos t) + \int_\pi^0 a^2 \cos^2 t \, \mathrm{d}(b\sin t)$$

$$= ab^2 \int_\pi^0 (1 - \cos^2 t) \, \mathrm{d}(\cos t) + a^2 b \int_\pi^0 (1 - \sin^2 t) \, \mathrm{d}(\sin t)$$

$$= ab^2 \left[\cos t - \frac{1}{3}\cos^3 t\right]_\pi^0 + a^2 b \left[\sin t - \frac{1}{3}\sin^3 t\right]_\pi^0 = \frac{4}{3} ab^2.$$

例 5 计算曲线积分 $\int_\Gamma y\mathrm{d}x + z\mathrm{d}y + x\mathrm{d}z$,其中, Γ 为螺旋线 $x=a\cos t, y=a\sin t, z=bt$ 从 $t=0$ 到 $t=2\pi$ 的路.

解 Γ 为空间光滑曲线,如图 8-18 所示.

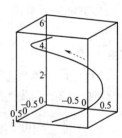

$$\int_\Gamma y\mathrm{d}x + z\mathrm{d}y + x\mathrm{d}z = \int_0^{2\pi} a\sin t \, \mathrm{d}(a\cos t) + \int_0^{2\pi} bt \, \mathrm{d}(a\sin t) + \int_0^{2\pi} a\cos t \, \mathrm{d}(bt)$$

$$= -a^2 \int_0^{2\pi} \sin^2 t \, \mathrm{d}t + ab \int_0^{2\pi} (t+1) \, \mathrm{d}(\sin t)$$

$$= a^2 \int_0^{2\pi} \frac{\cos 2t - 1}{2} t \, \mathrm{d}t + ab \left[(t+1)\sin t\right]_0^{2\pi} - ab \int_0^{2\pi} \sin t \, \mathrm{d}t$$

$$= \frac{a^2}{2} \left[\frac{\sin 2t}{2} - t\right]_0^{2\pi} + ab \left[\cos t\right]_0^{2\pi} = -\pi a^2.$$

图 8-18 螺旋线

练习题 8-4

1. 计算下列对弧长的曲线积分

(1) $\int_L (x^2 + y^2)\mathrm{d}s$, L 为中心在 $(R,0)$ 、半径为 R 的上半圆周;

(2) $\oint_L (x^2 + y^2)^n \mathrm{d}s$, L 为 $x=a\cos t, y=a\sin t, 0 \leqslant t \leqslant 2\pi$;

(3) $\int_L (x + y)\mathrm{d}s$, L 为连接 $(1,0)$ 与 $(0,1)$ 两点的直线段;

(4) $\int_L |y| \, \mathrm{d}s$, L 为双纽线 $(x^2 + y^2)^2 = a^2(x^2 - y^2)$ 的弧.

2. 计算下列对坐标的曲线积分

(1) $\int_L (x^2 - y^2)\mathrm{d}x$, L 为抛物线 $y=x^2$ 从 $(0,0)$ 到 $(2,4)$ 的一段;

(2) $\int_L (2a - y)\mathrm{d}x - (a - y)\mathrm{d}y$,其中, L 为摆线 $x=a(t-\sin t), y=a(1-\cos t)$ 从 $t=0$ 到 $t=2\pi$ 的一段;

(3) $\int_L \dfrac{\mathrm{d}x + \mathrm{d}y}{|x| + |y|}$, L 为从 $A(1,0)$ 顺次到 $B(0,1), C(-1,0), D(0,-1)$,再到 A 的折线;

(4) $\int_L \dfrac{(x + y)\mathrm{d}x - (x - y)\mathrm{d}y}{x^2 + y^2}$, L 为圆周 $x^2 + y^2 = a^2$ 从 $(a,0)$ 开始反钟表向一周;

(5) $\int_{\Gamma} (y^2 - z^2) \mathrm{d}x + 2yx\mathrm{d}y - x^2 \mathrm{d}z$, Γ 为曲线 $x=t, y=t^2, z=t^3$ 从 $t=0$ 到 $t=1$ 的一段.

第五节 格林公式及其应用

一、格林公式

(一) 曲线积分与二重积分的关系

若曲线 L 的起点与终点重合,则称 L 为闭曲线. 若沿简单闭曲线 L 行进时,L 围成的区域 D 总在左侧,则称 L 取正向. 简单闭曲线 L 正向上对坐标的曲线积分,记为

$$\oint_{L} P\mathrm{d}x + Q\mathrm{d}y.$$

定理 1 若函数 $P(x,y), Q(x,y)$ 在闭区域 D 有连续的一阶偏导数,D 的边界正向 L 是分段光滑曲线,则有格林(Green)公式,即

$$\iint_{D} \left(\frac{\partial Q}{\partial x} - \frac{\partial P}{\partial y} \right) \mathrm{d}x\mathrm{d}y = \oint_{L} P\mathrm{d}x + Q\mathrm{d}y.$$

证 设 D 既是 x 型又是 y 型区域,如图 8-19 所示,D 视为 x 型区域 $a \leqslant x \leqslant b, g(x) \leqslant y \leqslant h(x)$ 时,边界正向为光滑曲线 $L = L_1 + L_2$,P'_y 在 D 上的二重积分为

$$\iint_{D} \frac{\partial P}{\partial y}\mathrm{d}x\mathrm{d}y = \int_{a}^{b}\mathrm{d}x \int_{g(x)}^{h(x)} \frac{\partial P}{\partial y}\mathrm{d}y = \int_{a}^{b} [P(x,y)]_{g(x)}^{h(x)}\mathrm{d}x$$

$$= \int_{a}^{b} \{ P[x,h(x)] - P[x,g(x)] \}\mathrm{d}x.$$

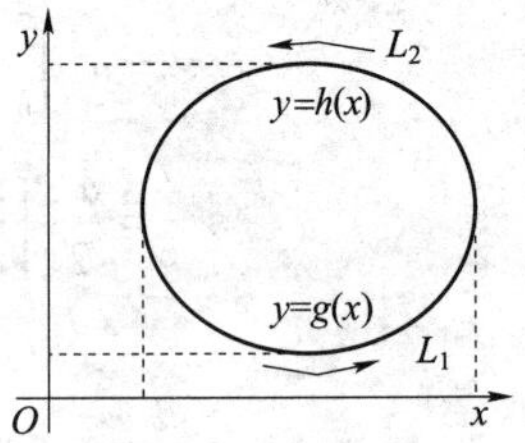

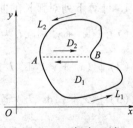

图 8-19 两型区域

而 P 在 D 的正向边界 L 上的曲线积分为

$$\oint_{L} P\mathrm{d}x = \int_{L_1} P\mathrm{d}x + \int_{L_2} P\mathrm{d}x = \int_{a}^{b} P[x,h(x)]\mathrm{d}x + \int_{b}^{a} P[x,g(x)]\mathrm{d}x.$$

$$= -\int_{a}^{b} \{ P[x,h(x)] - P[x,g(x)] \}\mathrm{d}x.$$

从而 $\iint_{D} \dfrac{\partial P}{\partial y}\mathrm{d}x\mathrm{d}y = -\oint_{L} P\mathrm{d}x$.

同理,$\iint_{D} \dfrac{\partial Q}{\partial x}\mathrm{d}x\mathrm{d}y = \oint_{L} Q\mathrm{d}y$,两式相减即得**格林公式**.

图 8-20 任意区域

D 为任意区域时,可以把 D 分为有限个小区域,使每个小区域既为 x 型又为 y 型. 图 8-20 中,加辅助曲线 AB 把区域 D 分为两个小区域,D_1, D_2 既为 x 型又为 y 型,从而

$$\iint_{D} \left(\frac{\partial Q}{\partial x} - \frac{\partial P}{\partial y} \right) \mathrm{d}x\mathrm{d}y = \iint_{D_1} \left(\frac{\partial Q}{\partial x} - \frac{\partial P}{\partial y} \right) \mathrm{d}x\mathrm{d}y + \iint_{D_2} \left(\frac{\partial Q}{\partial x} - \frac{\partial P}{\partial y} \right) \mathrm{d}x\mathrm{d}y$$

$$= \left(\int_{L_1} P\mathrm{d}x + Q\mathrm{d}y - \int_{AB} P\mathrm{d}x + Q\mathrm{d}y \right) + \left(\int_{L_2} P\mathrm{d}x + Q\mathrm{d}y + \int_{AB} P\mathrm{d}x + Q\mathrm{d}y \right)$$

$$= \int_{L_1} P\mathrm{d}x + Q\mathrm{d}y + \int_{L_2} P\mathrm{d}x + Q\mathrm{d}y = \int_{L} P\mathrm{d}x + Q\mathrm{d}y.$$

格林公式总结了曲线积分与二重积分的关系,可以把某些复杂的曲线积分化为二重积分计算,或把某些复杂的二重积分化为曲线积分计算.

例 1 利用二重积分计算 $\oint_L (1-x^2)y\,\mathrm{d}x + x(1+y^2)\,\mathrm{d}y$ ，L 为圆周 $x^2+y^2=R^2$ 正向．

解 L 围成圆形闭区域 D : $0\leqslant\theta\leqslant 2\pi$, $0\leqslant r\leqslant R$ ，由 $P(x,y)=(1-x^2)y$, $Q(x,y)=x(1+y^2)$ ，有

$$\frac{\partial Q}{\partial x}=1+y^2, \frac{\partial P}{\partial y}=1-x^2,$$

$$\oint_L(1-x^2)y\,\mathrm{d}x + x(1+y^2)\,\mathrm{d}y = \iint_D [(1+y^2)-(1-x^2)]\,\mathrm{d}x\mathrm{d}y = \iint_D(x^2+y^2)\,\mathrm{d}x\mathrm{d}y$$

$$= \int_0^{2\pi}\mathrm{d}\theta\int_0^R r^3\,\mathrm{d}r = 2\pi\left[\frac{r^4}{4}\right]_0^R = \frac{1}{2}\pi R^4.$$

（二）曲线积分计算平面图形面积

可以用曲线积分计算平面区域 D 面积．

在格林公式中，若取 $P(x,y)=y$, $Q(x,y)=0$ ，则可得平面区域 D 面积 σ 的计算公式为

$$\sigma = \iint_D\mathrm{d}x\mathrm{d}y = \iint_D\left(\frac{\partial Q}{\partial x}-\frac{\partial P}{\partial y}\right)\mathrm{d}x\mathrm{d}y = \oint_L P\mathrm{d}x + Q\mathrm{d}y = -\oint_L y\mathrm{d}x.$$

类似地，取 $P(x,y)=0$, $Q(x,y)=x$ ，也可得平面区域 D 面积 σ 的计算公式为

$$\sigma = \iint_D\mathrm{d}x\mathrm{d}y = \oint_L x\mathrm{d}y.$$

两式相加再除以 2 ，还可以得出平面区域 D 面积 σ 的计算公式为

$$\sigma = \frac{1}{2}\oint_L x\mathrm{d}y - y\mathrm{d}x.$$

例 2 利用曲线积分，计算长、短半轴分别为 a,b 的椭圆面积．

解 设椭圆的参数方程为 $x=a\cos t$, $y=b\sin t$ ，起点对应参数 $t=0$ ，终点对应参数 $t=2\pi$ ，椭圆的面积为

$$\sigma = \frac{1}{2}\oint_L x\mathrm{d}y - y\mathrm{d}x = \frac{1}{2}\left[\int_0^{2\pi} a\cos t\mathrm{d}(b\sin t) - \int_0^{2\pi} b\sin t\mathrm{d}(a\cos t)\right] = \frac{ab}{2}\int_0^{2\pi}\mathrm{d}t = \pi ab.$$

二、曲线积分与路径无关的条件

定义 1 对区域 D 内任意两点 A,B 及 A 到 B 的任意曲线 L ，若曲线积分 $\int_L P\mathrm{d}x + Q\mathrm{d}y$ 为同一值，则称此线积分在区域 D 内与路径无关．

定理 2 $\int_L P\mathrm{d}x + Q\mathrm{d}y$ 在区域 D 内与路径无关 $\Leftrightarrow D$ 内任意闭曲线 C 有 $\oint_C P\mathrm{d}x + Q\mathrm{d}y = 0.$

证 $\Rightarrow \int_L P\mathrm{d}x + Q\mathrm{d}y$ 在区域 D 内与路径无关，对 D 内任意闭曲线 C ，取 A,B 两点把 C 分为从 A 到 B 的 L_1 及 B 到 A 的 L_2 两段，则

$$\oint_C P\mathrm{d}x + Q\mathrm{d}y = \int_{L_1} P\mathrm{d}x + Q\mathrm{d}y + \int_{L_2} P\mathrm{d}x + Q\mathrm{d}y = \int_{L_1} P\mathrm{d}x + Q\mathrm{d}y - \int_{L_2^-} P\mathrm{d}x + Q\mathrm{d}y = 0.$$

$\Leftarrow D$ 内任意闭曲线 C 有 $\oint_C P\mathrm{d}x + Q\mathrm{d}y = 0$ ，对 D 内任意两点 A,B 及 A 到 B 的任意曲线 L_1,L_2 ，可以构成一条闭曲线 C ，不妨假设 $C=L_1+L_2^-$ ，由于 C 上曲线积分为 0 ，

$$\int_{L_1} P\mathrm{d}x + Q\mathrm{d}y - \int_{L_2} P\mathrm{d}x + Q\mathrm{d}y = \int_{L_1} P\mathrm{d}x + Q\mathrm{d}y + \int_{L_2^-} P\mathrm{d}x + Q\mathrm{d}y = \oint_C P\mathrm{d}x + Q\mathrm{d}y = 0.$$

$$\int_{L_1} P\mathrm{d}x + Q\mathrm{d}y = \int_{L_2} P\mathrm{d}x + Q\mathrm{d}y.$$

即曲线积分在区域 D 内与路径无关.

定义 2 若区域 D 内任一简单闭曲线所围的区域含于 D 内,则称 D 为单连通区域.

直观地讲,单连通区域是无孔、无洞、无缝的区域.

定理 3 若 $P(x,y)$,$Q(x,y)$ 在单连通区域 D 有连续的一阶偏导数,则

$\int_{L} P\mathrm{d}x + Q\mathrm{d}y$ 在区域 D 内与路径无关 $\Leftrightarrow$ D 内各点处有 $\dfrac{\partial P}{\partial y} = \dfrac{\partial Q}{\partial x}$.

证 $\Rightarrow \int_{L} P\mathrm{d}x + Q\mathrm{d}y$ 在区域 D 内与路径无关.

若在 D 内点 $M_0(x_0,y_0)$ 处,有 $\dfrac{\partial P}{\partial y} \neq \dfrac{\partial Q}{\partial x}$,不妨假设 $\dfrac{\partial Q}{\partial x} - \dfrac{\partial P}{\partial y} > 0$.

由于 P、Q 在单连通区域 D 有连续的一阶偏导数,可以在 D 内取以 M_0 为圆心、半径足够小的圆形闭区域 D_0,使 D_0 各点有 $\dfrac{\partial Q}{\partial x} - \dfrac{\partial P}{\partial y} > 0$,从而,在 D_0 的边界正向闭曲线 C_0 上有 $\oint_{C_0} P\mathrm{d}x + Q\mathrm{d}y =$

$$\iint_{D_0} \left(\frac{\partial Q}{\partial x} - \frac{\partial P}{\partial y} \right) \mathrm{d}x\mathrm{d}y > 0.$$

这与"D 内任意闭曲线 C 有 $\oint_{C} P\mathrm{d}x + Q\mathrm{d}y = 0$"相矛盾,故 D 内各点处 $\dfrac{\partial P}{\partial y} = \dfrac{\partial Q}{\partial x}$.

$\Leftarrow D$ 内各点处有 $\dfrac{\partial P}{\partial y} = \dfrac{\partial Q}{\partial x}$,在 D 内任取闭曲线 C,围成的区域为 D_0,则

$$\oint_{C} P\mathrm{d}x + Q\mathrm{d}y = \iint_{D_0} \left(\frac{\partial Q}{\partial x} - \frac{\partial P}{\partial y} \right) \mathrm{d}x\mathrm{d}y = 0.$$

故 $\int_{L} P\mathrm{d}x + Q\mathrm{d}y$ 在区域 D 内与路径无关.

例 3 计算 $\int_{L} \mathrm{e}^x\cos y\mathrm{d}x - \mathrm{e}^x\sin y\mathrm{d}y$,$L$ 是点 $O(0,0)$ 到点 $A(1,1)$ 的一条曲线.

解 由 $P(x,y) = \mathrm{e}^x\cos y$,$Q(x,y) = -\mathrm{e}^x\sin y$,得到 $\dfrac{\partial P}{\partial y} =$

$-\mathrm{e}^x\sin y = \dfrac{\partial Q}{\partial x}$.

曲线积分与路径无关,可以选取如图 8-21 的平行于坐标轴的折线为路,即从 $O(0,0)$ 到 $B(1,0)$,再到 $A(1,1)$ 的折线.

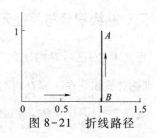

图 8-21 折线路径

在 OB 上,以 x 为参数,起点对应 $x=0$,终点对应 $x=1$.

在 BA 上,以 y 为参数,起点对应 $y=0$,终点对应 $y=1$. 计算得到

$$\int_{L} \mathrm{e}^x\cos y\mathrm{d}x - \mathrm{e}^x\sin y\mathrm{d}y = \int_{OB} \mathrm{e}^x\cos y\mathrm{d}x - \mathrm{e}^x\sin y\mathrm{d}y + \int_{BA} \mathrm{e}^x\cos y\mathrm{d}x - \mathrm{e}^x\sin y\mathrm{d}y$$

$$= \int_0^1 \mathrm{e}^x\cos 0\mathrm{d}x + \int_0^1 - \mathrm{e}^1\sin y\mathrm{d}y = [\mathrm{e}^x]_0^1 + \mathrm{e}[\cos y]_0^1$$

$$= \mathrm{e}\cos 1 - 1.$$

例 4 计算 $\int_{L} (x^5 + xy^3)\mathrm{d}x + (6x - 7y^3)\mathrm{d}y$,$L$ 是 $y = \dfrac{2}{x}$ 从点 $(2,1)$ 到点 $(1,2)$ 的路.

解　由 $P(x,y) = x^5 + xy^3$，$Q(x,y) = 6x - 7y^3$，得到 $\dfrac{\partial P}{\partial y} = 3xy^2 \neq$

$6 = \dfrac{\partial Q}{\partial x}$.

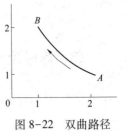

图 8-22　双曲路径

曲线积分与路有关，必须按照指定路径进行计算．在如图 8-22 所示 L 上，以 x 为参数，起点对应 $x=2$，终点对应 $x=1$，计算得到

$$\int_L (x^5 + xy^3)\mathrm{d}x + (6x - 7y^3)\mathrm{d}y = \int_2^1 \left(x^5 + x\frac{8}{x^3}\right)\mathrm{d}x + \int_2^1 \left(6x - \frac{56}{x^3}\right)\mathrm{d}\left(\frac{2}{x}\right)$$

$$= \int_2^1 \left(x^5 + 8x^{-2} - 12\frac{1}{x} + 112x^{-5}\right)\mathrm{d}x$$

$$= \left[\frac{x^6}{6} - \frac{8}{x} - 12\ln x - 28x^{-4}\right]_2^1 = -\frac{163}{4} + 12\ln 2.$$

练习题 8-5

1. 利用格林公式计算下列对坐标的曲线积分

(1) $\oint_L (x+y)\mathrm{d}x - (x-y)\mathrm{d}y$，$L$ 为椭圆 $\dfrac{x^2}{a^2} + \dfrac{y^2}{b^2} = 1$ 的正向边界曲线；

(2) $\oint_L (2xy - x^2)\mathrm{d}x + (x + y^2)\mathrm{d}y$，$L$ 为 $y = x^2$ 与 $y^2 = x$ 围成区域的边界正向；

(3) $\oint_L (x+y)^2\mathrm{d}x + (x^2 - y^2)\mathrm{d}y$，$L$ 是顶点为 $A(1,1)$，$B(3,2)$，$C(3,5)$ 的三角形正向边界．

2. 利用曲线积分计算下列曲线围成图形的面积

(1) 椭圆 $9x^2 + 16y^2 = 144$；　　　　(2) 星形线 $x = a\cos^3 t$，$y = a\sin^3 t$.

3. 证明下列曲线积分与路径无关，并求曲线积分值

(1) $\displaystyle\int_{(2,1)}^{(1,2)} \frac{y\mathrm{d}x - x\mathrm{d}y}{x^2}$；　　　　(2) $\displaystyle\int_{(1,2)}^{(3,4)} (6xy^2 - y^3)\mathrm{d}x + (6x^2 y - 3xy^2)\mathrm{d}y$.

4. 半平面 $x>0$ 有力 $\boldsymbol{F} = -kr^{-3}(x\boldsymbol{i} + y\boldsymbol{j})$ 构成力场，k 为常量，$r = \sqrt{x^2 + y^2}$，证明：在此力场中，场力作功与所取路径无关．

$\rhd$ 本 章 小 结 $\lhd$

本章主要包括二重积分、三重积分、曲线积分和曲面积分等内容．

重点：二重积分、三重积分的定义，性质和计算方法（直角坐标系、极坐标系）；对弧长的曲线积分和对坐标的曲线积分的性质、计算方法；格林公式．

难点：重积分在实际问题（质量、重心、转动惯量）中的应用；积分与路径无关的条件．

总练习题八

一、单项选择题

1. $\int_0^4 dx \int_x^{2\sqrt{x}} f(x,y)\,dy$ 交换积分次序后,得(   ).

    A. $\int_4^0 dy \int_{\frac{y^2}{4}}^y f(x,y)\,dx$;   B. $\int_0^4 dy \int_{-y}^{\frac{y^2}{4}} f(x,y)\,dx$;

    C. $\int_0^4 dy \int_{\frac{1}{4}}^1 f(x,y)\,dx$;   D. $\int_0^4 dy \int_{\frac{y^2}{4}}^y f(x,y)\,dx$.

2. 二重积分 $\int_0^1 dy \int_y^1 e^{x^2}\,dx = ($ $)$.

    A. $\int_0^1 dy \int_x^0 e^{x^2}\,dx$;   B. $= \dfrac{1}{2}(e-1)$;

    C. $\int_0^1 dx \int_0^x e^{x^2}\,dy$;   D. $\int_y^1 e^{x^2}\,dx$ 在初等函数范围内不可积,因此无法计算.

3. 设 D 为 $x^2+y^2 \le 4$,则 D 的面积为(   ).

    A. $\int_0^2 dx \int_0^{\sqrt{4-x^2}} dy$;   B. $\int_{-2}^2 dx \int_0^{\sqrt{4-x^2}} dy$;

    C. $\int_0^{2\pi} d\theta \int_0^2 r\,dr$;   D. $\int_0^{2\pi} d\theta \int_0^2 dr$.

4. 设 D 是由 $y=x^2, y=x$ 围成,则 $I = \iint\limits_D dxdy$ 等于(   ).

    A. $\dfrac{1}{2}$;   B. $\dfrac{1}{6}$;

    C. $\dfrac{1}{3}$;   D. $-\dfrac{1}{6}$.

5. $\iint\limits_D f(x,y)\,d\sigma = \lim\limits_{\lambda \to 0} \sum\limits_{i=1}^n f(\xi_i, \eta_i) \Delta\sigma_i$ 中 λ 是(   ).

    A. 最大小区间长度;   B. 小区间长度;

    C. 小区域直径;   D. 最大小区域直径.

6. 设 $I = \iint\limits_D \sqrt{4-x^2-y^2}\,d\sigma$,其中 $D: x^2+y^2 \le 4, x \ge 0, y \ge 0$,则必有(   ).

    A. $I>0$;   B. $I<0$;

    C. $I=0$;   D. $I \ne 0$,但符号无法判断.

7. 比较 $I_1 = \iint\limits_D (x+y)^2\,d\sigma$ 与 $I_2 = \iint\limits_D (x+y)^3\,d\sigma$ 的大小,其中 $D: (x-2)^2+(y-1)^2 \le 1$,则(   ).

    A. $I_1=I_2$;   B. $I_1>I_2$;

    C. $I_1 \le I_2$;   D. 无法比较.

8. $I = \iint\limits_D xy\,d\sigma$,$D: y^2=x$ 及 $y=x-2$ 所围,则(   ).

    A. $I = \int_0^4 dx \int_{y+2}^{y^2} xy\,dy$;   B. $I = \int_0^1 dx \int_{-\sqrt{x}}^{\sqrt{x}} xy\,dy + \int_1^4 dx \int_{x-2}^x xy\,dy$;

C. $I = \int_{-1}^{2} dy \int_{y^2}^{y+2} xy dx$;　　　　　　D. $I = \int_{-1}^{2} dx \int_{y^2}^{y+2} xy dy$.

9. $I = \int_{0}^{1} dy \int_{0}^{\sqrt{1-y}} 3x^2 y^2 dx$ ，则交换积分次序后，得(　　　).

　　A. $I = \int_{0}^{1} dx \int_{0}^{\sqrt{1-x}} 3x^2 y^2 dy$;　　　　B. $I = \int_{0}^{1} dx \int_{0}^{\sqrt{1-y}} 3x^2 y^2 dy$;

　　C. $I = \int_{0}^{1} dx \int_{0}^{1-x^2} 3x^2 y^2 dy$;　　　　D. $I = \int_{0}^{1} dx \int_{0}^{1+x^2} 3x^2 y^2 dy$.

10. 当 D 是(　　　)围成的区域时，二重积分 $\iint\limits_{D} dx dy = 1$.

　　A. x 轴，y 轴及 $2x+y-2=0$;　　　B. x 轴，y 轴及 $x=4, y=3$;

　　C. $|x| = \dfrac{1}{2}, |y| = \dfrac{1}{3}$;　　　　　　D. $|x+y| = 1, |x-y| = 1$.

11. 设 $\iint\limits_{D} dx dy = 1$ ，则下列各组曲线中围成区域为 D 的是(　　　).

　　A. $x^2 + y^2 = 1$;　　　　　　　　B. $x=1, x=2, y=-1, y=1$;

　　C. $x^2 + y^2 = \dfrac{1}{\pi}$;　　　　　　　D. $y=x, y=0, x=1$.

12. L 为沿 $x^2 + y^2 = R^2$ 逆时针方向一周，则 $\oint_{L} xy^2 dy - x^2 y dx$ 用格林公式计算得(　　　).

　　A. $\int_{0}^{2\pi} d\theta \int_{0}^{R} r^3 dr$;　　　　　B. $\int_{0}^{2\pi} d\theta \int_{0}^{R} r^2 dr$;

　　C. $\int_{0}^{2\pi} d\theta \int_{0}^{R} 4r^3 \sin\theta dr$;　　　D. $\int_{0}^{2\pi} d\theta \int_{0}^{R} 4r^3 \cos\theta dr$.

13. 单连通区域 D 内 $P(x,y), Q(x,y)$ 具有一阶连续偏导数，则 $\int_{L} P dx + Q dy$ 在 D 内与路径无关的充要条件是在 D 内恒有(　　　).

　　A. $\dfrac{\partial Q}{\partial x} + \dfrac{\partial P}{\partial y} = 0$;　　　　　B. $\dfrac{\partial Q}{\partial x} - \dfrac{\partial P}{\partial y} = 0$;

　　C. $\dfrac{\partial P}{\partial x} - \dfrac{\partial Q}{\partial y} = 0$;　　　　　D. $\dfrac{\partial P}{\partial x} + \dfrac{\partial Q}{\partial y} = 0$.

14. L_1, L_2 含原点的两条同向封闭曲线，若已知 $\oint_{L_1} \dfrac{2x dx + y dy}{x^2 + y^2} = k$ （常数），则 $\oint_{L_2} \dfrac{2x dx + y dy}{x^2 + y^2}$ (　　　).

　　A. 一定等于 k ;　　　　　　　　B. 不一定等于 k ，与 L_2 形状有关;

　　C. 一定等于 $-k$;　　　　　　　D. 不一定等于 k ，与 L_2 形状无关.

15. 用格林公式求曲线 L 所围区域 D 的面积(　　　).

　　A. $\oint_{L} x dy - y dx$;　　　　　　B. $\dfrac{1}{2} \oint_{L} y dx - x dy$;

　　C. $\oint_{L} y dx - x dy$;　　　　　　D. $\dfrac{1}{2} \oint_{L} x dy - y dx$.

二、填空题

1. 极坐标下的二重积分形式为 $\iint\limits_{D} f(x,y) d\sigma = $ _____ .

2. 交换积分次序：$\int_0^1 \mathrm{d}x \int_{-\sqrt{x}}^{\sqrt{x}} f(x,y)\mathrm{d}y + \int_1^4 \mathrm{d}x \int_{x-2}^{\sqrt{x}} f(x,y)\mathrm{d}y = $ _____.

3. 如果将 D 分成两个互不重叠的区域 D_1 与 D_2，则 $\iint\limits_D f(x,y)\mathrm{d}\sigma = $ _____.

4. D 是圆形闭区域：$x^2+y^2 \leqslant 1$，则 $\iint\limits_D x^2 \mathrm{d}x\mathrm{d}y = $ _____.

5. 交换积分次序：$\int_0^1 \mathrm{d}x \int_{x^2}^{x} f(x,y)\mathrm{d}y = $ _____.

6. 设 D：$1 \leqslant x^2+y^2 \leqslant 4$，则 $\iint\limits_D \mathrm{d}x\mathrm{d}y = $ _____.

7. $\int_0^{2a} \mathrm{d}x \int_0^{\sqrt{2ax-x^2}} (x^2+y^2)\mathrm{d}y = $ _____.

8. D 是圆形闭区域：$x^2+y^2 \leqslant 9$，则 $\iint\limits_D \sqrt{x^2+y^2}\mathrm{d}x\mathrm{d}y = $ _____.

9. L 为包含原点的任意光滑简单闭曲线，则 $I = \oint_L \dfrac{-y\mathrm{d}x + x\mathrm{d}y}{x^2+y^2} = $ _____.

10. 表达式 $P(x,y)\mathrm{d}x - Q(x,y)\mathrm{d}y$ 为某一函数的全微分，其充分必要条件是 _____.

三、计算题及证明题

1. 计算 $I = \iint\limits_D \mathrm{e}^{-(x^2+y^2)}\mathrm{d}x\mathrm{d}y$，$D = \{(x,y) \mid x^2+y^2 \leqslant a^2\}$.

2. 计算二重积分 $\int_0^1 \mathrm{d}y \int_y^1 \mathrm{e}^{x^2}\mathrm{d}x$.

3. 计算 $I = \int_0^{\frac{R}{\sqrt{2}}} \mathrm{d}y \int_0^y \mathrm{e}^{-x^2-y^2}\mathrm{d}x + \int_{\frac{R}{\sqrt{2}}}^{R} \mathrm{d}y \int_0^{\sqrt{R^2-y^2}} \mathrm{e}^{-x^2-y^2}\mathrm{d}x$ $(R>0)$.

4. 计算 $\int_L y^2 \mathrm{d}s$，这里的 L 为摆线 $x=a(t-\sin t)$，$y=a(1-\cos t)$ $(0 \leqslant t \leqslant 2\pi)$ 的一拱.

5. 计算 $\oint_L x^2 y\mathrm{d}x + y^3 \mathrm{d}y$，其中 L 是沿着由 $y^3=x^2$ 和 $y=x$ 所构成的封闭曲线的正向.

6. 求半径为 a 的均匀半圆薄片（面密度 ρ 为常数）对于其直径边的转动惯量.

7. 设质点受力 $F(x,y)$ 作用，力的大小与质点离原点的距离成正比，方向指向原点，求质点 P 按正方向沿椭圆 $x=a\cos t$，$y=b\sin t$ 移动一周时力 F 所作的功.

（李　伟）

附录

MATLAB 在高等数学中的应用

学习导引

知识要求：
1. **掌握** 数学计算问题的编程处理.
2. **熟悉** MATLAB 软件的基本操作和命令.

能力要求：
熟练使用 MATLAB 软件解决高等数学计算,同时掌握运用所学知识建立数学模型,解决实际问题的方法.

一、MATLAB 概述

MATLAB 是一种高效的工程计算语言,它集计算、可视化和编程等功能于一身. 在 MATLAB 环境中,用户可以按照符合人们数学表达习惯的语言形式及科学思维方式编写程序. MATLAB 主要包括以下几个方面的应用:数学计算、算法开发、数据采集、系统建模和仿真、数据分析和可视化、科学和工程绘图、应用软件开发等.

MATLAB 是一个交互式系统,基于其数据元素为无维数限制阵列的特点,用户使用 MATLAB 解决工程技术上的问题,特别是解决包含矩阵和向量的计算问题时. 其优势更加明显,与 C 语言和 Fortan 语言相比,解决问题更加方便.

MATLAB(matrix laboratory)是在线性代数软件包 LINPACK 和特征值计算软件包 EISPACK 中的子程序基础上发展起来的开放型程序设计语言. 起步于 20 世纪 80 年代初期,经过不断发展和市场竞争,MATLAB 已成为国际认可的最优化的科技应用软件. 迄今为止,MATLAB 已成为初等数学、高等数学、自然科学和工程学的标准教学工具. 同时 MATLAB 也是工业界用于研究、开发和分析的工具. 随着科技的发展,MATLAB 得以不断完善,它已经从一个简单的矩阵分析软件逐渐发展成为一个具有极高通用性,并带有众多实用工具的运算操作平台.

MATLAB 的一个重要特色:一方面具有一套程序扩展系统;另一方面还具有特殊应用子程序工具箱(toolboxes).其中工具箱是 MATLAB 函数的子程序库,每个工具箱针对某类学科专业和应用定制,主要包括信号处理、控制系统、神经网络、模糊逻辑、小波分析和系统仿真等方面的应用.

MATLAB 系统由开发环境、MATLAB 数学函数库、MATLAB 语言、图形处理、MATLAB 应用程序接口(API)五个主要部分组成.

(1) MATLAB 系统的开发环境由方便用户使用 MATLAB 函数和文件的工具组成. 这些工具多采用图形用户界面. 包括 MATLAB 桌面、命令窗口、历史命令窗口、编辑器和调试器、路径搜索和用于浏览帮助、工作空间、文件的浏览器等.

(2) MATLAB 数学函数库是一个为用户提供大量计算算法的函数集合,函数包括诸如加法、正弦、矩阵的特征向量、傅里叶变换等各种函数.

(3) MATLAB 语言是一个高级的矩阵阵列语言,具有控制语句、函数、数据结构、输入输出和面向对象的编程特点. 用户既可以在命令窗口中输入语句并立即执行命令,又可以预先编写一个较大的复杂的应用程序(M 文件)而后再一起进行.

(4) MATLAB 图形处理功能既可以将向量和矩阵用图形表现出来,也可同时对图形进行标注和打印. 包括定制图形的显示、为用户 MATLAB 应用程序建立图形用户界面、二维和三维数据可视化、图像处理、动画和表达式作图.

(5) MATLAB 应用程序接口(API)是一个允许用户编写可与 MATLAB 进行交互的 C 或 Fortran 语言程序库.

二、MATLAB 的应用

在本节的学习中会涉及 MATLAB 程序命令的输入,需要掌握如何打开命令窗口,在此作统一介绍. 首先双击系统桌面的 MATLAB 7.0 图标,或者选择菜单"开始/所有程序/MATLAB 7.0",启动 MATLAB 7.0 后,就进入 MATLAB 7.0 的默认界面了,如图 1 所示.

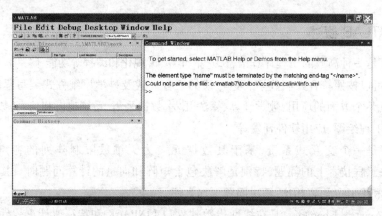

图 1

MATLAB 7.0 的默认界面由 Current Directory(当前目录)、Command History(命令历史)、Workspace(工作空间)、Command Window(命令窗口)4 个窗口组成.

MATLAB 7.0 的命令窗口是用户使用 MATLAB 进行工作的窗口,同时也是实现 MATLAB 各种功能的窗口,用户可以直接在 MATLAB 的 Command Window(命令窗口)中输入相关命令,实现相应功能. 默认情况下 Command Window(命令窗口)位于 MATLAB 7.0 操作界面的右侧,单击命令窗口右上角的箭头按钮或者选择 Desktop/Command Window,命令窗口将脱离操作界面,如图 2 所示.

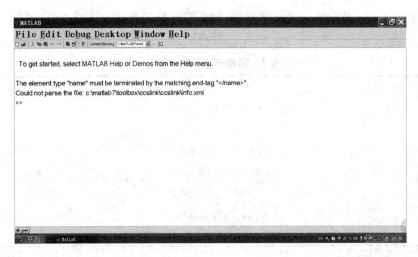

图 2

用户可以在该区域输入各种 MATLAB 命令,进行各种操作,输入数学表达式进行计算. 例如,求 $\dfrac{1}{1}+\dfrac{1}{2}+\dfrac{1}{3}+\cdots\cdots\dfrac{1}{100}$ 的近似值,在 Command Window(命令窗口)中输入如下语句即可得到相应的结果 5.1874. 如图 3 所示.

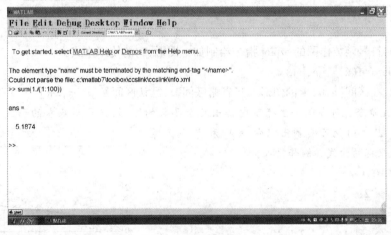

图 3

(一) MATLAB 在函数与极限中的应用

1. 一元函数的图形

(1) 在平面直角坐标系中作一元函数图形的命令

命令 plot 的基本使用形式是:

x=a:t:b

y=f(x)

plot(x,y,'s')

其中,f(x)要代入具体的函数,也可将前面已经定义的函数 f(x)代入; a 和 b 分别表示自变量 x 的最小值和最大值,即说明作图时自变量的范围,必须输入具体的数值; t 表示取点间隔(增量),因此这里的 x,y 是向量;s 是可选参数,用来指定绘制曲线的线型、颜色、数据点形状等(表 1).

表 1 图形元素参数的设定

颜 色	标 记		线 型	
b 蓝	无标记(默认)		–	实线
g 绿	. 点	v 下三角形	:	虚线
r 红	o . 圈	^ 下三角形	-.	点画线
c 青	x 叉	< 左三角形	--	画线
m 品红	+ 十字	> 左三角形		
y 黄	* 星	p 五角形		
k 黑	s 方块	h 六角形 d 菱形		

线型、颜色和数据点可以同时选用,也可以只选一部分,若省略,则用 MATLAB 设定的默认值. 例如输入:

x = −1:0.1:1;

y = x.^2;

plot(x,y,'r')

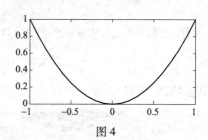

图 4

按 Enter 键,则作出函数 $y = x^2$ 在区间 $-1 \leqslant x \leqslant 1$ 上的图形(图 4).

也可用对符号函数作图的 ezplot 指令绘制如上图形,它的使用格式为:

ezplot ('f(x)',[a,b])

即可绘制函数在区间[a,b]上的图形. 当省略区间时,默认区间是$[-2\pi,2\pi]$.

注意:plot 命令也可在同一坐标系内作出几个函数的图形,只要用基本的形式 plot(x1,y1,'s1',x2,y2,'s2'、…)就可绘制出以向量 X_i 和 Y_i 的元素分别为横、纵坐标的曲线. 例如输入:

x = 0:0.1:2

y1 = x.^2;

y2 = sqrt (x)

plot (x,y1,':',x,y2,'−')

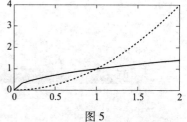

图 5

这样,在同一坐标系内作出了函数 $y = x^2$ 和 $y = \sqrt{x}$ 在区间[0,2]上的图形(图 5).

例 1 作出指数函数 $y = e^x$ 和对数函数 $y = \ln x$ 的图形,观察其单调性和变化趋势.

输入:

ezplot('exp(x)',[−2,2])

可观察到指数函数 $y = e^x$ 的图形(图 6). 观察其单调性和变化趋势.

输入:

ezplot('log(x)',[0,5])

观察自然对数 $y = \ln x$ 的图形(图 7). 观察其单调性和变化趋势.

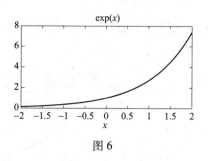

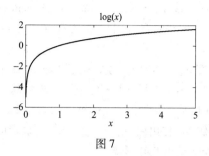

图 6　　　　　　　　　　　　　　　　　图 7

例 2　在同一坐标系内作出函数 $y=\cos x$, $y=\arccos x$ 和 $y=x$ 的图形,观察直接函数和反函数图形之间的关系.

输入命令:

x1 = −1:0.1:1;

y1 = acos(x1);

x2 = 0:0.1:pi;

y2 = cos(x2);

x3 = −1:0.1:pi;

y3 = x3

plot(x1,y1,'b',x2,y2,'k',x3,y3,'r')

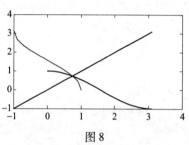

执行后得到输出图 8.

图 8

(2) 在平面直角坐标系中利用曲线参数方程作出曲线的命令　命令 ezplot 的基本形式是:

ezplot (x,y,[α, β])

其中, $x=g(t)$, $y=h(t)$ 是曲线的参数方程,[α, β]是参数 t 的取值范围. 例如输入:

ezplot ('cos(t)','sin(t)',[0,2*pi])

则作出了一个单位圆(图 9).

例 3　作出以参数方程 $x=2\cos t$, $y=\sin t(0\leqslant t\leqslant 2\pi)$ 所表示的曲线的图形.

输入命令:

ezplot('2*cos(t)','sin(t)',[0,2*pi])

可以观察到这是一个椭圆(图 10).

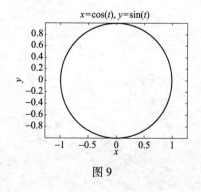

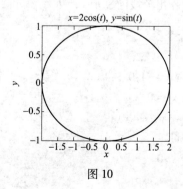

图 9　　　　　　　　　　　　　　　　　图 10

(3) 隐函数作图命令　命令 ezplot 的格式是

ezplot(f(x,y),[xmin,xmax,ymin,ymax])

该命令执行后绘制出由方程 $f(x,y)=0$ 所确定的隐函数在区域:

$$x_{min} \leqslant x \leqslant x_{max}, \qquad y_{min} \leqslant y \leqslant y_{max}$$

内的图形. 命令中的第二项[xmin,xmax,ymin,ymax]给出了变量 x 与 y 的范围. 当省略命令中第二项时,默认变量 x 与 y 的范围均为[$-2\pi,2\pi$].

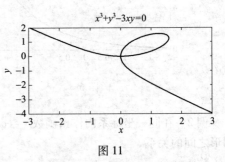
图 11

例 4 作出由方程 $x^3+y^3=3xy$ 所确定的隐函数的图形(笛卡儿叶形线).

输入命令:

ezplot('x^3+y^3-3*x*y',[-3,3,-4,2])

输出为笛卡儿叶形线(图 11).

(4) 分段函数作图 分段函数的定义用到条件语句,而条件语句根据具体条件分支的方式不同,可有多种不同形式的 if 语句块. 这里仅给出较为简单的三种条件语句块.

① if<条件表达式>
  语句体
end

② if<条件表达式>
  语句体 1
else
  语句体 2
end

③ if<条件表达式 1>
  语句体 1
elseif <条件表达式 2>
  语句体 2
else
  语句体 3
end

例 5 作出分段函数 $h(x)=\begin{cases}\cos x, & x \leqslant 0 \\ e^x, & x>0\end{cases}$ 的图形.

输入命令:

```
y = [  ];
for x = -4:0.1:4
if x <= 0
y = [y,cos(x)];
end
if x > 0
y = [y,exp(x)];
end
end
```

x=-4:0.1:4;

　　plot(x,y)

执行后可观察到它的图形(图12).

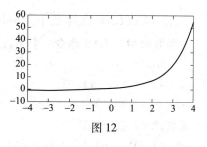

图12

2. 极限的运算

(1)求和命令与求积命令

sum(x):如果 x 是向量,则返回 x 的元素之和;如果 x 是矩阵,则返回矩阵各列之和.

prod(x):如果 x 是向量,则返回 x 的元素之积;如果 x 是矩阵,则返回矩阵各列之积.

例如,求 100! 的近似值. 输入:

　　prod(1：100)

执行后得到:

　　ans=9.3326e+157

(2)求极限命令　命令 limit 用于计算数列或者函数的极限. 其基本形式是:

$$\mathrm{limit}(f(x),x,a)$$

其中,$f(x)$ 是数列或者函数的表达式;a 是自变量 x 的变化趋势. 如果自变量 x 趋向于无穷,则用 inf 代替 a.

对于单侧极限,通过命令 limit 的选项'right' 和'left' 表示自变量的变化方向.

求右极限 $x \to a+0$ 时,用 limit(f(x),x,a,'right').

求左极限 $x \to a-0$ 时,用 limit(f(x),x,a,'left').

求 $x \to +\infty$ 时,用 limit(f(x),x,+inf).

求 $x \to -\infty$ 时,用 limit(f(x),x,-inf).

例6　第一个重要极限 $\lim\limits_{x \to 0} \dfrac{\sin x}{x}$.

输入:

　　ezplot ('sin(x)/x',[-pi,pi])

输出为图13.

观察图13中当 $x \to 0$ 时,函数值的变化趋势. 输入:

　　syms x

　　limit(sin(x)/x,x,0)

输出为1,结论与图形一致.

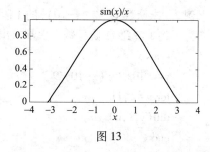

图13

例7　第二个重要极限 $\lim\limits_{n \to \infty}\left(1+\dfrac{1}{n}\right)^n$.

输入:

　　syms n

　　limit((1+1/n)^n,n,inf)

输出为

　　ans=exp(1)

再输入:

　　ezplot ('(1+1/x)^x',[1,100])

输出图为图14.

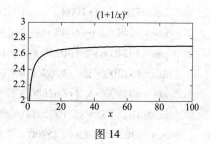

图14

（二）MATLAB 在导数中的应用

求导数的 MATLAB 命令 求导数命令 diff 的常用格式为：

      syms x

      diff（'f(x)',x）

diff（f,x）给出 f 关于 x 的导数,而将表达式 f 中的其他字母看作常量,因此,如果表达式是多元函数,则给出的是偏导数.

diff（'f(x)',x,n）给出 f 关于 x 的 n 阶导数或者偏导数.

例1 用定义求 $g(x)=x^3-3x^2+x$ 的导数.

输入：

      syms x

      diff（'x^3−3∗x^2+x+1',x）

执行后得到导函数：

      ans=3∗x^2−6∗x+1

再输入：

      x=−1:0.1:3;

      y1=x^3−3∗x.^2+x+1

      y2=3∗x^2−6∗x+1

      plot(x,y1,'b',x,y2,'r:')

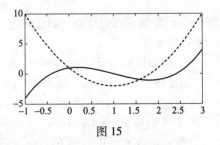

图 15

执行后便得到函数 $y1=g(x)=x^3-3x^2+x$ 和它的导数 $y2=g'(x)=3x^2-6x+1$ 的图形[图 15,图中虚线是曲线 $g'(x)$].

例2 求函数 $x^{10}+2(x-10)^9$ 的 1 阶到 11 阶导数.

为了将 1 阶到 11 阶导数一次都求出来,输入：

      syms x

      y=x^10+2∗(x−10)^9

      for n=1:11

      diff(y,x,n)

      end

输出为：

      y=x^10+2∗(x−10)^9

      ans=10∗x^9+18∗(x−10)^8

      ans=90∗x^8+144∗(x−10)^7

      ans=720∗x^7+1008∗(x−10)^6

      ans=5040∗x^6+6048∗(x−10)^5

      ans=30240∗x^5+30240∗(x−10)^4

      ans=151200∗x^4+120960∗(x−10)^3

      ans=604800∗x^3+362880∗(x−10)^2

      ans=1814400∗x^2+725760∗x−7257600

      ans=3628800∗x+725760

      ans=3628800

ans = 0

求隐函数的导数,由参数方程定义的函数的导数.

例3　求由方程 $3x^2-3xy+y^2+2x+2y+1=0$ 确定的隐函数的导数.

输入:

```
syms x y
z=3*x^2-3*x*y+y^2+2*x+2*y+1;
daoshu=-diff(z,x)/diff(z,y)
```

执行后得到:

```
daoshu=(-6*x+3*y-2)/(-3*x+2*y+2)
```

例4　求由参数方程 $x=e^t\cos t, y=e^t\sin t$ 确定的函数的导数.

输入:

```
syms t
x=exp(t)*cos(t);
y=exp(t)*sin(t);
daoshu=diff(y,t)/diff(x,t)
simple(daoshu)
```

则得到1阶导数:

```
daoshu=(exp(t)*sin(t)+exp(t)*cos(t))/(exp(t)*cos(t)-exp(t)*sin(t))
......
ans=-(sin(t)+cos(t))/(-cos(t)+sin(t))
```

再输入:

```
erjiedaoshu=diff('(cos(t)+sin(t))/(cos(t)-sin(t))')/diff(x,t)
```

得到2阶导数:

…………

```
2*(cos(t)^2+sin(t)^2)/(cos(t)-sin(t))^3/exp(t)
```
　　　即 $\dfrac{2e^{-t}}{(\cos t-\sin t)^3}$

(三) MATLAB 在不定积分中的应用

积分命令

积分命令是 int

int(f)求函数 f 关于 syms 定义的符号变量的不定积分;

int(f,v)求函数 f 关于变量 v 的不定积分.

例1　求 $\displaystyle\int x^2(1-x^3)^4\mathrm{d}x.$

输入:

```
syms x
int('x^2*(1-x^3)^4',x)
```

则得到输出:

```
ans=1/15*x^15-1/3*x^12+2/3*x^9-2/3*x^6+1/3*x^3
```

即

$$\frac{x^3}{3}-\frac{2x^6}{3}+\frac{2x^9}{3}-\frac{x^{12}}{3}+\frac{x^{15}}{15}+C.$$

注意：用 MATLAB 软件求不定积分时，不自动添加积分常数 C.

例 2 求 $\int e^{-3x}\sin5x\mathrm{d}x$.

输入：

> syms x
>
> int('exp(-3*x)*sin(5*x)',x)

得到输出：

> ans=-5/34*exp(-3*x)*cos(5*x)-3/34*exp(-3*x)*sin(5*x)

例 3 求 $\int x^3\arctan x\mathrm{d}x$

输入：

> syms x
>
> int('atan(x)*x^3',x)

则得到输出：

> ans=1/4*x^4*atan(x)-1/12*x^3+1/4*x-1/4*atan(x)

即

$$\frac{1}{4}x^4\arctan x-\frac{x^3}{12}+\frac{x}{4}-\frac{1}{4}\arctan x+C.$$

例 4 求 $\int\frac{\sin x}{x}\mathrm{d}x$.

输入：

> syms x
>
> int('sin(x)/x',x)

则输出为：

> ans=sinint(x)

它已不是初等函数.

(四) MATLAB 在定积分中的应用

1. 定积分命令

MATLAB 命令是 int

int(f,a,b)求函数 f 关于 sym s 定义的符号变量的从 a 到 b 的定积分；

int(f,v,a,b)求函数 f 关于变量 v 的从 a 到 b 的定积分.

例 1 求 $\int_0^2(x-x^2)\mathrm{d}x$.

输入：

> syms x
>
> jf=int('(x-x^2)',x,0,2)

则得到输出：

> jf=-2/3

例 2 求 $\int_0^6|x-2|\mathrm{d}x$.

输入：

> syms x

$$jf = int('abs(x-2)', x, 0, 6)$$

则得到输出:

$$jf = 10$$

例 3　求 $\int_1^2 \sqrt{4 - x^2}\, dx.$

输入:

$$syms\ x$$
$$jf = int('sqrt(4-x^2)', x, 1, 2)$$

则得到输出:

$$jf = 2/3 * pi - 1/2 * 3^\wedge(1/2)$$

例 4　求 $\int_0^2 e^{-x^2}\, dx.$

输入:

$$syms\ x$$
$$jf = int('exp(-x^2)', x, 0, 2)$$

则输出为:

$$jf = 1/2 * erf(2) * pi^\wedge(1/2)$$

其中 erf 是误差函数,它不是初等函数. 改为求数值积分,输入:

$$syms\ x$$
$$quad('exp(-x.^2)', 0, 2)$$

则有结果:

$$ans = 0.8821$$

2. 数值积分命令　quad('f', a, b) 命令是用辛普森法求定积分 $\int_a^b f(x)\, dx$ 的近似值. 其形式为:

$$syms\ x$$
$$quad('f(x)', a, b)$$

例如求定积分 $\int_0^2 \sin x^2 dx$ 的近似值,可以输入:

$$syms\ x$$
$$quad('sin(x.^2)', 0, 2)$$

则输出为:

$$ans = 0.8048$$

3. 变上限积分

例 5　求 $\dfrac{d}{dx} \int_0^{\cos^2 x} w(x)\, dx.$

输入:

$$diff(int('w(x)', 0, (cos(x))^2))$$

则得到输出:

$$ans = -2 * cos(x) * sin(x) * w(cos(x)^2)$$

即

$$-2\cos x\ \sin x\, w(\cos^2 x).$$

注意　这里使用了复合函数求导公式.

4. 定积分的应用

例 6 求曲线 $g(x)=x\sin^2x(0\leq x\leq\pi)$ 与 x 轴所围成的图形分别绕 x 轴和 y 轴旋转所形成的旋转体体积. 用 surf 命令作出这两个旋转体的图形.

在图形绕 x 轴旋转时,体积 $v=\displaystyle\int_0^\pi\pi g^2(x)\,\mathrm{d}x$;

在图形绕 y 轴旋转时,体积 $v=\displaystyle\int_0^\pi 2\pi xg(x)\,\mathrm{d}x$.

输入:

ezplot('x * sin(x)^2',[0,pi])

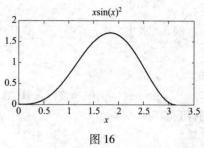

图 16

执行后得到的图形如图 16 所示.

观察 $g(x)$ 的图形. 再输入:

syms x

int('pi * (x * (sin(x))^2)^2',x,0,pi)

则得到:

ans = 1/8 * pi^4−15/64 * pi^2

即

$$\pi\left(-\frac{15\pi}{64}+\frac{\pi^3}{8}\right)$$

又输入:

syms x

int('2 * x^2 * pi * sin(x)^2',x,0,pi)

则得到:

ans = 1/3 * pi^4−1/2 * pi^2

即

$$\frac{\pi^4}{3}-\frac{\pi^2}{2}$$

若输入:

syms x

quad ('2 * pi * (x.^2). * sin(x).^2',0,pi)

则得到体积的近似值为:

ans = 27. 5349

为了作出旋转体的图形,输入:

r=0:0. 1:pi; t=−pi:0. 1:pi;

[r,t]=meshgrid(r,t);

x=r;

z=r. * sin(t). * sin(r).^2;

y=r. * cos(t). * sin(r).^2;

surf(x,y,z)

title ('绕 x 轴旋转');

xlabel ('x 轴');ylabel('y 轴');zlabel('z 轴')

便得到绕 x 轴旋转所得旋转体的图形(图 17).

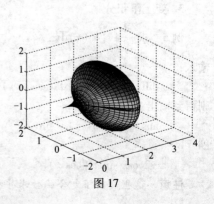

图 17

又输入：

r=0:0.1:pi;t=-pi:0.1:pi;

[r,t]=meshgrid(r,t);

x=r. * cos(t);

z=r. * sin(t);

y=r. * sin(r).^2;

surf(x,y,z)

title ('绕 *y* 轴旋转');

xlabel('*x* 轴');ylabel('*y* 轴');zlabel('*z* 轴')

便得到绕 *y* 轴旋转所得旋转体的图形(图18).

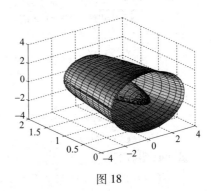

图 18

（五）MATLAB 在微分方程中的应用

1. 求常微分方程的符号解函数

dsolve ('eq1,eq2,⋯','cond1,cond2,⋯','v')

输入符号形式的常微分方程(组)'eq1, eq2, ⋯'及初始条件'cond1, cond2, ⋯';默认的自变量是't',如果要指定自变量'v',则在方程组及初始条件后面加'v',并用逗号分开. 在常微分方程(组)的表达式 eqn 中,大写字母 D 表示对自变量(默认为 t)的微分算子:D=d/dt,

D2=D^2/dt^2,⋯. 算子 D 后面的字母则表示因变量,及待求解的未知函数返回的结果中可能会出现任意常数 C1,C2 等. 若命令找不到解析解,则返回一警告信息,例如,输入下面的方程都可以得到其解：

dsolve('Dx=-a * x')　　　　　　　　　　　% ans=exp(-a * t) * C1

x=dsolve('Dx=-a * x','x(0)=1','s')　　　　% 输出 x=exp(-a * s)

w=dsolve('D3w=-w','w(0)=1,Dw(0)=0,D2w(0)=0')　　% 输出略

[f,g]=dsolve('Df=f+g','Dg=-f+g','f(0)=1','g(0)=2')　% 输出略

对于可以用积分方法求解的微分方程和微分方程组,可用 dsolve 命令来求其通解或特解. 例如要求方程 $y''+y'-2y=0$ 的通解,通过输入：

y=dsolve('D2y+D1y-2 * y=0','x')　　% 一阶导数符号是 D1y 或 Dy,二阶导数符号是 D2y

执行以后就能得到含有两个任意常数 C1 和 C2 的通解：

y=C1 * exp(x)+C2 * exp(-2 * x)

如果想求解微分方程的初值问题： $y''+4y'+3y=0, y|_{x=0}=6, y'|_{x=0}=10$,则只要输入：

y=dsolve('D2y+4 * Dy+3 * y=0','y(0)=6,Dy(0)=10','x')% 用单引号对'' 把方程和初始条件分别括起来.

输出为：

y=-8 * exp(-3 * x)+14 * exp(-x).

例 1　求微分方程 $y''-2y'+5y=e^x\cos2x$ 的通解.

输入：

clear;

simplify(dsolve('D2y-2Dy+5 * y=exp(x) * cos(2 * x)','x'))

便得到通解：

sin(5^(1/2) * x) * C2+cos(5^(1/2) * x) * C1+2/5+1/5 * exp(x) * sin(2 * x)+1/10 * exp(x) *

cos(2 * x)

解微分方程组时的命令格式为：

$$[x,y]=dsolve('Dx=f(x,y)','Dy=g(x,y)')$$

或

$$s=dsolve('Dx=f(x,y)','Dy=g(x,y)')$$

例 2 求微分方程 $xy'+y-e^{-x}=0$ 在初始条件 $y|_{x=1}=2e$ 下的特解．

输入：

    clear;

    dsolve('x*Dy+y-exp(-x)=0','y(1)=2*exp(1)','x')

就可以得到特解：

$$(-exp(-x)+exp(-1)+2*exp(1))/x$$

2. 求常微分方程组初值问题的数值解函数

$$[T,Y]=ode23(odefun,tspan,y0)$$

$$[T,Y]=ode45(odefun,tspan,y0)$$

这两个命令都是求解导数已经能够接触的一阶微分方程 $y'=f(t,y)$ 满足初始条件 $y0$ 的数值解．输入参数 odefun 为 M 文件定义的函数或 inline 格式的函数 $f(t,y)$；tspan $=[t0,tf]$ 表示求解区间（从 t0 到 tf）．输出的解矩阵 Y 中的每一行对应于返回的时间列向量 T 中的一个时间点．获得问题在其他指定时间点 t0,t1,t2,… 上的解，则令 tspan $=[t0,t1,t2,…,tf]$（要求是单调的）.

对于不可以用积分方法求解的微分方程初值问题，可以用二三阶龙格-库塔法 ode23 或四五阶龙格-库塔法 ode45 命令来求其数值解．

例 3 要求方程 $y'=y^2+x^3,y|_{x=0}=0.5$ 的近似解（$0 \le x \le 1.5$）.

输入：

    fun=inline('y^2+x^3','x','y');

    ode23(fun,[0,1.5],0.5)%

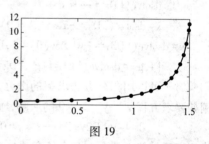

绘制初值问题的数值解曲线，命令中的 $[0,1.5]$ 表示 x 相应的区间，0.5 表示 y 的初值．

输出见图 19，图 19 中圆圈表示计算过程中选取的结点．要得到结点处的坐标，输入：

    [x,y]=ode23(fun,[0,1.5],0.5);

    [x,y]%显示结点处的坐标

图 19

输出为：

ans =

0	0.5000
0.1500	0.5407
0.3000	0.5904
0.4500	0.6566
0.6000	0.7526
0.7408	0.8893
0.8658	1.0735
0.9763	1.3164
1.0732	1.6285
1.1570	2.0208

1.2287	2.5060
1.2895	3.0994
1.3406	3.8206
1.3833	4.6946
1.4188	5.7522
1.4484	7.0321
1.4728	8.5813
1.4930	10.4578
1.5000	11.3080

因为用 ode23 或 ode45 命令得到的输出是解 $y=y(x)$ 的近似值. 首先在区间 $[0,1.5]$ 内插入一些列点 $x_1, x_2, \cdots, x_n$,计算出在这些点上函数的近似值 $y_1, y_2, \cdots, y_n$,再通过插值方法得到 $y=y(x)$ 在区间上的近似解. 因此 ode23 或 ode45 命令的输出只能用省略的形式给出. 可以通过作图对函数作进一步的了解.

（六）MATLAB 在空间解析几何图形绘制中的应用

1. 三维曲线的绘制

命令 plot3 主要用于绘制三维曲线,它的使用格式和 plot 完全相似. 该命令的基本形式是:

　　plot3(x,y,z,'s')

例1　一条空间螺旋线的参数方程是 $x=\cos t$, $y=\sin t$, $z=t/10$ ($0 \leqslant t \leqslant 8\pi$),作出其图形.

输入:

　　t=0:0.1:8*pi

　　x=cos(t);

　　y=sin(t);

　　z=t/10;

　　plot3(x,y,z)

　　xlabel('x'); ylabel('y'); zlabel('z')

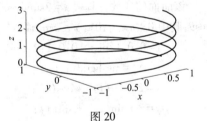

图 20

则输出了一条螺旋线(图 20).

2. 三维曲面网线图与曲面图的绘制　MATLAB 绘制曲面图要比绘制曲线图相对复杂,这里只做简单的介绍. 在绘制网线图与曲面图时,最常用的基本形式是:

　　(1) [x,y]=meshgrid(x,y)

　　(2) Z=f(x,y)

　　(3) mesh(X,Y,Z)　　%绘制网线图

　　(4) surf(X,Y,Z)　　%绘制曲面图

例2　画出曲面 $z=x^2+y^2$ 的图形.

输入:

　　x=-2:0.1:2;

　　y=-2:0.1:2;

　　[x,y]=meshgrid(x,y);

　　z=x.^2+y.^2;

　　surf(x,y,z)

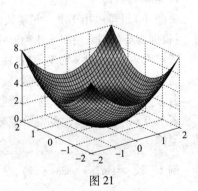

图 21

得到曲面 $z=x^2+y^2$(图 21).

又如,参数方程:$x=2\sin\varphi\cos\theta, y=2\sin\varphi\sin\theta, z=2\cos\varphi$ 是以原点为中心,2 为半径的球面,其中 $0\leqslant\varphi\leqslant\pi, 0\leqslant\theta\leqslant2\pi$,因此只需输入:

```
t=0:0.1:pi;
r=0:0.1:2*pi;
[r,t]=meshgrid(r,t);
x=2*sin(t).*cos(r);
y=2*sin(t).*sin(r);
z=2*cos(t);
surf(x,y,z)
```

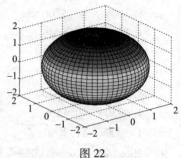

图 22

便得出了方程为 $x^2+y^2+z^2=2^2$ 的球面(图 22).

绘制二元函数图形也可用简捷绘制的 ezsurf 指令,它的使用格式是:

```
ezsurf(f(x,y),[a,b,u,v])
```

即可绘制函数在区域 $[a,b]\times[u,v]$ 上的图形. 当省略区域时,默认区间是 $[-2\pi, 2\pi]\times[-2\pi, 2\pi]$. 例如输入:

```
ezsurf('x*exp(-x^2-y^2)')
```

$x\exp(-x^2-y^2)$

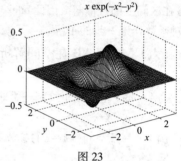

则输出图形如图 23 所示.

例 3 做椭圆 $\dfrac{x^2}{4}+\dfrac{y^2}{9}+\dfrac{z^2}{1}=1$ 的图形.

图 23

该曲面的参数方程式 $x=2\sin u\cos v, y=3\sin u\sin v, z=\cos u$,其中 $0\leqslant u\leqslant\pi, 0\leqslant v\leqslant2\pi$. 输入:

```
t=0:0.1:pi;r=0:0.1:2*pi;
[r,t]=meshgrid(r,t);
x=2*sin(t).*cos(r);
y=3*sin(t).*sin(r);
z=cos(t);
surf(x,y,z)
```

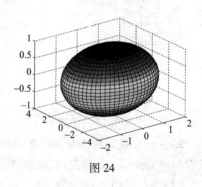

输出如图 24 所示.

图 24

(七) MATLAB 在多元函数微分中的应用

1. 求偏导数命令

命令 diff 既可以用于求一元函数的导数,也可以用于求多元函数的偏导数. 用于求偏导数时,可根据需要分别采用如下几种形式.

若求 $f(x, y, z)$ 对 x 的偏导数,输入　　　　diff(f(x,y,z),x)

若求 $f(x, y, z)$ 对 y 的偏导数,输入　　　　diff(f(x,y,z),y)

若求 $f(x, y, z)$ 对 x 的二阶偏导数,输入　　diff(diff(f(x,y,z),x),x)或 diff(f(x,y,z),x,2)

若求 $f(x, y, z)$ 对 x,y 的混合偏导数,输入　diff(diff(f(x,y,z),x),y)

其余类推.

例 1 设 $z=\sin(xy)+\cos^2(xy)$,求 $\dfrac{\partial z}{\partial x}, \dfrac{\partial z}{\partial y}, \dfrac{\partial^2 z}{\partial x^2}, \dfrac{\partial^2 z}{\partial x\partial y}$.

输入：

```
syms x y
z=' sin( x * y)+( cos( x * y))^2'
diff( z,x)
diff( z,y)
diff( z,x,2)
diff( diff( z,x) ,y)
```

便依次得到函数表达式及所求的四个偏导数结果：

```
z=sin( x * y)+( cos( x * y))^2
ans=cos( x * y) * y-2 * cos( x * y) * sin( x * y) * y
ans=cos( x * y) * x-2 * cos( x * y) * sin( x * y) * x
ans=-sin( x * y) * y^2+2 * sin( x * y)^2 * y^2-2 * cos( x * y)^2 * y^2
ans=-sin( x * y) * x * y+cos( x * y)+2 * sin( x * y)^2 * x * y-2 * cos( x * y)^2 * x * y
 -2 * cos( x * y) * sin( x * y)
```

例 2 设 $\begin{cases} x=e^u+u\sin v, \\ y=e^u-u\cos v, \end{cases}$ 求 $\dfrac{\partial u}{\partial x},\dfrac{\partial u}{\partial y},\dfrac{\partial v}{\partial x},\dfrac{\partial v}{\partial y}$

输入：

```
syms x y u v
F=' exp( u) +u * sin( v) -x' ;
G=' exp( u) -u * cos( v) -y' ;
a=diff( F,x) ;
b=diff( F,y) ;
c=diff( F,u) ;
d=diff( F,v) ;
e=diff( G,x) ;
f=diff( G,y) ;
g=diff( G,u) ;
h=diff( G,v) ;
A=[ a,e;d,h] ;
B=[ b,f;d,h] ;
C=[ c,g;a,e] ;
D=[ c,g;b,f] ;
E=[ c,g;d,h] ;
uduix=-det( A) /det( E)
uduiy=-det( B) /det( E)
vduix=-det( C) /det( E)
vduiy=-det( D) /det( E)
```

输出依次得到 $\dfrac{\partial u}{\partial x},\dfrac{\partial u}{\partial y},\dfrac{\partial v}{\partial x},\dfrac{\partial v}{\partial y}$ 为：

```
uduix=u * sin( v) /( u * sin( v) * exp( u) +u * sin( v)^2-u * cos( v) * exp( u) +u * cos( v)^2)
```

uduiy=-u*cos(v)/(u*sin(v)*exp(u)+u*sin(v)^2-u*cos(v)*exp(u)+u*cos(v)^2)

vduix=(-exp(u)+cos(v))/(u*sin(v)*exp(u)+u*sin(v)^2-u*cos(v)*exp(u)+u*cos(v)^2)

vduiy=(exp(u)+sin(v))/(u*sin(v)*exp(u)+u*sin(v)^2-u*cos(v)*exp(u)+u*cos(v)^2)

2. 微分学的几何应用

例 3 求曲面 $k(x,y)=\dfrac{4}{x^2+y^2+1}$ 在点 $\left(\dfrac{1}{4},\dfrac{1}{2},\dfrac{64}{21}\right)$ 处的平面方程,并把曲面和它的切平面作在同一坐标系里.

输入:

```
syms x y z
F='4/(x^2+y^2+1)-z';
f=diff(F,x);
g=diff(F,y);
h=diff(F,z);
x=1/4;
y=1/2;
z=64/21;
a=eval(f);
b=eval(g);
c=eval(h);
x=-1:0.1:1;
y=-1:0.1:1;
[x,y]=meshgrid(x,y);
z1=a*(x-1/4)+b*(y-1/2)+64/21;
z2=4*(x.^2+y.^2+1).^(-1);
mesh(x,y,z1)
hold on
mesh(x,y,z2)
```

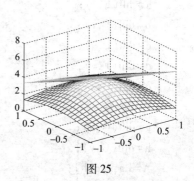

图 25

可得到曲面与切平面的图形(图 25).

(八) MATLAB 在多元函数积分中的应用

1. 重积分的计算

命令 int 也可以用于计算重积分,例如要计算 $\int_0^1\int_0^x xy^2\mathrm{d}y\mathrm{d}x$,输入:

```
syms x y;
int(int(x*y^2,y,0,x),x,0,1)
```

得到:

```
ans=1/15
```

用于计算三重积分时,命令 int 的使用格式于此类似.

由此可见,用 MATLAB 计算重积分,关键是确定各个积分限.

例1　计算 $\iint\limits_{D} xy^2\mathrm{d}x\mathrm{d}y$，其中 D 为由 $x+y=2,x=\sqrt{y},y=2$ 所围成的有界区域．先做出区域 D 的草图,手工就可以确定积分限．应先对 x 积分,输入:

```
syms x y;
int（int（x*y^2, x, 2-y, sqrt(y)),y,1,2)
```

输出为 193/120.

例2　计算三重积分 $\iiint\limits_{\Omega}(x^2+y^2+z)\mathrm{d}x\mathrm{d}y\mathrm{d}z$，其中 Ω 由曲面 $z=\sqrt{2-x^2-y^2}$ 与 $z=\sqrt{x^2+y^2}$ 围成．

先做出区域 Ω 的图形．输入:

```
[x,y]=meshgrid(-1:0.05:1);
z=sqrt(x.^2+y.^2);
surf(x,y,z)
hold on
z=sqrt(2-x.^2-y.^2);
surf(x,y,z)
```

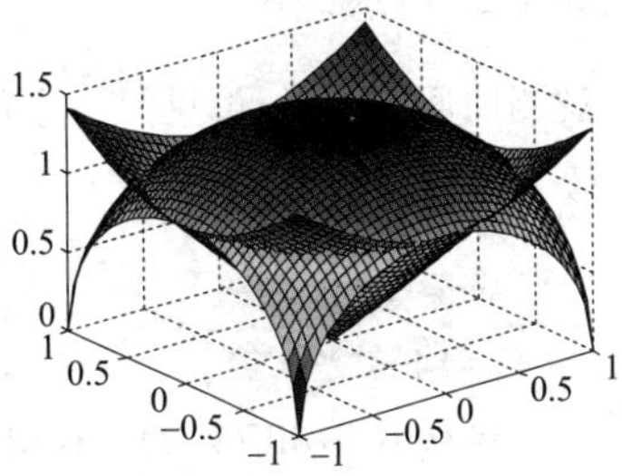

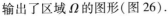

图 26

输出了区域 Ω 的图形(图 26).

参照图形,可以用手工确定积分限．如果用直角坐标,则输入:

```
clear;
syms x y z
f=x^2+y^2+z;
int(int(int(f, z,sqrt(x^2+y^2), sqrt(2-x^2+y^2)), y,-sqrt(1-x^2),sqrt(1-x^2)),x,-1,1)
```

执行后未得到明确结果．改用柱坐标和球坐标计算．用柱坐标计算时输入:

```
clear;
syms r s z
f=(r^2+z)*r;
int（int（int（f,z,r,sqrt(2-r^2)),r, 0, 1),s,0,2*pi)
```

输出为:

$$-5/6*pi+16/15*2^{(1/2)}*pi$$

用球坐标计算时输入;

```
clear;
syms r t s
f=(r^2*sin(t)^2+r*cos(t))*r^2*sin(t)
simple(int(int(int(f,r,0,sqrt(2)),t,0,pi/4),s,0,2*pi))
```

输出为:

$$-5/6*pi+16/15*2^{(1/2)}*pi$$

与柱坐标的结果相同.

2. 二元函数的数值积分

函数 dblquad 的功能是求矩形区域上二元函数的数值积分．其格式为:

```
q=dblquad(fun, xlower, xupper, ymin, ymax, tol)
```

最后一个参数的意义是用指定的精度 tol 代替默认精度 10^{-6},在进行计算.

例如输入:

```
dblquad(inline('sqrt(max(1-(x.^2+y.^2),0))')),-1,1,-1,1)
```

输出为:

ans = 2. 0944

3. 重积分的应用

例3 求曲面 $z = 4 - x^2 - y^2$ 在 xOy 平面上的面积 S.

输入:

```
clf,clear;
syms x y z
ezsurf('4-x^2-y^2')
```

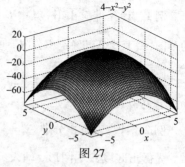

图27

输出如图27所示.

观测曲面的图形,可见是一个旋转抛物面. 计算曲面面积公式是 $\iint\limits_{D_{xy}}\sqrt{1 + z_x^2 + z_y^2}\,\mathrm{d}x\mathrm{d}y$.

输入:

```
syms x y;
z='4-x^2-y^2';
f=sqrt(1+diff(z,x)^2+diff(z,y)^2)
```

输出为:

```
f=(1+4*x^2+4*y^2)^(1/2)
```

因此用极坐标计算.

输入:

```
syms r t
f='sqrt(1+4*r^2)*r';
A=int(int(f,r,0,2),t,0,2*pi)
```

输出为:

```
A=17/6*17^(1/2)*pi-1/6*pi
```

例4 在 xOz 平面内有一个半径为 2 的圆,它与 z 轴在原点 O 相切,求它绕 z 轴旋转一周所得旋转体的体积.

因为圆的方程为 $x^2 + z^2 = 4x$,它绕 z 轴旋转所得的圆环面的方程为 $(x^2 + y^2 + z^2)^2 = 16(x^2 + y^2)$,所以圆环面的球坐标方程为 $r = 4\sin\varphi$. 它的体积可以用球坐标下的三重积分计算. 输入:

```
clear;
syms r s t
f='r^2*sin(t)';
int(int(int(f,r,0,4*sin(t)),t,0,pi),s,0,2*pi)
```

得到这个旋转体的体积为 $16\pi^2$.

4. 计算曲线积分

例5 求 $\int_L f(x,y,z)\,\mathrm{d}s$,其中 $f(x,y,z) = \sqrt{1 + 30x^2 + 10y}$,路径 L 为:$x = t, y = t^2, z = 3t^2, 0 \leqslant t \leqslant 2$.

把曲线积分化为定积分. 因为 $\mathrm{d}s = \sqrt{x_t^2 + y_t^2 + z_t^2}\,\mathrm{d}t$,输入:

```
clear;
syms t;
x=t; y=t^2; z=3*t^2;
f=sqrt(1+30*x^2+10*y);
```

```
f1 = f * sqrt( diff( x,t)^2+diff( y,t)^2+diff( z,t)^2)
s = int( f1,t,0,2)
```

得到曲线积分结果为 $s = 326/3$.

5. 计算曲面积分

例 6　计算曲面面积 $\oiint\limits_{\Sigma} x^3 \mathrm{d}y\mathrm{d}z + y^3 \mathrm{d}z\mathrm{d}x + z^3 \mathrm{d}x\mathrm{d}y$，其中 $\sum$ 为球面 $x^2+y^2+z^2=a^2$ 的外侧.

可以利用两类曲面积分的关系，化作对曲面面积的曲面积分 $\iint\limits_{\Sigma} \vec{A} \cdot \vec{n}\mathrm{d}S.$ 这里 $A = \{x^3, y^3, z^3\}$，$\vec{n} = \{x,y,z\}/a$. 因为球坐标的体积元素 $\mathrm{d}v = r^2 \sin\varphi \mathrm{d}r\mathrm{d}\varphi\mathrm{d}\theta$，注意到在球面 $\sum$ 上 $r=a$，取 $\mathrm{d}r=1$ 后得到面积元素的表示式：$\mathrm{d}S = a^2 \sin\varphi\mathrm{d}\varphi\mathrm{d}\theta (0 \leqslant \varphi \leqslant \pi, 0 \leqslant \theta \leqslant 2\pi)$，把对面积的曲面积分直接化成对 φ, θ 的二重积分.

输入：

```
clear;
syms x y z r s t a real
A = [ x^3,y^3,z^3];
n = [ x,y,z]./a;
x = a * sin( s) * cos( t);
y = a * sin( s) * sin( t);
z = a * cos( s);
A = eval( A);
n = eval( n);
ds = a^2 * sin( s);
f1 = dot( A,n);
int( int( f1 * ds,t,0,2 * pi),s,0,pi)
```

输出为：

```
12/5 * a^5 * pi
```

如果用高斯公式计算，则化为三重积分 $\iiint\limits_{\Omega} 3(x^2 + y^2 + z^2)\mathrm{d}v$，其中 Ω 为 $x^2+y^2+z^2 \leqslant a^2$.

采用球坐标计算，输入：

```
clear;
syms x y z r s t a
f = 3 * ( x^2+y^2+z^2);
x = r * sin( s) * cos( t);
y = r * sin( s) * sin( t);
z = r * cos( s);
f = eval( f);
int( int( int( f * r^2 * sin( s),t,0,2 * pi),s,0,pi),r,0,a)
```

输出结果相同.

（曹　莉）

练习题参考答案

练习题 1-1

1. $e^{x^2-2x}-x+2$.

2. $-\ln 2$；$1+e$；定义域为 $(0,+\infty)$；值域为 $(-\infty,0]\cup(2,+\infty)$.

3. 0.375；1.25；2.

4. （1）不同；（2）相同；（3）不同.

5. （1）$y=\dfrac{1-x}{1+x}$，定义域：$(-\infty,-1)\cup(-1,+\infty)$； （2）$y=\dfrac{1}{3}\arcsin\dfrac{x}{2}$，定义域：$[-2,2]$；

　 （3）$y=a^{x-1}-2$，定义域：$(-\infty,+\infty)$； （4）$y=\ln\dfrac{x}{1-x}$，定义域：$(0,1)$.

6. （1）偶函数；（2）奇函数；（3）奇函数.

7. （1）$y=u^{\frac{3}{2}},u=\sin v,v=x-1$； （2）$y=3\ln u,u=1+\sqrt{v},v=1+x^2$；

　 （3）$y=e^u,u=-x^2$； （4）$y=\arccos u,u=v^2,v=\dfrac{x}{a}+1$；

　 （5）$y=5^u,u=v^4,v=x^2+1$； （6）$y=\sin u,u=\tan v,v=x^2+x-1$.

8. $f[f(x)]=\begin{cases}-x, & -1<x<0,\\ 2, & x=0,\\ x, & 0<x<1,\\ x^4+2x^2+2, & |x|\geqslant 1.\end{cases}$

练习题 1-2

1. （1）收敛于 1；（2）收敛于 0；（3）收敛于 0；（4）发散.

2. （1）0；（2）0；（3）0；（4）0.

3. 存在，1.

4. 0；不存在；4.

5. （1）不是；（2）是；（3）是；（4）不是；（5）不是；（6）不是.

6. 0；0.

7. 略.

8. （1）$x\to-1$；（2）$x\to-\infty$；（3）$x\to 0^+$；（4）$x\to k\pi+\dfrac{\pi}{2}$.

练习题 1-3

1. （1）-9；（2）0；（3）27；（4）x；（5）$\dfrac{1}{3}$；（6）0；（7）$\dfrac{1}{27}$；（8）1；（9）$\dfrac{1}{2}$；（10）2.

2. （1）∞；（2）∞.

3. （1）$\sqrt{5}$；（2）$-\dfrac{1}{2}$.

4. （1）$\dfrac{1}{2}$；（2）2；（3）1；（4）$\dfrac{1}{\pi}$；（5）1；（6）0；（7）e^{-3}；（8）e^2；（9）e^{-2}；（10）e^2；（11）$e^{\frac{1}{2}}$；（12）1.

5. $(1-\cos x)^2$ 是比 $\tan^2 x$ 高阶的无穷小.

6. 证略.

7. (1) $\dfrac{8}{27}$;(2) 4;(3) 2;(4) $\dfrac{1}{4}$.

练习题 1-4

1. $(-\infty,-1)\cup(-1,3)\cup(3,+\infty)$;$\dfrac{-1}{4}$;$\dfrac{-1}{3}$;$\infty$.

2. (1) $x=3$ 可去间断点,$x=2$ 无穷型间断点(第 Ⅱ 类);(2) $x=0$ 可去间断点,$x=k\pi,k=\pm 1,\pm 2,\cdots$无穷型间断点,属于第 Ⅱ 类间断点;(3) $x=0$ 无穷型间断点,属于第 Ⅱ 类间断点;(4) $x=1$ 跳跃型间断点,属第 Ⅰ 类.

3. $a=-1$.

4. (1) $\mathrm{e}^{\frac{1}{4}}$;(2) 1;(3) $\ln 2$;(4) $\dfrac{1}{2}$.

5. 略.

6. 略.

总练习题一

一、1. C;2. C;3. B;4. D;5. B.

二、1. $0,g(x)$;2. $\dfrac{\pi}{2}$;3. $\dfrac{3}{2}$;4. $\pi-\mathrm{e}$.

三、1. (1) $\dfrac{\pi}{6}$;(2) $-\dfrac{1}{2}$;(3) e^3;(4) $-\dfrac{1}{4}$;(5) $\ln 2+\ln 3$;(6) $-\dfrac{1}{2}$.

2. $a=0$.

3. $2x^8+x^2+3x$.

4. 证略.

练习题 2-1

1. (1) 错误;(2) 正确;(3) 错误;(4) 错误;(5) 错误;(6) 错误.

2. $t=1,\bar{v}=\Delta t+54$;$t=1,\Delta t=0.1$ 时,$\bar{v}=54.1$;$t=1,\Delta t=0.01$ 时,$\bar{v}=54.01$;$t=1$ 时,$v=54$.

3. (1) -4;   (2) 8;   (3) $-\dfrac{1}{8}$;   (4) -2.

4. 函数 $y=f(x)$ 在 x_0 点右可导,但在 x_0 点未必可导.

5. (1) $f(x)$ 在 $x=0$ 点处可导,$f'(0)=1$;   (2) $f(x)$ 在 $x=0$ 点处不可导.

6. 切线方程为 $y=2x-1$;法线方程为 $x+2y=3$.

7. $(-2,-8),(2,8)$.

8. 提示:切线在 x 轴,y 轴上的截距分别为 $2x_0,\dfrac{2}{x_0}$. 面积为 $S=\dfrac{1}{2}\cdot 2x_0\cdot\dfrac{2}{x_0}=2$.

9. $a=3,b=-2$.

10. 函数 $f(x)$ 在 a 点处可导,其导数为 $f'(a)=\varphi(a)$.

练习题 2-2

1. (1) 错误;(2) 正确;(3) 错误;(4) 错误;(5) 错误;(6) 错误;(7) 错误;(8) 正确.

2. (1) $6x+\dfrac{1}{\sqrt{x}}$；　　　　(2) $ax^{a-1}+a^x\ln a$；　　　　(3) $\dfrac{x\ln x+1}{x}\mathrm{e}^x$；

　(4) $x\cos x$；　　　　(5) $-\dfrac{2}{x(1+\ln x)^2}$；　　　　(6) $\ln x+1+\dfrac{1-\ln x}{x^2}$.

3. (1) $f'(-1)=3,f'(0)=1,f'(1)=1.$

　(2) $f'\left(\dfrac{\pi}{6}\right)=\dfrac{1}{2},f'\left(\dfrac{\pi}{8}\right)=\dfrac{\sqrt{2}}{2},f'\left(\dfrac{\pi}{4}\right)=0.$

4. $\begin{cases}1,&x<1,\\2x,&x>1.\end{cases}$

5. (1) $100(2x+1)^{49}$；　　　(2) $\dfrac{2\sqrt{x}+1}{4\sqrt{x^2+x\sqrt{x}}}$；　　　(3) $2x\cos x^2+2\sec^2 x\tan x$；

　(4) $(2\cos 2x-\sin 2x)\mathrm{e}^{-x}$；　　(5) $\dfrac{1}{2\sqrt{x}(1+x)(1+x^2)}-\dfrac{2x\arctan\sqrt{x}}{(1+x^2)^2}$；　　(6) $-\dfrac{\sin(\ln x)}{x}-\tan x$.

6. (1) $-\dfrac{y^2}{1+xy}$；　　　　(2) $\dfrac{1}{1-\cos y}$；　　　　(3) $x^{\tan x}\left(\sec^2 x\ln x+\dfrac{\tan x}{x}\right)$；

　(4) $\dfrac{1}{2}\sqrt{\dfrac{(x+1)(x+2)}{\sin x\cos x}}\left(\dfrac{1}{x+1}+\dfrac{1}{x+2}-\cot x+\tan x\right)$；　　(5) $\dfrac{\sin t+\cos t}{\cos t-\sin t}$；

　(6) $\dfrac{2+t}{3(1+t)t^2}$.

7. $y'=\dfrac{\mathrm{e}^x-y\cos(xy)}{\mathrm{e}^y+x\cos(xy)};y'\big|_{x=0}=1.$

8. (1) $2\mathrm{e}^x\cos x$；　　　(2) $2\arctan x+\dfrac{2x}{1+x^2}$；　　　(3) $-2\csc^2(x+y)\cot^3(x+y)$；

　(4) $2\dfrac{x^2+y^2}{(x-y)^3}$；　　　(5) $\dfrac{4}{9}\mathrm{e}^{3t}$；　　　(6) $\dfrac{2(1+t^2)}{(1-t)^5}$.

9. 提示：$y'=(\cos x-\sin x)\mathrm{e}^x,y''=-2\mathrm{e}^x\sin x.$

10. $2\varphi(a).$

11. $2f(\ln x)+3f'(\ln x)+f''(\ln x).$

12. $(-1)^{n-1}(n-x)\mathrm{e}^{-x}.$

13. 提示：x 轴上的截距：$x_0+\sqrt{x_0y_0}$；y 轴上的截距：$y_0+\sqrt{x_0y_0}$.

练习题 2-3

1.(1) 正确；(2) 正确；(3) 错误；(4) 正确；(5) 错误.

2. (1) $(\sin x+x\cos x-2\sin 2x)\mathrm{d}x$；　　(2) $-\dfrac{1+2\ln x}{x^3}\mathrm{d}x$；　　(3) $\mathrm{d}x$；

　(4) $0.005.$　　　(5) $\left(\dfrac{\mathrm{e}^x}{1+\mathrm{e}^{2x}}+\dfrac{2x}{1+x^2}\right)\mathrm{d}x$；　　(6) $\dfrac{1+x}{\sqrt{1+x^2}}\mathrm{d}x$；

　(7) $-2xf'(\cos^2 x^2)\sin 2x^2\mathrm{d}x$；　　(8) $\dfrac{\mathrm{e}^x+y}{\mathrm{e}^y-x}\mathrm{d}x$.

3. $0.5.$

4. (1) $2\sqrt{x}+C$；　　(2) $-\dfrac{1}{x}+C$；　　(3) $kx+C$；　　(4) $-\mathrm{e}^{-x}+C$.

5. $10.0033;0.484.$

6. 约 25.12cm^3.

练习题 2-4

1. 略.

2. 只有两个实根,其范围为$(-1,1)$,$(1,3)$.

3. 提示:设$f(x)=a_0x^n+a_1x^{n-1}+\cdots+a_{n-1}x$,在闭区间$[0,x_0]$上用罗尔定理.

4. 略.

5. 提示:(1) $f(x)=x^3$,在$[a,b]$上用拉格朗日中值定理;

   (2) $f(x)=\sin x$,在$[a,b]$或$[b,a]$上用拉格朗日中值定理;

   (3) 设函数$f(t)=e^t$,在$[0,x]$上用拉格朗日中值定理.

6. 提示:(1) $f(x)=\arctan x+\arctan\dfrac{1}{x}$,在$(0,+\infty)$内用拉格朗日中值定理推论;

   (2) 设函数$f(x)=\arctan\dfrac{1-x}{1+x}+\arctan\dfrac{1+x}{1-x}$,在$(-1,1)$内用拉格朗日中值定理推论.

7. 提示:设函数$F(x)=xf(x)$,在闭区间$[a,b]$上用拉格朗日中值定理.

8. 略.

9. (1) $\dfrac{1}{2}$;　　(2) -2;　　(3) 1;　　(4) $-\dfrac{1}{8}$;　　(5) 0;　　(6) 0;

   (7) 0;　　(8) $+\infty$;　　(9) 1;　　(10) 1;　　(11) e^{-1};　　(12) e^2.

练习题 2-5

1. (1) $(-1,3)$单调递减,$(-\infty,-1)$和$(3,+\infty)$单调递增;

   (2) $\left(0,\dfrac{1}{2}\right)$单调递减,$\left(\dfrac{1}{2},+\infty\right)$单调递增;

   (3) $(-\infty,0)$和$(2,+\infty)$单调递减,$(0,2)$单调递增;

   (4) $(0,1)$单调递增,$(1,+\infty)$单调递减.

2. (1) 凸区间为$\left(-\infty,\dfrac{5}{3}\right)$,凹区间为$\left(\dfrac{5}{3},+\infty\right)$,拐点为$\left(\dfrac{5}{3},\dfrac{20}{27}\right)$;

   (2) 凹区间为$(-\infty,0)$,凸区间为$(0,+\infty)$,拐点为$(0,0)$;

   (3) 凹区间为$(-\infty,-3)$,$(0,3)$,凸区间为$(-3,0)$,$(3,+\infty)$,拐点为$\left(-3,-\dfrac{9}{4}\right)$,

   $(0,0)$,$\left(3,\dfrac{9}{4}\right)$;

   (4) 凸区间为$(-\infty,5)$,凹区间为$(5,+\infty)$,拐点为$(5,11)$.

3. (1) 极小值$f(-1)=-2$,极大值$f(1)=2$;　　　　(2) 极小值$f(0)=0$;

   (3) 极小值$f(-1)=-\dfrac{1}{2}$,极大值$f(1)=\dfrac{1}{2}$;　　(4) 极大值$f(2)=3$,极小值为$f(3)=0$.

4. $a=2$. 极大值$f\left(\dfrac{\pi}{3}\right)=\sqrt{3}$.

5. (1) 提示:设$f(x)=\ln(1+x)-x+\dfrac{x^2}{2}$,利用函数的单调性证$f(x)>0$.

   (2) 提示:设$f(x)=x-\sin x$,$g(x)=\sin x-x+\dfrac{x^3}{6}$,利用函数的单调性证$f(x)>0$,$g(x)>0$.

6. 单调递减区间为$(-\infty,-1)$和$(1,+\infty)$,单调递增区间为$(-1,1)$;凹区间为$(-2,1)$和$(1,+\infty)$,凸区

间为$(-\infty,-2)$;极小值$y(-1)=\dfrac{1}{2}$;拐点为$\left(-2,\dfrac{5}{9}\right)$.

7. $a=-\dfrac{3}{2},b=\dfrac{9}{2},c=0$. 曲线方程为$y=-\dfrac{3}{2}x^2+\dfrac{9}{2}x^2$.

8. （1）最大值为$y(1)=2$;最小值为$y(-1)=-10$;

（2）最小值为$y(-3)=27$,无最大值.

9. $t\approx1.1630$时,血药浓度最高,且最高血药浓度约为28.9423.

10. $t=1.66$(月) 时,婴儿的体重增长率v最快.

11. 均为$\sqrt{2}R$,圆内接矩形的面积最大,最大面积为$2R^2$.

练习题 2-6

1. $\sqrt{x}=2+\dfrac{1}{4}(x-4)-\dfrac{1}{64}(x-4)^2+\dfrac{1}{512}(x-4)^3-\dfrac{5}{128\xi^{\frac{7}{2}}}(x-4)^4,\xi$在$4$与$x$之间.

2. $\dfrac{1}{x}=-1-(x+1)-(x+1)^2-\cdots-(x+1)^n+\dfrac{(-1)^{n+1}(x+1)^{n+1}}{[-1+\theta(x+1)]^{n+2}},0<\theta<1$.

3. $\sin2x=2x-\dfrac{2^3}{3!}x^3+\dfrac{2^5}{5!}x^5-\cdots+\dfrac{(-1)^{m-1}2^{2m-1}}{(2m-1)!}x^{2m-1}+\dfrac{2^{2m+1}\sin\left(\theta x+\dfrac{2m+1}{2}\pi\right)}{(2m+1)!}x^{2m+1},0<\theta<1$.

4. $xe^{-x}=x-x^2+\dfrac{1}{2!}x^3+\cdots+\dfrac{(-1)^n}{n!}x^{n+1}+\dfrac{(-1)^{n+1}e^{-\theta x}}{(n+1)!}x^{n+2},0<\theta<1$.

5. $\sin18°\approx0.30899$,误差约不超过2.55×10^{-5}.

6. $\sqrt{e}\approx1.646$,误差不超过10^{-2}.

总练习题二

一、1. B; 2. A; 3. C; 4. D; 5. B; 6. D.

二、1. 2; 2. $(2t+1)e^{2t}$; 3. $-\dfrac{1}{2}$; 4. $\dfrac{(-1)^n2\cdot n!}{(1+x)^{n+1}}$; 5. 1;

6. $1-2x+\dfrac{2^2}{2!}x^2-\cdots+\dfrac{(-1)^n2^n}{n!}x^n+\dfrac{(-1)^{n+1}2^{n+1}e^{-2\theta x}}{(n+1)!}x^{n+1}(0<\theta<1)$.

三、1. $\varphi(a)=0$时,$f(x)$在$x=a$点的可导;$\varphi(a)\neq0$时,$f(x)$在$x=a$点的不可导.

2. （1）$\dfrac{\ln x-2}{x^2}\sin2\left(\dfrac{1-\ln x}{x}\right)$; （2）$\dfrac{1}{8}\sqrt{x\sqrt{1-e^{-\sqrt{x}}}}\sin^2 x\left(\dfrac{4}{x}+\dfrac{1}{\sqrt{x}(e^{\sqrt{x}}-1)}+8\cot x\right)$;

（3）$\dfrac{\pi}{4}$; （4）$\dfrac{x}{\sqrt{x^2-a^2}}$;

（5）$(\ln2-1)\mathrm{d}x$; （6）$[\pi^x\ln\pi+\pi x^{\pi-1}-x^x(\ln x+1)]\mathrm{d}x$.

3. $\dfrac{720e^{-\frac{2}{3}t}}{(1+30e^{-\frac{2}{3}t})^2}$.

4. （1）$-\dfrac{4}{\pi^2}$; （2）1; （3）$\dfrac{1}{2}$; （4）e^{-1}.

5. $(1,+\infty)$单调递减,$(-\infty,1)$单调递增;极大值$y(1)=e^{-1}$;凹区间为$(2,+\infty)$,凸区间为$(-\infty,2)$,拐点为$(2,2e^{-2})$.

6. $a=-\dfrac{3}{2},b=\dfrac{9}{2},c=0,d=0$. 曲线方程为$y=-\dfrac{3}{2}x^3+\dfrac{9}{2}x^2$.

7. 提示:设 $F(x) = f(x) - x$. 罗尔中值定理.

练习题 3-1

1. (1) D;(2) A;(3) B;(4) B;(5) A;(6) B.

2. (1) $3^x \cos x$;(2) $\text{arccot} x + C$;(3) $-x^2 + C$;(4) $\csc^2 x + C, \csc^2 x$;(5) $\arctan x + \dfrac{\pi}{4}$.

3. (1) $\dfrac{x^3}{3} + 3x + C$; (2) $\dfrac{2}{7} x^{\frac{7}{2}} + C$; (3) $e^x + \ln|x| + \dfrac{2}{x} + C$;

(4) $\dfrac{x^3}{3} + \dfrac{3}{2} x^2 + 9x + C$; (5) $\dfrac{(2e)^x}{1 + \ln 2} + C$; (6) $x^2 - 3 \arcsin x + C$;

(7) $-\dfrac{3^{-x}}{2\ln 3} + \dfrac{2^{-x}}{3\ln 2} + C$; (8) $\dfrac{4}{7} x^{\frac{7}{4}} - \dfrac{4}{3} x^{\frac{3}{4}} + C$; (9) $-\cos x + x + C$;

(10) $\dfrac{1}{2}(x - \sin x) + C$; (11) $\tan x - \sec x + C$; (12) $\tan x - \cot x + C$;

(13) $3\tan x - x + C$; (14) $\sin x - \cos x + C$; (15) $\dfrac{1}{2} [\ln(\tan x)]^2 + C$.

4. $f(x) = 4x - x^3 + 2$;

5. $y = x^2 + 1$;

6. $f(t) = \dfrac{a}{2} t^2 + bt$.

练习题 3-2

1. (1) A;(2) B;(3) D;(4) B;(5) D;(6) D;(7) A;(8) C.

2. (1) $-\dfrac{1}{2} e^{-2x} + C$; (2) $\dfrac{a^{4x}}{4\ln a} + C$; (3) $\dfrac{3}{2} \ln|1 + x^2| + C$;

(4) $\dfrac{1}{4} \arctan \dfrac{x^2}{2} + C$; (5) $-\dfrac{(1 - 2x)^{21}}{42} + C$; (6) $\dfrac{1}{2} e^{2\arctan x} + C$;

(7) $\arctan x - \dfrac{\sqrt{2}}{2} \arctan \left| \dfrac{x}{\sqrt{2}} \right| + C$; (8) $\dfrac{1}{9} \ln \left| \dfrac{x^9}{x^9 + 1} \right| + C$; (9) $e^x - e^{-x} + C$;

(10) $-\dfrac{2}{3} (1 - \ln x)^{\frac{3}{2}} + C$; (11) $\dfrac{1}{3} (\arcsin x)^3 + C$; (12) $-\ln|e^{-x} + \sqrt{e^{-2x} + 1}| + C$;

(13) $\dfrac{1}{3} \tan^3 x + \tan x + C$; (14) $-\dfrac{1}{14} \cos 7x + \dfrac{1}{2} \cos x + C$; (15) $\dfrac{1}{3} \arcsin \dfrac{3x}{2} + C$;

(16) $\dfrac{1}{3} \ln|\sqrt{4 + 9x^2} + 3x| + C$; (17) $\dfrac{1}{2} \tan^2 x - \ln|\sec x| + C$; (18) $\ln(\ln x) + C$;

(19) $\dfrac{3}{2} \sqrt[3]{(x + 2)^2} - 3\sqrt[3]{x + 2} + 3\ln|1 + \sqrt[3]{x + 2}| + C$; (20) $-2\cos\sqrt{x} + C$;

(21) $\dfrac{1}{6} \arctan\left(\dfrac{3}{2} \tan x\right) + C$; (22) $2\sqrt{x - 1} + 4\sqrt[4]{x - 1} + 4\ln|\sqrt[4]{x - 1} - 1| + C$;

(23) $x - 2\sqrt{1 + x} + 2\ln|1 + \sqrt{1 + x}| + C$; (24) $\ln|3x^2 + 4x + 8| + C$;

(25) $\dfrac{1}{2} \arctan \dfrac{x - 1}{2} + C$.

练习题 3-3

1. 答:相同点是第一步都是凑微分.

$$\int f\left[\varphi(x)\right]\varphi'(x)\mathrm{d}x = \int f\left[\varphi(x)\right]\mathrm{d}\varphi(x) \xrightarrow{\text{令}\,\varphi(x)\,=\,u} \int f(u)\mathrm{d}u,$$

$$\int u(x)v'(x)\mathrm{d}x = \int u(x)\mathrm{d}v(x) = u(x)v(x) - \int v(x)\mathrm{d}u(x).$$

不同点是第一换元积分法经过凑微分后,一般情况下可直接应用不定积分的基本积分公式求出其原函数;

分部积分法经过凑微分后,一般情况下还要进行积分运算,经过一系列的运算后才能应用不定积分的基本积分公式求出其原函数.

2. (1)A;(2) A;(3)B;(4)C;(5)C.

3. (1) $x\sin x+\cos x+C$;　　　　　　　　(2) $x\mathrm{e}^x-\mathrm{e}^x+C$;

(3) $-\dfrac{1}{3}x\cos 3x+\dfrac{1}{9}\sin 3x+C$;　　　(4) $\dfrac{1}{2}x^2\ln x+x\ln x-\dfrac{x^2}{4}-x+C$;

(5) $\dfrac{1}{\ln 2}\left[x\ln(x+1)-x+\ln(x+1)\right]+C$;　　(6) $x\arctan x-\dfrac{1}{2}\ln|1+x^2|+C$;

(7) $-x\cot x+\ln|\sin x|+C$;　　　　　(8) $x^2\mathrm{e}^x-2x\mathrm{e}^x+2\mathrm{e}^x+C$;

(9) $x\ln(x^2+1)-2x+2\arctan x+C$;　　(10) $x\ln^2 x-2x\ln x+2x+C$;

(11) $x\ln\left(\sqrt{1+x^2}-x\right)+\sqrt{1+x^2}+C$;　(12) $\dfrac{1}{2}x\left[\cos(\ln x)+\sin(\ln x)\right]+C$;

(13) $\dfrac{1}{2}\left(\sec x\tan x+\ln|\sec x+\tan x|\right)+C$;　(14) $\dfrac{1}{8}\mathrm{e}^{2x}(2+\cos 2x+\sin 2x)+C$;

(15) $2\sqrt{x}\sin\sqrt{x}+2\cos\sqrt{x}+C$;　　(16) $\sqrt{x}\ln\sqrt{x}-2\sqrt{x}+C$;

(17) $\sqrt{x}\mathrm{e}^{2\sqrt{x}}-\dfrac{1}{2}\mathrm{e}^{2\sqrt{x}}+C$;　　　(18) $\ln x\left[\ln(\ln x)-1\right]+C$;

(19) $-\sqrt{1-x^2}\arcsin x+x+C$;　　(20) $-\cot x\ln(\sin x)-\cot x-x+C$.

练习题 3-4

(1) $\dfrac{1}{2}\left(\ln|x-3|+\ln|x+1|\right)+C$;　　(2) $\ln|x|-\dfrac{1}{2}\ln|x^2+1|+C$;

(3) $\dfrac{1}{3}\ln|x-1|-\dfrac{1}{6}\ln|x^2+x+1|+\dfrac{1}{\sqrt{3}}\arctan\dfrac{2x+1}{\sqrt{3}}+C$;

(4) $\ln\left|\dfrac{(x-1)(x-3)}{(x-2)^2}\right|+C$;　　　(5) $\ln|x^2-1|-\dfrac{2}{x-1}+C$;

(6) $\dfrac{x^4}{4}+\dfrac{x^2}{2}+\dfrac{1}{2}\ln|x^2-1|+C$;　　(7) $\dfrac{\sqrt{6}}{6}\arctan\dfrac{\sqrt{6}\tan x}{2}+C$;

(8) $\ln\left|\dfrac{\tan\dfrac{x}{2}}{\tan\dfrac{x}{2}+1}\right|+C$;　　　　　(9) $\dfrac{2}{1-\tan\dfrac{x}{2}}+C$.

总练习题三

一、1. √;2. ×;3. ×;4. √;5. √;6. √.

二、1. $\dfrac{1}{2}\sin 2x+C$;　2. $\dfrac{4}{11}x^{\frac{11}{4}}+C$;　3. $\arcsin f(x)+C$;　4. $\dfrac{2}{x^3}$;　5. $y=2\sqrt{x}$.

三、1. D;2. A;3. B;4. D;5. A.

四、1. $\dfrac{1}{6}\sin^6 x + C$；　　　　2. $4\sqrt{x} + 2\sin\sqrt{x} + C$；　　　　3. $\dfrac{1}{2}\ln^2 x - \ln(\ln x) + C$；

4. $\ln\left|\dfrac{x-1}{x+1}\right| - 2\arctan x + C$；　　5. $\dfrac{1}{2}\arctan\dfrac{x+1}{2} + C$；　　6. $\arccos\dfrac{1}{x} + C$；

7. $\dfrac{4}{3}\sqrt[4]{(x+2)^3} - \dfrac{4}{3}\ln\left|\sqrt[4]{(x+2)^3} + 1\right| + C$；　　8. $\dfrac{1}{2}\tan^2 x + \ln|\tan x| + C$；

9. $-\sqrt{1-x^4} - \dfrac{1}{2}\arcsin x^2 + C$；　　10. $\dfrac{1}{2}(x^2-1)e^{x^2} - \dfrac{e^{x^2}}{2} + C$；

11. $\dfrac{1}{2}x\sec^2 x - \dfrac{1}{2}\tan x + C$；　　12. $\dfrac{3}{13}e^{3x}\cos 2x + \dfrac{2}{13}e^{3x}\sin 2x + C$；

13. $2\sqrt{x}\arctan\sqrt{x} - \ln|1+x| + C$；　　14. $\dfrac{2}{\sqrt{3}}\arctan\dfrac{\tan\dfrac{x}{2}}{\sqrt{3}} + C$.

练习题 4-1

1. （1）0；（2）1；（3）0；（4）$\dfrac{\pi}{2}$.

2. （1）$\displaystyle\int_1^2 x^2\,\mathrm{d}x < \int_1^2 x^3\,\mathrm{d}x$；　　　（2）$\displaystyle\int_1^2 \ln x\,\mathrm{d}x \geqslant \int_1^2 (\ln x)^2\,\mathrm{d}x$；　　　（3）$\displaystyle\int_0^{\frac{\pi}{2}} x\,\mathrm{d}x \geqslant \int_0^{\frac{\pi}{2}}\sin x\,\mathrm{d}x$.

3. （1）$3 \leqslant \displaystyle\int_{-2}^1 (x^2+1)\,\mathrm{d}x \leqslant 15$；　　（2）$e \leqslant \displaystyle\int_1^2 e^x\,\mathrm{d}x \leqslant e^2$；　　（3）$\dfrac{\sqrt{e}}{e} \leqslant \displaystyle\int_2^1 e^{-\frac{x^2}{2}}\,\mathrm{d}x \leqslant 1$.

练习题 4-2

1. （1）$-\dfrac{1}{\pi}$；　（2）$\dfrac{\pi^2}{4}$.

2. （1）不正确；　（2）不正确.

3. （1）$\dfrac{7\pi}{12}$；　　　（2）$\dfrac{\pi}{3}$；　　　（3）$\dfrac{4}{15}$；　　　（4）1；　　　（5）4；

（6）4；　　　（7）$\dfrac{1}{6}$；　　　（8）$1 - \dfrac{\sqrt{e}}{e}$；　　　（9）$\dfrac{1}{4}$；　　　（10）$2\ln\dfrac{3}{2}$；

（11）4π；　　（12）$2\left(1 - \dfrac{\pi}{4}\right)$；　　（13）0；　　　（14）$\pi$；　　　（15）2.

（16）$\dfrac{1}{4}(1+e^2)$；　　（17）$\dfrac{1}{4}(e^2+1)$；　　（18）$\dfrac{1}{2}(e^{\frac{\pi}{2}}-1)$；　　（19）1；　　（20）$\dfrac{\pi}{4} - \dfrac{1}{2}$.

4. $\dfrac{1}{12}kb^4$.

练习题 4-3

1. 不正确.

2. （1）$\dfrac{1}{2}$；　　（2）$\dfrac{1}{3}$；　　（3）发散；　　（4）$\dfrac{\pi}{2}$；　　（5）1；

（6）$\dfrac{1}{2}$；　　（7）2；　　（8）$\dfrac{\pi^2}{8}$；　　（9）1.

3. 略.

4. $\dfrac{FD}{Vk}$.

练习题 4-4

1. (1) $\dfrac{26}{3}$;(2) $\dfrac{3}{2}-\ln2$;(3) 上半部分面积为 $2\pi+\dfrac{4}{3}$,下半部分面积为 $6\pi-\dfrac{4}{3}$;

(4) $e+e^{-1}-2$;(5) $b-a$;(6) $\dfrac{9}{2}$;(7) $\dfrac{32}{3}$.

2. (1) $\dfrac{32\pi}{3}$;(2) $\dfrac{3}{10}\pi$;(3) $\dfrac{\pi^2}{4}-\dfrac{\pi}{2}$.

3. $2\pi R$.

4. (1) $t=1$ 时速率最大,这时的速率是 0.8;(2)有效药量 $D=1.35$.

5. (1) 该圆形城市的半径 R 是 8km;(2) 该城市的人口总数为 53.6(万人).

总练习题四

一、1. D;2. D;3. B;4. C;5. B;6. A;7. C;8. C.

二、1. √;2. √;3. ×;4. ×;5. √;6. ×.

三、1. $\dfrac{4}{7}$;2. $\dfrac{2e-1}{\ln2+1}$;3. $\dfrac{\pi}{2}$;4. 2;5. $\dfrac{\pi-2}{4}$;6. 0;7. 1;8. π;9. 0;10. >1.

四、1. $-\dfrac{29}{6}$;2. 1;3. $\dfrac{1}{2}$;4. $2(e-1)$;5. $\dfrac{\pi}{4}$;6. $\ln2-2+\dfrac{\pi}{2}$;7. $-\dfrac{\pi}{2}$;8. $\dfrac{2\pi}{3}-\dfrac{\sqrt{3}}{2}$;9. $1-\dfrac{2}{e}$;

10. $\dfrac{e^2+1}{4}$.

五、1. e^2+1.

2. (1) D 的面积为 $\dfrac{8}{3}$(面积单位).

(2) D 绕 x 轴旋转所得旋转体的体积为 $\dfrac{32\pi}{5}$(体积单位)D 绕 y 轴旋转所得旋转体的体积为 π(体积单位).

练习题 5-1

1. (1) 一阶;(2) 二阶;(3) 一阶;(4) 二阶.

2. (1) 是;(2) 否;(3) 否;(4) 否.

3. (1) 是;(2) 是;(3) 是;(4) 否.

4. (1) $y=x^2+3x+C$,C 为任意常数.

(2) $y=\dfrac{5}{6}x^3+C_1x+C_2$,$C_1$ 和 C_2 均为任意常数.

5. (1) $y=x^4+1$;(2) $y=x^2+x+1$.

练习题 5-2

1. (1) $y=Ce^{\frac{1}{2}x^2}+3$(C 为任意常数);

(2) $e^x+e^{-y}+C=0$(C 为任意常数);

(3) $\cos2y=C-2e^x-2x$(C 为任意常数);

(4) 通解 $\cos y = C\cos x$（C 为任意常数）；特解 $\cos y = \dfrac{\sqrt{2}}{2}\cos x$.

2. (1) $y = xe^{Cx+1}$（C 为任意常数）；

(2) $y^2 = 2x^2\ln|Cx|$（C 为任意常数）；

(3) $y = C\left(\ln\dfrac{y}{x}+1\right)$（$C$ 为任意常数）；

(4) 通解：$y^2 = 2x^2(\ln|x|+C)$（C 为任意常数）；特解：$y^2 = 2x^2(\ln|x|+2)$.

3. (1) $y = Ce^{-\frac{x^2}{2}}$（C 为任意常数）；

(2) $y = \left(\dfrac{1}{2}x+C\right)e^{\frac{x}{2}}$（$C$ 为任意常数）；

(3) $r = \csc\theta(\ln\sec\theta+C)$（$C$ 为任意常数）$\left(0<\theta<\dfrac{\pi}{2}\right)$；

(4) $r = \csc\theta\left(\dfrac{1}{3}\sin^3\theta+C\right)$（$C$ 为任意常数）$\left(0<\theta<\dfrac{\pi}{2}\right)$.

练习题 5-3

1. (1) $y = \dfrac{1}{8}e^{2x}+\sin x+\dfrac{C_1}{2}x^2+C_2x+C_3$；

(2) $y' = xe^x-4e^x+\dfrac{x^4}{12}+\dfrac{C_1x^3}{6}+\dfrac{C_2x^2}{2}+C_3x+C_4$.

2. (1) $y = C_1\ln x+C_2$；

(2) $y = e^x(x+C_1)+C_2$；

(3) $y = x^2-x-C_1e^{-2x}+C_2$；

(4) $y = -\ln|\cos(x+C_1)|+C_2$.

3. (1) $\ln y = C_1x+C_2$；

(2) $(C_1x+C_2)^2-C_1y^2 = 1$；

(3) $ay = \sqrt{C_1}\sin(C_2\pm ax)$；

(4) $y = \tan\left(x+\dfrac{\pi}{4}\right)$.

练习题 5-4

1. 求下列二阶常系数齐次线性微分方程的通解或特解

(1) $y = C_1e^{-x}+C_2e^{-3x}$；

(2) $y = C_1e^{-2x}+C_2e^x$；

(3) $y = (C_1+C_2x)e^{-2x}$；

(4) $y = \left(1+\dfrac{3}{2}x\right)e^{\frac{x}{2}}$.

(5) $y = e^{-2x}(C_1\cos x+C_2\sin x)$；

(6) $y = e^{-3x}(C_1\cos 2x+C_2\sin 2x)$.

2. 求下列二阶常系数非齐次线性微分方程的通解或特解

(1) $y = C_1e^{2x}+C_2e^{3x}+\dfrac{1}{6}x+\dfrac{17}{36}$；

(2) $y = C_1 + C_2 e^{4x} - \dfrac{7}{2}x - 3x^2 - 4x^3$;

(3) $y = C_1 + C_2 e^{-x} + \left(\dfrac{7}{2} - 3x + x^2 \right) e^x$;

(4) $y = C_1 e^{2x} + C_2 e^{5x} - \dfrac{1}{3} \left(\dfrac{1}{2}x^2 + x \right) e^{2x}$;

(5) $y = \left(1 + \dfrac{1}{6}x^3 \right) e^{3x}$;

(6) $y = e^{-x}(C_1 \cos x + C_2 \sin x) - 2(2\cos 2x + \sin 2x)$.

练习题 5-5

1. $x = \dfrac{r}{k + \dfrac{r - kx_0}{x_0} e^{-rt}}$.

2. $t = 2$. 即经过 2 小时要进行第二次注射, 才不会发生血药浓度低于初始浓度一半的情况.

总练习题五

一、1. B 2. C 3. A 4. D 5. A

二、1. 齐次方程.

2. 一阶线性非齐次微分方程.

3. $y = e^{Cx}$.

4. $y = C_1 \cos 5x + C_2 \sin 5x$.

5. $y = C_1 e^x + C_2 e^{2x}$.

三、1. $(x^2 + 1)\sin y = 1$.

2. $\ln |y| = \dfrac{y}{x} + C$.

3. $y = \dfrac{1}{x}(xe^x - e^x + C)$.

4. $y = \cos x(\tan x + C)$.

5. $y = C_1 e^x + C_2 e^{6x}$.

练习题 6-1

1. 略.

2. 略.

3. 略.

4. $(-12, 1, -2)$.

5. $\alpha_5, \alpha_6, \alpha_7$ 共线, α_2, α_4 共线, α_3 与 α_5 共线.

6. $\vec{AB} = (-3, -4, -8)$, $C(-3, -3, -9)$.

7. $\cos\alpha = \dfrac{1}{\sqrt{14}}$, $\cos\beta = \dfrac{3}{\sqrt{14}}$, $\cos\gamma = -\dfrac{2}{\sqrt{14}}$.

8. $A(-1, 2, 4)$, $B(8, -4, -2)$.

9. (1) 5; (2) -3; (3) $-\dfrac{7}{2}$; (4) 11.

10. （1）边长分别为 $\sqrt{6}$, $\sqrt{6}$. 内角为 $\arccos\dfrac{2}{3}$ 或 $\pi-\arccos\dfrac{2}{3}$.

   （2）对角线长分别为：$2,2\sqrt{5}$. 对角线夹角 $\dfrac{\pi}{2}$.

11. $\dfrac{\sqrt{19}}{2}$.

12. $\pm\dfrac{1}{5\sqrt{3}}(7,5,1)$.

13. （1）共面.（2）不共面,以 $\boldsymbol{a},\boldsymbol{b},\boldsymbol{c}$ 为邻边作成的平行六面体体积 $V=2$.

练习题 6-2

1. $(x-1)^2+(y-3)^2+(z+2)^2=14$.

2. （1）$y^2+z^2=2x$,旋转抛物面；

   （2）$x^2+y^2+z^2=2x$,球面；

   （3）$4x^2-9y^2-9z^2=36$,旋转双叶双曲面；$4x^2+4z^2-9y^2=36$,旋转单叶双曲面；

   （4）抛物线；为抛物柱面.

3. 略.

4. （1）$\begin{cases}x=\cos t\\ y=\sin t\\ z=\dfrac{1}{3}(6-2\cos t)\end{cases}$ $(0\leqslant t\leqslant 2\pi)$；　（2）$\begin{cases}x=\dfrac{a}{2}+\dfrac{a}{2}\cos t,\\ y=\dfrac{a}{2}\sin t,\\ z=a\sqrt{\dfrac{1}{2}-\dfrac{1}{2}\cos t}.\end{cases}$

5. $\begin{cases}2x^2-2x+y^2=8,\\ z=0.\end{cases}$

6. $\begin{cases}x^2+y^2\leqslant 2,\\ z=0,\end{cases}$　$\begin{cases}x^2\leqslant z\leqslant 4-x^2,\\ y=0,\end{cases}$　$\begin{cases}y^2\leqslant z\leqslant 4-y^2,\\ x=0.\end{cases}$

7. $\begin{cases}\left(x-\dfrac{a}{2}\right)^2+y^2\leqslant a^2,\\ z=0,\end{cases}$　$\begin{cases}x^2+z^2\leqslant a^2,\\ y=0.\end{cases}$

8. $\begin{cases}x^2+y^2=1,\\ z=0.\end{cases}$

9. （1）旋转抛物面；(2) 中心在 $(2,0,0)$ 的椭球面；(3) 两平行直线；(4) 球面与上半圆锥的交线.

10. $\dfrac{(x+12)^2}{260}+\dfrac{y^2}{13}=1$；$\begin{cases}\dfrac{(x+12)^2}{260}+\dfrac{y^2}{13}=1,\\ z=0.\end{cases}$

练习题 6-3

1. $3(x-3)-7y+5(z+1)=0$.

2. $4(x-1)-5(y-1)+3(z+1)=0$.

3. $y+5=0$.

4. $-9y+z+2=0$.

5. $\dfrac{x}{4}+\dfrac{y}{7}+\dfrac{z}{5}=0$.

6. $\dfrac{\pi}{3}$.

7. $x-z=0$.

8. $6x+3y+2z-20=0$.

9. (1) $\dfrac{x+3}{1}=\dfrac{y}{-1}=\dfrac{z-1}{0}$;　　　(2) $\dfrac{x-1}{2}=\dfrac{y-1}{3}=\dfrac{z-1}{4}$;　　　(3) $\dfrac{x-1}{1}=\dfrac{y+5}{\sqrt{2}}=\dfrac{z-3}{-1}$;

(4) $\dfrac{x-3}{0}=\dfrac{y-5}{5}=\dfrac{z-1}{1}$;　　　(5) $\dfrac{x-1}{1}=\dfrac{y}{1}=\dfrac{z+2}{2}$.

10. $\dfrac{x-1}{4}=\dfrac{y-0}{-1}=\dfrac{z+2}{-3}$, $\begin{cases} x=1+4t, \\ y=-t, \\ z=-2-3t. \end{cases}$

11. 平行,$5x-22y+19z+9=0$.

12. $\sqrt{\dfrac{9}{13}}$.

总练习题六

一、1. $(a,b,-c)$、$(a,-b,-c)$、$(-a,-b,-c)$.

2. 3.

3. $\sqrt{53}$,3.

4. $\sqrt{2}$,0.

5. x^2+y^2,旋转抛物面.

6. $\dfrac{x^2}{a^2}-\dfrac{y^2+z^2}{c^2}=1$, $\dfrac{x^2+y^2}{a^2}-\dfrac{z^2}{c^2}=1$.

7. $\begin{cases} 2x^2+y^2=1, \\ z=0. \end{cases}$

8. $x+y+z=0$.

9. $\pm\dfrac{\sqrt{6}}{6}(1,-1,2)$.

10. $\dfrac{x}{0}=\dfrac{y}{2}=-z$.

二、1. B;2. A;3. C;4. D;5. B;6. C;7. B;8. A.

三、1. ×;2. ×;3. ×;4. √.

四、略.

五、1. $2x+2y-3z=0$;2. $\dfrac{x-1}{1}=\dfrac{y-2}{-2}=\dfrac{z-1}{1}$.

练习题 7-1

1. (1) $D=\{(x,y)\,|\,x<1\text{ 且 }-1<y<1\}$;

(2) $D=\{(x,y)\,|\,y\leqslant1\text{ 且 }-1\leqslant x\leqslant1\}$;

(3) $D=\{(x,y,z)\,|\,x^2+y^2+z^2\leqslant a^2\}$.

2. (1) 1;　　(2) 1;　　(3) $\dfrac{1}{2}$.

3. (1) $D=\{(x,y)\,|\,y=3x\}$;　　(2) $D=\{(x,y)\,|\,x=2y\}$.

练习题 7-2

1. (1) $\dfrac{\partial z}{\partial x}=\dfrac{1}{y}-\dfrac{y}{x^2}$, $\dfrac{\partial z}{\partial y}=\dfrac{1}{x}-\dfrac{x}{y^2}$.

   (2) $\dfrac{\partial z}{\partial x}=y[\cos(xy)-\sin(2xy)]$, $\dfrac{\partial z}{\partial y}=x[\cos(xy)-\sin(2xy)]$.

   (3) $\dfrac{\partial z}{\partial x}=ye^{xy}\sin(x+y)+e^{xy}\cos(x+y)$, $\dfrac{\partial z}{\partial y}=xe^{xy}\sin(x+y)+e^{xy}\cos(x+y)$.

   (4) $\dfrac{\partial u}{\partial x}=y^x\ln y$, $\dfrac{\partial u}{\partial y}=y^{x-1}$.

2. $\dfrac{5}{4}$.

3. (1) $\dfrac{\partial^2 z}{\partial x^2}=12x^2-8y^2$, $\dfrac{\partial^2 z}{\partial y^2}=12y^2-8x^2$, $\dfrac{\partial^2 z}{\partial x\partial y}=-16xy$;

   (2) $\dfrac{\partial^2 z}{\partial x^2}=y^2 e^{xy}$, $\dfrac{\partial^2 z}{\partial y^2}=x^2 e^{xy}$, $\dfrac{\partial^2 z}{\partial x\partial y}=(1+xy)e^{xy}$;

   (3) $\dfrac{\partial^2 z}{\partial x^2}=\dfrac{2xy}{(x^2+y^2)^2}$, $\dfrac{\partial^2 z}{\partial y^2}=\dfrac{-2xy}{(x^2+y^2)^2}$, $\dfrac{\partial^2 z}{\partial x\partial y}=\dfrac{y^2-x^2}{(x^2+y^2)^2}$;

   (4) 0.

练习题 7-3

1. (1) $\mathrm{d}z=\dfrac{x}{\sqrt{x^2+y^2}}\mathrm{d}x+\dfrac{y}{\sqrt{x^2+y^2}}\mathrm{d}y$;

   (2) $\mathrm{d}u=e^{x(x^2+y^2+z^2)}[(3x^2+y^2+z^2)\mathrm{d}x+2xy\mathrm{d}y+2xz\mathrm{d}z]$;

   (3) $\mathrm{d}w=y^{z-1}x^{y^z-1}(y\mathrm{d}x+zx\ln x\mathrm{d}y+xy\ln x\ln y\mathrm{d}z)$;

   (4) $\mathrm{d}f=\left(\dfrac{1}{y}-\dfrac{z}{x^2}\right)\mathrm{d}x+\left(\dfrac{1}{z}-\dfrac{x}{y^2}\right)\mathrm{d}y+\left(\dfrac{1}{x}-\dfrac{y}{z^2}\right)\mathrm{d}z$.

2. $\mathrm{d}z=\dfrac{1}{4}(\mathrm{d}x+\mathrm{d}y)$.

3. $\mathrm{d}u=\dfrac{1}{2}\mathrm{d}x+\dfrac{3}{4}\mathrm{d}y-\dfrac{1}{2}\ln 2\mathrm{d}z$.

4. 0.05.

5. 2.995.

练习题 7-4

1. $\dfrac{\partial z}{\partial u}=-\dfrac{y^2 v}{xu^2}+2y\ln x$, $\dfrac{\partial z}{\partial v}=\dfrac{y^2}{xu}-2y\ln x$;

2. $\dfrac{\partial z}{\partial x}=4x+2y$, $\dfrac{\partial z}{\partial y}=2x+10y$;

3. (1) $\dfrac{\mathrm{d}z}{\mathrm{d}t}=\dfrac{1+8t}{\sqrt{1-(1+4t^2)^2}}$; (2) $\dfrac{\mathrm{d}z}{\mathrm{d}t}=e^{x+2y}(8t^3-\sin t)$; (3) $\dfrac{\mathrm{d}z}{\mathrm{d}t}=2\sin 2t+1$.

4. (1) $\dfrac{\partial z}{\partial x}=e^x-1$, $\dfrac{\partial z}{\partial y}=-1$; (2) $\dfrac{\partial z}{\partial x}=-\dfrac{ye^{xy}}{e^z+2}$, $\dfrac{\partial z}{\partial y}=-\dfrac{xe^{xy}}{0^z+2}$; (3) $\dfrac{\partial z}{\partial x}=\dfrac{y^2-\cos x}{e^y}$, $\dfrac{\partial z}{\partial y}=\dfrac{2xy-ze^y}{e^y}$.

练习题 7-5

1. $(0,0)$ 是极大值点, 极大值 $f(0,0)=10$.

2. $(-3,2)$ 是极大值点, 极大值 $f(-3,2)=31$; $(-3,0)$ 不是极值点; $(1,0)$ 是极小值点, 极小值 $f(1,0)=-5$; $(1,2)$ 不是极值点.

3. $\left(\dfrac{-1+\sqrt{5}}{2},-1\right)$ 是极小值点, 极小值 $f\left(\dfrac{-1+\sqrt{5}}{2},-1\right)=\dfrac{1-\sqrt{5}}{2}e^{-1+\sqrt{5}}$; $\left(\dfrac{-1-\sqrt{5}}{2},-1\right)$ 不是极值点.

4. 极大值 $f(2,-2)=8$, 极大值点 $(2,-2)$.

5. $z\big|_{(1,1)}=-1$ 是最小值.

6. $(1,0)$ 是极小值点, 极小值是 -6.

7. $\left(\dfrac{8}{5},\dfrac{16}{5}\right)$.

8. 长、宽为 2m, 高为 3m.

总练习题七

1. （1）$D=\{(x,y)\,|\,x>0\ \text{且}\ y<x\}$;

   （2）$D=\{(x,y)\,|\,-1\leqslant x\leqslant 1\ \text{且}\ -1<y<1\}$;

   （3）$D=\left\{(x,y)\,\Big|\,\dfrac{1}{4}\leqslant x^2+y^2\leqslant 1\right\}$;

   （4）$D=\{(x,y)\,|\,y^2<x\}$.

2. （1）$\lim\limits_{\substack{x\to 0\\ y\to 1}}\dfrac{\arctan y}{e^{xy}+x^2}=\dfrac{\pi}{4}$; 　　（2）$\lim\limits_{\substack{x\to 0\\ y\to 0}}\dfrac{2-\sqrt{xy+4}}{xy}==-\dfrac{1}{4}$.

3. （1）函数的间断点是 xOy 平面上除单位圆周 $x^2+y^2=1$ 上的点外的所有点;

   （2）函数的间断点是 xOy 平面上的除坐标轴上的点外的所有点.

4. （1）$\dfrac{\partial z}{\partial x}=\dfrac{\partial(x^3y-xy^3)}{\partial x}=3x^2y-y^3$, $\dfrac{\partial z}{\partial y}=x^3-3xy^2$.

   （2）$\dfrac{\partial s}{\partial u}=\dfrac{1}{v}-\dfrac{v}{u^2}$, $\dfrac{\partial s}{\partial v}=\dfrac{1}{u}-\dfrac{u}{v^2}$.

   （3）$\dfrac{\partial z}{\partial x}=\dfrac{2}{y}\csc\dfrac{2x}{y}$, $\dfrac{\partial z}{\partial y}=-\dfrac{2x}{y^2}\csc\dfrac{2x}{y}$.

   （4）$\dfrac{\partial z}{\partial x}=\dfrac{1}{2x\sqrt{\ln(xy)}}\cdot\dfrac{\partial z}{\partial y}=\dfrac{1}{2y\sqrt{\ln(xy)}}$.

5. （1）$\mathrm{d}z=\left(y+\dfrac{1}{y}\right)\mathrm{d}x+x\left(1-\dfrac{1}{y^2}\right)\mathrm{d}y$.

   （2）$\mathrm{d}z=-\dfrac{1}{x}e^{\frac{y}{x}}\left(\dfrac{y}{x}\mathrm{d}x-\mathrm{d}y\right)$.

   （3）$\mathrm{d}z=-\dfrac{x}{(x^2+y^2)^{\frac{3}{2}}}(y\mathrm{d}x-x\mathrm{d}y)$.

6. $\sqrt{(1.02)^3+(1.97)^3}\approx 2.95$.

7. $\dfrac{\partial z}{\partial x}=10x$,

   $\dfrac{\partial z}{\partial y}=10y$.

8. $\dfrac{\partial z}{\partial u} = \dfrac{2u}{v^2}\ln(3u-2v) + \dfrac{3u^2}{v^2(3u-2v)}$.

$\dfrac{\partial z}{\partial v} = -\dfrac{2u^2}{v^3}\ln(3u-2v) - \dfrac{2u^2}{v^2(3u-2v)}$.

9. （1）$\dfrac{\mathrm{d}z}{\mathrm{d}t} = \mathrm{e}^t(\cos t - \sin t) + \cos t$.

   （2）$\dfrac{\mathrm{d}z}{\mathrm{d}t} = \mathrm{e}^{\sin t - 2t^3}(\cos t - 6t^2)$.

10. 两边对 x 求导得 $\mathrm{e}^{-xy}(-y) - 2\dfrac{\partial z}{\partial x} + \mathrm{e}^z\dfrac{\partial z}{\partial x} = 0$.

    两边对 y 求导得 $\mathrm{e}^{-xy}(-x) - 2\dfrac{\partial z}{\partial y} + \mathrm{e}^z\dfrac{\partial z}{\partial y} = 0$.

    整理得 $\dfrac{\partial z}{\partial y} = \dfrac{x\mathrm{e}^{-xy}}{\mathrm{e}^z - 2}$.

11. 驻点 $(1,1)$ 是极小值点. 极小值 $f(1,1) = 1^3 + 1^3 - 3\times 1\times 1 = -1$.

12. $x = y = z = \sqrt[3]{2}$ 这是唯一可能的极值点，也就是说，函数 $w = xy + yz + xz$ 在条件 $xyz = 2$ 下的极值是 $3\sqrt[3]{4}$.

练习题 8-1

1. （1）$\displaystyle\iint_D f\mathrm{d}x\mathrm{d}y = \int_a^{2a}\mathrm{d}x\int_{-b}^{b/2}f\mathrm{d}y$；　　　（2）$\displaystyle\iint_D f\mathrm{d}x\mathrm{d}y = \int_0^2\mathrm{d}x\int_{x^2}^{2x}f\mathrm{d}y$；

   （3）$\displaystyle\iint_D f\mathrm{d}x\mathrm{d}y = \int_1^2\mathrm{d}x\int_x^{2x}f\mathrm{d}y$；　　　（4）$\displaystyle\iint_D f\mathrm{d}x\mathrm{d}y = \int_{-1}^0\mathrm{d}x\int_{-x-1}^{x+1}f\mathrm{d}y + \int_0^1\mathrm{d}x\int_{x-1}^{1-x}f\mathrm{d}y$.

2. （1）$\displaystyle\iint_D x^2\sin y\mathrm{d}x\mathrm{d}y = \int_1^2 x^2\mathrm{d}x\int_0^{\pi/2}\sin y\mathrm{d}y = \dfrac{7}{3}$；

   （2）$\displaystyle\iint_D (x^2+2y)\mathrm{d}x\mathrm{d}y = \int_0^1\mathrm{d}x\int_{x^3}^{x^2}(x^2+2y)\mathrm{d}y = \dfrac{19}{210}$；

   （3）$\displaystyle\iint_D (x^2+y^2)\mathrm{d}x\mathrm{d}y = \int_a^{3a}\mathrm{d}y\int_{y-a}^y (x^2+y^2)\mathrm{d}x = 14a^4$；

   （4）$\displaystyle\iint_D \dfrac{x^2}{y^2}\mathrm{d}x\mathrm{d}y = \int_1^2 x^2\mathrm{d}x\int_{1/x}^x \dfrac{1}{y^2}\mathrm{d}y = \dfrac{9}{4}$；

   （5）$\displaystyle\iint_D (x^2-y^2)\mathrm{d}x\mathrm{d}y = \int_0^\pi\mathrm{d}x\int_0^{\sin x}(x^2-y^2)\mathrm{d}y = \pi^2 - \dfrac{40}{9}$；

   （6）$\displaystyle\iint_D \cos(x+y)\mathrm{d}x\mathrm{d}y = \int_0^\pi\mathrm{d}x\int_x^\pi \cos(x+y)\mathrm{d}y = -2$.

3. （1）$\displaystyle\int_0^1\mathrm{d}y\int_{y^2}^{\sqrt{y}}f(x,y)\mathrm{d}x$；

   （2）$\displaystyle\int_{-1}^1\mathrm{d}x\int_0^{\sqrt{1-x^2}}f(x,y)\mathrm{d}y$；

   （3）$\displaystyle\int_{-1}^0\mathrm{d}y\int_{-\sqrt{1-y^2}}^{\sqrt{1-y^2}}f(x,y)\mathrm{d}x + \int_0^1\mathrm{d}y\int_{-\sqrt{1-y}}^{\sqrt{1-y}}f(x,y)\mathrm{d}x$；

   （4）$\displaystyle\int_{-2}^0\mathrm{d}x\int_{2x+4}^{4-x^2}f(x,y)\mathrm{d}y$；

   （5）$\displaystyle\int_{-1}^0\mathrm{d}y\int_{-2\arcsin y}^\pi f(x,y)\mathrm{d}x + \int_0^1\mathrm{d}y\int_{\arcsin y}^{\pi-\arcsin y}f(x,y)\mathrm{d}x$；

(6) $\int_0^1 dy \int_y^{2-y} f(x, y) dx$.

练习题 8-2

(1) $\iiint_V xy dx dy dz = \int_1^2 x dx \int_{-2}^1 y dy \int_0^{\frac{1}{2}} dz = -\dfrac{9}{8}$;

(2) 解: V 在 xy 面上的投影 $D:0 \leqslant x \leqslant \dfrac{\pi}{2}, 0 \leqslant y \leqslant \sqrt{x}$, 任取 $(x,y) \in D$, 在 V 上截得 $\left[0, \dfrac{\pi}{2}-x\right]$,

$$\iiint_V y\cos(z+x) dx dy dz = \int_0^{\frac{\pi}{2}} x dx \int_0^{\sqrt{x}} y dy \int_0^{\frac{\pi}{2}-x} \cos(z+x) dz = \dfrac{\pi^2}{16} - \dfrac{1}{2}$$;

(3) 解: V 在 xy 面上的投影 $D:0 \leqslant x \leqslant 1, 0 \leqslant y \leqslant \sqrt{1-x^2}$, 在极坐标系中, 积分区域 $\Delta:0 \leqslant \theta \leqslant \dfrac{\pi}{2}, 0 \leqslant r \leqslant$

1, 任取 $(x,y) \in D$, 在 V 上截得 $\left[0, \sqrt{1-x^2-y^2}\right]$,

$$\iiint_V xyz dx dy dz = \iint_D xy dx dy \int_0^{\sqrt{1-x^2-y^2}} z dz = \dfrac{1}{48}$$;

(4) 解: V 在 z 轴上的投影为 $[0,2]$, 任取 $z \in [0,2]$, 在 V 上截得 $V_z:x^2+y^2 \leqslant 2z, \sigma(V_z) = 2\pi z$,

$$\iiint_V z^2 dx dy dz = \int_0^2 z^2 dz \iint_{V_z} dx dy = 2\pi \int_0^2 z^3 dz = 8\pi$$

$$= \dfrac{8}{3} \cdot 4\pi - \dfrac{1}{24} \iint_\Delta r dr d\theta = \dfrac{32}{3}\pi - \dfrac{2\pi}{24} \cdot \dfrac{1}{8} r^8 \Big|_0^2 = 8\pi.$$

练习题 8-3

1.

(1) $\iint_D \sqrt{x^2+y^2} dx dy = \int_0^{2\pi} d\theta \int_0^3 r^2 dr = 18\pi$;

(2) $\iint_D \ln(1+x^2+y^2) dx dy = \int_0^{\frac{\pi}{2}} d\theta \int_0^1 \ln(1+r^2) r dr = \dfrac{\pi}{4}(2\ln 2 - 1)$;

(3) $\iint_D |xy| dx dy = 4\int_0^{\frac{\pi}{2}} d\theta \int_0^a r\cos\theta \cdot r\sin\theta \cdot r dr = \dfrac{1}{2}a^4$;

(4) $\iint_D e^{x^2+y^2} dx dy = \int_0^{2\pi} d\theta \int_0^1 e^{r^2} \cdot r dr = \pi(e-1)$;

(5) $\iint_D \sqrt{1-x^2-y^2} dx dy = \int_{-\frac{\pi}{2}}^{\frac{\pi}{2}} d\theta \int_0^{\cos\theta} \sqrt{1-r^2}\, r dr = \dfrac{1}{3}\left(\pi - \dfrac{4}{3}\right)$;

(6) $\iint_D \sin\sqrt{x^2+y^2} dx dy = \int_0^{2\pi} d\theta \int_\pi^{2\pi} r\sin r dr = -6\pi^2$.

2.

(1) $S = 2\int_0^4 dx \int_{\sqrt{x}}^{2\sqrt{x}} dy = \dfrac{32}{3}$;

(2) $S = \int_{\frac{\sqrt{2}}{2}a}^a dx \int_{\frac{a^2}{x}}^{2x} dy + \int_a^{\sqrt{2}a} dx \int_x^{\frac{2a^2}{x}} dy = \dfrac{1}{2}a^2\ln 2$;

(3) $S = \int_{-\frac{3\pi}{4}}^{\frac{\pi}{4}} dx \int_{\sin x}^{\cos x} dy = 2\sqrt{2}$;

(4) $S = \int_{-\frac{\pi}{3}}^{\frac{\pi}{3}} d\theta \int_{\frac{3}{2}}^{3\cos\theta} r dr = \dfrac{3\pi}{4} + \dfrac{9\sqrt{3}}{8}$.

3.

(1) $V = \iint\limits_{D} 5\mathrm{d}\sigma - \iint\limits_{D}(1 + x^2 + y^2)\mathrm{d}\sigma = \int_0^{2\pi}5\mathrm{d}\theta\int_0^2 r\mathrm{d}r - \int_0^{2\pi}\mathrm{d}\theta\int_0^2(1 + r^2)r\mathrm{d}r = 8\pi;$

(2) 由对称性,所求立体体积是第一卦限体积的 8 倍,其积分区域为:

$$0 \leqslant y \leqslant \sqrt{R^2 - x^2}, 0 \leqslant x \leqslant R,$$

$$V = 8\iint\limits_{D}\sqrt{R^2 - x^2}\mathrm{d}\sigma = 8\int_0^R\mathrm{d}x\int_0^{\sqrt{R^2-x^2}}\sqrt{R^2 - x^2}\mathrm{d}y = \frac{16}{3}R^3;$$

(3) $V = \iint\limits_{D}\sqrt{2a^2 - x^2 - y^2}\mathrm{d}\sigma - \iint\limits_{D}\sqrt{x^2 + y^2}\mathrm{d}\sigma = \frac{4}{3}\pi a^3(\sqrt{2} - 1);$

(4) $V = \iint\limits_{D}\frac{y^2}{a}\mathrm{d}\sigma = \frac{1}{a}\int_0^{2\pi}\mathrm{d}\theta\int_0^r\sin^2\theta \cdot r^3\mathrm{d}r = \frac{\pi r^4}{4a}.$

4. 设所求质心:$C(\bar{x}, \bar{y})$,由于区域 D 对称于 y 轴,所以质心必在 y 轴上,即 $\bar{x} = 0$,再用公式:

$$\bar{y} = \frac{\iint\limits_{D}y\rho(x, y)\mathrm{d}x\mathrm{d}y}{\iint\limits_{D}\rho(x, y)\mathrm{d}x\mathrm{d}y} = \frac{\iint\limits_{D}y\mathrm{d}x\mathrm{d}y}{\iint\limits_{D}\mathrm{d}x\mathrm{d}y}, \rho(x, y) \text{为常数},$$

因为 $\iint\limits_{D}\mathrm{d}x\mathrm{d}y = 4\pi - \pi = 3\pi, \iint\limits_{D}y\mathrm{d}x\mathrm{d}y = \int_0^{\pi}\sin\theta\mathrm{d}\theta\int_{2\sin\theta}^{4\sin\theta}r^2\mathrm{d}r = 7\pi,$

所以 $\bar{y} = \frac{7}{3}.$

练习题 8-4

1. (1) 上半圆周的参数方程为 $x = R(1 + \cos t), y = R\sin t, (0 \leqslant t \leqslant \pi);$

$$I = \int_0^{\pi}[R^2(1 + \cos t)^2 + R^2\sin^2 t]\sqrt{(-R\sin t)^2 + (R\cos t)^2}\mathrm{d}t = 2\pi R^3;$$

(2) $2\pi a^{2n+1};$　　　　　　(3) $\sqrt{2};$

(4) 双纽线的极坐标方程 $r^2 = a^2\cos 2\theta$,故 $\mathrm{d}s = \sqrt{r^2 + r'^2}\mathrm{d}\theta = \frac{a}{\sqrt{\cos 2\theta}}\mathrm{d}\theta$,于是

$$\int_L |y|\mathrm{d}s = 4\int_0^{\frac{\pi}{4}}a\sqrt{\cos 2\theta}\sin\theta\frac{a}{\sqrt{\cos 2\theta}}\mathrm{d}\theta = 2(2 - \sqrt{2})a^2.$$

2. (1) $-\frac{56}{15};$　　(2) $\pi a^2;$　　(3) $0;$　　(4) $-2\pi;$　　(5) $\frac{9}{35}.$

练习题 8-5

1. (1) $\oint_L(x + y)\mathrm{d}x - (x - y)\mathrm{d}y = -2\pi ab;$

(2) $\oint_L(2xy - x^2)\mathrm{d}x + (x + y^2)\mathrm{d}y = \frac{1}{30};$

(3) $\oint_L(x + y)^2\mathrm{d}x + (x^2 - y^2)\mathrm{d}y = -16.$

2. (1) $S = 12\pi;$　　　　　　(2) $S = \frac{3}{8}\pi a^2.$

3. (1) $\int_{(2,1)}^{(1,2)}\frac{y\mathrm{d}x - x\mathrm{d}y}{x^2} = \int_2^1\frac{1}{x^2}\mathrm{d}x - \int_1^2\mathrm{d}y = -\frac{3}{2};$

(2) $\int_{(1,2)}^{(3,4)} (6xy^2 - y^3)\mathrm{d}x + (6x^2y - 3xy^2)\mathrm{d}y = 236.$

4. 证：设 $\vec{F} = \left(\dfrac{-ky}{r^3}, \dfrac{-kx}{r^3}\right)$，$r = \sqrt{x^2+y^2}$，$P = -\dfrac{kx}{r^3} = -\dfrac{kx}{(x^2+y^2)^{3/2}}$，$Q = -\dfrac{ky}{r^3} = -\dfrac{ky}{(x^2+y^2)^{3/2}}$，

因为 $\dfrac{\partial Q}{\partial x} = \dfrac{3kxy}{(x^2+y^2)^{5/2}} = \dfrac{\partial P}{\partial y}$，所以场力作功与路径无关.

总练习题八

一、1. D　　2. B　　3. C　　4. B　　5. D　　6. A　　7. C　　8. C

　　9. C　　10. A　　11. C　　12. A　　13. B　　14. C　　15. D

二、1. $\displaystyle\iint\limits_{D} f(r\cos\theta, r\sin\theta) r\mathrm{d}r\mathrm{d}\theta.$　　　　　2. $\displaystyle\int_{-1}^{2}\mathrm{d}y\int_{y^2}^{y+2} f(x,y)\mathrm{d}x.$

3. $\displaystyle\iint\limits_{D_1} f(x,y)\mathrm{d}\sigma + \iint\limits_{D_2} f(x,y)\mathrm{d}\sigma.$　　　4. $\dfrac{\pi}{4}.$

5. $\displaystyle\int_0^1\mathrm{d}y\int_y^{\sqrt{y}} f(x,y)\mathrm{d}x$　　　　　6. $3\pi.$

7. $\dfrac{3\pi a^4}{4}.$　　　　　　　　　　8. $18\pi.$

9. $2\pi.$　　　　　　　　　　10. $\dfrac{\partial P}{\partial y} = \dfrac{\partial Q}{\partial x}.$

三、1. $I = \displaystyle\iint\limits_{D} \mathrm{e}^{-(x^2+y^2)}\mathrm{d}x\mathrm{d}y = \int_0^{2\pi}\mathrm{d}\theta\int_0^a \mathrm{e}^{-r^2} r\mathrm{d}r = \pi(1 - \mathrm{e}^{-a^2}).$

2. $\displaystyle\int_0^1\mathrm{d}y\int_y^1 \mathrm{e}^{x^2}\mathrm{d}x = \int_0^1\mathrm{d}x\int_0^x \mathrm{e}^{x^2}\mathrm{d}y = \dfrac{1}{2}(\mathrm{e} - 1).$

3. $I = \displaystyle\iint\limits_{D} f(x,y)\,\mathrm{d}x\mathrm{d}y = \int_{\frac{\pi}{4}}^{\frac{\pi}{2}}\mathrm{d}\theta\int_0^R \mathrm{e}^{-r^2} r\mathrm{d}r = \dfrac{\pi}{8}(1 - \mathrm{e}^{-R^2}).$

4. $\displaystyle\int_L y^2\mathrm{d}s = 2a^3\int_0^{2\pi}\sin\dfrac{t}{2}(1-\cos t)^2\mathrm{d}x = 8a^3\int_0^{2\pi}\sin^5\dfrac{t}{2}\mathrm{d}x = \dfrac{256}{15}a^3.$

5. $\displaystyle\oint_L x^2y\mathrm{d}x + y^3\mathrm{d}y = \iint\limits_{D}(0 - x^2)\mathrm{d}x\mathrm{d}y = \int_0^1\mathrm{d}x\int_x^{x^{\frac{2}{3}}}(-x^2)\mathrm{d}y = -\dfrac{1}{44}.$

6. 薄片所占区域为

$$I_x = \iint\limits_{D} y^2\rho\mathrm{d}\sigma = \rho\iint\limits_{D} y^2\mathrm{d}\sigma = \rho\int_0^{\pi}\mathrm{d}\theta\int_0^a r^2\sin^2\theta \cdot r\mathrm{d}r = \dfrac{1}{8}\rho\pi a^4.$$

7. $W = \displaystyle\oint_L -kx\mathrm{d}x - ky\mathrm{d}y = k\int_0^{2\pi}(a^2 - b^2)\sin t\cos t\,\mathrm{d}t = 0.$

参考文献

[1] 祝国强. 医用高等数学学习指导与习题解析[M].北京:高等教育出版社,2006.

[2] 吕丹. 大学医科数学[M].北京:清华大学出版社,2006.

[3] 薛定宇,陈阳泉. 高等应用数学问题的 MATLAB 求解[M]. 2 版.北京:清华大学出版社,2007.

[4] 陈铁生. 高等数学[M]. 2 版. 北京:人民卫生出版社,2007.

[5] 黄大同. 医用高等数学[M].北京:科学出版社,2007.

[6] 李伶. 应用数学[M]. 北京:高等教育出版社,2008.

[7] 章栋恩,马玉兰,徐美萍,等. MATLAB 高等数学实验[M].北京:电子工业出版社,2008.

[8] 郭大立. 高等数学[M].北京:高等教育出版社,2009.

[9] 安国斌. 高等数学[M].北京:中国铁道出版社,2009.

[10] 候风波. 高等数学[M]. 北京:高等教育出版社,2010.

[11] 刘保柱,苏彦华,张宏林. MATLAB 7.0 从入门到精通[M]. 2 版.北京:人民邮电出版社,2010.

[12] 桂占吉,陈修焕,杨亚辉. 基于 MATLAB 高等数学实验[M].武汉:华中科技大学出版社,2010.

[13] 顾作林. 高等数学[M]. 5 版.北京:人民卫生出版社,2011.

[14] 郭东星. 医学高等数学(案例版)[M]. 2 版. 北京:科学出版社,2013.

[15] 林佳蕙,杨秀福. 高等数学[M].北京:中国医药科技出版社,2013.

[16] 张选群. 医用高等数学[M]. 6 版.北京:人民卫生出版社,2013.

[17] 马建忠. 医学高等数学[M]. 3 版.北京:科学出版社,2013.

[18] 同济大学数学系. 高等数学[M]. 7 版.北京:高等教育出版社,2014.

[19] 黄浩. 高等数学[M].武汉:同济大学出版社,2014.

[20] 李辉来,王国铭,白岩. 大学数学——微积分[M]. 3 版.北京:高等教育出版社,2014.